数据驱动建模、控制与监测

以高炉炼铁过程为例

周 平 王 宏 柴天佑 著

科学出版社

北 京

内 容 简 介

高炉自动化是国际公认的挑战性难题。本书从数据驱动角度系统性总结和阐述作者及其团队近 10 年在高炉自动化方面的系列研究成果，主要包括数据驱动建模、控制与监测三部分内容。数据驱动建模部分主要针对难建模高炉炼铁过程数据质量不理想和非线性动态时变等问题，重点介绍鲁棒随机权神经网络、鲁棒支持向量回归机以及递推子空间辨识等建模方法；数据驱动控制部分主要介绍面向高炉铁水质量高性能控制的数据驱动预测控制、即时学习自适应预测控制以及无模型自适应（预测）控制等方法，前两类方法为间接数据驱动控制方法，而后者为直接数据驱动控制方法；数据驱动监测部分主要阐述面向高炉优质、低耗与稳定运行的数据驱动监测方法，包括 PCA-ICA 集成方法、KPLS 鲁棒重构误差方法、自适应阈值 KPLS 方法以及改进贡献率 KPLS 方法。

本书可作为高等院校控制、冶金、计算机、人工智能等学科研究生和高年级本科生的参考书，也可供自动化、数据科学及冶金领域相关研究人员和工程技术人员参考。

图书在版编目（CIP）数据

数据驱动建模、控制与监测：以高炉炼铁过程为例 / 周平，王宏，柴天佑著. —北京：科学出版社，2022.11
ISBN 978-7-03-069706-6

Ⅰ. ①数⋯ Ⅱ. ①周⋯ ②王⋯ ③柴⋯ Ⅲ. ①高炉炼铁－数据处理 Ⅳ. ①TF53

中国版本图书馆 CIP 数据核字（2021）第 177107 号

责任编辑：姜 红 常友丽 / 责任校对：王萌萌
责任印制：吴兆东 / 封面设计：无极书装

科 学 出 版 社 出版
北京东黄城根北街 16 号
邮政编码：100717
http://www.sciencep.com

北京建宏印刷有限公司 印刷
科学出版社发行 各地新华书店经销
*
2022 年 11 月第 一 版 开本：720×1000 1/16
2022 年 11 月第一次印刷 印张：24 3/4
字数：499 000

定价：188.00 元
（如有印装质量问题，我社负责调换）

前　　言

钢铁工业是国之基石，是关乎国计民生的支柱产业。我国钢铁工业规模非常庞大，至 2020 年 12 月末，我国钢铁行业规模以上企业达 5173 家，粗钢产量自 1996 年以来一直位居世界第一。国家统计局 2021 年 1 月 18 日公布的数据显示，2020 年我国粗钢产量为 105300 万 t，首次突破 10 亿 t 大关。《2020—2025 年中国钢铁产业行业运营态势与投资前景调查研究报告》指出：虽然自 2019 年以来，我国钢铁工业去产能"回头看"加速，但钢铁产量将长期保持在 8 亿 t 左右的高位水平。

我国是钢铁大国，但还不是钢铁强国。我国钢铁工业历经了几十年的持续改进和优化，比如高炉容积从新中国成立初期的几十立方米发展到现在的五六千立方米，人均产钢量从不到 10t 发展到现在超过 1000t，以及从生产 1t 钢需要 2.52t 标准煤发展到现在只需要 547.27kg 标准煤。但是，与国际先进水平相比，我国钢铁工业仍然面临着环境负荷重、资源利用率低、综合能效低、产品同质化与低值化等重大共性问题。2020 年，我国进口中高端钢材 2023 万 t，同比增长 64.4%。近年来，我国钢铁行业付出很大努力节能、减排、降碳，主要污染物和碳排放强度逐年下降。但由于体量大，总量控制压力仍然巨大。目前，我国钢铁工业的能源消耗约占全国总能耗的 11%，而碳排放量约占全国碳排放总量的 15% 左右，且各项主要污染物排放量已超过电力行业，成为工业领域最大的排放源。因此，新时期我国钢铁工业节能减排与提质增效仍然任重道远。2021 年开篇的"十四五"是我国实现"碳达峰""碳中和"目标的关键时期。钢铁行业作为我国制造业碳排放的重点行业，必须有效推动行业绿色低碳转型高质量发展，加快实现钢铁行业"碳达峰"。炼铁系统是长流程钢铁制造的前端核心环节，也是能耗最大、污染排放最高的生产环节。据统计，炼铁系统生产能耗和污染排放占整个钢铁工业的 70% 左右，而生产成本约占 60%。因此，炼铁系统是实现钢铁工业深度节能减排、提质增效和高质量绿色发展的关键。

不管钢铁工业及炼铁技术如何发展，高炉炼铁由于工艺相对简单、产量大、劳动生产率高等诸多优势，一直是现代钢铁制造炼铁生产的最主要方式。实际上，高炉炼铁是整个钢铁制造流程的前端核心和"卡脖子"工序，起着承上启下的关键作用。从冶炼生产过程来说，高炉炼铁过程铁水质量对后续转炉炼钢有着重大影响，因而对铁水质量调控以获得优质高产的铁水是高炉冶炼过程操作的主要目的。生产实践经验表明，高炉炼铁过程只有长期稳定顺行才能取得高质量、高产量、低能耗和高效益的生产技术指标。但高炉冶炼环境恶劣，缺乏有效的内部检测设备，其冶炼状态很难通过内部的反应状态来获知。因此，高炉的建模、控制与监测一直是炼铁过程以及整个冶炼生产的关键任务和核心工程。

2012 年，国家自然科学基金委立项了中国自动化领域首个国家自然科学基金重大项目"大型高炉高性能运行控制的基础理论与关键技术研究"。项目由浙江大学牵头，东北大学、中南大学、上海交通大学和清华大学联合参与，项目负责人为孙优贤院士。项目下设 5 个课题，分别涉及高炉炼铁过程检测（课题 1）、建模（课题 2）、控制（课题 3）、故障诊断（课题 4）与平台开发（课题 5）。本书作者王宏教授为课题 3 负责人，周平教授为课题 3 执行负责人，柴天佑院士为项目技术顾问。通过该重大项目历时 5 年的研究以及后续工信部工业互联网创新发展工程项目等多个项目的持续研究，形成了本书的基本内容与素材。本书所有内容的原始工作均已发表和录用在 *IEEE Transactions on Control Systems Technology*、*IEEE Transactions on Automation Science and Engineering*、*Control Engineering Practice* 等权威学术期刊，本书正是这些已发表或在线发表工作的系统性总结和进一步凝练与提升。

本书从数据驱动角度系统性总结和阐述了作者近 10 年在高炉自动化方面的系列研究工作，包括数据驱动建模、控制与监测三部分内容。全书共 12 章，第 1 章为绪论，介绍高炉炼铁过程及建模、控制与监测的相关问题；第 2 章到第 5 章为数据驱动建模部分，包括第 2 章基于随机权神经网络的高炉铁水质量建模、第 3 章基于支持向量回归的高炉铁水质量鲁棒建模、第 4 章基于子空间辨识的高炉铁水质量建模以及第 5 章高炉炼铁过程其他数据驱动建模方法；第 6 章到第 8 章为数据驱动控制部分，包括第 6 章数据驱动预测控制方法、第 7 章即时学习自适应预测控制方法以及第 8 章无模型自适应（预测）控制方法；第 9 章到第 12 章为数据驱动监测部分，包括第 9 章集成 PCA-ICA 的监测方法、第 10 章基于 KPLS 鲁棒重构误差的燃料比监测方法、第 11 章基于自适应阈值 KPLS 的高炉铁水质量异常检测方法以及第 12 章基于改进贡献率 KPLS 的铁水质量异常诊断方法。

本书涉及的研究工作得到了众多科研项目与机构的持续支持和资助。这里要特别感谢国家自然科学基金委员会及其资助的国家自然科学基金系列项目（61890934、U22A2049、61290323、61473064、61104084、61333007、61991400）、国家"万人计划"青年拔尖人才项目、工信部工业互联网创新发展工程项目、辽宁省"兴辽英才计划"青年拔尖人才项目（XLYC1907132）、国家重点研发计划项目（2022YFB3304900）以及中央高校基本科研业务费系列项目（N180802003、N160805001、N130508002）等。

本书撰写过程中，作者的学生张瑞垚、张帅、刘越、谢晋、高本华、孙霄阳、闻超垚参与了整理工作，在此表示感谢。此外，作者的博士和硕士研究生宋贺达、张瑞垚、温亮、戴鹏、刘记平、李温鹏、梁梦圆、易诚明、郭东伟、王晨宇、姜乐、张丽、陈建华、吕友彬、张兴、尤磊、袁蒙、孙霄阳、张帅、闻超垚、李瑞峰、谢晋、刘进进、李明杰、梁延灼、陈乐芳、张勇、荣键、赵向志等，在本书涉及的诸多科研工作中做出了贡献，在此一并表示感谢。

本书的研究工作及相关项目执行得到了广西柳州钢铁集团有限公司的大力支持，特别是广西柳钢东信科技有限公司张海峰董事长和苏志祁博士、柳钢炼铁厂2 号高炉范磊书记和丘未名主任、柳钢炼铁厂首席技术官李明亮高工等给予的支持与技术帮助，在此表示感谢。作者还要诚挚感谢浙江大学孙优贤院士、杨春节教授、赵春晖教授，中南大学桂卫华院士、蒋朝辉教授，上海交通大学关新平教授、陈彩莲教授、杨根科教授，清华大学叶昊教授、周东华教授、熊智华教授，燕山大学华长春教授和李军朋教授，武汉科技大学毕学工教授等对本书相关研究工作给予的多方面支持、帮助和指导。可以说，没有柳钢提供的良好条件与丰富资源，以及上述专家学者的支持和帮助，本书相关工作就难以开展。

最后，感谢作者的家人，是他们在工作和生活上一如既往的支持、鼓励和默默奉献，才使作者能够顺利完成各项科研工作和本书的撰写工作。

由于高炉自动化是国际公认的挑战性难题，本书只是结合作者近 10 年的研究经验和心得体会，从数据驱动的角度对这一挑战性问题做一相对客观、粗浅的介绍和开放性探讨。由于作者理论水平和技术经验有限，书中难免存在不完善或不妥之处，还请各位同行批评指正，在此表示感谢。

作　者

2022 年 1 月 1 日于沈阳

目　　录

第1章 绪　　论

1.1 引　　言

钢铁是工业的"骨骼",而钢铁工业是国民经济的支柱产业。中国的钢铁工业诞生于风起云涌的晚清洋务运动时期,经历了约一个半世纪的漫长发展过程。1949年新中国伊始,中国的钢铁产量只有15.8万t,仅相当于当时美国钢铁产量的2.2‰,不及全球钢铁年总产量的0.1%,居世界第26位。改革开放后,随着国家集中投资的中国宝山钢铁厂开工并建成投产,中国的钢铁工业进入快速发展的黄金时期,粗钢产量在1996年、2003年、2005年、2006年分别突破了1亿t、2亿t、3亿t和4亿t关口。在2005年,中国真正结束了依靠进口钢材满足国内需求的历史,实现了进口和出口的基本平衡。自2014年后,中国粗钢产量突破8亿t大关,至今一直保持在8亿t以上的规模,牢牢占据着世界粗钢年产量的"半壁江山"。2021年1月18日,国家统计局公布的最新数据显示:2020年我国生铁、粗钢和钢材(含重复材)产量创历史新高,分别为88752万t、105300万t和132489万t,同比分别增长4.3%、5.2%和7.7%。特别是粗钢产量,2020年首次突破10亿t大关。2021年4月,全国生产粗钢9785.0万t,同比增长13.40%,粗钢日产水平为326.17万t/日,环比增长7.54%。2021年6月,全球64个纳入世界钢铁协会统计国家的粗钢产量为1.679亿t,同比提高11.6%,这其中中国同比提高1.5%,印度同比提高21.4%,而日本和美国同比均提高44.4%。因此,种种数据和权威分析表明,我国以及世界钢铁需求和产量仍然处在上升期,而钢铁工业的优化和可持续绿色发展也将一直是世界重点关注的问题。

中国是钢铁大国,但还不是钢铁强国,主要表现为钢铁质量、能耗等方面与发达国家还有一定差距,中高端钢材仍然依赖进口,受制于人,每年需从日本、韩国、美国,以及欧洲国家等钢铁强国进口数千万吨高技术含量和高附加值的钢铁产品。2020年,我国出口钢材5367万t,同比下降16.5%,而进口钢材2023万t,同比增长64.4%。近年来,为了积极响应国家的"碳达峰"和"碳中和"目标,我国钢铁工业已付出很大努力进行节能、减排和降碳,主要污染物和碳排放强度逐年下降。但由于体量大和工艺流程的特殊性,总量控制压力仍然巨大。目前,我国钢铁工业能源消耗约占全国总能耗的11%,而碳排放量约占全国碳排放总量的15%,以及全球钢铁工业碳排放总量的50%左右。并且钢铁工业主要污染物排放量已超过电力行业,成为我国工业领域最大的排放源[1]。因此,新时期我国钢铁工业节能减排与提质增效仍然任重道远。实际上,我国钢铁行业"十三五"期间坚持绿色发展和质量为先,以提高产品稳定性、可靠性为核心,实现质量效益型转变[2]。这表明国家在"十三五"期间就已特别注重钢铁行业的节能降耗和钢铁产品质量的提升,这也是满足我国全面建成小康社会对质量、效益俱佳的制造材料和建设材料重大需求需要攻克的世纪难题。2021 年开篇的"十四五"是中国实现"碳达峰"和"碳中和"目标的关键时期。钢铁行业作为我国制造业碳排放的"第一"行业,必须有效推动行业绿色低碳转型高质量发展,加快实现钢铁行业"碳达峰"。

钢铁制造是典型的长流程、多工序流程型连续工业系统,如图 1.1.1 所示,主要包括前端由烧结和高炉等主体工序构成的大型炼铁系统,中部的炼钢-连铸系统以及后端的轧制(热轧、冷轧)系统。这其中以大型高炉与大型烧结机等重大耗能设备为主体工序的前端炼铁系统是长流程钢铁制造的前端核心环节,也是钢铁制造能耗最大、污染排放最高的生产环节。据统计,炼铁系统生产的能耗和污染排放占整个钢铁工业的 70%左右,而生产成本约占 60%。因此,长期稳定、高效运行的前端炼铁系统是实现整个钢铁工业深度节能减排、提质增效和高质量绿色发展的基础和保障。然而我国大多数炼铁系统原燃料品位低、成分波动大、工况动态时变、关键参数无法实时在线检测等原因,造成炼铁系统一直难以实现整体控制与优化运行,其生产运行过程及关键指标在人工监督的半自动化操作下呈现频繁波动的高动态特性,不利于新时期我国钢铁工业高质量发展与"双碳"目标的实现。

当前,不管钢铁冶炼技术如何发展,高炉炼铁一直是现代炼铁的最主要方式,其产量占到了世界生铁总量的 90%以上。这是因为,相对于直接还原法、熔融还原法、等离子法等其他炼铁方式,高炉炼铁具有工艺相对简单、产量大、劳动生产率高等诸多优势。现代高炉炼铁由古代竖炉炼铁方法改造并发展起来,其主要是应用含铁矿石(烧结矿、球团矿及天然富块矿)、焦炭和熔剂(石灰石、白云石)在竖式反应器——高炉内经过一系列复杂的物理化学反应连续生产出液态高温生铁的过程。高炉炼铁在整个钢铁制造流程的位置如图 1.1.1 所示,是钢铁制造的前端核心工序,起着承上启下的关键作用,也是整个钢铁制造的瓶颈工序。从冶炼生产过程来说,高炉炼铁过程铁水产物的质量对后续转炉炼钢有着重大影响,因而进行铁水质量调控以获得优质高产的铁水是高炉冶炼过程操作核心目的。生产实践经验表明,高炉炼铁过程只有长期稳定顺行才能取得高质量、高产量、低能耗和高效益的生产技术指标。但高炉冶炼环境极其恶劣,很多关键参数缺乏有效的检测设备,其冶炼状态很难通过内部的反应状态以及少数检测参数来获知。因此,针对炼铁高炉,尤其是最终铁水质量指标的建模、控制与监测的科研与实践工作一直是整个钢铁制造的核心工程。

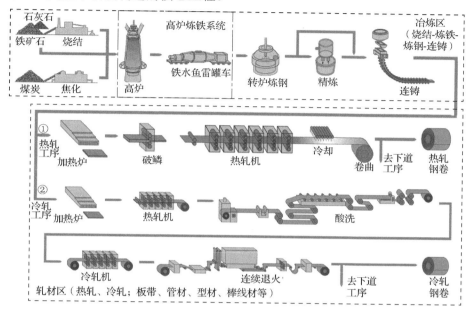

图 1.1.1 典型钢铁制造流程示意图

综上,结合我国大型炼铁系统资源与环境约束日益增强的国情,在我国由钢铁大国向钢铁强国转型升级和建设制造强国、实现高质量发展的重大战略需求牵引下,融合时下人工智能与数据驱动技术快速发展的机遇,亟须研究有效的高炉炼铁过程建模、控制与监测方法来降低高炉炼铁过程的能源消耗和提高铁水质量,并保持铁水质量的稳定性与过程运行的安全性和可靠性。

1.2 高炉炼铁过程及建模、控制与监测相关问题描述

1.2.1 高炉炼铁过程描述

高炉炼铁是一个伴有高温、高压、高粉尘以及多相多场耦合等生产特点的复杂连续生产过程,在密闭炉体内经过复杂的物理化学反应将固态铁矿石还原成液态生铁。在风口前,燃料的燃烧反应生成高温还原性气体,使得在高炉内部产生两股运动流,一个是自下而上运动的高温煤气流,另一个是自上而下下降的铁矿石、焦炭、溶剂等的炉料流。高炉内发生的一切复杂的物理和化学变化均是由于两股运动流,即炉料流与高温煤气流的相向运动并产生相互作用的结果,包括下降炉料的加热及分解、水分的蒸发、铁元素及其他微量元素的还原、造渣及脱硫、

生铁的形成及渗碳等[3]。图 1.2.1 是一个典型的高炉炼铁过程示意图，而图 1.2.2 是我国柳钢本部 2 号高炉炼铁系统实景图。一个完整的高炉炼铁系统主要包括高炉本体以及 5 个高炉冶炼所需的辅助系统。其中，高炉本体按内部结构由上而下又可以分为炉喉、炉身、炉腰、炉腹和炉缸 5 个部分，而高炉其他辅助系统主要包括上料系统、燃料（主要是煤粉）喷吹系统、热风系统、出铁系统和高炉煤气处理与脱尘系统，如图 1.2.1 所示，具体介绍如下。

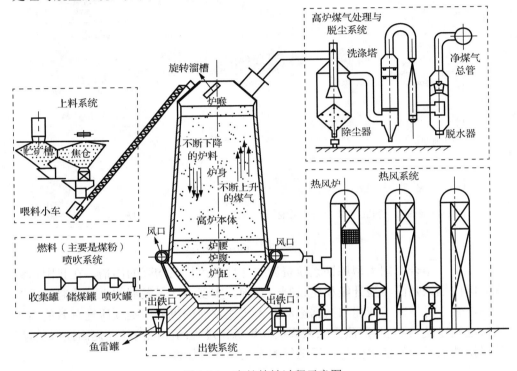

图 1.2.1　高炉炼铁过程示意图

（1）上料系统用于实现高炉的上部调剂，即装料制度调剂。高炉冶炼生产时，将焦炭、铁矿石及石灰石等溶剂依照规定配比称量并筛分后装入料车，通过皮带机将炉料运输至高炉炉顶，由装料设备装入高炉内，从高炉炉顶按规定要求进行分批布料，保持炉喉料面高度和形状满足特定生产需求。

（2）燃料喷吹系统与热风系统用于实现高炉的下部调剂。燃料喷吹系统用于热制度调剂，负责均匀、稳定地从风口向高炉内部喷入煤粉、油或天然气等辅助燃料。热风系统用于送风制度调剂，由鼓风机和多座热风炉等设备组成，负责连续不断地通过环绕在高炉炉腹周围的风口向高炉本体供给 1200℃左右的高温热风。

（3）出铁系统主要任务是及时处理产出的高温液态铁水（1500℃左右）和炉渣。在高温高压下，铁矿石通过与焦炭和喷吹燃料中的碳以及一氧化碳的氧化还原反应炼出液态生铁，高温铁水从出铁口排出并装入铁罐车（如鱼雷罐、开口罐等）送往下一道生产工序。生成生铁的同时，伴随着炉渣的生成，炉渣经过撇渣器从出渣口排出。

（4）高炉煤气处理与脱尘系统主要任务是回收处理高炉煤气。风口前焦炭燃烧产生大量煤气，高炉煤气不断向上运动，与下降的炉料发生以氧化还原反应为主的一系列复杂物理化学反应，从而将铁从铁矿石中还原出来。上升的高炉煤气最终从炉顶回收，经过重力除尘、余压发电等环节回收再利用。

（a）柳钢本部 2 号高炉远景

（b）高炉本体局部

（c）热风炉实景

（d）高炉出铁实景

图 1.2.2 柳钢本部 2 号高炉炼铁系统实景图

1.2.2 高炉铁水质量指标

高炉炼铁生产的最终产品是高温液态铁水，即生铁。生铁中除铁成分外，还含有碳、硅、锰、磷、硫等常规元素，还有一些微量元素及某些特有元素。此外，铁水温度是铁水物理热的表征，指示高炉稳定顺行状况及生产过程能耗情况。实际炼铁生产过程中，通常采用铁水温度（MIT）、硅含量[①][Si]、磷含量（[P]）、硫含量（[S]）等几个主要指标作为综合性的铁水质量指标[3]，以此来衡量高炉炼铁过程的铁水质量状况。

铁水温度（molten iron temperature, MIT）是高炉产品熔融生铁的物理温度，表征炉缸物理热的标志，体现了炉内运行状态。铁水温度过低不利于渣铁形成和去除杂质，且易产生喷溅现象，而铁水温度过高，炉温上行会导致炉料下降缓慢。因此，铁水温度的变动能够体现炉内波动情况，铁水温度相对稳定是高炉炼铁过程稳定顺行、提高生产效率的前提。高炉操作应实时监测铁水温度及变化趋势，

---
① 书中化学元素（物质）的含量均表示该元素（物质）的质量分数。

提前预判并采取调控措施，这对于稳定高炉热制度、减少炉况的波动以及提高生铁质量和降低焦比等都具有重要意义。通常，高炉的出铁温度一般需要控制在 1480～1530℃，且一般不应小于 1480℃。

铁水硅含量也称作铁水的化学热，是代表炉缸温度的指标。生铁[Si]高则表示炉缸温度高，因此，生铁中[Si]的变化是衡量炉缸温度变化走势和炉缸燃烧状态的重要指标。生铁中的硅由高炉原料中的二氧化硅（SiO_2）还原得到，对熔化铁水的流动性具有促进作用，同时，能够减少铸件的收缩程度，使其冷却时不易变形。但是，铁水[Si]过高，会增加生铁的硬脆性。此外，铁水[Si]高时渣量大，对降低铁水中磷、硫的含量有一定帮助，但同时硅高的铁水易喷溅，出产的生铁硬而脆，金属收率低，因此本质上需要一定的控制。一般情况下，在炉况稳定时铁水[Si]控制在 0.4%～0.7%，在短期计划休风时控制在 0.8%～1.0%。

铁水中磷元素属于有害元素，在高炉中通过与碳的直接还原产生。铁水中磷会使后续工序钢材在低温下的韧性大幅度下降，出现"冷脆性"；可使结晶过程容易出现偏析，影响钢材的冲击韧性；也可使钢的偏析度增大，焊接性能降低，增加回火脆性敏感性等。此外，铁水中过高的磷含量会加重对高炉炉衬冲蚀，降低高炉炉龄。因此，炼铁过程中期望磷含量越低越好，铁水[P]一般要求小于 0.2%。

硫元素是对生铁最有害的元素，能够抑制碳化铁的分解，增加铁的硬脆性，降低切削性能和韧性。铁水中硫能够与铁化合成硫化铁，使得生铁具有热脆性并且降低熔化铁水的流动性。因此，要求生铁中硫含量愈小愈好。降低铁水中硫，通常应减少炉料和燃料中的含硫量、增大渣量以增加"排硫量"。增加渣量，必导致炉料含铁量下降，不利于高炉冶炼，而且增加燃料消耗。实际炉料中的硫主要来自燃料，所以增加渣量，又陷入增加硫含量的恶性循环。铸造生铁[S]不得超过 0.06%，且一般需要控制在 0.02%～0.035%。

此外，铁水中的常见元素还有锰和钛。锰元素（Mn）是通过高炉原料中锰的高价氧化物在炉缸还原为低价氧化物，最终还原成锰金属溶入生铁中。锰属于过渡族元素，在铁水中一般也是有害元素，可在铁水中无限溶解。锰元素在铁水中的存在，会降低黏度，一方面加快铁水流动，加速对凝铁层的冲刷，另一方面降低凝铁层自身的黏度。这两方面都加速了凝铁层的消失，从而加速对炉缸的侵蚀。一般情况下，铁水中的锰含量应控制在 0.2%以下。钛矿冶炼时会在高炉炉缸形成钛固溶体并沉积于炉缸受侵蚀部位的工作面或砖缝中，对炉衬有一定的保护作用。因此，在高炉操作中会用钛矿或钛球进行护炉。但铁水钛含量（[Ti]）升高，会对后续转炉炼钢产生诸多不利影响，主要体现为脱硫工序扒渣铁损增加，转炉溶剂消耗增加，溅渣护炉效果变差，因此需要对[Ti]进行一定程度的控制，通常需要控制在 0.05%以下。

上述铁水质量指标不仅能够直观、定量地反映高炉铁水品质，还可以全面反映高炉炼铁过程中的相关物理化学信息和高炉的整体运行状态。此外，高炉铁水质量的好坏也直接影响着后续转炉炼钢的运行性能和成本，甚至关系着最终轧制过程钢材的品质。因此，高炉炼铁过程尤其是铁水质量的建模、监测与控制是高炉提质增效、节能降耗与稳定顺行的关键。

1.2.3　高炉铁水质量相关变量分析

高炉炼铁过程是一个非常庞大的复杂工业系统，且子系统众多。整个高炉炼铁系统测量数据点成千上万个，这其中与铁水质量直接相关的变量也多达几十个。图 1.2.3 为柳钢某高炉炼铁系统控制相关的主要测量系统配置图，其中 FT、PT、TT、HT 分别表示流量、压力、温度与湿度传感器，而 EM-1~EM-9 分别表示基于相应经验计算模型的软传感器。表 1.2.1 是该高炉炼铁系统与控制相关的可直接测量的主要过程变量及其相应测量仪器，而对于一些不能直接测量或者难以直接测量的关键变量，如理论燃烧温度和炉腹煤气量等，则通过一些经验模型间接计算获得，即图 1.2.3 中 EM-1~EM-9。可以看出，铁水质量相关影响变量众多，且相互之间关联耦合。从控制的角度来看，通常可将这些质量相关影响变量分为状态变量和操作变量两大类，如表 1.2.2 所示[3]。

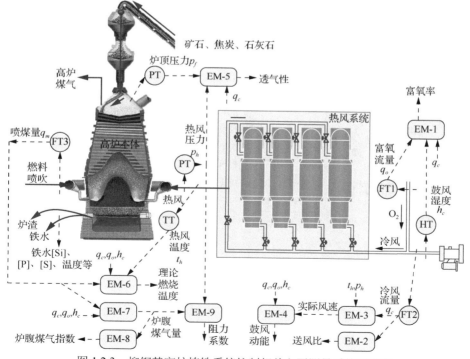

图 1.2.3　柳钢某高炉炼铁系统控制相关主要测量系统配置图

表 1.2.1　柳钢某高炉主要的直接检测变量及测量仪器

符号	物理含义	检测设备	位置
q_c	冷风流量/(m³/h)	HH-WLB 压力变送器	冷风管道
q_o	富氧流量/(m³/h)	A+K 平衡流量变送器	富氧管道
p_h	热风压力/kPa	DPharp EJA 高精度压力变送器	热风进风口
p_f	炉顶压力/kPa	DPharp EJA 高精度压力变送器	高炉炉顶空气进风口
t_h	热风温度/℃	Hongguang SBW 温度变送器	热风管道
h_c	鼓风湿度/(g/m³)	空气湿度传感器	风机进气过滤器入口

（1）状态变量。在高炉炼铁过程中，不可调节和操作但能通过检测仪器检测或根据经验模型计算得到数值的变量均为状态变量。状态变量不仅可反映高炉的运行状态，同时也是现场炉长、工长以及操作员判别、监测高炉炉况的重要参考和依据。常见的铁水质量相关状态变量主要有富氧率、送风比、阻力系数、理论燃烧温度、实际风速、炉顶压力（顶压）、透气性、炉腹煤气量、炉腹煤气指数、鼓风动能等，具体可参见表 1.2.2。

表 1.2.2　高炉炼铁过程质量相关主要变量

状态变量	操作变量	
	上部	下部
送风比/%	布料矩阵（布矿角度、布焦角度，各布矿角度或布焦角度对应的布料圈数）	冷风流量/(m³/h)
顶压风量比/%	焦批/t	鼓风湿度/(g/m³)
理论燃烧温度/℃	块矿/t	热风温度/℃
炉腹煤气量/(m³/min)	矿批/t	热风压力/kPa
顶温西北/℃	球团批重/t	富氧流量/(m³/h)
球团比/%	焦炭/t	喷煤量/(t/h)
块矿比/%	烧结批重/t	
透气性/[m³/(min·kPa)]	焦丁批重/t	
标准风速/(m/s)		
炉腹煤气指数/[m³/(min·m²)]		
顶温东南/℃		
南探/m		
炉顶压力/kPa		
阻力系数		
实际风速/(m/s)		
顶温东北/℃		
软水温差/℃		
北探/m		

续表

状态变量	操作变量	
	上部	下部
压差/kPa		
富氧率/%		
鼓风动能/(kg·m/s)		
顶温西南/℃		
烧结比/%		
雷达料位/m		

（2）操作变量。操作变量即可调整或操作的变量，也可称为控制变量。这些变量可以直接调节高炉的运行炉况以获得期望的性能和指标，也是异常炉况下炉长保证高炉稳定顺行的主要调控量。高炉炼铁过程中的操作变量不仅包括上料系统中的入炉料批批重与次序、布料系统的布料角度和各个角度的布料圈数等，同时还包括下部调剂系统中送风系统和燃料喷吹系统的热风温度、热风压力、富氧流量、鼓风湿度、冷风流量、喷煤量等变量。实际冶炼过程中，由于高炉从上料、布料到最终出铁口生产出铁水需要耗时 6～7h，滞后时间较长，而且实际工业现场高炉布料制度的调节权限高、涉及因素多，因而在高炉铁水质量建模、调控过程中，一般不考虑供料系统相关参数对铁水质量指标的影响，而是将其作为可调节的边界条件进行处理。实际的铁水质量调控中，主要是通过调节喷煤量、热风温度、热风压力等送风系统和燃料喷吹系统两部分的变量来快速实现高炉炉况的稳定。

1.2.4　高炉炼铁生产的基本操作制度

实际工业生产中，高炉炼铁过程的基本操作可归结为四大制度，即装料制度、送风制度、热制度和造渣制度。只有选择合理的基本操作制度，高炉才会稳定顺行、高产、优质、低耗，也即才能以最小的成本获得更多满足工艺要求的优质铁水。

装料制度的调剂属于上部调剂。上部调剂是借助装料制度中的可调因素，包括旋转溜槽的布料角度、各个角度的布料圈数，以及料线高度、铁矿石与焦炭批重、装料顺序等，采取适宜的调剂措施，使高炉内部的炉料分布状况和上升高温煤气流的运动状况相适应，以保证炉料正常下降。送风制度的调剂属于下部调剂。下部调剂是指根据冶炼条件的变化，选择合理的鼓风参数，包括冷风流量、热风温度、热风压力、鼓风湿度、喷煤量、富氧流量等，使炉缸工作状态良好以及煤气流初始分布合理，保证高炉的稳定顺行。热制度的主要任务是保持合理的炉缸温度水平，通过炉缸物理温度，即铁水温度，以及炉缸的化学温度，即生铁含硅量来衡量，并且主要通过调剂焦炭负荷保持炉热稳定。造渣制度是否合理取决于炉渣的流动性、稳定性和熔化性状况，是保证高炉稳定顺行和获得合格生铁的重要操作制度。高炉炼铁过程运行复杂，包含众多能够反应冶炼状况的过程参数变量，只有保持基本操作制度在合理范围内，高炉才能稳定顺行，实现铁水优质高产。

下部调剂的送风制度对炉缸工作状态起着决定性作用。炉缸内煤气的初始分布会影响炉料运动状况，而炉料在炉内的分布也会影响煤气在炉内的分布。所以，上部调剂的布料调节和下部调剂的送风与喷煤调节要综合运用。这两个调剂若合理，可以正确地发挥其他两个制度的作用，相反则会引起炉缸工作状况剧烈波动，最终破坏高炉顺行与稳定，从而造成铁水质量的波动和不达标。造渣制度对顺行和产品质量影响很大，不当时会破坏炉型并引发生产故障。热制度与其他三个制度关系非常亲密，不合理时会破坏其他三个制度的稳定与效能，引发高炉不顺和炉凉。

1.2.5　高炉炼铁过程动态特性及复杂性分析

作为最大最复杂的钢铁冶炼反应容器，炼铁高炉的高温密闭性和极复杂动态特性决定了高炉炼铁过程的建模、控制与监测问题必定包含诸多难点，具体表现如下。

其一，高炉炼铁过程炉内高温、高压、多粉尘、强噪声，内部冶炼反应极其剧烈，反应最剧烈的区域温度超过 2000℃，压强高达标准大气压的 4 倍左右。这种极端环境下常规检测设备难以工作，极易损坏，且连续封闭冶炼下维护检修困难。极特殊材料及技术研制下的检测设备又造价昂贵，针对高炉炼铁工业这种需求量较高的场景并不适用。这也导致高炉炼铁过程的"欠信息"和冶炼操作的"盲"。良好的检测系统是任何工业系统稳定控制的基础，缺乏内部冶炼状态的实时有效反馈信息是高炉炼铁过程监测与控制的最大难点。

其二，如图 1.2.4 所示，高炉炼铁过程包含大量复杂的物理化学反应，固、液、气多态共存且并发耦合，检测信息严重滞后，具有未知的极复杂非线性动态特性。因此，高炉炼铁过程的机理模型一直不能建立。常规数据驱动模型对数据的质量和模型的结构具有较强的依赖性，简单的模型结构不足以完全描述冶炼过程的全部特性，基于这样的模型设计出来的控制器也具有较大的局限性。而过于复杂的模型结构其辨识过程和对应控制器的设计本身也具有相当大的难度，难以实际工程应用。

其三，高炉主体控制变量较多，这些变量之间存在不完全明确甚至未知的耦合关系。从而依据已知机理不足以保证能选取对数据建模与控制的有效变量，若直接将所有参数均作为铁水质量建模与控制的变量，不仅会导致模型和控制器结构的高度复杂，还使得难以保证局部建模与控制的性能稳定，并且造成冗余控制操作，给其他控制系统及综合优化调度带来负担。此外，参数之间复杂交错的耦合关系也进一步加大了建模与控制器设计的难度。因此，高维参数空间及参数空间的复杂耦合关系是高炉炼铁过程建模、控制与监测的一项挑战。

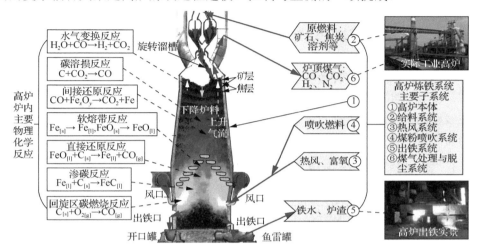

图 1.2.4　高炉炼铁系统及炉内主要物理化学反应示意图

此外，受到当前检测技术水平及检测设备维护成本的影响，高炉炼铁过程最终的铁水质量指标还只能通过离线化验来进行获取，有较长的时间延迟，通常需要 30min 左右才可以获得一个批次的铁水质量离线化验分析数据。综合考虑冶炼操作与铁水质量指标输出之间的对应关系，那么依据高炉不同部位的控制量会有2~3h（热风调剂、喷煤调节）和6~7h（布料调节）等不同程度上的时延。这种时间跨度上的延迟和多样性可认为高炉系统是一个采样频率极不规则的多采样率系统，数据的多采样率和稀疏性给建模、控制与监测都带来了很大的难题，因为无法及时获得有效的反馈信息且难以较好地辨识动态工作点，控制器也很难保证其稳定性及动态性能。

在实际高炉炼铁过程工业中，过程数据来自各个现场传感器与变送器的实时采样，测量数据很容易受检测仪表、变送器等装置的故障以及恶劣环境与人为因素等异常干扰的影响，使得实际工业高炉的测量数据中广泛存在多重离群特性，包括输入数据的离群和输出数据的离群。同时，高维输入变量数据间还时常发生多重共线性的问题。因此，高炉炼铁过程的铁水质量等模型必须有较高的鲁棒性以抑制异常数据、多重离群点和共线性数据对模型的不利影响和破坏。

正是由于上述高炉炼铁过程的极复杂动态特性，高炉炼铁现场仍然采用炉长或者工长根据经验知识进行直观判断与人工调节的方式来对高炉炼铁过程进行日常的生产操作，因而难以根据原燃料与动态运行工况的变化对高炉进行及时、准确地监测和调控，使得铁水质量波动大、能耗高、生产成本大。因而亟须研究有效的高炉炼铁过程建模、监测与控制方法，实现高炉炼铁过程的精确分析、监测与调控，并最终实现提质增效与节能降耗。

1.3　高炉炼铁过程建模、控制与监测方法

如何利用有效的过程数据并结合过程机理与知识，建立准确的高炉炼铁过程模型，尤其是铁水质量模型，并在此基础上研究有效的过程监测与调控方法，实时在线监测炼铁运行过程与铁水质量，并实现生产过程的自动控制和优化运行，是当前高炉炼铁生产所面临和亟须解决的重要问题。

1.3.1　高炉炼铁过程建模方法

建模是一切生产自动化与过程控制的基础。由于高炉炼铁过程的前述极复杂动态特性，其建模一直是高炉炼铁生产自动化的难点之一。和大部分工业过程类似，高炉炼铁过程的建模也主要经历了机理建模、知识推理建模和数据驱动建模三个阶段。

1.3.1.1　机理建模

机理建模，也叫白箱建模，主要是根据生产过程的内部工艺机理，以及物质平衡、能量平衡、动量平衡和生产过程中各种物性参数间的机理解析关系建立描述被控生产过程的模型，进而预测生产过程参数的动静态变化。具有代表性的高炉机理模型主要是根据高炉质量平衡和热量平衡，推导出代表高炉热状态指数的静态平衡模型。如日本学者通过综合考虑高炉内部的传热机理和化学反应建立了高炉一维稳态模型[4,5]，法国钢铁研究院 1967 年开发的 Wu 模型[6]，该模型利用炉顶煤气成分与铁水成分，且借助于热平衡与物料平衡原理计算高炉热状态指数。此外，还有比利时冶金研究中心 1972 年开发的 Ec 模型[7]，日本新日铁 1980 年提出的通过燃油喷吹量控制铁水温度进而建立实际铁水温度与风口燃烧带平均温度间的 Tc 模型[8]。

铁水质量机理模型建立是对工艺过程机理具有深刻认识，并对炼铁过程进行了理想、简化的假设。此外，这些模型需要在实际应用中配备先进的测量仪器，而且由于高炉炼铁过程的复杂性，基于机理的铁水质量模型并不能完全描述高炉的非线性动态特性，因此机理模型仍难以在实际高炉炼铁过程进行应用，也未在我国钢铁企业进行推广应用。

1.3.1.2　知识推理建模

随着对高炉炼铁过程的不断研究和了解，基于专家知识和推理机的推理模型逐渐被用于高炉过程建模和铁水质量等关键指标的在线估计。推理模型在应用过程中，首先需要采用模糊数学等方法对高炉运行中大量生产知识与数据进行统计分析和规则建立，并构建可以适应不同生产状况的专家知识库。在实际应用中，专家系统便可将实际生产数据反映的炉况与专家知识进行对比，通过规则提取实现高炉炉况的预测和实时控制。2005 年，Li 等[9]选取影响铁水[Si]的几个关键操作变量作为模型的输入变量，并估算了它们各自的时滞，然后建立了模糊推理模型来逼近铁水[Si]不断变化的随机非线性动态模型，实现对铁水[Si]及其变化的预测。2007 年，Martin 等[10]提出了一种基于模糊逻辑推理的高炉铁水温度预测模型，该模型以高炉炼铁过程的主要控制变量，如水分、喷煤量、氧气添加量、矿焦比、风量等作为输入变量，并采用自适应神经模糊推理系统和减法聚类算法来训练模型参数。该方法实现了对铁水温度的预测，但模型参数易受噪声影响，进而限制了其在铁水温度预测问题上的适用性和推广应用。

推理模型凭借着其简单易用、便于理解、可移植性强等特点在高炉炉况诊断方面起到了重要提示作用，并使得高炉专家系统在高炉操作与调控中得到了积极应用。但是由于规则知识的定性特点以及推理模型对有限专家知识的依赖性，在高度复杂的高炉冶炼背景下，推理模型难以应对专家知识库内未包含的未知冶炼工况，进而限制了推理模型的发展和应用。

1.3.1.3　数据驱动建模

有别于前述机理建模和知识推理建模，数据驱动建模属于黑箱建模，不需要了解太多高炉冶炼机理，仅通过数学工具和智能算法对收集的过程数据进行降维、归一化等处理，经过模型训练就可以建立过程的模型。数据驱动建模方法简单、模型准确度高、实用性好，因而已逐渐成为高炉炼铁过程建模与控制的研究热点[3,11,12]。目前，国内外有众多数据驱动高炉过程模型，常见的有时间序列模型、统计学习模型和神经网络模型。

时间序列模型又分为线性时间序列模型和非线性时间序列模型。Pandit 等[11]根据铁水[S]、铁水[Si]、铁水温度、风速和焦矿比五组观测数据对高炉操作进行时间序列分析建模，并获得关键变量间的相互依赖关系，如铁水[Si]与上一时刻铁水温度间的负相关关系以及与铁水[S]间的负相关关系等。Ostermark 等[13]通过考虑过程变量对铁水[Si]影响的时序关系，建立了铁水[Si]和铁水温度的向量自回归滑动平均模型。Matias 等[14]采用在线递推算法对关键变量变化趋势进行量化和跟踪，实现铁水[Si]的预测建模。此外，Zeng 等[15]近年提出了基于非线性广义自回归条件异方差的高炉铁水[Si]预测模型。时间序列模型具有模型简单,便于使用的特点,在炉况平稳的情况下能够得到良好的铁水质量预测效果,但是当炉况波动较大时,就难以有效地跟踪和反应炉内状态。

基于统计学习理论的建模方法主要有:Bhattacharya 采用主成分分析(principal component analysis, PCA)思想分析各个过程变量对铁水[Si]的影响,建立了铁水[Si]的偏最小二乘(partial least squares, PLS)预测模型[16];曾九孙等[17]从高炉冶炼反应动力学出发,分析高炉内部反应的关系,提出一种基于隐 Markov 模型的高炉铁水[Si]预测模型;Jian 等[18]选取喷煤量、风量和鼓风湿度等作为输入变量,建立了基于最小二乘支持向量回归机的铁水[Si]预测模型,并获得了较好的预测效果。

神经网络是由大量形式相同的神经元相互连结而成的复杂非线性动态学习系统,具有大规模并行、分布式存储和处理、自适应、自学习、强鲁棒性和容错能力等特点,能充分逼近复杂的非线性关系,目前已被广泛应用于数据挖掘、图像处理、故障诊断等方面。由于高炉炼铁过程的密闭性及高度复杂性,采用基于神经网络的"黑箱建模"方法来建立铁水质量等应用模型是非常好的技术手段。Chen[19]结合神经网络与定性分析,通过因果分析和定性推理,预测高炉炼铁过程的定性趋势;Saxen 等[20]利用遗传进化神经网络,通过多目标优化同时逼近误差和权数,并采用卡尔曼(Kalman)滤波器递推估计网络权值的方式,建立了铁水[Si]的神经网络预测模型网络模型;Yao 等[21]基于初始化权值分配,在神经网络中加入一个脉冲以及扩展多个权值的思想,建立了两个神经元之间具有三个连接权值的人工神经网络模型,实现了铁水[Si]的预测;Zhao 等[22]采用 Pareto 差分进化算法优化网络连接权值和网络中的隐含层节点数,建立了基于进化人工神经网络的铁水[Si]预测模型。上述模型虽能很好地实现对铁水质量等的预测,但在实际应用中往往存在学习时间过长、模型结构复杂和易陷入局部极小值等问题。因此,研究具有鲁棒性好、泛化性能强、学习速度快、网络结构紧凑的神经网络模型来建立铁水质量模型非常必要。

1.3.2　高炉炼铁过程质量相关监测方法

高炉炼铁过程的稳定顺行是实现高产量、低能耗、优质产品的必要条件,而炉况的稳定顺行是上升煤气与下降炉料之间矛盾因素的动态统一。高炉炼铁过程总是要受到许多主观操作与客观因素的影响,会出现各种不同原因类型的大大小小波动。对高炉炉况判断,就是通过各种监测技术及时发现炉内波动状况,随时掌握炉况波动诱因,对复杂而庞大的高炉系统,从错综复杂的相关因素中,把握问题产生的主要矛盾,即找出造成高炉炉况波动的主要原因,从而准确判断高炉冶炼状况,并及时采取相应的调剂措施,消除异常波动,使炉况恢复稳定。高炉炼铁的最终目标是生产出优质生铁，从而保证下一道炼钢工序的产品质量和运行性能。为实现这一目标，对高炉炼铁进行质量相关过程监测，提供给操作人员可视化的炉况监测结果，从而指导现场操作人员采取适宜的调剂措施进行处理，来保证和提高铁水质量，实现稳定顺行。

对于高炉炉况监测，早期主要是采取直接观察判断的方法，即高炉值班炉长或技术操作人员基于所熟悉的高炉生产经验和所掌握的高炉操作手段，用目力对一些高炉冶炼现象直接观察判断：①看风口，即从风口观察和判断炉缸温度、高炉本体的顺行状况等；②看渣，即从渣水温度判断炉缸温度及工作状态等；③看铁，即判断生铁中[Si]和[S]，用来判断炉缸温度和工作状态等。实际上，直接观察判断是目前很多高炉尤其是中小型高炉仍然广泛采用的炉况监测方法。然而，直接观察判断炉况的准确性，对操作人员的实践经验和技术水平要求极高，且有一定的局限性，如铁水、炉渣均为高炉冶炼长时间慢过程的产物，导致看铁、看渣的直观判断操作存在一定的滞后问题；而风口状态是瞬间现象，造成快速观察判断的可靠性不足等问题。为了更好地监测高炉冶炼过程，更准确地掌握高炉炉况的动向趋势和波动幅度，只依靠生产技术人员或者操作人员的直观判断方法还远远不够。

随着科学技术的不断发展，各种高炉智能计量仪表监控范围逐渐增大，并且检测精度逐步提升，如热风压力计、压差计等压力计仪表，热风温度计、冷却水温差计等温度计仪表，冷风流量计等流量计仪表以及其他计器仪表。在直观判断与仪表的单变量监测基础上，需要更加智能的辅助手段帮助操作人员进行综合判断。在这种强烈需求下，随着计算机技术的发展以及人们对高炉炼铁过程反应机理不断理解，研究人员提出了越来越多的高炉炉况监测与诊断方法。目前国内外对于高炉炉况监测与诊断方法的研究主要划分为基于数学模型的监测方法和基于知识的监测方法。

基于数学模型的监测方法是通过对高炉炼铁过程反应机理与炉内结构的理解，建立高炉炉内的动力学模型和局部模型，在此基础上对炉况进行判断。如高炉炉缸底侵蚀模型、布料模型、炉墙结厚预测模型、炉喉煤气流分布模型、软熔带模型等[23-25]。这些模型虽然能够给技术操作人员提供部分高炉冶炼状态的数字化或者可视化展现，但是在模型准确性与可靠性方面，对检测信号的完备性要求较高，且在实际高炉生产过程中很难满足建模所需的诸多假设条件。

由于实际高炉生产中采用数学模型的炉况监测的效果并不理想，基于知识的高炉炉况监测方法逐渐被提出并应用。这类方法主要是高炉智能专家系统的开发应用，用来模拟人类专家诊断推理，执行监测并推测结果。国外的高炉专家系统已经能够实现较好的炉况监测效果，如芬兰的 Rautaruukki 公司研发了高炉炼铁过程专家控制系统，开发两个智能系统分别用于高炉冶炼过程的正常操作和炉况监控[26]。奥钢联工程技术公司（VAI）联合钢铁公司林茨厂（VASL）研发了 VAiron 高炉专家系统，对典型异常炉况进行诊断，为实际高炉冶炼过程带来了生产指标的改善以及经济效益的提升[27, 28]。国内对高炉专家系统的研究也在不断展开，如莱钢与浙江大学合作开发了智能控制专家系统，在炉温平稳控制和降低焦比方面取得成效[29]。但是，高炉专家系统监测的准确度，很大程度上取决于所建立的知识库以及诊断规则的完备性和精确度，其受到专家及操作人员经验水平的限制，稳定性与准确性不足。

近年来，随着工业生产过程监测技术的不断成熟，一些专家学者开始将多元统计分析方法应用于对高炉炉况的监测与诊断。Gamero 等[30]将 PCA 方法与定性趋势分析相结合，对高炉内空气动力稳定性进行监测。Vanhatalo[31]将多变量投影 PCA 方法用于高炉炼铁过程的热状态监测，而窦克勤等[32]建立了高炉异常炉况故障检测的 PCA 模型。但是，对高炉铁水质量的监测鲜有研究报道。考虑到现代钢铁工业高质量发展的需求越来越迫切，同时，大量反映高炉运行状况的数据以及关键工业指标信息能够被采集和存储下来，研究如何利用高炉冶炼过程的历史数据和实时数据对铁水质量与运行安全进行监测，是实现高炉企业转型升级和高质量发展的重要技术手段。

1.3.3　高炉炼铁过程控制方法

在我国高炉炼铁生产中，目前还没有完善的针对高炉铁水质量的自动控制方法和系统，主要依靠两方面的管控：其一为对高炉入炉原燃料的管控，其二为生产操作制度的调节。二者独立操作又相辅相成，从而达到对铁水质量等的粗粒度调节。

实际高炉冶炼生产中，高炉炉长或操作员依据长期积累的经验得到的操作规则和操作制度，辅以主观预断来对铁水质量、高炉冶炼状态进行综合性预判和调节。具体来说，操作员需要实时监测某些生产指标并指定相应的调节方案。操作依据的最基本的指标为入炉原燃料如烧结矿、球团矿、焦炭、煤粉的品位、灰分等质量参数。原燃料是高炉的粮食，"吃"得好，产品质量就好，"吃"得不好，产品质量就差一些，甚至可能造成高炉"拉肚子"。因此各大钢铁厂均会对入炉的原燃料进行严格管控，如炉容在 4000～5000m³ 级别的高炉对原燃料的要求可归结如下[33]：

（1）烧结矿的品位不低于 56%，FeO 含量低于 10%，转鼓强度指数不小于 78mm，平均粒度不低于 19mm；

（2）球团矿的品位不小于 64%，低温还原分化率不小于 90%，常温耐压强度不小于 2500N/球；

（3）块矿的品位不小于 64%，还原性不小于 55%，水分不小于 2%；

（4）焦炭的灰分不大于 11%，反应后强度指标不小于 65%，焦炭反应性不大于 26%，平均粒度在 46～60mm；

（5）喷吹煤的灰分不大于 10%，含硫量不大于 0.6%。

上述指标为入炉原燃料的基本指标，为燃料的最低标准。在满足上述基本指标的基础上，不同质量级别的原料客观决定了出铁的质量，同时也对应着不同的操作制度。入炉原燃料的质量变化会引起炉内状态的变化，操作员通过监控一些侧面反映炉内生产状态的状态指标（如焦炭负荷、理论燃烧温度、炉腹煤气指数等）来确定所需采用的操作制度，从而修正相应控制参数以将这些指标控制在预定范围内，并使得炉况顺行。

上述人工经验调节的问题主要体现在三方面：首先，人工监测调节耗费着巨大的人力物力资源；其次，人的主观能动性的限制、感性的误差以及人与人之间经验、感性的差异都会导致操作策略、方式、精度的不同，进而使得生产出生铁的指标及生产所需的能耗、物耗产生波动，甚至生产出不合格生铁；最后，人工经验操作易受外界未知因素的影响，难以及时调整操作制度，时而会出现低料线、管道行程等异常炉况。

20 世纪 80 年代开始，以日本为代表的基于模糊规则的专家系统开始盛行，并历经了大约三个发展阶段。这些不同发展阶段的专家系统主要有：以软熔带推断为主的模型集成系统、以炉顶布料模型为主的模型集成系统、以炉温预报与异常炉况判断为主的专家系统、以数学模型与专家系统相结合的混合型专家系统等。而根据国家和地区划分，有日本川崎 GO-STOP 系统和 Advanced GO-STOP 系统[34]、德国帝森克虏伯公司的 THYBAS 系统、法国 SOLLAC 公司开发的 SACHEM 系统、日本新日铁君津高炉 ALIS 系统、芬兰 Rautaruukki 高炉专家系统，以及由奥钢联等研发的 VAiron 高炉专家系统等。其中最典型且影响较大的高炉专家系统主要有 3 个，分别为日本的 GO-STOP 系统、芬兰的 Rautaruukki 系统和奥钢联的 VAiron 系统[35]。近年，德国西门子公司组合芬兰 Rautaruukki 和奥钢联 VAiron 高炉专家系统，正在开发新一代高炉专家系统。这些专家系统依据模糊规则给出结果、推理炉况及质量指标，由于没有明确的数学结构，无法为控制系统的设计提供依据。推理控制方案的专家系统由于还不能脱离专业的操作人员，无法实现真正的闭环，仅能作为高炉操作的指导。同时，专家系统需要建立复杂全面的专家知识库，开发周期长、成本高，且不同高炉之间知识库无法完全通用，在应用上存在较大难度。

近年，随着人工智能、大数据技术的快速发展，出现了很多数据驱动的高炉铁水质量模型，这些模型的发展通过输出逼近的方式能够给出从高炉主体控制参数到铁水质量输出的近似模型表达，从而为基于数据模型的控制方法（通常也称间接数据控制方法）提供设计基础，如基于黑箱模型的模型预测控制、基于黑箱模型的逆模型控制方法等。这些间接数据驱动方法仍处于发展阶段，规避了复杂的机理研究，但仍受到模型的制约，数据模型的准确性直接影响着控制器的性能，不准确的模型无法保证控制器的稳定性，而目前基于数据的铁水质量预测建模问题仍有较多需要克服的困难及难点，如非固定采样时刻带来的潜在未建模动态等问题。区别于这些间接数据驱动控制方法，在数据驱动建模与控制的发展中还衍生出一类直接数据驱动方法，这类方法与间接数据驱动控制方法的主要区别为没有模型训练的过程，依据生产数据直接生成控制器。目前，直接数据驱动控制已受到学术界和控制工程界越来越广泛的关注，发展了多种数据驱动控制方法和技术。总的来说，这些数据驱动方法大体可分为两类：一类是控制器结构确定，控制器参数利用输入输出测量数据离线整定的数据驱动控制方法。由于高炉内部严酷的冶炼环境决定了基于工业高炉系统数据实验的不可实现性，而高炉冶炼过程中复杂的动态特性又使得很难从理论上确定一个合适的控制器结构，因此，这类直接数据驱动控制方法并不适用于高炉多元铁水质量的控制。另一类数据驱动控制方法则假设控制器结构不确定，这种控制方法的一个典型代表就是无模型自适应控制。该方法针对离散时间非线性系统使用了一种新的动态线性化方法及一个称为伪偏导数的新概念，在闭环系统的每个采样时刻通过辨识动态工作点，依据动态工作点结合最小二乘或是投影算法求得控制量的方式避免了复杂建模过程[36]。因此，鉴于高炉冶炼过程高精度模型难以建立的问题，可将无模型自适应控制方法作为该研究领域的一条新的思路。实际上，这也是本书第 8 章介绍的几个研究工作的初衷。

1.4　本书主要内容

针对上述高炉炼铁过程实际工程问题和需求，以及现有方法的不足，在国家自然科学基金系列项目（61890934、U22A2049、61290323、61473064、61104084、61333007、61991400）、国家"万人计划"青年拔尖人才项目、工信部工业互联网创新发展工程项目、辽宁省"兴辽英才"青年拔尖人才项目（XLYC1907132）、国家重点研发计划项目（2022YFB3304900）以及中央高校基本科研业务费系列项目（N180802003、N160805001、N130508002）的持续支持下，本书作者及其团队自 2012 年起就一直扎根实际工业现场，针对实际工程问题，从事高炉炼铁过程自动化的相关研究，提出了一系列数据驱动高炉炼铁过程建模、控制与监测的方法。这些工作已大部分总结成文，要么发表或在线发表在 *IEEE Transactions on*

Control Systems Technology、*Control Engineering Practice* 等国际控制权威期刊，如文献[3]、[12]、[37]～[49]，要么见刊或录用于国内一级控制刊物《自动化学报》与《控制理论与应用》，如文献[50]～[58]。这些论文涉及的工作都采用了实际高炉工业数据进行了充分数据验证，部分工作进行了实际工程应用。本书正是这些已发表或者已在线发表工作的系统性总结、凝练和进一步提升。全书共 3 部分，各部分内容安排如下。

第 1 部分是数据驱动高炉炼铁过程建模，共 4 章，主要包括基于随机权神经网络的高炉铁水质量建模和鲁棒建模方法，基于支持向量回归的高炉铁水质量鲁棒建模方法，基于子空间辨识的高炉铁水质量建模方法以及提出的高炉炼铁过程其他数据驱动建模方法。每章都包含几种逐次递进或者针对不同问题提出的方法。

第 2 部分为数据驱动高炉炼铁过程控制，共 3 章，主要包括高炉铁水质量的数据驱动预测控制方法，基于即时学习的高炉铁水质量自适应预测控制方法，以及高炉铁水质量无模型自适应控制方法。每章都包含几种逐次递进或者针对不同问题提出的方法。

第 3 部分为数据驱动高炉炼铁过程监测，共 4 章，包括集成 PCA-ICA（独立主元分析）的高炉炼铁过程监测方法，基于核偏最小二乘（kernel partial least squares，KPLS）鲁棒重构误差的高炉燃料比监测方法，基于自适应阈值 KPLS 的铁水质量异常检测方法，以及基于改进贡献率 KPLS 的铁水质量异常诊断方法。

参 考 文 献

[1] 中国节能协会冶金工业节能专业委员会, 冶金工业规划研究院. 中国钢铁工业节能低碳发展报告(2020)[R]. (2020-12-17)[2021-7-30]. http://www.mpi1972.cn/xwzx/yndt/202012/t20201224_94730.html.
[2] 中华人民共和国工业和信息化部. 钢铁工业调整升级规划(2016—2020 年)[R]. 2016 年 10 月 28 日.
[3] Zhou P, Song H D, Wang H, et al. Data-driven nonlinear subspace modeling for prediction and control of molten iron quality indices in blast furnace ironmaking[J]. IEEE Transactions on Control Systems Technology, 2017, 25(5): 1761-1774.
[4] Omori K. Blast Furnace Phenomena and Modeling[M]. London: Elsevier Applied Science, 1987.
[5] Castro J A, Nogami H, Yagi J. Transient mathematical model of blast furnace based on multi-fluid concept with application to high PCI operation[J]. ISIJ International, 2000, 40(7): 637-646.
[6] 周明, 秦明生. 高炉铁水硅含量预报数学模型[J]. 钢铁学报, 1986, 21(1):5-7.
[7] Szekely J. Blast Furnace Technology[M]. New York: Dekker, 1972.
[8] 姬田冒孝, 西尾通卓, 西川洁, 等. 统计制御理论(ARMA 法)の高炉炉热制御への适用[J]. 铁钢, 1980, 66(4): 96.
[9] Li Q H, Liu X G. Fuzzy prediction of silicon content for BF hot metal[J]. Journal of Iron and Steel Research, 2005, 12(6): 1-4.
[10] Martin R D, Obeso F, Mochon J, et al. Hot metal temperature prediction in blast furnace using advanced model based on fuzzy logic tools[J]. Ironmaking and Steelmaking, 2007, 34(3): 241-247.
[11] Pandit S M, Clum J A, Wu S M. Modeling prediction and control of blast furnace operation from observed data by multivariate time series[C]. Proceedings of the 34th Ironmaking Conference, 1975: 403-416.
[12] Zhou P, Guo D W, Wang H, et al. Data-driven robust M-LS-SVR-based NARX modeling for estimation and control of molten iron quality indices in blast furnace ironmaking[J]. IEEE Transactions on Neural Networks and Learning Systems, 2018, 29 (9): 4007-4021.

[13] Ostermark R, Saxen H. VARMAX modelling of blast furnace process variables[J]. European Journal of Operational Research, 1996, 90(1): 85-101.

[14] Matias W, Henrik S. Time-varying event-internal trends in predictive modeling methods with applications to ladlewise analyses of hot metal silicon content[J]. Industrial and Engineering Chemistry Research, 2003, 42(1): 85-90.

[15] Zeng J S, Gao C H, Liu X G, et al. Using non-linear GARCH model to predict silicon content in blast furnace hot metal[J]. Asian Journal of Control, 2008, 10(6): 632-637.

[16] Bhattacharya T. Prediction of silicon content in blast furnace hot metal using partial least squares(PLS)[J]. Transactions of the Iron and Steel Institute of Japan, 2005, 45(12): 1943-1945.

[17] 曾九孙, 刘祥官, 邰传厚, 等. 基于隐 Markov 模型的高炉铁水硅质量分数预测算法[J]. 浙江大学学报(工学版), 2008, 42(5): 742-746.

[18] Jian L, Gao C H, Li L, et al. Application of least squares support vector machines to predict the silicon content in blast furnace hot metal[J]. ISIJ International, 2008, 48(11): 1659-1661.

[19] Chen J. A predictive system for blast furnaces by integrating a neural network with qualitative analysis[J]. Engineering Application of Artificial Intelligence, 2001, 14(1): 77-85.

[20] Saxen H, Pettersson F, Gunturu K. Evolving nonlinear time-series models of the hot metal silicon content in the blast furnace[J]. Advanced Manufacturing Processes, 2007, 22(5): 577-584.

[21] Yao B, Yang T J, Ning X J. An improved artificial neural network model for predicting silicon content of blast furnace hot metal[J]. Journal of University of Science and Technology Beijing, 2000, 7(4): 269-272.

[22] Zhao M, Liu X G, Luo S H. An evolutionary artificial neural networks approach for BF hot metal silicon content prediction[J]. Lecture Notes in Computer Science, 2005, 3610: 374-377.

[23] Park J I, Jung H J, Jo M K, et al. Mathematical modeling of the burden distribution in the blast furnace shaft[J]. Metals and Materials International, 2011, 17(3): 485-496.

[24] Radhakrishnan V R, Ram K M. Mathematical model for predictive control of the bell-less top charging system of a blast furnace[J]. Journal of Process Control, 2001, 11(5): 565-586.

[25] Fu D, Chen Y, Zhou C Q. Mathematical modeling of blast furnace burden distribution with non-uniform descending speed[J]. Applied Mathematical Modeling, 2015, 39(23-24): 7554-7567.

[26] Pekka I, Antti K, Matti S. Computer systems for controlling blast furnace operations at Rautaruukki[J]. Iron and Steel Engineer, 1994, 72(8): 44-52.

[27] Druckenthaner H, Schürz B, Schaler M, et al. VAiron 高炉优化软件包——专家系统[J]. 钢铁, 2000, 35(8): 13-17.

[28] Lasinger F, Klinger A, Lehner M, et al. 奥钢联 VAiron 高炉自动化(专家)系统的应用及初步成果[J]. 钢铁, 2002, 37(12): 9-13.

[29] 刘祥官, 刘芳, 刘元, 等. 莱钢 1 号 750m³ 高炉智能控制专家系统[J]. 钢铁, 2002, 37 (8): 18-22.

[30] Gamero F I, Colomer J, Meléndez J, et al. Predicting aerodynamic instabilities in a blast furnace[J]. Engineering Applications of Artificial Intelligence, 2006, 19(1): 103-111.

[31] Vanhatalo E. Multivariate process monitoring of an experimental blast furnace[J]. Quality and Reliability Engineering International, 2010, 26(5): 495-508.

[32] 窦克勤, 叶昊, 张海峰, 等. 基于主元分析的高炉异常炉况检测[J]. 上海交通大学学报, 2015, 49(12): 1862-1867.

[33] 王维兴, 黄洁. 中国高炉炼铁技术发展评述[J]. 钢铁, 2007,42(3): 1-4.

[34] 马竹梧, 杨飞强. 高炉炉况判定 GO-STOP 系统的分析与移植[J]. 冶金自动化, 1992(1):3-5.

[35] Druckenthaner H. Blast furnace automation for maximizing economy[J]. Steel Times International, 1997, 21: 1-16.

[36] 侯忠生, 金尚泰. 无模型自适应控制: 理论与应用[M]. 北京: 科学出版社, 2013.

[37] Zhou P, Xie J, Li W P, et al. Robust neural networks with random weights based on generalized M-estimation and PLS for imperfect industrial data modeling[J]. Control Engineering Practice, 2020, 105(8): 104633.

[38] Zhou P, Zhang S, Wen L, et al. Kalman filter based data-driven robust model-free adaptive predictive control of a

complicated industrial process[J]. IEEE Transactions on Automation Sciences and Engineering, 2022, 19(2): 788-803.

[39] Zhou P, Zhang R Y, Liang M Y, et al. Fault identification for quality monitoring of molten iron in blast furnace ironmaking based on KPLS with improved contribution rate[J]. Control Engineering Practice, 2020, 97:104354. DOI: 10.1016/j.conengprac.2020.104354.

[40] Zhou P, Li W P, Wang H, et al. Robust online sequential RVFLNs for data modeling of dynamic time-varying systems with application of an ironmaking blast furnace[J]. IEEE Transactions on Cybernetics, 2020, 50(11):4783-4795.

[41] Zhou P, Lv Y B, Wang H, et al. Data-driven robust RVFLNs modeling of a blast furnace ironmaking process using Cauchy distribution weighted M-estimation[J]. IEEE Transactions on Industrial Electronics, 2017, 64(9): 7141-7151.

[42] Zhou P, Zhang R Y, Xie J, et al. Data-driven monitoring and diagnosing of abnormal furnace conditions in blast furnace ironmaking: An integrated PCA-ICA method[J]. IEEE Transactions on Industrial Electronics, 2021, 68(1): 622-631.

[43] Zhou P, Jiang Y, Wen C Y, et al. Improved incremental RVFL with compact structure and its application in quality prediction of blast furnace[J]. IEEE Transactions on Industrial Informatics, 2021, 17(12): 8324-8334.

[44] Zhou P, Chen W Q, Yi C M, et al. Fast just-in-time-learning recursive multi-output LSSVR for quality prediction and control of an ironmaking blast furnace[J]. Engineering Applications of Artificial Intelligence, 2021, 100: 104168. DOI: 10.1016/j.engappai. 2021.104168.

[45] Zhou P, Dai P, Song H D, et al. Data-driven recursive subspace identification based online modelling for prediction and control of molten iron quality in blast furnace ironmaking[J]. IET Control Theory and Applications, 2017, 11(14): 2343-2351.

[46] Zhou P, Yuan M, Wang H, et al. Multivariable dynamic modeling for molten iron quality using online sequential random vector functional-link networks with self-feedback connections[J]. Information Sciences, 2015, 325(12): 237-255.

[47] Zhou P, Zhang S, Dai P. Recursive learning based bilinear subspace identification for online modeling and predictive control of a complicated industrial process[J]. IEEE Access, 2020, 8: 62531-62541.

[48] Zhou P, Wang C Y, Li M J, et al. Modeling error PDF optimization based wavelet neural network modeling of dynamic system and its application in blast furnace ironmaking[J]. Neurocomputing, 2018, 285(12): 167-175.

[49] Rong J, Zhou P, Zhang Z W, et al. Quality-related process monitoring of ironmaking blast furnace based on improved kernel orthogonal projection to latent structures [J]. Control Engineering Practice, 2021, 117: 104955. DOI: 10.1016/j.conengprac.2021.104955.

[50] 周平, 刘记平. 基于数据驱动多输出 ARMAX 建模的高炉十字测温中心温度在线估计[J]. 自动化学报, 2017, 44(3): 552-561.

[51] 周平, 张丽, 李温鹏, 等. 集成自编码与 PCA 的高炉多元铁水质量随机权神经网络建模[J]. 自动化学报, 2018, 44(10): 1799-1811.

[52] 周平, 刘记平, 梁梦圆, 等. 基于 KPLS 鲁棒重构误差的高炉燃料比监测与异常识别[J]. 自动化学报, 2021, 47(7): 1661-1671.

[53] 周平, 赵向志. 面向建模误差 PDF 形状与趋势拟合优度的动态过程优化建模[J]. 自动化学报, 2021, 47(10): 2402-2411.

[54] 宋贺达, 周平, 王宏, 等. 高炉炼铁过程多元铁水质量非线性子空间建模及应用[J]. 自动化学报, 2016, 42(11): 1664-1679.

[55] 温亮, 周平. 基于多参数灵敏度分析与遗传优化的铁水质量无模型自适应控制[J]. 自动化学报, 2021, 47(11): 2600-2613.

[56] 李温鹏, 周平, 王宏, 等. 高炉铁水质量鲁棒正则化随机权神经网络建模[J]. 自动化学报, 2020, 46(4): 1-13.

[57] 周平, 李瑞峰, 郭东伟, 等. 高炉炼铁过程多元铁水质量指标多输出支持向量回归建[J]. 控制理论与应用, 2016, 33(6): 727-734.

[58] 戴鹏, 周平, 梁延灼, 等. 基于多输出最小二乘支持向量回归建模的自适应非线性预测控制及应用[J]. 控制理论与应用, 2019, 36(1): 43-52.

第2章　基于随机权神经网络的高炉铁水质量建模

高炉炼铁对后续转炉炼钢以及整个钢铁制造都有着很大影响，因此需要实时准确地监测高炉的运行指标和生产状态，以保障高炉安全平稳运行，生产出尽可能多的满足工艺要求的优质铁水。然而高炉炼铁是一个气、固、液三相并存，多相多场耦合以及物理化学反应极其复杂的非线性动态时变系统，内外环境极其恶劣，以及铁水质量等关键生产指标与工艺参数难以实时在线检测，这些多重复杂因素导致现场操作人员难以对其运行状态及其变化趋势进行实时准确获知和掌控。因此，亟须建立准确可靠的高炉炼铁过程模型来反映高炉当前和预期的内部温度和指标变化。这可为现场操作人员提供相对准确和实时的炉况和铁水质量信息，同时为进一步的铁水质量等高炉生产指标控制、优化与监测提供关键反馈信息支撑。

高炉炼铁过程的密闭、高温、高压、高粉尘以及炉内气、固、液多相，多场耦合等极复杂恶劣环境，使得建立在各种假设条件基础上的机理模型难以建立和应用。实际上，高炉发展至今仍没有一个有效的机理模型可在实际中应用。虽然，知识推理模型凭借着其简单易用、便于理解等特点在早期的高炉炉况诊断中起到了作用，并使得高炉专家系统在高炉操作中得到了积极应用。但是，由于规则知识的定性特点以及推理模型对有限专家知识的依赖性，在现代炼铁高炉越来越大型化和原燃料越来越贫富差异化的背景下，推理模型难以应对专家知识库内未包含的未知冶炼工况，进而限制了推理模型的进一步发展。

由于数据驱动建模不需要依赖太多的高炉冶炼机理知识，仅通过数学分析工具和智能学习算法对丰富的过程数据进行分析和处理，就可以建立有效的过程数据模型，实现简单且实用性好。此外，数据驱动建模不仅可以建立面向信息感知、软测量、预测等应用的过程输入输出数据模型，也可以方便建立面向控制与优化的过程状态空间模型。同时，数据驱动建模还可根据特定需要，方便地进一步实现在线学习建模、集成建模与鲁棒建模，使更高精度要求的工程应用成为可能。目前，数据驱动建模已是高炉炼铁过程建模的研究热点和最主要实现途径。

第2章到第5章将介绍作者近年在数据驱动高炉炼铁过程建模所做的几项工作。本章重点介绍基于随机向量函数连接网络（random vector functional-link networks, RVFLNs），即随机权神经网络的高炉铁水质量系列建模方法，尤其是鲁棒 RVFLNs 建模方法。后续的第3章到第5章将分别介绍基于支持向量回归的高炉铁水质量鲁棒建模方法、基于子空间辨识的高炉铁水质量建模方法，以及作者提出的高炉炼铁过程其他数据驱动建模方法。

2.1　随机权神经网络理论基础

在众多基于人工智能与机器学习的非线性系统建模与辨识方法中，人工神经网络（artificial neural network, ANN）因可以直接利用观测到的样本数据以任意精度学习和辨识给定非线性系统或函数，已在各个科学与工程领域得到了广泛研究与应用，且在高炉炼铁过程中的应用也有较长时间。但是，随着现代高性能计算机、大量先进传感器在大规模工业系统的普及，庞大的数据信息量、高度耦合和不确定的数据信息，都给学习速度较为缓慢的传统 ANN 辨识方法提出了挑战。在智能控制领域，虽然采用 ANN 可以对复杂和高不确定性的被控对象进行辨识，但是实时性较差的传统 ANN 还是在一定程度上制约了对被控对象在线辨识和控制的快速发展。传统神经网络还存在着一些其他缺陷，如收敛速度慢且易收敛到局部极小点、容易过拟合，以及最优网络隐含层节点数难以确定等。过去传统 ANN 算法主要是依据梯度下降的原则提出，并在此基础上进行训练，如反向传播（back propagation, BP）神经网络、径向基函数（radial basis function, RBF）神经网络以及支持向量机（support vector machine, SVM）等。虽然这些算法在分类和回归问题中有广泛应用，但是它们针对系统变量维数过高的情况，普遍存在“数据过拟合”、易陷入局部极小值，以及整个网络权值和偏差的迭代调整造成的训练时间过长、网络学习前许多参数需要提前设定等问题。由于传统前馈神经网络结构中所有学习参数是通过不断迭代调整获得，不同连接层神经元之间的权值和偏差存在很强的关联性，因此基于梯度下降法的 BP 神经网络、SVM 等需要通过多次迭代才能确定合适的学习步长和权值参数的最优解，而这样会造成网络学习速度慢和易陷入局部极小值等诸多问题。

针对 BP 神经网络和 RBF 神经网络等传统 ANN 的上述诸多缺点，Pao 和 Takefuji 于 1992 年提出了基于前馈神经网络的 RVFLNs 算法，并指出了 RVFLNs 在对网络权值、计算硬件、计算过程以及实现特殊网络结构中快速的二次优化特性[1]。不同于传统的基于梯度学习的神经网络需要通过误差的反向传播迭代寻优，RVFLNs 可以在保证逼近任意连续函数的前提下，采用随机给定神经元隐含层的权值和阈值，通过伪逆方法计算输出权值而建立网络。基于单隐含层前馈神经网络的 RVFLNs 以全局逼近理论为基础，保证了隐含层节点参数的随机选取不会影响神经网络的学习能力，同时网络采用 Moore-Penrose 广义逆矩阵方法一步求得输出权值，使得算法相对于 BP 神经网络、SVM 等计算速度提高了数千倍，为实际工业过程实现在线软测量、预测和在线控制奠定了基础。

针对上述实际问题与需求，作者近年系统性地开展了基于 RVFLNs 的高炉铁水质量建模尤其是鲁棒建模的研究，这些成果主要发表在文献[2]～[8]中，本章将择取其中具有代表性的 4 种方法进行介绍，即：2.2 节集成自编码器与 PCA 的高炉铁水质量 RVFLNs 建模、2.3 节高炉铁水质量鲁棒正则化 RVFLNs 建模、2.4 节高炉铁水质量鲁棒 OS-RVFLNs 建模以及 2.5 节基于 GM-估计与 PLS 的铁水质量鲁棒 RVFLNs 建模。

2.1.1　随机权神经网络算法简介

1992 年，Pao 等人发表的开创性论文 "Functional-link net computing: Theory, system architecture, and functionalities" 提出了一种基于单隐含层前馈神经网络的全新网络结构和设计方法，即 RVFLNs[1]。RVFLNs 的最大特点是其隐含层权值和阈值在一定范围内随机产生，而输出权值由最小二乘估计通过伪逆方法计算获得，具有训练速度快、泛化能力好、便于实现在线学习与鲁棒建模等诸多优点，因而近年得到广泛关注和应用[1,4,5]。

如图 2.1.1 所示的单隐含层前馈神经网络，对于 N 组不同的任意样本：

$$\left\{ (x_i, y_i) \mid x_i = [x_{i1}, x_{i2}, \cdots, x_{in}]^{\mathrm{T}} \in \mathbb{R}^n, y_i \in \mathbb{R} \right\}_{i=1}^{N}$$

带有 L 个隐含层节点和激活函数为 $\varphi(x)$ 的单隐含层前馈神经网络可数学描述为

$$f_{w_j} = \sum_{i=1}^{L} \beta_i \varphi_i(x_j) = \sum_{i=1}^{L} \beta_i \phi(\langle w_i, x_j \rangle + b_i), \quad b_i, \beta_i \in \mathbb{R}, \quad w_i \in \mathbb{R}^n, \quad j = 1, 2, \cdots, N \quad （2.1.1）$$

式中，$w_i = [w_{i1}, w_{i2}, \cdots, w_{in}]^{\mathrm{T}}$ 是连接第 i 个隐含层节点和输入层神经元的权值矩阵；β_i 是连接第 i 个隐含层节点和输出节点的输出权值矩阵；b_i 是第 i 个隐含层节点的阈值或者偏置。此外，式（2.1.1）中的 $\langle w_i, x_j \rangle$ 表示 w_i 和 x_j 的内积，且通常 RVFLNs 的输出节点选择为线性函数。

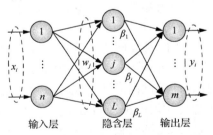

图 2.1.1　单隐含层前馈神经网络结构示意图

一个带有 L 个隐含层节点，以 $\varphi(x)$ 为激励函数的标准单隐含层前馈神经网络若可以以 0 误差逼近连续系统的 N 个样本，即 $\sum_{j=1}^{L} \left\| f_{w_n} - y_j \right\| = 0$，则可以写成

$$\sum_{i=0}^{L} \beta_i \phi(\langle w_i, x_j \rangle + b_i) = y_j, \quad j = 1, 2, \cdots, N \tag{2.1.2}$$

上式也可以简写为

$$A\beta = Y \tag{2.1.3}$$

式中,

$$A(w_1, \cdots, w_{\tilde{N}}, b_1, \cdots, b_{\tilde{N}}, x_1, \cdots, x_N) = \begin{bmatrix} \phi(\langle w_1, x_1 \rangle + b_1) & \cdots & \phi(\langle w_{\tilde{N}}, x_1 \rangle + b_{\tilde{N}}) \\ \vdots & \ddots & \vdots \\ \phi(\langle w_1, x_N \rangle + b_1) & \cdots & \phi(\langle w_{\tilde{N}}, x_N \rangle + b_{\tilde{N}}) \end{bmatrix}_{N \times \tilde{N}}$$

$$\beta = \begin{bmatrix} \beta_1^{\mathrm{T}} \\ \vdots \\ \beta_{\tilde{N}}^{\mathrm{T}} \end{bmatrix}_{\tilde{N} \times 1}, \quad Y = \begin{bmatrix} y_1^{\mathrm{T}} \\ \vdots \\ y_N^{\mathrm{T}} \end{bmatrix}_{N \times 1} \tag{2.1.4}$$

A 为网络的隐含层输出矩阵,而 A 的第 i 列为相对于输入 $x_1, x_2, \cdots, x_N$ 的第 i 个隐含层节点的输出。

训练传统的 RVFLNs 过程实际上也就是寻找最优 $\hat{w}_i, \hat{b}_i, \hat{\beta}, i = 1, 2, \cdots, L$,使得

$$\left\| A(\hat{w}_1, \cdots, \hat{w}_{\tilde{N}}, \hat{b}_1, \cdots, \hat{b}_L)\hat{\beta} - Y \right\| = \min_{w_i, b_i, \beta} \left\| A(w_1, \cdots, w_L, b_1, \cdots, b_L)\beta - Y \right\| \tag{2.1.5}$$

也就是实现如下成本函数最小:

$$C = \sum_{j=1}^{N} \left(\sum_{i=1}^{L} \beta_i \phi(\langle w_i, x_j \rangle + b_i) - y_j \right)^2 \tag{2.1.6}$$

如果在网络学习的过程中,隐含层节点数 L 和学习样本数 N 相同,即 $L = N$ 时,当输入权值 w_i 和隐含层偏差 b_i 随机选择时,矩阵 A 是方阵且可逆,这时单隐含层随机权神经网络可以以 0 误差逼近训练样本。但是,通常情况下隐含层节点数会比训练样本数少很多,A 不是方阵,这时便可能找不到 w_i, b_i, β_i 使 $A\beta = Y$ 成立。此时,需要采用最小二乘的方法求解上述线性系统 $\hat{\beta} = A^\dagger Y$,其中 $A^\dagger$ 是 A 的 Moore-Penrose 伪逆矩阵。

上述方法具有如下特点。

(1)最小训练误差。$\hat{\beta} = A^\dagger Y$ 是实现线性系统 $A\beta = Y$ 训练误差最小的解,即

$$\left\| A\hat{\beta} - Y \right\| = \left\| AA^\dagger Y - Y \right\| = \min_{\beta} \left\| A\beta - Y \right\|$$

尽管几乎所有的训练算法都期望可以实现最小的训练误差,但是在实际中系统通常会对迭代次数有所限制,会制约算法对目标误差的逼近。

(2)最小权值范数。$\hat{\beta} = A^\dagger Y$ 的解保证了如下权值矩阵范数 $\|\hat{\beta}\|$ 最小:

$$\left\| \hat{\beta} \right\| = \left\| A^\dagger Y \right\| \leqslant \|\beta\|, \forall \beta \in \left\{ \beta : \left\| A\beta - Y \right\| \leqslant \left\| A\gamma - Y \right\|, \forall \gamma \in \mathbb{R}^{\tilde{N} \times N} \right\}$$

(3)$A\beta = Y$ 的最小二乘解 $\hat{\beta} = A^\dagger Y$ 是唯一的。

在文献[9]中,Bartlett 针对权值矩阵和神经网络的结构进行了分析,得出网络

的泛化能力与权值的大小有关而与参数的个数和网络的大小无关。可以看出，基本 RVFLNs 采用最小二乘求解输出权值 β 的过程不仅保证了训练样本的方差值最小，也实现了最小的权值和较好的网络泛化能力。

2.1.2 随机权神经网络算法实现要点

针对基本 RVFLNs 算法，Igelnik 和 Pao 于 1995 年发表在 *IEEE Transactions on Neural Networks* 的论文 "Stochastic choice of basis functions in adaptive function approximation and the functional-link net" 进一步提出了 RVFLNs 激活函数的约束条件以及随机权参数中权值 w 和偏差 b 的理论选取范围，并给出了详细证明过程[10]，相关重要结果简要总结如下。

对于任意给定的 $\varepsilon > 0$，紧致空间 K（$K \subset I_n$ 且 $K \neq I_n$）和任意满足式（2.1.7）或式（2.1.8）的激活函数 $\phi(x)$：

$$\int_{\mathbb{R}} \phi^2(x)\mathrm{d}x < \infty \tag{2.1.7}$$

$$\int_{\mathbb{R}} [\phi'(x)]^2 \,\mathrm{d}x < \infty \tag{2.1.8}$$

总存在一个权值 w 和偏差 b 的随机选择范围，对于一个足够大的 RVFLNs 隐含层节点数 L 总存在：

$$\lim_{L \to \infty} P\left(\int_K \left| f(x) - \sum_{k=1}^{L} \beta_k \phi(x, w_k, b_k) \right|^2 \mathrm{d}x \geqslant \varepsilon \right) = 0 \tag{2.1.9}$$

式（2.1.7）和式（2.1.8）对激活函数的约束条件保证了 RVFLNs 对函数逼近收敛的充分性。同时，文献[10]中给出了 RVFLNs 随机权参数选取的理论范围，如下所示。

将目标函数 $f(x)$ 与定义在紧致空间 K（$K \subset I_n$）中随机权网络 f_{w_n} 之间的距离定义为

$$\rho_K(f, f_{w_n}) = \sqrt{E \int_K \left[f(x) - f_{w_n}(x) \right]^2 \mathrm{d}x} \tag{2.1.10}$$

当网络随机变量 $(w_1, \cdots, w_n, b_1, \cdots, b_n)$ 在以 μ_n, Ω, α 为变量的概率空间 $S_n(\Omega, \alpha)$ 中随机选取时，可以实现 $\rho_K(f, f_{w_n}) \xrightarrow[n \to \infty]{} 0$。概率空间 $S_n(\Omega, \alpha)$ 的选取遵循以下要求：

$$\begin{cases} w \in [0, \alpha\Omega] \times [-\alpha\Omega, \alpha\Omega]^d \\ \eta \in [0,1]^d \\ \mu \in [-2n\Omega, 2n\Omega] \\ b = -\langle \alpha w, \eta \rangle - \mu \end{cases} \tag{2.1.11}$$

式中，$[-\alpha\Omega, \alpha\Omega]^d \subset \mathbb{R}^d$ 和 $[0,1]^d \subset \mathbb{R}^d$ 是 d 维的超立方体。同时，Igelnik 和 Pao 在

论文中也指出了随机空间中变量 α 和 Ω 的重要性。关于上述结果更具体的解释，以及相关具体的推导与证明，感兴趣的读者可以参见文献[10]。

1992 年 Schmidt 等在文献[11]中也对 RVFLNs 的网络权值选取问题进行了实验研究，将神经网络的训练归纳为以下两步：首先在[-1,1]的范围内随机选择隐含层权值，然后利用 Fisher 方法确定输出层的权值。对于 RVFLNs 算法，于何种范围内选取隐含层随机参数一直是尚未解决的问题，尽管 Igelnik 和 Pao 给出了理论推导的概率空间 $S_n(\Omega,\alpha)$ 作为权值 w 和偏差 b 的选择依据，但是如何选择变量 μ_n,Ω,α 的问题依旧没有解决。文献[11]中，Schmidt 等依据实验结果确定了隐含层随机参数的选择范围并使用了三组数据进行验证，虽然并没有对这一结果进行理论性的证明，但是明确和简洁的[-1,1]区间的确定还是为后续研究人员使用 RVFLNs 算法进行实际工程问题求解提供了指导意见。

2.2　集成自编码器与 PCA 的高炉铁水质量 RVFLNs 建模

相对于基于梯度下降法的传统神经网络算法，前文 2.1 节所述的基本 RVFLNs 虽然具有运算速度快、模型结构简单以及易于工程实现等优点，但仍然存在如下两方面问题。

（1）问题 1：基本 RVFLNs 的输入权值和隐含层偏置在限定范围内随机选取，完全独立于建模数据，网络参数随机选取具有一定的盲目性，不能有效反映和利用建模数据的特性和内在关系。

（2）问题 2：现有 RVFLNs 算法仍然存在过拟合问题。过拟合是指模型学习时模型的结构过于复杂，以至于模型对已知训练数据具有很好的学习效果，而对未知数据表现较差。过拟合会导致模型泛化能力差、鲁棒性不足，使模型在应用阶段不能很好地推广。

针对上述问题，集成自编码器（auto-encoder, AE）和 PCA 技术，提出一种新型的改进 RVFLNs 算法，即 AE-P-RVFLNs 算法，并在此基础上建立高炉炼铁过程具有外部输入的非线性自回归（nonlinear autoregressive with external input, NARX）模型，用于难测多元铁水质量的在线估计。首先，为了更好地揭示高炉炼铁过程的非线性动态特性以及更全面地反映铁水质量信息，预测模型采用 NARX 多输出动态模型结构；其次，为了在 RVFLNs 建模时尽可能反映和利用建模数据的特性和内在关系，引入 AE 前馈随机网络设计技术对输入数据进行训练，得到充分包含输入数据特性信息的 AE-P- RVFLNs 输入权值；然后，利用 PCA 技术在保证不丢失原有大部分信息的前提下对 AE-P-RVFLNs 隐含层输出矩阵进行降维，去除网络中无用的隐含层节点，简化网络结构，提高模型泛化性能和计算效率；最后，基于某大型高炉实际数据建立基于AE-P-RVFLNs的多元铁水质量NARX模型，并和其他几类RVFLNs算法进行对比，以充分验证所提方法的有效性、先进性和实用性。

2.2.1　自编码器简介

自编码器的概念最早由 Rumelhart 等人在 1986 年提出[12]。一个基本的自编码器可以是一个简单的由输入层、隐含层和输出层构成的三层神经网络，如图 2.2.1 所示。AE 网络跟常规神经网络的区别是其期望输出和神经网络的输入一样，而每一个 AE 网络的训练过程可以看成一个样本重构的过程。

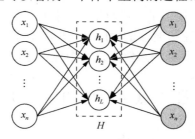

图 2.2.1　自编码器网络结构

对于图 2.2.1 所示具有 n 个输入层节点和 L 个隐含层节点的 AE 神经网络，其运算包括两个部分，即编码过程和解码过程。AE 编码过程是输入层到隐含层的映射过程，而解码过程是隐含层到输出层的映射过程。编码器最初被用来对数据进行降维处理，即隐含层节点个数 L 小于输入层节点个数 n。目前，自编码更多地使用在 $L > n$ 的情况。因为对输入数据进行升维处理，获取更高维数的特征，可有效提取样本中的有用信息，改善后续计算效果。

在计算过程中，如果直接对损失函数进行最小化求解，不添加任何其他限制，自编码器就相当于在尝试逼近一个恒等函数，从而使得神经网络的输出近似于输入。恒等函数虽然看上去没有学习意义，但是当在自编码网络结构中加入一些限制，比如设定隐含神经元的数量少于输入维数时，就会迫使自编码神经网络去学习输入数据的压缩结构，并发现输入数据中隐含的特定结构。即使隐含层神经元数量较大，可以在神经网络中加入稀疏性限制，使神经元的输出接近 1 时被激活，接近 0 时被抑制。本节所提铁水质量建模方法将主要引用稀疏自编码器结构来实现高炉建模输入数据的特征提取。

2.2.2　集成自编码器与 PCA 的 RVFLNs 算法

本节所提基于自编码器和 PCA 的随机权神经网络（AE-P-RVFLNs）算法如图 2.2.2 所示，主要包括两个阶段，即自编码器对输入数据的训练阶段和 PCA 对隐含层输出矩阵的降维阶段。首先，针对前述提到的问题 1，采用 AE 前馈随机网络，实现输入样本 $X \rightarrow X$ 的网络映射，以此求得充分体现输入数据中特征信息和内在关系的 $X \rightarrow X$ 网络输出权值 β；然后，针对指出的问题 2，在构造输入空间到输出空间，即 $X \rightarrow Y$ 的 RVFLNs 网络时，首先将 β^{T} 作为 $X \rightarrow Y$ 映射 RVFLNs 网络的输入权值，然后采用 PCA 技术在不丢失原有大部分信息的前提下对 RVFLNs 隐含层输出矩阵 H 进行降维，去除网络中无用或者贡献小的隐含层节点，避免隐含层输出矩阵的多重共线性问题，从而解决隐含层节点过多导致模型过拟合和泛化性能差的问题。原高维隐含层输出矩阵 H 经 PCA 降维后得到降维后的隐含层输出矩阵 H'，在此基础上计算输出矩阵降维后的输出权值 β'。

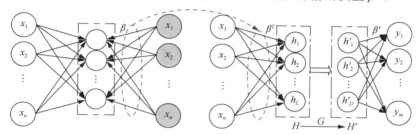

图 2.2.2　AE-P-RVFLNs 算法结构

2.2.2.1　基于 AE 的 RVFLNs 输入权值确定

给定 N 个任意样本集合如下：

$$\left\{ (x_i, y_i) \mid x_i = [x_{i1}, x_{i2}, \cdots, x_{in}]^{\mathrm{T}} \in \mathbb{R}^n, \quad y_i = [y_{i1}, y_{i2}, \cdots, y_{im}]^{\mathrm{T}} \in \mathbb{R}^m \right\}_{i=1}^{N}$$

一个带有 L 个隐含层节点，以 $\phi(x)$ 为激励函数的单隐含层前馈神经网络表示如下：

$$f_L = \sum_{j=1}^{L} \beta_j \phi(\langle w_j, x_i \rangle + b_j), \quad i = 1, \cdots, N \tag{2.2.1}$$

当 f_L 以 0 误差逼近连续系统的 N 个样本时即 $\sum_{i=0}^{N} \| f_L - x_i \| = 0$，则可以写成

$$\sum_{j=1}^{L} \beta_j \phi(\langle w_j, x_i \rangle + b_j) = x_i, \quad i = 1, \cdots, N \tag{2.2.2}$$

上式也可以简写为

$$\bar{H}_0 \beta = X \tag{2.2.3}$$

式中，

$$\bar{H}_0 = \begin{bmatrix} \phi(\langle w_1, x_1 \rangle + b_1) & \cdots & \phi(\langle w_L, x_1 \rangle + b_L) \\ \vdots & \ddots & \vdots \\ \phi(\langle w_1, x_N \rangle + b_1) & \cdots & \phi(\langle w_L, x_N \rangle + b_L) \end{bmatrix}_{N \times L}, \quad X = \begin{bmatrix} x_1 \\ \vdots \\ x_N \end{bmatrix}_{N \times n}, \quad \beta = \begin{bmatrix} \beta_1^{\mathrm{T}} \\ \vdots \\ \beta_L^{\mathrm{T}} \end{bmatrix}_{L \times n}$$

通常隐含层节点数会比训练样本少很多，因而 $\bar{H}_0$ 不是方阵。为了选取最合适的 β 使得式（2.2.3）成立，那么采用最小二乘方法求解上述方程组，如式（2.2.4）

所示，$\bar{H}_0^{\dagger}$ 是根据 Moore-Penrose 计算得到 $\bar{H}_0$ 的伪逆矩阵。

$$\beta = \bar{H}_0^{\dagger} X \qquad (2.2.4)$$

式（2.2.4）中，β 包含了输入数据的很多有用信息，若输入数据先经 AE-RVFLNs 训练，并将 β 作为后续网络中输入权值，将有效改善后续计算效果。

2.2.2.2　基于 PCA 的 RVFLNs 隐含层高维输出矩阵降维

在基本 RVFLNs 中，由于输入权值和隐含层偏置的随机性，隐含层输出矩阵就会出现多重共线问题，导致网络中存在很多无用或者贡献很小的神经元，使得

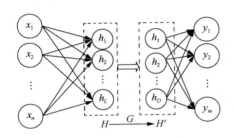

图 2.2.3　P-RVFLNs 结构

网络结构变得复杂并降低了计算效率。针对这一问题，文献[13]通过 PCA 技术对隐含层输出矩阵进行降维处理，取得了比较好的效果。该 P-RVFLNs 算法结构如图 2.2.3 所示。

PCA 最初由美国统计学家 Pearson 提出[14]，后经 Hotelling 发展，将其推广到随机变量领域[15]。PCA 技术对高维非线性相关数据具有很强的处理能力，其基本思想是将原高维且具有一定相关性的指标 $h_1, h_2, \cdots, h_L$（L 个指标）重新组合成一组低维互不相关的指标 $h_1', h_2', \cdots, h_D'$（$D<L$），这些低维综合指标可以尽可能多地反映原来高维变量所包含的信息，同时丢掉一些不重要信息。PCA 的基本原理可以概括为：借助一个正交变换，将分量相关的原随机变量转换成分量不相关的新变量。从代数角度理解，就是将变量的协方差矩阵转换成对角阵。从几何角度理解，就是将原变量变换成新的正交系统，使之指向样本点散布最开的正交方向，进而对高维变量进行降维处理。基于 PCA 的数据降维主要步骤概括为：计算协方差矩阵、计算特征值及特征向量、计算主成分方差贡献率及累计方差贡献率以提取主成分和解释主成分，具体如下。

（1）计算输入 H 的协方差矩阵：

$$R = \begin{bmatrix} r_{11} & r_{12} & \cdots & r_{1L} \\ r_{21} & r_{22} & \cdots & r_{2L} \\ \vdots & \vdots & \ddots & \vdots \\ r_{L1} & r_{L2} & \cdots & r_{LL} \end{bmatrix} \qquad (2.2.5)$$

式中，r_{ij} 是原变量 h_i 与 h_j 的相关系数，满足 $r_{ij} = r_{ji}$，计算公式如下：

$$r_{ij} = \frac{\sum\limits_{k=1}^{N}(h_{ki}-\bar{h}_i)(h_{kj}-\bar{h}_j)}{\sqrt{\sum\limits_{k=1}^{N}(h_{ki}-\bar{h}_i)^2 \sum\limits_{k=1}^{N}(h_{kj}-\bar{h}_j)^2}} \qquad (2.2.6)$$

其中，$\bar{h}_j$ 是样本向量 h_j 的平均值，通过下式计算获得：

$$\overline{h}_j = \frac{1}{N} \sum_{k=1}^{N} h_{jk} \tag{2.2.7}$$

（2）计算特征值 λ_i 和特征向量 g_i，$i = 1, 2, \cdots, L$，并依据对应特征值 λ_i 的大小按降序 $\lambda_1 > \lambda_2 > \cdots > \lambda_L$ 排列。

（3）计算主成分方差贡献率及累计方差贡献率，计算公式如下：

$$c_{M,i} = \lambda_i \bigg/ \sum_{k=1}^{p} \lambda_k, \quad i = 1, 2, \cdots, L \tag{2.2.8}$$

$$C_{M,m} = \sum_{i=1}^{m} \lambda_i \bigg/ \sum_{j=1}^{p} \lambda_j \tag{2.2.9}$$

式中，$c_{M,i}$ 为第 i 个主成分的方差贡献率，为主成分方差占总方差的比例，反映了该主成分包含信息的多少，其中第一个主成分的方差贡献率最大，第二个次之，依此类推；$C_{M,m}$ 表示前 m 个主成分的累计方差贡献率。所有主成分的累计方差贡献率为 1。

PCA 的主要目的之一就是减少变量的个数，同时最大限度地保留原变量的信息。一般情况下，选取累计方差贡献率达 85%～95% 的特征值 $\lambda_1, \lambda_1, \cdots, \lambda_D$ 所对应的 D 个主成分，如式（2.2.10）所示：

$$\begin{cases} h_1' = g_{11}h_1 + g_{12}h_2 + \cdots + g_{1L}h_L \\ h_2' = g_{21}h_1 + g_{22}h_2 + \cdots + g_{2L}h_L \\ \quad\quad\quad\quad\quad\quad \vdots \\ h_D' = g_{D1}h_1 + g_{D2}h_2 + \cdots + g_{DL}h_L \end{cases} \tag{2.2.10}$$

将上式表示成矩阵形式：

$$H' = HG \tag{2.2.11}$$

式中，$H' = [h_1', h_2', \cdots, h_D']$；$G = [g_{ij}]_{D \times L}$。

构造新的神经网络来实现 $X \to Y$ 的映射。用 β^{T} 作为输入权值，隐含层偏置仍为 b_j，计算得到隐含层输出矩阵 H，如式（2.2.12）所示：

$$H = \begin{bmatrix} \phi(\langle \beta_1^{\mathrm{T}}, x_1 \rangle + b_1) & \cdots & \phi(\langle \beta_L^{\mathrm{T}}, x_1 \rangle + b_L) \\ \vdots & \ddots & \vdots \\ \phi(\langle \beta_1^{\mathrm{T}}, x_N \rangle + b_1) & \cdots & \phi(\langle \beta_L^{\mathrm{T}}, x_N \rangle + b_L) \end{bmatrix}_{N \times L} \tag{2.2.12}$$

具有 L 个隐含层节点的神经网络，按上述 PCA 降维方法得到的转移矩阵为 $H' = HG$，则新的隐含层输出矩阵为 $H' = HG, H' \in \mathbb{R}^{N \times D}$。新的隐含层节点数由 L 变为 D，此时新网络的输出权值 β' 为

$$\beta' = H'^{\dagger}Y, \quad \beta' \in \mathbb{R}^{D \times m} \tag{2.2.13}$$

注释 2.2.1： 所提 AE-P-RVFLNs 算法中，$X \to Y$ 网络中的输入权值不是随机产生，而是由 $X \to X$ 的 AE 前馈随机网络训练得到。因此，相比于常规 RVFLNs，所提 AE-P-RVFLNs 输入权值的选择更有依据性，能更好地提取建模输入数据的

有效信息。经 PCA 将网络隐含层输出矩阵降维后，去掉无用隐含层节点，简化了网络结构，在不损失模型精度的前提下不但可提高计算效率，更为重要的是可有效避免过拟合问题。

2.2.2.3　算法实现步骤

综上，给定训练数据集 $Z = \left\{ (x_i, y_i) \middle| x_i \in \mathbb{R}^n, y_i \in \mathbb{R}^m \right\}_{i=1}^{N}$，所提 AE-P-RVFLNs 算法的实现步骤概括如下。

第一阶段：基于 AE 的输入样本训练。

步骤 1：给定输入权值为 w，隐含层偏置 b 的随机取值范围，激活函数 ϕ 和隐含层节点数 L。

步骤 2：计算隐含层输入矩阵 $\bar{H}_0$。

步骤 3：根据式（2.2.4）计算输出权值矩阵 β。

第二阶段：基于 PCA 的隐含层输出矩阵降维。

步骤 4：用 β^{T} 作为网络的输入权值，给定隐含层偏置 b' 的随机取值范围，根据式（2.2.12）计算隐含层输出矩阵 H。

步骤 5：根据式（2.2.5）～式（2.2.11）计算得到转移矩阵 G 和降维后的隐含层输出矩阵 H'。

步骤 6：根据式（2.2.13）计算出输出权值 β'。

2.2.3　工业数据验证

2.2.3.1　铁水质量建模过程描述

采用提出的 AE-P-RVFLNs 算法，对高炉铁水[Si]、[P]、[S]和铁水温度（MIT）进行多元铁水质量建模，总体结构如图 2.2.4 所示。建模数据来源于某炼铁厂 2 号高炉的实际运行数据。根据该高炉炼铁工艺实际及仪器仪表现状可知，有 16 个主要的可测（直接测量或者间接测量）变量直接影响最终铁水质量指标，分别是：富氧率 x_1（%）、透气性 x_2 [$\mathrm{m^3/(min \cdot kPa)}$]、炉腹煤气指数 x_3 [$\mathrm{m^3/(min \cdot m^2)}$]、鼓风动能 x_4（kJ/s）、送风比 x_5（%）、阻力系数 x_6、理论燃烧温度 x_7（℃）、热风温度 x_8（℃）、热风压力 x_9（kPa）、富氧流量 x_{10}（$\mathrm{m^3/h}$）、炉腹煤气量 x_{11}（$\mathrm{m^3/min}$）、鼓风湿度 x_{12}（$\mathrm{g/m^3}$）、冷风流量 x_{13}（$\mathrm{m^3/h}$）、喷煤量 x_{14}（t/h）、实际风速 x_{15}（m/s）和炉顶压力 x_{16}（kPa）。由于这些变量相互关联且存在较大的耦合关系，若不对这些输入变量进行降维处理而直接建模，会造成输入信息的冗余和模型计算量过大的问题，并最终影响模型的计算效率和计算精度。因此，首先采用前文所述 PCA 方法对影响铁水质量的高维变量进行维数约简，即在保证不丢失原有大部分过程信息的前提下对输入变量进行降维处理。

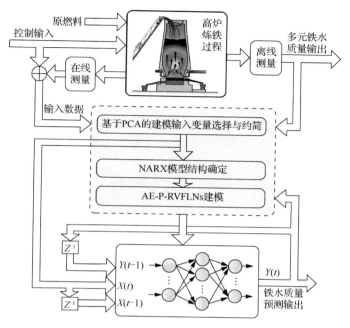

图 2.2.4　基于 AE-P-RVFLNs 的多元铁水质量建模结构

　　根据前文 PCA 算法，计算出主成分的方差贡献率和累计方差贡献率，如表 2.2.1 所示，而相应的主成分方差图如图 2.2.5 所示。可以看出，当选取累计方差贡献率大于 98%为界限时，前 6 项主成分（表中加粗字体）的累计方差贡献率为 98.723%，可以反映原 16 维变量数据空间的绝大部分信息。但是，经过 PCA 降维后得到的主成分是原有高维物理变量的综合表现，而这些综合性的主成分并没有实际物理意义。显然，这样得到的主成分变量不能用于实际高炉系统建模与控制。在 PCA 体系中，因子载荷矩阵和正交旋转后的因子载荷矩阵反映了原始物理变量与各主成分的相互关系，数值越大表示相关的密切程度越高。因此，可以根据特定的需求通过计算因子载荷矩阵或正交旋转以后的因子载荷矩阵来选取合适的具有物理含义的原始物理变量作为最终铁水质量建模的辅助变量。求得的因子载荷矩阵如表 2.2.2 所示，可以看出与主成分最关联的 6 个物理变量（表中加粗字体）为炉腹煤气量、热风温度、热风压力、富氧率、鼓风湿度和喷煤量。因此，选择这 6 个物理量作为最终的铁水质量建模输入变量。

表 2.2.1   各主成分的特征值、方差贡献率以及累计方差贡献率

主成分	特征值	方差贡献率/%	累计方差贡献率/%
1	**7.467**	**46.666**	**46.666**
2	**4.205**	**26.279**	**72.945**
3	**1.951**	**12.196**	**85.141**
4	**1.130**	**7.063**	**92.204**
5	**0.683**	**4.268**	**96.472**
6	**0.360**	**2.251**	**98.723**
7	0.140	0.874	99.597
8	0.034	0.211	99.809
9	0.020	0.126	99.935
10	0.004	0.024	99.959
11	0.003	0.021	99.980
12	0.001	0.009	99.989
13	0.001	0.006	99.995
14	0.001	0.004	99.999
15	0.000	0.001	100.000
16	0.000	0.000	100.000

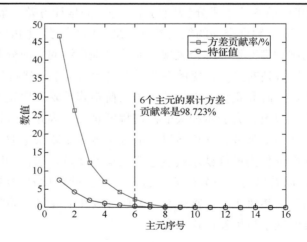

图 2.2.5   各成分特征值及方差贡献值

表 2.2.2　因子载荷矩阵

物理变量	主成分					
	1	2	3	4	5	6
冷风流量	0.816	-0.449	0.310	-0.180	0.004	0.032
送风比	0.813	-0.445	0.320	-0.179	0.007	0.041
热风压力	0.186	0.250	**0.897**	0.133	0.159	-0.045
透气性	0.625	-0.318	-0.549	-0.347	-0.110	0.000
阻力系数	-0.786	0.226	0.526	0.071	0.133	-0.081
热风温度	0.161	**0.958**	-0.021	-0.177	0.141	-0.045
富氧流量	0.797	0.221	-0.175	0.525	-0.090	-0.036
富氧率	0.781	0.242	-0.188	**0.534**	-0.093	-0.037
喷煤量	-0.049	0.868	0.040	0.067	-0.064	**0.480**
鼓风湿度	0.105	-0.512	-0.362	0.200	**0.737**	0.111
理论燃烧温度	0.747	0.580	-0.080	0.094	0.080	-0.286
炉顶压力	0.813	-0.452	0.312	-0.181	0.003	0.033
实际风速	0.526	0.763	-0.119	-0.321	0.139	-0.028
鼓风动能	0.681	0.623	-0.049	-0.346	0.132	-0.018
炉腹煤气量	**0.967**	-0.138	0.158	0.105	-0.024	0.082
炉腹煤气指数	0.958	-0.129	0.162	0.100	-0.026	0.102

高炉炼铁系统是个大时滞、强耦合的复杂非线性动态系统，常规的静态神经网络并不能很好地描述这一动态过程。因此，为了实现多元铁水质量的准确估计，保证模型的泛化性能，避免过拟合，采用所提 AE-P-RVFLNs 算法建立多元铁水质量的动态模型。由于 NARX 模型包含了输入输出变量的时序及时滞关系，能更好地描述高炉炼铁系统的非线性动态，因此本节铁水质量模型采用如下 NARX 动态模型结构：

$$Y(t) = f_{NARX}(X(t), \cdots, X(t-p), Y(t-1), \cdots, Y(t-q)) \tag{2.2.14}$$

式中，X 为建模输入变量集；Y 为待估计的铁水质量；p 和 q 分别为过程输入输出时序系数，根据所研究的高炉炼铁过程时序和时滞关系以及大尺度的铁水质量采样频率值，确定 $p=1, q=1$。

注释 2.2.2：虽然高炉炼铁的原燃料性质以及炉顶布料系统也是影响铁水质量的重要因素，但是考虑到原燃料性质不可在线测量，以及原燃料变化和炉顶布料变化到出铁水质量的改变存在非常大的时延，一般为 6～8h，而铁水质量的离线采样一般为半小时 1 次。如果在建模中考虑这些因素，将会导致所建立的 NARX 动态模型的阶次很高，模型太复杂。因此，这些原燃料性质以及炉顶布料过程的相关重要参数不在建模中进行考虑，只是作为建模过程的干扰因素，其影响可通过模型参数的不定期更新或者在线自适应更新予以克服。

2.2.3.2   铁水质量建模效果及分析

图 2.2.6 为所提方法在训练集上的建模结果，可以看出所提方法基于实际工业数据建立的 NARX 模型取得良好的建模效果，模型输出值与实际值拟合非常好，且趋势基本一致。图 2.2.7 为不同模型的多元铁水质量预测结果。为了直观上验证所提方法的优越性，将所提方法与其他类似的 RVFLNs 算法进行对比，这些对比算法包括：基本 RVFLNs 算法、单纯采用 Autoencoder 前馈随机网络进行输入权值确定的 AE-RVFLNs 算法以及单纯采用 PCA 进行网络输出矩阵降维的 P-RVFLNs 算法。为了公平起见，各对比算法的隐含层节点个数统一设置为 50，激励函数均采用 Sigmoid 函数。从图 2.2.7 可以看出，所提方法建立的模型在所有模型中获得了最好的预测精度。相对于其他三种对比方法，所提 AE-P-RVFLNs 方法建立的铁水质量模型的预测曲线形状与实际曲线拟合最好，并且趋势基本一致。

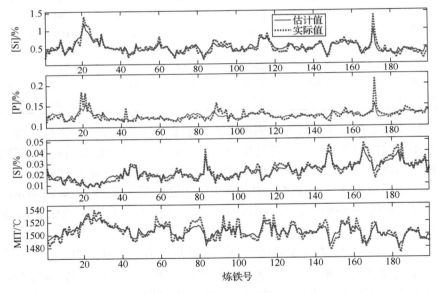

图 2.2.6   基于 AE-P-RVFLNs 的多元铁水质量 NARX 模型建模结果

然后，计算所提 AE-P-RVFLNs 算法及三种对比算法的运算效率，并采用标准统计指标的均方根误差（root mean square error, RMSE）和平均绝对百分误差（mean absolute percentage error, MAPE）来对算法的建模性能和泛化能力进行定量评估，结果如表 2.2.3 所示。可以看出，所提 AE-P-RVFLNs 算法由于对输入权值预计算和对隐含层输出矩阵进行降维处理，模型结构得到优化，使得最终建立的 AE-P-RVFLNs 模型具有较好的运算效率和更高的估计精度。同时，通过比较 AE-P-RVFLNs、P-RVFLNs、AE-RVFLNs 和 RVFLNs 四种算法的运算效率，可以看出通过引入 PCA 进行输出矩阵降维比通过采用 Autoencoder 进行输入权值确定更能改善 RVFLNs 算法的运算效率。

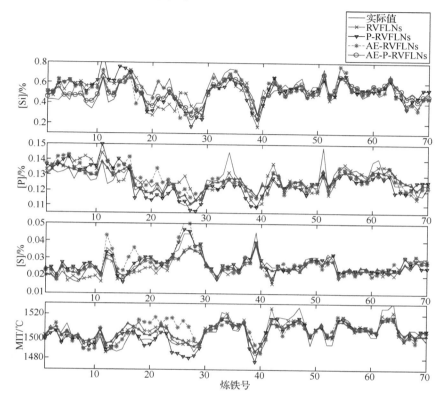

图 2.2.7　不同模型的多元铁水质量预测结果

表 2.2.3　不同算法的建模性能统计指标比较

算法	运算时间/s	RMSE				MAPE			
		[Si]/%	[P]/%	[S]/%	MIT/℃	[Si]/%	[P]/%	[S]/%	MIT/℃
RVFLNs	0.0023	0.117	0.0080	0.0056	9.808	5.12	5.42	4.563	5.476
P-RVFLNs	0.0015	0.146	0.0087	0.0065	10.05	4.90	4.46	5.949	5.198
AE-RVFLNs	0.0020	0.131	0.0135	0.0064	11.47	6.82	6.03	6.613	7.441
AE-P-RVFLNs	0.0014	0.112	0.0071	0.0054	9.044	4.55	2.93	3.083	4.607

为了进一步测试所提铁水质量建模算法的泛化性能和解决过拟合问题的能力，进一步研究在逐一增加隐含层节点数时，观察训练集和测试集 RMSE 的变化情况，如图 2.2.8 所示。可以看到，当刚开始增加网络隐含层节点数时，所提 AE-P-RVFLNs 算法的训练集和测试集 RMSE 均呈现明显下降趋势，而当网络隐含层节点数继续增加时，训练集和测试集 RMSE 趋于平稳，未出现明显训练和测试曲线

交叉的过拟合现象。此外，由图 2.2.9～图 2.2.11 可以看出，随着隐含层节点数的增加，三种对比算法的训练集 RMSE 都呈现下降趋势，而测试集 RMSE 则不同程度呈现上升趋势，因此三种对比算法均出现不同程度过拟合现象，即模型对已知训练数据具有较好的学习效果，而对未知测试数据表现较差。另外，通过其他三种对比算法的比较分析也可看出，相对于基本 RVFLNs 算法和 AE-RVFLNs 算法，P-RVFLNs 算法的过拟合问题最小。实际上，P-RVFLNs 算法只是在铁水[P]建模时出现较明显过拟合和铁水[Si]建模时出现轻微过拟合，而对其他两个铁水质量指标建模未出现过拟合问题。这显然应该得益于 P-RVFLNs 算法引入的 PCA 技术降低了高维隐含层输出矩阵，避免隐含层输出矩阵的多重共线性问题。

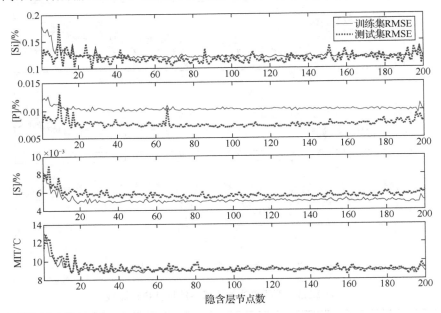

图 2.2.8　逐一增加隐含层节点数时所提 AE-P-RVFLNs 训练集和测试集 RMSE 变化曲线

注释 2.2.3：注意到，由于随机权神经网络隐含层偏置等参数是在一定范围内随机选取，为了保证实验结果更具说服力，以上对比实验的结果都是取多次实验的平均值作为最终的结果。另外，在研究 RVFLNs 和 AE-RVFLNs 的隐含层节点与训练集 RMSE、测试集 RMSE 的关系试验中，隐含层节点增加到 200 时，测试集的 RMSE 过大导致图 2.2.9 和图 2.2.10 不能清楚地展示训练集误差的变化情况，因此在这两个试验中(对应图 2.2.9 和图 2.2.10)将最大隐含层节点个数减小为 100。

通过以上铁水质量建模效果可以看出：所提 AE-P-RVFLNs 算法通过采用 Autoencoder 前馈随机网络对输入数据进行训练而获得优化的网络结构参数，可最大程度提取和反映过程输入数据的特性信息。进一步引入 PCA 技术对高维隐含层输出矩阵进行降维, 避免隐含层输出矩阵多重共线性问题, 大大降低了网络中的无用隐含层节点个数, 避免隐含层节点过多导致模型过拟合和运算效率差的问题。即采用所提方法建立的铁水质量模型具有较好的泛化性能、鲁棒性和运算效率, 能够较好地进行实际工程应用。

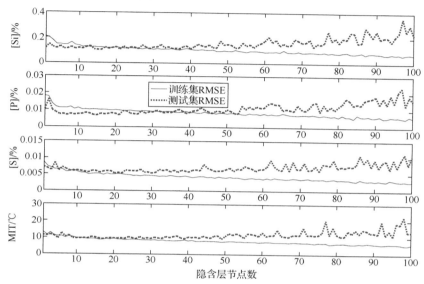

图 2.2.9　逐一增加隐含层节点数时 RVFLNs 训练集和测试集 RMSE 变化曲线

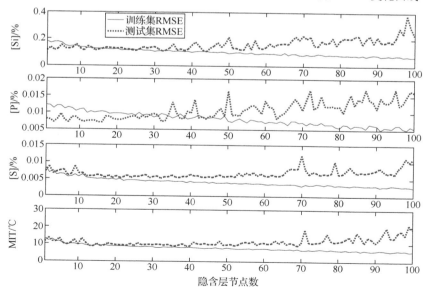

图 2.2.10　逐一增加隐含层节点数时 AE-RVFLNs 训练集和测试集 RMSE 变化曲线

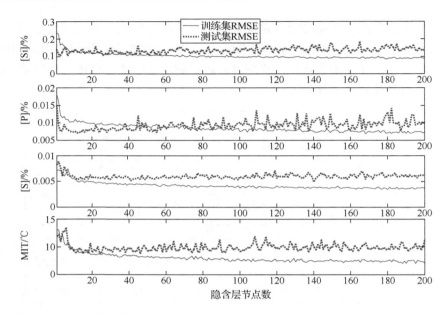

图 2.2.11　逐一增加隐含层节点数时 P-RVFLNs 训练集和测试集 RMSE 变化曲线

2.3　高炉铁水质量鲁棒正则化 RVFLNs 建模

　　高炉炼铁过程中，受检测仪表老化以及其他干扰因素的影响，现场采集的数据往往存在各种各样的离群点。而现有数据驱动铁水质量建模方法，包括基本 RVFLNs 算法，普遍存在计算效率低、鲁棒性差、缺乏在线学习能力和受多重共线性影响等问题。因此，亟须研究针对实际工程问题的改进数据驱动建模算法，来解决高炉铁水质量高性能鲁棒建模的难题。本节针对基本 RVFLNs 存在的前述多重共线性和鲁棒性差的问题，基于正则化理论和高斯分布加权的 M-估计技术，提出高炉铁水质量的鲁棒正则化 RVFLNs 建模方法。

　　所提方法首先利用正则化理论和结构风险最小化原则，在基本 RVFLNs 的经验风险损失函数基础上，同时引入 L_2 范数正则和 L_1 范数正则，构造具有弹性网络（elastic net）的优化目标函数，以此稀疏化网络输出权值矩阵，解决多重共线性问题，从而防止模型过拟合和提高模型的泛化能力[16]。同时，为解决实际高炉工业数据中存在的离群点对建模过程的不良影响问题，结合鲁棒估计中的 M-估计方法，对基本 RVFLNs 算法进行鲁棒改进，提高模型鲁棒性能和建模精度。同时，针对 M-估计中现有权函数超参数选择困难的问题，设计了高斯分布加权函数，可根据标准化残差的分布自主确定相关参数，进一步增强了模型的鲁棒性能。此外，为了提高铁水质量鲁棒建模的性能和计算效率，在数据建模前进行建模变量选择和动态信息的捕获，即利用典型相关分析（canonical correlation analysis, CCA）[17, 18] 从众多过程变量中选取影响铁水质量的重要变量作为输入变量，并构建 NARX 模型结构捕获高炉炼铁过程的更多动态信息。

2.3.1　正则化与鲁棒估计简介

2.3.1.1　正则化理论

正则化是 Tikhonov 于 1963 年提出用于解决病态建模问题的方法，是神经网络和机器学习算法的重要内容。正则化的基本思想是通过某些含有解的先验知识的非负辅助泛函来使解稳定，主要从减小参数估计量方差的角度解决多重共线性问题，通过偏差来换取方差的降低。一般是在经验风险最小化的优化目标函数中，引入对回归参数的惩罚作为正则化项，整体构成正则化代价损失函数，形式如下："正则化代价损失=经验代价损失+正则化系数×正则化项"。常见的有 L_1 范数、L_2 范数，以及 L_1、L_2 范数的结合等方式。在线性回归中，加入 L_1 范数作为惩罚项的方法又称为 Lasso；加入 L_2 范数作为惩罚项的方法又称为 Ridge 回归；同时加入 L_1 范数和 L_2 范数作为惩罚项的方法称为弹性网络。

对于简单的线性回归问题 $Y = X\beta + \varepsilon$，式中 Y 是因变量，X 是自变量，β 是回归参数，ε 是随机误差项，可通过使残差的平方和最小来计算得到回归参数：

$$\hat{\beta} = \arg\min_{\beta} \sum_{i=1}^{N} (y_i - X_i\beta)^2 \tag{2.3.1}$$

在满足基本假设条件下，由最小二乘法计算回归参数的唯一解。如果 $X^{\mathrm{T}}X$ 是非奇异的，则

$$\hat{\beta} = X^{\dagger}Y = (X^{\mathrm{T}}X)^{-1}X^{\mathrm{T}}Y \tag{2.3.2}$$

接下来基于正则化理论[19]，在式（2.3.1）经验风险最小化公式中引入对回归参数的惩罚。

（1）Ridge 回归对参数进行 L_2 范数惩罚，通过优化惩罚的残差平方和最小来求解参数，式（2.3.1）变为

$$\hat{\beta} = \arg\min_{\beta} \left\{ \sum_{i=1}^{N} (y_i - X_i\beta)^2 + \lambda \| \beta \|_2^2 \right\}, \quad \lambda \geqslant 0 \tag{2.3.3}$$

式中，λ 是一个控制惩罚大小的参数。当 $\lambda = 0$ 时，对参数没有惩罚，等价于最小二乘法。λ 的值越大，则对参数惩罚得越厉害，参数收缩的量就越大，直至为零。在神经网络中，通过参数的平方和惩罚的想法也被使用，也即权值衰减。从优化的角度考虑，式（2.3.1）可以写成如下等价形式：

$$\begin{cases} \hat{\beta} = \arg\min_{\beta} \sum_{i=1}^{N} (y_i - X_i\beta)^2 \\ \text{s.t.} \ \ \|\beta\|_2^2 \leqslant t_b \end{cases} \tag{2.3.4}$$

式（2.3.4）明确了参数约束的大小，参数 λ 和 t_b 之间有一对一的对应关系。Ridge 的解在输入缩放下不是等变化的，因此通常在求解前对输入数据进行标准化。此外，容易得到 Ridge 的解如下：

$$\hat{\beta}_{\text{Ridge}} = (X^{\mathrm{T}}X + \lambda I)^{-1} X^{\mathrm{T}} Y \tag{2.3.5}$$

（2）Lasso 是一种和 Ridge 相似的参数收缩方法，主要区别是对参数进行 L_1 范数惩罚，而不是 L_2 范数惩罚，写成拉格朗日等式形式为

$$\hat{\beta}_{\text{Lasso}} = \arg\min_{\beta} \left\{ \frac{1}{2} \sum_{i=1}^{N} (y_i - X_i\beta)^2 + \lambda \|\beta\|_1 \right\}, \quad \lambda \geqslant 0 \tag{2.3.6}$$

写成带有约束的优化形式为

$$\begin{cases} \hat{\beta}_{\text{Lasso}} = \arg\min_{\beta} \sum_{i=1}^{N} (y_i - X_i\beta)^2 \\ \text{s.t.} \ \ \|\beta\|_1 \leqslant t_b \end{cases} \tag{2.3.7}$$

式（2.3.6）中，λ 也是一个控制惩罚大小的参数。当 $\lambda = 0$ 时，对参数没有惩罚，等价于最小二乘法。λ 值越大，则对参数惩罚越大，为零的参数就越多，也即得到了稀疏解。但是使用这种惩罚导致输出 y_i 的解是非线性的，存在不可导点，因此没有像 Ridge 回归那样有闭合形式的解，且计算其解是一个二次规划问题。由于惩罚的性质，t_b 足够小时会导致某些系数为零，从而可以产生稀疏解，具有做特征子集选择的功能，并解决多重共线性问题。

（3）弹性网络是一种将 L_1 范数和 L_2 范数结合的参数收缩方法，形式如下：

$$\hat{\beta} = \arg\min_{\beta} \left\{ \sum_{i=1}^{N} (y_i - X_i\beta)^2 + \lambda_1 \|\beta\|_2^2 + \lambda_2 \|\beta\|_1 \right\}, \quad \lambda_1 \geqslant 0, \lambda_2 \geqslant 0 \tag{2.3.8}$$

式中，λ_1, λ_2 都是控制惩罚大小的参数：当 $\lambda_1 = 0, \lambda_2 > 0$ 时，式（2.3.8）等价于 Lasso；当 $\lambda_1 > 0, \lambda_2 = 0$ 时，式（2.3.8）等价于 Ridge 回归；当 $\lambda_1 > 0, \lambda_2 > 0$ 时，式（2.3.8）的 L_1 范数惩罚部分可以产生稀疏解，同时惩罚的二次部分又具有消除对选定变量数量的限制、鼓励群组效应和稳定 L_1 惩罚路径的作用。

下面，从多个方面对比 Ridge 回归和 Lasso 之间的区别[19]。

（1）从梯度下降的角度来看，在原点邻域内 Lasso 的梯度绝对值大于 Ridge 的梯度绝对值，而在其他区间小于 Ridge 的梯度绝对值。当利用梯度下降法进行参数优化时，Lasso 损失函数的下降速度恒定，而 Ridge 回归的速度逐渐减小，到原点为零。以图 2.3.1 为例，实线代表 $y = x^2$ 曲线，虚线代表 $y = |x|$ 曲线。曲线在 $(1,1)$ 和 $(-1,1)$ 两点相交，而梯度在 $(0.5, 0.5)$ 和 $(-0.5, 0.5)$ 处相等，即在横坐标 $(-0.5, 0.5)$ 区

间内，利用梯度下降法优化同一学习率时，Lasso 比 Ridge 速度快，在其他区间则慢，因为前者的梯度绝对值在定义域内是恒定的。

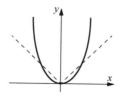

图 2.3.1　Ridge 回归（实线）和 Lasso（虚线）从梯度角度的分析对比图

（2）从带有约束的最优化方法角度来看，Lasso 的损失函数更容易与约束空间相交于坐标轴上，在坐标轴则意味着当前维度的参数为零。而 Ridge 回归不容易与约束空间相交于坐标轴上，除非惩罚项中的惩罚因子增大到非常大，参数才会大部分衰减到零。以图 2.3.2 为例，考虑参数维度为二维的情况，图中椭圆线是最小二乘损失函数的等高线，Ridge 回归的约束空间是一个圆心在圆点的圆形区域，而 Lasso 的约束空间是顶点在坐标轴上的正方形区域，约束空间用公式描述分别为 $\beta_1^2 + \beta_2^2 \leqslant t_b^2$ 和 $|\beta_1| + |\beta_2| \leqslant t_b$。显然，右图损失函数等高线更容易相交于约束空间的顶点上，也就是更容易得到稀疏解。而左图等高线与约束空间不容易相交在坐标轴上，但是也比较贴近坐标轴，可以实现参数衰减的作用。

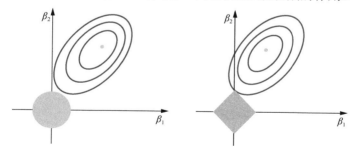

图 2.3.2　Ridge 回归（左）和 Lasso（右）的对比图

2.3.1.2　鲁棒估计

数据统计方法都依赖于一定的理想假设。广泛使用的数据模型形式化假设是观测数据服从正态分布，这主要是因为正态分布假设给出了一个表示许多真实数据集的近似，且理论简单。

实际工业生产数据中，通常会有一小部分数据远离大部分数据，这类数据称为离群点。离群点也称为异常值，指在样本空间中，与其他样本点的一般行为或特征不一致的样本点。离群数据通常可分为两类：一类是仅样本输出变量（Y 方向）异常、样本输入变量（X 方向）正常的离群数据情况；另一类是样本输入变量（X 方向）和输出变量（Y 方向）同时异常的离群数据情况。现有大部分研究主要集中在第一类离群数据的建模与分析。

在统计分析与数据建模中，即使是单个离群数据，也会对基于正态或线性假设的最优经典统计方法产生较大的失真影响。包含离群点数据的统计特性表现为其数据分布形状有厚重的"尾巴"，这有别于理想数据的正态分布形状。若"尾巴"是对称的，则会影响统计分析方法的计算效率；而若"尾巴"是不对称的，则可能使得统计计算或者建模出现非常大的偏差。

如何处理离群数据，实现高可靠的统计分析与建模？通常有两种方法。第一种方法是事前离群点诊断或检测，即在统计分析与数据建模前对原始数据进行异常值诊断与处理。但是事前离群点诊断通常是基于经典估计的统计学假设，通常是在假设给定数据服从理想正态分布的基础上来确定偏离数据是否为离群点。实践经验表明这种方法至少存在两方面缺陷：一是在检测离群值方面，它们通常不如鲁棒估计算法可靠；二是确定偏离数据是否为离群点和离群点确定后的处理因人而异，主观性强，没有一个客观、公正的方法进行理论性指导。

处理离群点数据的第二种方法就是鲁棒估计（robust estimation）[20, 21]。鲁棒估计是指在训练数据中不可避免含有离群点的情况下，选择恰当的估计算法使参数估计尽可能免受离群点的影响，得出与在正常数据情况一致或者差不多的最佳估计值。如图 2.3.3 所示，常用鲁棒估计算法主要有三类，即 M-估计、L-估计和 R-估计，其中最常用的是 M-估计。通常，好的鲁棒估计算法需要满足如下三个主要条件。

（1）高效率。即应具有较好（最优或接近最优）的计算效率。

（2）稳健性。模型应该是稳健的，假设的微小偏差只会略微影响模型性能。

（3）高崩溃点。当实际数据和模型假设分布之间存在较大偏差时，不应导致破坏性灾难的发生，也就是说模型要具有较高的崩溃点。

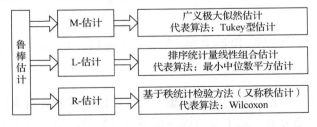

图 2.3.3　鲁棒估计算法的种类

基本 RVFLNs 的输出权值由最小二乘（least square, LS）计算获得。在满足高斯-马尔可夫定理前提下，经典 LS 估计具有无偏、一致和最小方差的良好特性，因而在回归分析中受到广泛应用。但是，当实际工业数据不满足高斯-马尔可夫中正态分布的假设，或当数据遭受离群点污染而偏离正态分布假设时，即使只是一个离群数据点也会使整个参数估计结果存在较大偏差，从而导致 LS 估计失真。因此，将鲁棒估计的理论融入最小二乘估计显得尤为重要。实际上，最小二乘估计鲁棒性差的原因主要体现在两个方面。

（1）从样本对估计的贡献来看，每个样本被赋予相同的权值，对估计的贡献都相同，这仅适合于数据分布集中度较高的情况。一旦数据出现离群点，相对于正常数据而言，离群点数据的作用被夸大。

（2）从优化的目标函数来看，LS 估计的优化目标函数是最小化残差的平方和，当数据中出现离群点，即使是一个极大离群点时，对应的样本残差也会因为平方的作用被放大，严重影响目标函数的优化。

鲁棒估计对 LS 的改进主要是修改 LS 估计的优化目标函数，增强其对离群点的抵抗能力，使其能够对不同的样本区别对待。具体来说，需要充分利用有效的数据信息，选择性地利用可利用的数据信息，同时避免受到离群点数据的不良影响。其实，这也是鲁棒估计的核心思想。鲁棒估计无须预先诊断数据异常值，而是所有的样本数据全部参与建模，鲁棒估计算法在建模过程中利用标准化残差的分布对不同类型的样本进行有效识别，根据分布情况确定样本的建模权值。鲁棒建模样本加权的主要原则是：一是在保权区对有效样本进行保权；二是在降权区对可疑样本进行降权；三是在拒绝区对离群点进行零权或接近零权处理。因此，权函数设计和选择是影响鲁棒估计算法鲁棒性强弱和计算效率的重要因素。

2.3.1.3　M-估计算法

1964 年 Huber 提出的 M-估计（M-estimates）是一种被广泛使用的高效率鲁棒估计算法[21]。M-估计对传统 LS 目标函数的鲁棒改进通过构造关于残差的偶函数实现，具体如下。

对于给定数据集 $\{(x_i, y_i) \mid x_i \in \mathbb{R}^n, y_i \in \mathbb{R}\}_{i=1}^N$，其线性回归方程如下：

$$Y = X\beta + r \tag{2.3.9}$$

式中，β 是回归系数；r 是残差项。

LS 估计的优化目标函数为

$$J = \sum_{i=1}^N (y_i - x_i^{\mathrm{T}}\beta)^2 = \sum_{i=1}^N r_i^2 \tag{2.3.10}$$

而 M-估计的优化目标函数一般表示如下：

$$J = \sum_{i=1}^N \rho(r_i) = \sum_{i=1}^N \rho(y_i - x_i^{\mathrm{T}}\beta) \tag{2.3.11}$$

式中，ρ 是 M-估计的影响函数。此时，回归系数 β 的求解如下：

$$\hat{\beta}_M = \arg\min_{\beta} \sum_{i=1}^N \rho(y_i - x_i^{\mathrm{T}}\beta) = \arg\min_{\beta} \sum_{i=1}^N \rho(r_i(\beta)) \tag{2.3.12}$$

为了使 M-估计的结果具有尺度同变性，即满足：

$$\hat{\beta}(x_i, \zeta y_i) = \zeta \hat{\beta}(x_i, y_i) \tag{2.3.13}$$

式中，ζ 为常数。于是，引入鲁棒估计理论中的稳健尺度估计 $\hat{\sigma}$，一般取其为绝对偏差中位数（median absolute deviation, MAD）除以数值 0.6745，即

$$\hat{\sigma} = \frac{\text{MAD}}{0.6745} = \frac{\text{median}_i |r_i - \text{median}(r_i)|}{0.6745} \tag{2.3.14}$$

式中，median($\cdot$)是求中位数的函数。

MAD 比标准偏差更能适应数据集中的异常值，且少数离群值的偏差是不相关的。数值 0.6745 是标准正态分布的 MAD，当残差服从高斯分布时，MAD 除以 0.6745 可以保证参数估计的一致性。

将残差 r_i 除以稳健尺度估计 $\hat{\sigma}$，得到标准化残差 $r_i / \hat{\sigma}$，此时 β 的求解为

$$\hat{\beta}_M = \arg\min_{\beta} \sum_{i=1}^{N} \rho\left(\frac{y_i - x_i^{\mathrm{T}}\beta}{\hat{\sigma}}\right) = \arg\min_{\beta} \sum_{i=1}^{N} \rho\left(\frac{r_i(\beta)}{\hat{\sigma}}\right) \tag{2.3.15}$$

直接对 β 求导，并令导数为零，可得

$$\sum_{i=1}^{N} \varphi\left(\frac{r_i(\beta)}{\hat{\sigma}}\right) x_i = 0 \tag{2.3.16}$$

式中，$\varphi = \rho'$，φ 是得分函数。

定义

$$v(r) \triangleq \varphi(r)/r \tag{2.3.17}$$

此时式（2.3.16）为

$$\sum_{i=1}^{N} v\left(\frac{r_i(\beta)}{\hat{\sigma}}\right) \times (y_i - x_i^{\mathrm{T}}\beta) x_i = 0 \tag{2.3.18}$$

式中，v 是每个样本的建模权值。将式（2.3.18）写成矩阵形式为

$$X^{\mathrm{T}} V(Y - X\beta) = 0 \tag{2.3.19}$$

即

$$\beta = (X^{\mathrm{T}} V X)^{-1} X^{\mathrm{T}} V Y \tag{2.3.20}$$

最终的 β 迭代计算公式为

$$\beta^{(k+1)} = (X^{\mathrm{T}} V^{(k)} X)^{-1} X^{\mathrm{T}} V^{(k)} Y \tag{2.3.21}$$

式中，V 是对角权值矩阵，对角线上的元素为权值 $v_i, i = 1, 2, \cdots, N$；k 代表迭代计算的次数。

权函数的选择是 M-估计十分重要的一个环节，权函数不仅影响模型鲁棒性能，而且影响模型的计算效率。一个好的权函数应该包含以下两部分内容：一是样本数据区间应当清晰划分为有效数据、可利用数据和有害数据三个区间；二是利用上面的数据区间，将权函数划分为保权区、降权区和拒绝区。对保权区的有效数据进行保权，对降权区的可利用数据进行降权，对拒绝区的有害数据置权接近零或置为零。保权区的样本数据主要保证了 M-估计的基本效率；而降权区的样

本数据则加强了估计的效率和可靠性；拒绝区的异常样本更是体现了鲁棒估计抵抗离群点的能力。一般而言，权函数的区间没有严格意义上的区分，不同区间的长度也不必完全相同，但是权函数都是对残差较大的样本进行降权处理，随着残差项绝对值增大，权函数增长得越慢，估计的稳健性就越强。M-估计中常用的权函数如下，而不同权函数曲线如图 2.3.4 所示。

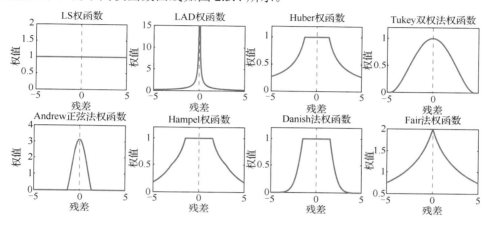

图 2.3.4　不同权函数曲线

（1）LS 权函数：

$$v(r) = 1, \quad r \in (-\infty, +\infty) \tag{2.3.22}$$

严格意义上来讲，最小二乘法不属于 M-估计权函数的内容，但是为了便于和其他权函数对比，所以仍然对其进行介绍。可以看出，最小二乘法所有样本的建模权值均为 1，不能对不同样本区别对待，因此导致建模鲁棒性差。

（2）最小绝对和（least absolute deviation，LAD）权函数：

$$v(r) = \frac{1}{|r|}, \quad r \in (-\infty, +\infty) \tag{2.3.23}$$

当 $r = 0$ 时，v 一般取一个比较大的数，但出现 $r = 0$ 的概率较小。

（3）Huber 权函数：

$$v(r) = \begin{cases} 1, & |r| \leqslant \lambda_c \\ \dfrac{\lambda_c}{|r|}, & |r| > \lambda_c \end{cases} \tag{2.3.24}$$

为了使估计方法获得较高的鲁棒性能和计算效率，超参数 λ_c 通常取 1.345。

（4）Tukey 双权法权函数：

$$v(r) = \begin{cases} \left(1 - \dfrac{r^2}{\lambda_c^2}\right)^2, & |r| \leqslant \lambda_c \\ 0, & |r| > \lambda_c \end{cases} \tag{2.3.25}$$

这里，超参数 λ_c 通常取 4.685。

（5）Hampel 权函数：

$$v(r) = \begin{cases} 1, & |r| \leqslant k_a \\ \dfrac{k_a}{|r|}, & k_a < |r| \leqslant k_b \\ \dfrac{k_a\left(\dfrac{k_c - |r|}{k_c - k_b}\right)}{|r|}, & k_b < |r| \leqslant k_c \\ 0, & |r| > k_c \end{cases} \quad (2.3.26)$$

Huber 权函数中，随 $|r|$ 逐渐增大，样本权值因子趋于零，但不为 0。而 Hampel 权函数中，当 $|r| > k_c$ 时，权因子取到了 0。也即当出现十分异常的样本点时，Hampel 权函数直接对该样本权值置为 0。通常可取 k_a 为 1.6，k_b 为 3.1 而 k_c 为 8。

（6）Andrew 正弦法权函数：

$$v(r) = \begin{cases} \lambda_c \times \sin\left(\dfrac{\pi r}{\lambda_c}\right) \Big/ r, & |r| \leqslant \lambda_c \\ 0, & |r| > \lambda_c \end{cases} \quad (2.3.27)$$

这里，通常取 λ_c 为 1.34。

（7）Danish 法权函数：

$$v(r) = \begin{cases} 1, & |r| \leqslant \lambda_c \\ \exp\left(1 - \dfrac{r^2}{\lambda_c^{\,2}}\right), & |r| > \lambda_c \end{cases} \quad (2.3.28)$$

（8）Fair 法权函数：

$$v(r) = 2 \Big/ \left(1 + \dfrac{|r|}{\lambda_c}\right) \quad (2.3.29)$$

Fair 法权函数不设界限。

M-估计中，除了上述常见的 8 种权函数外，还有高斯分布权函数、Cauchy 分布权函数等。这些权函数将在后文专门介绍，在此不重述。

上面介绍的几种常见的权函数中，最小二乘法权函数无论样本质量优劣，均同等对待，缺少关键的降权区和拒绝区，不具有鲁棒性，崩溃点为零；最小绝对和权函数缺少保权区，不能很好地利用所有的样本信息；Huber 法、Tukey 法、Andrew 法和 Danish 法往往要根据实际的数据分布以及残差的分布来选择，并且超参数 λ_c 需要确定，这些 λ_c 的取值也会严重影响鲁棒估计抵抗离群值的能力以及计算效率。在实际应用中，超参数 λ_c 都需要人员根据实际情况手动选择，主观性强。此外，这些权函数均是假设残差的分布严格服从均值为零的分布，但是，实际工业数据建模时，建模残差的分布并不是严格服从均值为零且严格关于纵轴左右对称的分布。如果仍然选择这些权函数却不根据实际情况进行修改，则鲁棒估计仍然会发生偏差，导致模型失真。为此，以图 2.3.4 中经典 Huber 法权函数为例进行介绍：当残差服从均值为零且左右对称的分布时，λ_c 取值越大，保权区长度区间越大，有更多的可利用样本数据被认为是有效的数据进行保权，原本属于拒绝区的有害数据本该被拒绝或赋予很小的权值，但是此时仅仅被降权而已，也就是说所有非有效样本数据的权值都得到了增加。而当 λ_c 趋向于无穷大时，每个样本的权值均为 1；反之，λ_c 取值越小，残差越大的样本数据权值越小，模型抵抗离群点的能力也就越强。只有超参数 λ_c 取合适值时，才能同时提高模型鲁棒性和计算效率。鲁棒性与计算效率二者需要折中，通常取 $\lambda_c = 1.345$，计算效率为 95%；而当 $\lambda_c = 1.5$ 时，计算效率达到了 96%，但是鲁棒性稍差。

2.3.2　鲁棒正则化 RVFLNs 算法

2.3.2.1　基于 CCA 的建模输入变量选择

高炉本体参数较多，且变量之间存在较强相关性，如果将所有变量进行铁水质量建模，不仅会增加计算复杂度，更重要的是影响最终铁水质量模型的准确性和有效性，因此需要先进行输入变量选择与约简。现有数据驱动建模输入变量约简方法最常见的是前文 2.2 节介绍的主成分分析（PCA）方法。但是 PCA 方法只针对输入空间进行降维，未考虑输入输出变量之间的关联关系。为此，本节将采用考虑输入输出关联关系的 CCA 方法选择与铁水质量相关性最大的几个过程变量作为铁水质量建模输入变量。CCA 是研究多个输入变量与多个输出变量之间相关性的多元统计分析方法，其基本原理是在两组输入输出关联变量中分别提取有代表性的综合指标，也就是分别建立两个变量组中各变量的线性组合，利用这两个综合指标之间的相关关系来反映两组变量之间的整体相关性。基于 CCA 的数据降维算法简要描述如下。

设 $X = \{X_i\}_{1 \times N_X} \in \mathbb{R}^{N_X}$ 与 $Y = \{Y_i\}_{1 \times N_Y} \in \mathbb{R}^{N_Y}$ 为给定的两组随机数据向量，CCA 的任务就是寻找两组典型系数矩阵 $\mathbf{Cx}_{N_v \times N_X}$ 与 $\mathbf{Cy}_{N_v \times N_Y}$，其中 N_v 为典型变量的对数，使得如下典型变量 $U_{N_v \times 1}$ 与 $V_{N_v \times 1}$ 之间的互信息最大：

$$\begin{cases} U_{N_v \times 1} = \mathbf{Cx}_{N_v \times N_X} X \\ V_{N_v \times 1} = \mathbf{Cy}_{N_v \times N_Y} Y \end{cases} \tag{2.3.30}$$

式中，典型系数矩阵为

$$\begin{cases} \mathrm{Cx}_{N_v \times N_X} = \begin{bmatrix} \mathrm{Cx}_1^{\mathrm{T}} & \mathrm{Cx}_2^{\mathrm{T}} & \cdots & \mathrm{Cx}_{N_v}^{\mathrm{T}} \end{bmatrix}^{\mathrm{T}} \\ \mathrm{Cy}_{N_v \times N_Y} = \begin{bmatrix} \mathrm{Cy}_1^{\mathrm{T}} & \mathrm{Cy}_2^{\mathrm{T}} & \cdots & \mathrm{Cy}_{N_v}^{\mathrm{T}} \end{bmatrix}^{\mathrm{T}} \end{cases}$$

这些矩阵的行，即 $\{\mathrm{Cx}_i\}_{1 \times N_X}$ 和 $\{\mathrm{Cy}_i\}_{1 \times N_Y}$，组成了对应变换空间的正交基，分别称为对应典型变量 U_i 和 V_i 的典型系数向量。通过使第一对典型变量（即 $U_1 = \mathrm{Cx}_1 X$ 和 $V_1 = \mathrm{Cy}_1 Y$）最大相关来得到第一对典型系数向量 $(\mathrm{Cx}_1, \mathrm{Cy}_1)$。

$$(\mathrm{Cx}_1, \mathrm{Cy}_1) = \underset{(\mathrm{Cx},\mathrm{Cy})}{\arg\max}\, \mathrm{Corr}(\mathrm{Cx}X, \mathrm{Cy}Y) = \underset{(\mathrm{Cx},\mathrm{Cy})}{\arg\max} \frac{\mathrm{Cx}^{\mathrm{T}} \Sigma_{XY} \mathrm{Cy}}{\sqrt{\mathrm{Cx}^{\mathrm{T}} \Sigma_{XX} \mathrm{Cx}} \sqrt{\mathrm{Cy}^{\mathrm{T}} \Sigma_{YY} \mathrm{Cy}}} \quad (2.3.31)$$

式中，Σ_{XX} 和 Σ_{YY} 分别为 X 和 Y 的集合内的协方差矩阵；Σ_{XY} 为 X 和 Y 的集合间的协方差矩阵。

当计算求得 $(\mathrm{Cx}_1, \mathrm{Cy}_1)$，也可以相应地求得第一对典型变量 (U_1, V_1)。以类似的方式，可以从原始变量中删除第一对典型变量的分量之后使用剩下的残差来提取第二对典型变量。这等效于在遵循以下约束的情况下最大化第二大的典型相关性。

$$\mathrm{Corr}(U_2, U_1) = 0, \quad \mathrm{Corr}(V_2, V_1) = 0$$

这个过程一直持续到 X 和 Y 之间的所有典型相关性都被完全提取为止。需要注意的是，典型变量的对数 N_v 应满足 $N_v \leq \min\{N_X, N_Y\}$，并且典型系数向量或典型变量通常是通过求解等效特征值问题计算获得，详细算法可在文献[22]中找到。

通过 CCA 获得典型变量后，应进行显著性检验。如果某对典型变量之间的相关性不显著，这意味着这对典型变量不具有代表性，应将其舍弃。典型系数绝对值较大的变量在 U_i 中起决定性作用。因此，如果 U_i 中的变量具有较大的典型相关性和典型系数，则它们与 V_i 密切相关。这意味着应该选择具有较大典型相关性和典型系数的变量作为建模的最终候选输入变量。

2.3.2.2　基于 M-估计的鲁棒正则化 RVFLNs

基本 RVFLNs 的输出权值矩阵是基于 LS 计算得到，而 LS 的应用经常会出现多重共线性和鲁棒性差的问题。隐含层神经元数目的变化极易导致隐含层输出矩阵存在多重共线性，而 LS 的最小化残差平方和的优化目标函数对所有样本一视同仁也导致了鲁棒性问题的出现。无论是隐含层神经元数目的选择不合理，还是训练数据中含有离群点，都会造成基本 RVFLNs 模型的失真，严重影响模型的精度和泛化能力。

由前文可知，当基本 RVFLNs 的输入权值与隐含层阈值随机给定后，剩下的任务是计算输出权值矩阵，并且通过求解如下矩阵方程获得：

$$H(w_1, \cdots, w_L, x_1, \cdots, x_N, b_1, \cdots, b_L)\beta = Y \quad (2.3.32)$$

式中，

$$H = \begin{bmatrix} g(\langle w_1, x_1 \rangle + b_1) & \cdots & g(\langle w_L, x_1 \rangle + b_L) \\ \vdots & \ddots & \vdots \\ g(\langle w_1, x_1 \rangle + b_1) & \cdots & g(\langle w_L, x_N \rangle + b_L) \end{bmatrix}_{N \times L}, \quad \beta = \begin{bmatrix} \beta_1^{\mathrm{T}} \\ \vdots \\ \beta_L^{\mathrm{T}} \end{bmatrix}_{L \times m}, \quad Y = \begin{bmatrix} y_1^{\mathrm{T}} \\ \vdots \\ y_N^{\mathrm{T}} \end{bmatrix}_{N \times m}$$

对于单输出系统，$m = 1$，此时 β 和 Y 分别可以简化为 $\beta = [\beta_1, \beta_2, \cdots, \beta_L]^{\mathrm{T}}$，$Y = [y_1, y_2, \cdots, y_L]^{\mathrm{T}}_{N \times 1}$。此时，RVFLNs 输出权值由 $\hat{\beta} = H^{\dagger} Y = (H^{\mathrm{T}} H)^{-1} H^{\mathrm{T}} Y$ 计算得到，对应的优化目标函数为

$$J = \sum_{i=1}^{N} r_i^2 = \sum_{i=1}^{N} (y_i - H_i \beta)^2 \qquad (2.3.33)$$

为提高模型鲁棒性，引入 M-估计，将上述优化目标函数改写为

$$J = \sum_{i=1}^{N} \rho(r_i) = \sum_{i=1}^{N} \rho(y_i - H_i \beta) \qquad (2.3.34)$$

此时，输出权值矩阵 β 求法如下：

$$\hat{\beta}_M = \arg\min_{\beta} \sum_{i=1}^{N} \rho(y_i - H_i \beta) = \arg\min_{\beta} \sum_{i=1}^{N} \rho(r_i(\beta)) \qquad (2.3.35)$$

引入残差的稳健尺度 $\hat{\sigma}$ 后，输出权值矩阵 β 的求解公式变为

$$\hat{\beta}_M = \arg\min_{\beta} \sum_{i=1}^{N} \rho\left(\frac{y_i - H_i \beta}{\hat{\sigma}}\right) = \arg\min_{\beta} \sum_{i=1}^{N} \rho\left(\frac{r_i(\beta)}{\hat{\sigma}}\right) \qquad (2.3.36)$$

式（2.3.36）中，$\hat{\sigma}$ 的计算方式如下：

$$\hat{\sigma} = \frac{\mathrm{MAD}}{0.6745} = \frac{\mathrm{median}_i |r_i - \mathrm{median}(r_i)|}{0.6745} \qquad (2.3.37)$$

对式（2.3.36）求关于 β 的偏导，并令导数为零，得到

$$\sum_{i=1}^{N} \varphi\left(\frac{r_i(\beta)}{\hat{\sigma}}\right) H_i^{\mathrm{T}} \triangleq \sum_{i=1}^{N} \rho'\left(\frac{r_i(\beta)}{\hat{\sigma}}\right) H_i^{\mathrm{T}} = 0 \qquad (2.3.38)$$

定义样本权值因子：

$$v(r) = \varphi(r) / r \qquad (2.3.39)$$

那么式（2.3.38）写为

$$\sum_{i=1}^{N} v\left(\frac{r_i(\beta)}{\hat{\sigma}}\right) \times (y_i - H_i \beta) H_i^{\mathrm{T}} = 0 \qquad (2.3.40)$$

进一步简化为

$$H^{\mathrm{T}} V H \beta = H^{\mathrm{T}} V Y \qquad (2.3.41)$$

式中，$V = \mathrm{diag}(v_i)$，其每一对角元素 v_i 是等式（2.3.39）定义的样本权值因子。继续化简得到输出权值迭代计算公式为

$$\hat{\beta}^{(k+1)} = (H^{\mathrm{T}} V^{(k)} H)^{-1} H^{\mathrm{T}} V^{(k)} Y \qquad (2.3.42)$$

上述的 M-估计鲁棒 RVFLNs 算法的学习目标是经验风险最小化。当样本容量足够大时，经验风险最小化可以保证模型具有很好的学习效果。但是，实际工程中，样本容量通常不能足够大，此时经验风险最小化模型会导致出现"过拟合"问题，使得模型泛化能力变差。为此，在上述鲁棒改进基础上，进一步进行正则化结构风险最小化改进，具体如下。

由上述推导，可进一步推导得

$$H'\beta = Y' \tag{2.3.43}$$

式中，$H' = VH$；$Y' = VY$。

为了防止 RVFLNs 模型过拟合，稀疏输出权值矩阵，并解决多重共线性问题，在经验风险损失函数基础上，进一步引入 L_1 和 L_2 两个正则化项，构造结构风险损失函数，以提高模型的泛化能力。此时，优化目标函数变为

$$\hat{\beta} = \arg\min_{\beta}\left\{\left\|H'\beta - Y'\right\|_2^2 + \lambda\left(\frac{1-\lambda_0}{2}\|\beta\|_2^2 + \lambda_0\|\beta\|_1\right)\right\} \tag{2.3.44}$$

式中，正则化系数 $\lambda_0 \in [0,1]$；$\lambda \geqslant 0$。

令 $\lambda_1 = \lambda\lambda_0$ 和 $\lambda_2 = \lambda(1-\lambda_0)/2$，则式（2.3.44）变为

$$\hat{\beta} = \arg\min_{\beta}\left\{\left\|H'\beta - Y'\right\|_2^2 + \lambda_2\|\beta\|_2^2 + \lambda_1\|\beta\|_1\right\} \tag{2.3.45}$$

进一步令：

$$H^*_{(N+L)\times L} = (1+\lambda_2)^{-\frac{1}{2}}\begin{bmatrix} H' \\ \sqrt{\lambda_2}I \end{bmatrix},\quad Y^*_{(N+L)} = \begin{bmatrix} Y' \\ 0 \end{bmatrix}$$

并使 $\gamma = \dfrac{\lambda_1}{\sqrt{1+\lambda_2}}$，$\beta^* = \sqrt{1+\lambda_2}\beta$。此时，式（2.3.45）变为

$$\hat{\beta} = \frac{1}{\sqrt{1+\lambda_2}}\arg\min_{\beta^*}\left\{\left\|H^*\beta^* - Y^*\right\|_2^2 + \gamma\|\beta^*\|_1\right\} \tag{2.3.46}$$

将式（2.3.46）乘上一个缩放因子 $1+\lambda_2$，得到下式：

$$\hat{\beta} = \sqrt{1+\lambda_2}\arg\min_{\beta^*}\left\{\left\|H^*\beta^* - Y^*\right\|_2^2 + \gamma\|\beta^*\|_1\right\} \tag{2.3.47}$$

上述式（2.3.47）可由坐标下降（coordinate descent）法求解[23]。坐标下降法是一种非梯度的迭代优化算法，其基本思想是在每次迭代过程中在当前点处沿着坐标轴的一个维度进行搜索，同时固定其他维度，由此找到函数的局部极小值。然后，不断循环不同的坐标维度，通过启发式方式一步步迭代求解得到最小值。坐标下降法可以求解梯度方法不能解决的不可导点损失函数的优化问题，其数学依据是：对于一个关于多变量 β 的可微凸函数 $J(\beta)$，如果存在一点 $\hat{\beta}$ 使得 $J(\beta)$ 在每个维度 $\hat{\beta}_i$ 上都是最小值，那么 $J(\hat{\beta})$ 就是函数的全局最小值。

注释 2.3.1：为了解决基本 RVFLNs 的多重共线性和过拟合问题，在鲁棒加权

后的最小二乘损失函数基础上，同时加入输出权值的 L_1 范数项和输出权值的 L_2 范数项作为惩罚，构成式（2.3.44）所示优化目标函数的弹性网络，不但可以有效稀疏化 RVFLNs 的输出权值矩阵，进行变量选择，而且可以在隐含层输出中强相关的变量同时出现时，鼓励群组效应。即使当特征数量远大于样本数，仍然可以得到较好的效果。总之，这种正则化改进的性能比 Ridge 回归以及 Lasso 等任何单一范数作为正则化项的方法都要好，从而有效解决了 RVFLNs 网络隐含层与输出层之间出现的多重共线性对输出权值计算的影响。

对于多输出系统，即 $m > 1$ 时，β 和 Y 表达式如下：

$$\beta = [\beta_{j1}, \cdots, \beta_{jh}, \cdots, \beta_{jm}] = \begin{bmatrix} \beta_{11} & \cdots & \beta_{1m} \\ \vdots & \ddots & \vdots \\ \beta_{L1} & \cdots & \beta_{Lm} \end{bmatrix}_{L \times m}, \quad \begin{array}{l} j = 1, 2, \cdots, L \\ h = 1, 2, \cdots, m \end{array} \quad (2.3.48)$$

$$Y = [y_{i1}, \cdots, y_{ih}, \cdots, y_{im}] = \begin{bmatrix} y_{11} & \cdots & y_{1m} \\ \vdots & \ddots & \vdots \\ y_{N1} & \cdots & y_{Nm} \end{bmatrix}_{N \times m}, \quad \begin{array}{l} i = 1, 2, \cdots, N \\ h = 1, 2, \cdots, m \end{array} \quad (2.3.49)$$

对角化样本权值矩阵 $v(r_i(\beta)/\hat{\sigma})$ 的维数和 Y 一致，即为如下 $N \times m$ 维形式：

$$v = [v_{i1}, \cdots, v_{ih}, \cdots, v_{im}] = \begin{bmatrix} v_{11} & \cdots & v_{1m} \\ \vdots & \ddots & \vdots \\ v_{N1} & \cdots & v_{Nm} \end{bmatrix}_{N \times m} \quad (2.3.50)$$

此时，多输出鲁棒 RVFLNs 输出权值的迭代计算公式为

$$\hat{\beta}^{(k+1)} = [\hat{\beta}_{j1}^{(k+1)}, \cdots, \hat{\beta}_{jh}^{(k+1)}, \cdots, \hat{\beta}_{jm}^{(k+1)}] \quad (2.3.51)$$

这里的每一个 $\hat{\beta}_{jh}^{(k+1)}$ 由等式（2.3.44）优化计算求得。

2.3.2.3　高斯分布权函数及参数确定

基于 M-估计的鲁棒 RVFLNs 根据残差决定观测值对估计的贡献大小，所以权值确定非常重要。当残差服从均值不为零的分布时，那些在残差分布中央的样本数据更能代表数据的大部分特征，应该以此作为权函数保权区的中心对称点，来合理划分权函数保权区、降权区以及拒绝区。此外，设计一个能根据数据的分布和建模残差的分布自主确定权函数超参数的权函数，可以提高模型的鲁棒性和计算效率。为此，本节所提算法选用具有优良统计特性且能自适应超参数的高斯分布作为 M-估计的权函数。

设连续随机变量服从一个位置参数为 μ_s、宽度参数为 σ_s 的概率分布，且概率密度函数（probability density function, PDF）为

$$f(x) = \frac{1}{\sqrt{2\pi}\sigma_s} \exp\left(-\frac{(x - \mu_s)^2}{2\sigma_s^2}\right) \quad (2.3.52)$$

则 X 服从高斯分布，记作 $X \sim N(\mu_s, \sigma_s^2)$。如果参数 μ_s, σ_s 已知，就可以确定高斯分布的 PDF 曲线。

根据高斯分布的 PDF 特性，在残差处于中间的样本点处取得最大权值，在残差很小或者很大的样本处取得较小权值，这样就能削弱离群点对建模带来的不良影响。高斯分布函数的参数 μ_s 和 σ_s 决定了曲线的特性，因此如何确定这两个参数是该方法的重要内容。

（1） μ_s 值的确定。M-估计加权的目的是调和"离群点"和"过拟合"的作用，因此位置参数 μ_s 应取标准化残差 $r_i / \hat{\sigma}$ 的中间值，即 $\mu_s = \mathrm{median}(r_i / \hat{\sigma}_i)$。

（2） σ_s 值的确定。参数 σ_s 决定了高斯分布函数曲线的形状，即样本点越靠近 μ，该点的权值也越大，因此考虑误差的统计特性，应遵循以下取值原则：如果误差分布较紧密，则 σ_s 取值应偏大；如果误差分布较分散，则 σ_s 取值应偏小。标准差能反映出预测误差的离散程度，误差分布越紧密则标准差越小，误差分布越分散则标准差越大。为此，采用标准化残差标准差的倒数来确定宽度参数 σ_s 的取值，即

$$\sigma_s = 1 \Big/ \sqrt{\sum_{i=1}^{N} \left\| r_i / \hat{\sigma}_i - \sum_{i=1}^{N} (r_i / \hat{\sigma}_i) / N \right\|^2 \Big/ N} \qquad (2.3.53)$$

2.3.2.4　算法实现步骤

综上，所提多输出鲁棒正则化 RVFLNs 算法实现步骤如下。

步骤 1：初始化网络输出权值矩阵 $\hat{\beta} = H^{\dagger}Y = (H^{\mathrm{T}}H)^{-1}H^{\mathrm{T}}Y$。

步骤 2：计算残差向量 r 和稳健尺度 $\hat{\sigma}$，得到标准化残差 $r / \hat{\sigma}$。

步骤 3：根据式（2.3.39）和高斯分布权函数计算每个样本对应的建模权值，求得样本权值对角阵 V。

步骤 4：构造新的隐含层输出矩阵 H' 和输出矩阵 Y'，利用式（2.3.51）求解输出权值 β。

步骤 5：判断是否满足迭代停止条件，若网络输出权值满足 $|\hat{\beta}_{jh}^{(k+1)} - \hat{\beta}_{jh}^{(k)}| / \hat{\beta}_{jh}^{(k)}$ 小于等于设定阈值，则停止训练并保存结果，否则返回步骤 2，继续计算。

2.3.3　工业数据验证

2.3.3.1　铁水质量建模过程描述

采用某大型高炉的实际工业数据对所提方法进行数据测试，根据该高炉炼铁工艺及相关仪器仪表设置，确定影响铁水 Si 含量（[Si]）、P 含量（[P]）、S 含量（[S]）、铁水温度（MIT）等铁水质量指标的关键过程变量为：冷风流量、送风比、

热风压力、压差、顶压风量比、透气性、阻力系数、热风温度、富氧流量、富氧率、喷煤量、鼓风湿度、理论燃烧温度、标准风速、实际风速、鼓风动能、炉腹煤气量、炉腹煤气指数等。考虑上述变量间具有很强的相关性，并且过多的建模变量会加大建模复杂度，影响模型性能，因此首先采用本节 CCA 算法在原高维建模输入输出变量数据中提取出 4 对典型变量，其相关系数分别为 0.601、0.551、0.462、0.232。表 2.3.1 表明在 0.05 显著性水平下，前 3 对典型变量显著相关，第 4 对典型变量相关性不显著，因而在后续分析中不予考虑。表 2.3.2 给出了各个高炉本体参数典型变量的标准化系数，将每一个参数乘以对应的典型相关系数进行加权，并求其绝对值之和，可以得到每个参数变量的权值，如表 2.3.2 最后一列所示。根据权值数值大小，选取综合权值较大的炉腹煤气量 u_1（m^3/min）、冷风流量 u_2（m^3/h）、富氧流量 u_3（m^3/h）、透气性 u_4 [$m^3/(min\cdot kPa)$]、富氧率 u_5（%）和理论燃烧温度 u_6（℃）作为影响[Si] y_1（%）、[S] y_2（%）、[P] y_3（%）和 MIT y_4（℃）的主要因素，并将这 6 个变量组成新的样本集作为铁水质量建模输入变量。

表 2.3.1　典型相关系数的显著性检验

典型变量	显著性检验指标			
	Wilk's	Chi-SQ	DF	Sig.
1	0.337	299.701	72	0
2	0.527	176.485	51	0
3	0.754	77.786	32	0
4	0.958	11.678	15	0.703

表 2.3.2　高炉本体参数典型变量的标准化系数

影响变量	典型变量				变量权值
	1	2	3	4	
冷风流量	14.821	2.609	-3.502	-24.047	11.95769
送风比	-0.669	1.803	0.658	3.633	1.695912
热风压力	0.724	2.664	-2.139	-0.209	2.885878
压差	2.749	1.384	-0.527	2.382	2.655439
顶压风量比	-0.06	-0.712	0.95	-0.022	0.865848
透气性	5.292	5.441	-6.701	10.201	9.263463
阻力系数	0.801	0.268	-4.063	8.006	2.505639
热风温度	0.587	-0.469	-1.356	-0.268	1.23674
富氧流量	11.697	-4.429	0.07	1.748	9.493758
富氧率	-5.751	3.556	-4.229	-4.556	7.362393
喷煤量	-0.931	3.284	4.027	-0.233	4.222921
鼓风湿度	0.533	0.805	1.932	-0.465	1.654862
理论燃烧温度	-3.408	2.774	5.055	1.685	5.906544

续表

影响变量	典型变量				变量权值
	1	2	3	4	
标准风速	−2.222	−0.705	2.385	6.454	2.824337
实际风速	−0.224	0.023	0.55	−0.767	0.401351
鼓风动能	−1.85	−1.067	−0.255	−0.002	1.815443
炉腹煤气量	−14.106	−6.874	0.208	15.053	12.34763
炉腹煤气指数	0.292	0.651	−0.006	−0.198	0.535663

为了更好地反映高炉非线性动态特性和输入输出变量的时序和时滞关系，将当前时刻输入、上一时刻输入和上一时刻模型输出作为模型的综合输入，建立铁水质量的非线性自回归（NAXR）模型。同时，为了消除低幅值高频的随机噪声，取连续输入变量在一段时间内的平均值作为实际模型输入变量。在隐含层权值 w_j 和偏差 b_j 随机范围选取方面，首先在[-1,1]范围内依据高斯分布随机产生 w_j 和 b_j。在此基础上，通过增设倍数 M 并将 M 与权值范围[-1,1]相乘以扩大 w_j 与 b_j 的选择范围，即选择范围扩大为[-1,1]～[-M,M], $M \in \mathbb{Z}^+$。由图 2.3.5 可以看出，当 w_j 和 b_j 的取值范围在[-1,1]时，铁水质量指标测试均方根误差能够取得最小值，因而 w_j 与 b_j 的最佳选择范围可缩小至[-1,1]。RVFLNs 的输入权值每次都是在一定范围随机产生，导致每次运算结果具有随机性，这里取 20 次运算结果的均值作为最终模型输出结果。为确定铁水质量指标模型的最优正则化参数 λ_0, λ，同样取 20 次平均测试均方根误差的最小值对应的 λ_0, λ 作为最后结果，如图 2.3.6 所示，结果为 $\lambda_0 = [0.0563, 0.0435, 0.0515, 0.0495]$ 和 $\lambda = [3.475 \times 10^4, 1.8 \times 10^4, 2.675 \times 10^4, 2.475 \times 10^4]$。

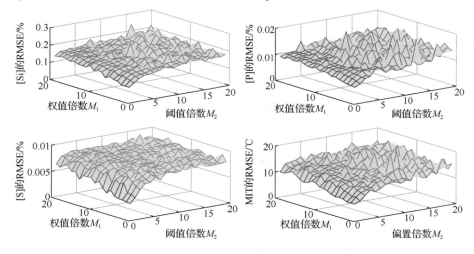

图 2.3.5   建模误差 RMSE 与输入权值倍数和输入偏置倍数之间的关系

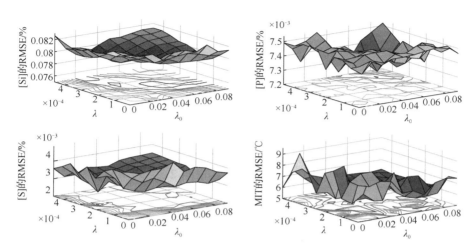

图 2.3.6　建模误差 RMSE 与正则化系数之间的关系曲线

2.3.3.2　铁水质量建模效果及其分析

数据中所含离群点比例（即离群比例）以及离群点偏离正常取值范围的大小（即离群幅值）对铁水质量模型的精度有重要影响。为了更全面地验证所提铁水质量建模方法的鲁棒性，基于实际高炉炼铁过程数据进行鲁棒测试。为此，基于实际工业数据设计两组离群数据，分别从不同离群比例时数据建模效果以及不同离群幅值时数据建模效果两个方面来评价模型的建模性能与鲁棒性能。

第一组离群数据集用来测试所提铁水质量建模方法对不同离群比例时数据建模的适用性。首先，从原始高炉数据中随机选取比例为 0%, 5%, 10%, ⋯ , 50%的样本点 $y_{i,\text{Outlier}}$ 并对其进行下述离群化处理：

$$y_{i,\text{Outlier}} = y_i + 2 \times \text{sgn} \times \left[\text{rand}(0,1) \times y_{\text{max min}} \right], \quad i = 1, 2, 3, 4$$

式中，$y_{\text{max min}} = \max(y_i) - \min(y_i)$ 表示正常炉况下铁水质量波动范围内的最大值与最小值之差。

第二组离群数据集用来测试所提铁水质量建模方法对相同离群比例但离群幅值不同时的数据建模适用性。从原始数据中随机选取 20%的样本点，依据下述规则添加离群点：

$$y_{i,\text{Outlier}} = y_i + \text{sgn} \times a \times \left[\text{rand}(0,1) \times y_{\text{max min}} \right], \quad i = 1, 2, 3, 4$$

式中，$a = 0, 0.5, 1, 1.5, \cdots, 5$ 用来调节离群幅值大小。

　　此外，离群化数据时，为了使离群点更加不均衡，在所选样本点中正向离群点与负向离群点的比例设置为 2∶1。当添加正向离群点时，令 sgn＝1，而添加负向离群点时，则令 sgn＝－1。

　　工业数据实验时，为了更加充分地验证所提基于 Gaussian 分布加权 M-估计的鲁棒正则化 RVFLNs（Gaussian-M-RVFLNs）方法对多元铁水质量指标（即 [Si],[P],[S] 和 MIT）的建模效果，将其与最小二乘加权的基本 RVFLNs（LS-RVFLNs）和基于 Huber 加权 M-估计的鲁棒随机权神经网络（Huber-M-RVFLNs）进行对比分析，如图 2.3.7 和图 2.3.8 所示。其中图 2.3.7 为不同离群比例时三种方法的铁水质量估计 RMSE 箱形图，图 2.3.8 为不同离群幅值时三种方法的铁水质量估计 RMSE 箱形图。三种方法的激活函数均使用 Sigmoid 函数，隐含层节点数均设置为 30，权值 w_j 和偏差 b_j 取值范围均确定为[-1,1]。式（2.3.24）所示的 Huber 加权算法中超参数取为 1.345，这样取值的估计方法既是稳健的，又有较高的估计效率。另外，为了避免不同数量级数据间的相互影响，对所有数据进行归一化处理。由于 RVFLNs 的 w_j 和 b_j 为随机生成，每次结果不具有唯一性，为了更好地衡量模型的性能，对每一个数据集分别进行 30 次实验，通过 30 次数据试验的 RMSE 来比较不同方法的鲁棒性能。

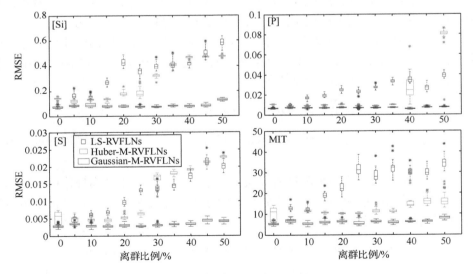

图 2.3.7　不同离群比例时铁水质量估计 RMSE 箱形图

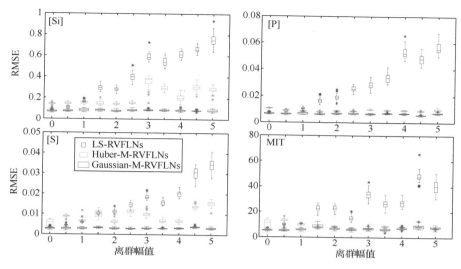

图 2.3.8　不同离群幅值时铁水质量估计 RMSE 箱形图

从图 2.3.7 和图 2.3.8 可以看出，当没有离群点或者离群比例和离群幅值较小时，所提 Gaussian-M-RVFLNs 与 LS-RVFLNs 的铁水质量估计效果基本相当，但要好于 Huber-M-RVFLNs 方法。随着离群比例以及离群幅值的逐渐增大，LS-RVFLNs 的估计精度下降明显，而所提 Gaussian-M-RVFLNs 建立的铁水质量模型能够始终保持好的估计精度，并且远好于对比的其他两种方法。Huber-M-RVFLNs 方法虽然在离群比例较低和离群幅值较小时可保持较高精度，具有一定的鲁棒性。但是，当离群比例和离群幅值持续增大，其估计性能下降明显，这在图 2.3.7 所示高离群比例情况时尤其明显。

一个好的鲁棒模型不仅要求当实际模型与理想分布模型差别微小时，受离群点的影响较小，接近正确估值。更重要的是要求实际模型与理想分布模型差别较大时，估计值也不会过多受离群点的破坏性影响，依然能够实现接近正常模式下的正确估计。为此，离群比例为 20%、离群幅值步长为 2 的多元铁水质量指标建模效果和估计效果分别如图 2.3.9 和图 2.3.10 所示。可以看出，在建模数据存在较高离群比例和较大离群幅值情况下，所提方法的建模与估计性能最好，能够根据实时输入数据，对难测多元铁水质量指标进行准确估计，且估计趋势基本与实际值一致。图 2.3.11 为不同方法下铁水质量估计误差 PDF 曲线。可以看出所提 Gaussian-M-RVFLNs 模型和其他两种方法建立的模型相比，其误差 PDF 曲线基本为又瘦又高的围绕 0 均值的高斯分布曲线，即大部分估计误差仅为实际工业数据中所包含的测量噪声。

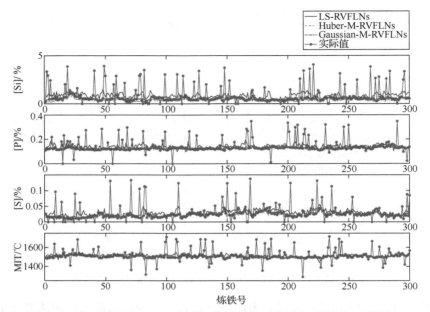

图 2.3.9   离群比例为 20%和离群幅值步长为 2 时铁水质量指标建模效果

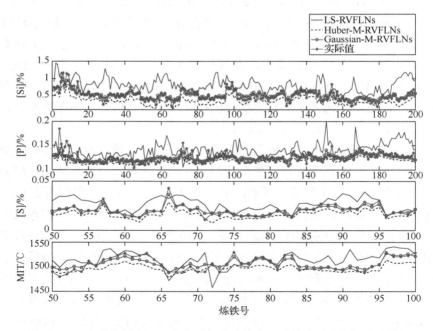

图 2.3.10   离群比例为 20%和离群幅值步长为 2 时铁水质量指标估计效果

图 2.3.12 为不同离群比例下三种不同方法铁水质量建模时 RVFLNs 网络中为 0 的输出权值数量曲线图。可以看出，所提方法建立的铁水质量模型在 4 个铁水

质量指标输出权值矩阵中权值为 0 的个数最多，而 Huber-M-RVFLNs 模型次之，LS-RVFLNs 模型最少且输出权值一直不为 0。这说明，所提方法由于在鲁棒建模基础上引入 L_1 和 L_2 两个正则化项范数，可稀疏化输出权值矩阵，提高模型泛化性能，有效避免模型过拟合。

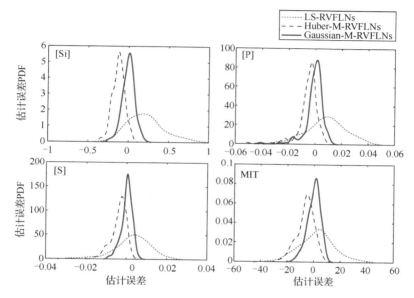

图 2.3.11　不同 RVFLNs 建模方法铁水质量估计误差 PDF 曲线

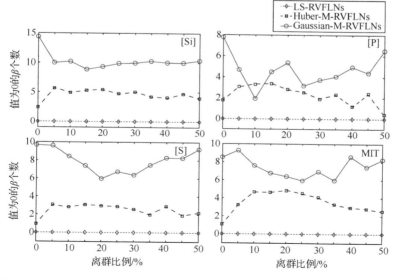

图 2.3.12　不同 RVFLNs 建模方法铁水质量估计网络输出权值为 0 的数量曲线

综上所述，相对于其他鲁棒建模方法，所提 Gaussian-M-RVFLNs 建模方法不仅具有很高的鲁棒性，模型崩溃点达到 0.5，有效克服训练数据中各种情况离群点对模型的影响，而且还能得到稀疏解，有效解决多重共线性问题，提高模型泛化能力，能更好地为现场操作人员提供正确的操作指导。

2.4   高炉铁水质量鲁棒 OS-RVFLNs 建模

前文 2.3 节提出的鲁棒正则化 RVFLNs 不仅具有较高的鲁棒建模性能，而且有效解决了数据间存在的多重共线性对数据模型的影响，稀疏了网络输出权值，防止模型过拟合。但是该算法仍然只是一种一次性离线批学习鲁棒建模方法，不具有在线学习能力。当工况变化或者偏移时，必须重新收集足够多的数据对模型进行新的训练，费时费力，制约了模型的实际工程的应用能力。前文已多次阐述，由于受原燃料的波动、运行环境的变化以及不合理的操作与调控等多重因素的影响，高炉炼铁过程的运行工况非线性动态时变。因此，需要进一步研究具有在线学习能力的高炉铁水质量鲁棒建模方法。为此，在鲁棒 RVFLNs 基础上，引入在线序贯学习技术，提出带有遗忘因子的在线序贯 RVFLNs 算法，用于铁水质量的在线学习建模与预测。在线序贯学习使得鲁棒 RVFLNs 拥有处理大量数据的能力，而 RVFLNs 算法本身具有的良好非线性泛化能力和极快的学习速度保证了网络实施在线建模的可行性。同时，随着数据不断增加出现的"数据饱和"现象，使用遗忘因子法限制历史数据的影响，扩大当前数据的作用，对"数据饱和"进行消除，可显著提高模型的准确率。

2.4.1   建模策略

本节针对高炉炼铁过程的非线性时变动态提出的鲁棒在线序贯学习 RVFLNs（R-OS-RVFLNs）算法如图 2.4.1 所示。首先，为了使 RVFLNs 能够在线学习而不产生数据饱和，提出一种改进的带遗忘因子的在线序贯学习 RVFLNs（OS-RVFLNs）算法。该算法通过在现有在线序贯学习 RVFLNs 基础上引入遗忘因子，以强化最新数据对模型参数更新的影响，从而增强模型的自适应能力。此外，针对高炉炼铁过程数据的离群点与多重共线性问题，进一步进行鲁棒改进。首先，通过在遗忘因子 OS-RVFLNs 经验风险损失函数中引入对输出权值的二范数作为惩罚项，构成具有结构风险最小化的损失函数，解决多重共线性问题，防止模型过拟合；同时，采用 Cauchy 分布函数加权 M-估计对改进的 OS-RVFLNs 进行进一步的鲁棒改进。由于非高斯 Cauchy 分布加权函数可合理、客观地确定不同数据的权值，且其参数由建模误差的实际分布决定，因此可较为准确地区分不同数据对建模的贡献。这使得所提算法能够有效抑制不同离群点对建模精度的影响,具有较强的鲁棒性。

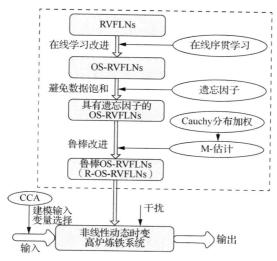

图 2.4.1　所提 R-OS-RVFLNs 算法策略图

注释 2.4.1:所提算法采用在线序贯学习更新模型参数时,对数据的结构没有要求,数据可以以固定大小或随机大小的形式输入学习算法中。在任何时刻,只有新进入的数据而不是整个数据被用于序贯学习建模,且训练数据只要被学习后就会被丢弃。当运行工况发生变化时,所提方法通过在线序贯学习机制在线更新模型参数,有效提高了模型的自适应能力,保证了铁水质量在线估计的精度和稳定性。针对数据不断增加出现的"数据饱和"问题,使用遗忘因子法限制历史数据的影响,扩大当前数据的作用,有效克服了"数据饱和"对学习建模的不利影响。此外,所提算法兼顾了随机权网络和在线序贯学习算法运算速度非常快的优点,并且具有较强的鲁棒性,能够较好地解决非线性时变高炉炼铁系统铁水质量鲁棒建模的难题。

2.4.2　带有遗忘因子的在线序贯学习 RVFLNs 算法

随着数据量的不断增加,一次性离线批学习 RVFLNs 网络隐含层输出矩阵的求逆过程会占据模型训练的大部分时间,导致模型训练的时间复杂度和计算复杂度均会急剧增加。此外,随着时间的推移,不断有新的数据产生,从而及时利用最新数据来更新模型,保证模型的时效性和预测精度非常必要。现有在线序贯学习 RVFLNs(OS-RVFLNs)首先利用已有离线数据通过批学习方式训练初始的 RVFLNs 模型,然后再根据在线获取的新数据(数据样本数可以是固定大小,也可以是随机大小）进行模型的在线序贯学习，以更新模型参数。但是这种算法在过程数据不断增加后，新来数据对模型参数更新能力会逐渐被削弱，直到最后基本没有模型参数更新能力，即所谓的"数据饱和"现象。因此，本节利用遗忘因子对现有 OS-RVFLNs 进行改进，提出带有遗忘因子的改进 OS-RVFLNs 算法。

遗忘因子法的基本思想是对老的数据乘上一个加权因子，利用指数衰减来降低老的数据的贡献度[24]，其目标函数通常可表示为

$$J = \mu J(N_0, \beta) + J(N_1, \beta) \tag{2.4.1}$$

式中，μ 为遗忘因子，满足 $0 < \mu < 1$；$J(\cdot)$ 为最小二乘法优化目标函数；N_0 代表过去的样本数；N_1 表示新的样本数。

与常规 OS-RVFLNs 类似，所提改进 OS-RVFLNs 算法的建模过程也主要包括两个部分，即初始化训练阶段和在线序贯学习阶段。

（1）初始化训练阶段。给定初始训练集 $Z_0 = \{(x_i, y_i)\}_{i=1}^{N_0}$，$N_0 > L$（$L$ 为网络隐含层节点数），则隐含层输出矩阵 H_0 和输出矩阵 Y_0 如下所示：

$$H_0 = \begin{bmatrix} g(\langle w_1, x_1 \rangle + b_1) & \cdots & g(\langle w_L, x_1 \rangle + b_L) \\ \vdots & \ddots & \vdots \\ g(\langle w_1, x_{N_0} \rangle + b_1) & \cdots & g(\langle w_L, x_{N_0} \rangle + b_L) \end{bmatrix}_{N_0 \times L}, \quad Y_0 = \begin{bmatrix} y_1^{\mathrm{T}} & \cdots & y_{N_0}^{\mathrm{T}} \end{bmatrix}_{N_0 \times m}^{\mathrm{T}}$$

与基本 RVFLNs 相似，可由 $\hat{\beta}_0 = K_0^{-1} H_0^{\mathrm{T}} Y_0$ 求得输出权值矩阵，式中 $K_0 = H_0^{\mathrm{T}} H_0$。

（2）在线序贯学习阶段。当新来数据样本数为 N_1 的数据块 $Z_1 = \{(x_i, y_i)\}_{i=N_0+1}^{N_0+N_1}$ 时，则模型优化问题转化为

$$\min \left\| \begin{bmatrix} \sqrt{\mu} H_0 \\ H_1 \end{bmatrix} \beta - \begin{bmatrix} \sqrt{\mu} Y_0 \\ Y_1 \end{bmatrix} \right\|_2^2 \tag{2.4.2}$$

此时输出权值矩阵更新为

$$\hat{\beta}_1 = K_1^{-1} \begin{bmatrix} \sqrt{\mu} H_0 \\ H_1 \end{bmatrix}^{\mathrm{T}} \begin{bmatrix} \sqrt{\mu} Y_0 \\ Y_1 \end{bmatrix} \tag{2.4.3}$$

式中，μ 是遗忘因子，且 $K_1 = \begin{bmatrix} \sqrt{\mu} H_0 \\ H_1 \end{bmatrix}^{\mathrm{T}} \begin{bmatrix} \sqrt{\mu} H_0 \\ H_1 \end{bmatrix}$。将 K_1 继续分解推导：

$$K_1 = \begin{bmatrix} \sqrt{\mu} H_0^{\mathrm{T}} & H_1^{\mathrm{T}} \end{bmatrix} \begin{bmatrix} \sqrt{\mu} H_0 \\ H_1 \end{bmatrix} = \mu K_0 + H_1^{\mathrm{T}} H_1 \tag{2.4.4}$$

且

$$\begin{bmatrix} \sqrt{\mu}H_0 \\ H_1 \end{bmatrix}^{\mathrm{T}} \begin{bmatrix} \sqrt{\mu}Y_0 \\ Y_1 \end{bmatrix} = \mu H_0^{\mathrm{T}} Y_0 + H_1^{\mathrm{T}} Y_1 = \mu K_0 K_0^{-1} H_0^{\mathrm{T}} Y_0 + H_1^{\mathrm{T}} Y_1$$

$$= \mu K_0 \hat{\beta}_0 + H_1^{\mathrm{T}} Y_1$$

$$= (K_1 - H_1^{\mathrm{T}} H_1) \hat{\beta}_0 + H_1^{\mathrm{T}} Y_1$$

$$= K_1 \hat{\beta}_0 - H_1^{\mathrm{T}} H_1 \hat{\beta}_0 + H_1^{\mathrm{T}} Y_1 \tag{2.4.5}$$

由式（2.4.4）和式（2.4.5），可将输出权值矩阵 $\hat{\beta}_1$ 重新写成如下形式：

$$\hat{\beta}_1 = K_1^{-1} \begin{bmatrix} \sqrt{\mu}H_0 \\ H_1 \end{bmatrix}^{\mathrm{T}} \begin{bmatrix} \sqrt{\mu}Y_0 \\ Y_1 \end{bmatrix}$$

$$= K_1^{-1} \left(K_1 \hat{\beta}_0 - H_1^{\mathrm{T}} H_1 \hat{\beta}_0 + H_1^{\mathrm{T}} Y_1 \right)$$

$$= \hat{\beta}_0 + K_1^{-1} H_1^{\mathrm{T}} \left(Y_1 - H_1 \hat{\beta}_0 \right) \tag{2.4.6}$$

式中，$K_1 = \mu K_0 + H_1^{\mathrm{T}} H_1$。

同理，可将上述推导过程写成一般递推形式：对于第 $k+1$ 个新来的数据块 $Z_{k+1} = \{(x_i, y_i)\}_{i=q_1+1}^{q_2}$（$q_1 = \sum_{j=0}^{k} N_j$，$q_2 = \sum_{j=0}^{k+1} N_j$，$k \geqslant 0$，$N_{k+1}$ 为第 $k+1$ 个新来的数据块样本数目，N_{k+1} 可不是固定值），则有

$$K_{k+1} = \mu K_k + H_{k+1}^{\mathrm{T}} H_{k+1} \tag{2.4.7}$$

$$\hat{\beta}_{k+1} = \hat{\beta}_k + K_{k+1}^{-1} H_{k+1}^{\mathrm{T}} (Y_{k+1} - H_{k+1} \hat{\beta}_k) \tag{2.4.8}$$

式中，第 $k+1$ 组新样本的隐含层输出矩阵和输出矩阵分别表示为

$$H_{k+1} = \begin{bmatrix} g(\langle w_1, x_{q_1+1}\rangle + b_1) & \cdots & g(\langle w_L, x_{q_1+1}\rangle + b_L) \\ \vdots & \ddots & \vdots \\ g(\langle w_1, x_{q_2}\rangle + b_1) & \cdots & g(\langle w_L, x_{q_2}\rangle + b_L) \end{bmatrix}_{N_{k+1} \times L}, \quad Y_{k+1} = \begin{bmatrix} y_{q_1+1}^{\mathrm{T}} \\ \vdots \\ y_{q_2}^{\mathrm{T}} \end{bmatrix}_{N_{k+1} \times m}$$

接下来的推导要用到著名的 Woodbury 矩阵求逆公式。设 A, C 和 $(A + BCD)$ 都为非奇异方阵，则

$$(A + BCD)^{-1} = A^{-1} - A^{-1} B (C^{-1} + DA^{-1}B)^{-1} DA^{-1} \tag{2.4.9}$$

由此可得

$$K_{k+1}^{-1} = (\mu K_k + H_{k+1}^{\mathrm{T}} H_{k+1})^{-1}$$

$$= \frac{1}{\mu} K_k^{-1} - \frac{1}{\mu} K_k^{-1} H_{k+1}^{\mathrm{T}} (I + H_{k+1} K_k^{-1} H_{k+1}^{\mathrm{T}})^{-1} H_{k+1} K_k^{-1} \tag{2.4.10}$$

令 $P_{k+1} = K_{k+1}^{-1}$，则在线序贯学习阶段网络输出权值的最终递推公式为

$$\begin{cases} P_{k+1} = \dfrac{1}{\mu}[P_k - P_k H_{k+1}^{\mathrm{T}}(I + H_{k+1}P_k H_{k+1}^{\mathrm{T}})^{-1} H_{k+1}P_k] \\ \hat{\beta}_{k+1} = \hat{\beta}_k + P_{k+1}H_{k+1}^{\mathrm{T}}\left(Y_{k+1} - H_{k+1}\hat{\beta}_k\right) \end{cases} \tag{2.4.11}$$

2.4.3　鲁棒 OS-RVFLNs 算法

　　上节具有遗忘因子的 OS-RVFLNs 算法实际上与递推最小二乘法十分相似，并且也存在固有的多重共线性和鲁棒性差的问题。因此，本节继续对其进行鲁棒改进。首先通过在经验风险损失函数中引入对输出权值的二范数作为惩罚项，构建具有结构风险的优化损失函数，解决多重共线性问题，防止模型过拟合。同时，引入 Cauchy 分布加权 M-估计对 OS-RVFLNs 进行鲁棒提升，使模型尽可能少地受离群数据的影响，保证模型精度和鲁棒性。提出的 R-OS-RVFLNs 算法如下，分单输出 R-OS-RVFLNs 和多输出 R-OS-RVFLNs 两方面对算法进行介绍。

2.4.3.1　算法描述与推导

　　与 OS-RVFLNs 类似，单输出 R-OS-RVFLNs 的训练过程也分为初始化训练和在线序贯学习两个阶段。

　　（1）初始化训练阶段。对于初始训练样本 $Z_0 = \{(x_i, y_i)\}_{i=1}^{N_0}$，与 M-估计的 RVFLNs 相似，在引入 M-估计算法的同时，引入正则化项，优化结构风险最小化的 RVFLNs 目标函数如下：

$$\hat{\beta} = \arg\min_{\beta}\left\{\sum_{i=1}^{N_0}\rho(H_i\beta - y_i) + \frac{1}{2}\delta\|\beta\|_2^2\right\} = \arg\min_{\beta}\left\{\sum_{i=1}^{N_0}\rho(r_i(\beta)) + \frac{1}{2}\delta\|\beta\|_2^2\right\} \tag{2.4.12}$$

式中，δ 为正则化系数。引入稳健尺度 $\hat{\sigma}$ 后，式（2.4.12）变为

$$\hat{\beta} = \arg\min_{\beta}\left\{\sum_{i=1}^{N_0}\rho\left(\frac{H_i\beta - y_i}{\hat{\sigma}}\right) + \frac{1}{2}\delta\|\beta\|_2^2\right\}$$

$$= \arg\min_{\beta}\left\{\sum_{i=1}^{N_0}\rho\left(\frac{r_i(\beta)}{\hat{\sigma}}\right) + \frac{1}{2}\delta\|\beta\|_2^2\right\} \tag{2.4.13}$$

式中，$r_i(\beta)/\hat{\sigma}$ 为标准化残差。对 β 求导，令

$$\partial\left(\sum_{i=1}^{N_0}\rho\left(\frac{r_i(\beta)}{\hat{\sigma}}\right) + \frac{1}{2}\delta\|\beta\|_2^2\right)\bigg/\partial\beta = 0$$

得到

$$\sum_{i=1}^{N_0}\varphi\left(\frac{r_i(\beta)}{\hat{\sigma}}\right)H_i^{\mathrm{T}} + \delta\beta \triangleq \sum_{i=1}^{N_0}\rho'\left(\frac{r_i(\beta)}{\hat{\sigma}}\right)H_i^{\mathrm{T}} + \delta\beta = 0 \tag{2.4.14}$$

　　定义样本建模权值因子如下：

$$v(r_i) \triangleq \varphi(r_i)/r_i \tag{2.4.15}$$

则等式（2.4.14）变为

$$\sum_{i=1}^{N_0} v\left(r_i(\beta)/\hat{\sigma}\right) \times (H_i\beta - y_i)H_i^{\mathrm{T}} + \delta\beta = 0 \tag{2.4.16}$$

写成矩阵形式：

$$H_0^{\mathrm{T}} V_0 (H_0\beta - Y_0) + \delta\beta = 0 \tag{2.4.17}$$

则 $\hat{\beta}_0$ 的迭代公式为

$$\hat{\beta}^{(k+1)} = (H_0^{\mathrm{T}} V_0^{(k)} H_0 + \delta I)^{-1} H_0^{\mathrm{T}} V_0^{(k)} Y_0 \tag{2.4.18}$$

式（2.4.18）的隐含层输出矩阵 H_0、输出矩阵 Y_0 和样本权值矩阵 V_0 分别为

$$H_0 = \begin{bmatrix} g(\langle w_1, x_1\rangle + b_1) & \cdots & g(\langle w_L, x_1\rangle + b_L) \\ \vdots & \ddots & \vdots \\ g(\langle w_1, x_{N_0}\rangle + b_1) & \cdots & g(\langle w_L, x_{N_0}\rangle + b_L) \end{bmatrix}_{N_0 \times L}$$

$$Y_0 = \begin{bmatrix} y_1 \\ \vdots \\ y_{N_0} \end{bmatrix}_{N_0 \times 1}, \quad V_0 = \mathrm{diag}\{v_i\}_{N_0 \times N_0}$$

其中权值矩阵 V_0 对角线上的元素 v_i 由权函数计算得到。令 $U_0 = H_0^{\mathrm{T}} V_0 H_0 + \delta I$，则 $\hat{\beta}_0$ 可以表示为 $\hat{\beta}_0 = U_0^{-1} H_0^{\mathrm{T}} V_0 Y_0$。

（2）在线序贯学习阶段。当新来一个数据块 $Z_1 = \{(x_i, y_i)\}_{i=N_0+1}^{N_0+N_1}$ 时（式中 N_0 为上一个数据块的样本数，N_1 为当前新的数据块样本数），则模型优化问题转化为

$$\min\left\{\left\|\sqrt{V}\left(\begin{bmatrix}\sqrt{\mu}H_0 \\ H_1\end{bmatrix}\beta - \begin{bmatrix}\sqrt{\mu}Y_0 \\ Y_1\end{bmatrix}\right)\right\|_2^2 + \mu\delta\|\beta\|_2^2\right\} \tag{2.4.19}$$

计算此时的输出权值 $\hat{\beta}_1$：

$$\hat{\beta}_1 = \left(\begin{bmatrix}\sqrt{\mu}H_0^{\mathrm{T}} & H_1^{\mathrm{T}}\end{bmatrix}\begin{bmatrix}V_0 & 0 \\ 0 & V_1\end{bmatrix}\begin{bmatrix}\sqrt{\mu}H_0 \\ H_1\end{bmatrix} + \alpha\delta I\right)^{-1}\begin{bmatrix}\sqrt{\mu}H_0^{\mathrm{T}} & H_1^{\mathrm{T}}\end{bmatrix}\begin{bmatrix}V_0 & 0 \\ 0 & V_1\end{bmatrix}\begin{bmatrix}\sqrt{\mu}Y_0 \\ Y_1\end{bmatrix}$$

$$= \left(\mu H_0^{\mathrm{T}} V_0 H_0 + H_1^{\mathrm{T}} V_1 H_1 + \mu\delta I\right)^{-1}\left(\mu H_0^{\mathrm{T}} V_0 Y_0 + H_1^{\mathrm{T}} V_1 Y_1\right) \tag{2.4.20}$$

式中，H_0 和 H_1 分别是过去样本和新样本的隐含层输出矩阵；V_0 和 V_1 是对角矩阵，分别是过去样本和新样本的权值矩阵，每个样本权值由权函数计算得到；Y_0 和 Y_1 分别是过去老样本和新样本的输出矩阵。

令 $U_1 = \mu H_0^{\mathrm{T}} V_0 H_0 + H_1^{\mathrm{T}} V_1 H_1 + \mu\delta I$，则有

$$\mu U_0 = U_1 - H_1^{\mathrm{T}} V_1 H_1$$

又 $\hat{\beta}_0 = U_0^{-1} H_0^{\mathrm{T}} V_0 Y_0$，因而可得

$$\begin{aligned}
\hat{\beta}_1 &= U_1^{-1}\left(\mu U_0 \hat{\beta}_0 + H_1^{\mathrm{T}} V_1 Y_1\right)\\
&= U_1^{-1}\left((U_1 - H_1^{\mathrm{T}} V_1 H_1)\hat{\beta}_0 + H_1^{\mathrm{T}} V_1 Y_1\right)\\
&= U_1^{-1}\left(U_1 \hat{\beta}_0 - H_1^{\mathrm{T}} V_1 H_1 \hat{\beta}_0 + H_1^{\mathrm{T}} V_1 Y_1\right)\\
&= \hat{\beta}_0 + U_1^{-1} H_1^{\mathrm{T}} V_1\left(Y_1 - H_1 \hat{\beta}_0\right)
\end{aligned} \tag{2.4.21}$$

整理上述推导过程，并将其写成一般的递推形式。对于第 $k+1$ 个新来的数据块 $Z_{k+1} = \{(x_i, y_i)\}_{i=q_1+1}^{q_2}$，其中 $q_1 = \sum\limits_{j=0}^{k} N_j$，$q_2 = \sum\limits_{j=0}^{k+1} N_j$，$k \geqslant 0$，$N_{k+1}$ 为第 $k+1$ 个新来的数据块的样本数，则有

$$\begin{cases}
\hat{\beta}_{k+1} = \hat{\beta}_k + U_{k+1}^{-1} H_{k+1}{}^{\mathrm{T}} V_{k+1}(Y_{k+1} - H_{k+1}\hat{\beta}_k)\\
U_{k+1} = \mu U_k + H_{k+1}{}^{\mathrm{T}} V_{k+1} H_{k+1}
\end{cases} \tag{2.4.22}$$

式中，

$$H_{k+1} = \begin{bmatrix}
g(\langle w_1, x_{q_1+1}\rangle + b_1) & \cdots & g(\langle w_L, x_{q_1+1}\rangle + b_L)\\
\vdots & \ddots & \vdots\\
g(\langle w_1, x_{q_2}\rangle + b_1) & \cdots & g(\langle w_L, x_{q_2}\rangle + b_L)
\end{bmatrix}_{N_{k+1}\times L}$$

$$Y_{k+1} = \begin{bmatrix}
y_{q_1+1}^{\mathrm{T}}\\
\vdots\\
y_{q_2}^{\mathrm{T}}
\end{bmatrix}_{N_{k+1}\times 1}, \quad
V_{k+1} = \begin{bmatrix}
v_{q_1+1} & & & 0\\
& v_2 & &\\
& & \ddots &\\
0 & & & v_{q_2}
\end{bmatrix}_{N_{k+1}\times N_{k+1}}$$

但是，当网络隐含层节点数 L 较大时，矩阵 U_{k+1}^{-1} 的求解增加了模型的时间复杂度和计算复杂度，训练阶段需要耗费大量时间，加长了训练过程。为此，使用矩阵求逆公式来递推求解矩阵 U_{k+1}^{-1}，令 $P_{k+1} = U_{k+1}^{-1}$，则

$$\begin{aligned}
P_{k+1} &= \left(\mu U_k + H_{k+1}^{\mathrm{T}} V_{k+1} H_{k+1}\right)^{-1}\\
&= \frac{1}{\mu} P_k - \frac{1}{\mu} P_k H_{k+1}^{\mathrm{T}}\left(V_{k+1}^{-1} + H_{k+1}\frac{1}{\mu} P_k H_{k+1}^{\mathrm{T}}\right)^{-1} H_{k+1}\frac{1}{\mu}P_k\\
&= \frac{1}{\mu}\left[P_k - P_k H_{k+1}^{\mathrm{T}}\left(\mu V_{k+1}^{-1} + H_{k+1} P_k H_{k+1}^{\mathrm{T}}\right)^{-1} H_{k+1} P_k\right]
\end{aligned} \tag{2.4.23}$$

$$P_0 = \left(H_0{}^{\mathrm{T}} V_0 H_0 + \delta I\right)^{-1} = \frac{1}{\delta}\left[I - H_0{}^{\mathrm{T}}\left(\delta V_0^{-1} + H_0 H_0{}^{\mathrm{T}}\right)^{-1} H_0\right] \tag{2.4.24}$$

因此，单输出 R-OS-RVFLNs 的递推公式总结为

$$\begin{cases} P_0 = \dfrac{1}{\delta}\left[I - H_0^{\mathrm{T}}\left(\delta V_0^{-1} + H_0 H_0^{\mathrm{T}} \right)^{-1} H_0 \right] \\[3mm] P_{k+1} = \dfrac{1}{\mu}\left[P_k - P_k H_{k+1}^{\mathrm{T}}\left(\mu V_{k+1}^{-1} + H_{k+1} P_k H_{k+1}^{\mathrm{T}} \right)^{-1} H_{k+1} P_k \right] \\[3mm] \hat{\beta}_{k+1} = \hat{\beta}_k + P_{k+1} H_{k+1}^{\mathrm{T}} V_{k+1}(Y_{k+1} - H_{k+1}\hat{\beta}_k) \end{cases} \quad (2.4.25)$$

多输出 R-OS-RVFLNs：当 $m>1$ 时，β 和 Y 表示为

$$\beta = [\beta_{j1},\cdots,\beta_{jh},\cdots,\beta_{jm}] = \begin{bmatrix} \beta_{11} & \cdots & \beta_{1m} \\ \vdots & \ddots & \vdots \\ \beta_{L1} & \cdots & \beta_{Lm} \end{bmatrix}_{L\times m}, \quad j=1,2,\cdots,L, \quad h=1,2,\cdots,m$$

$$Y = [y_{i1},\cdots,y_{ih},\cdots,y_{im}] = \begin{bmatrix} y_{11} & \cdots & y_{1m} \\ \vdots & \ddots & \vdots \\ y_{M1} & \cdots & y_{Mm} \end{bmatrix}_{M\times m}, \quad i=1,2,\cdots,M, \quad h=1,2,\cdots,m$$

权值矩阵 $v(r_i(\beta)/\hat{\sigma})$ 的维数和 Y 一致，即

$$v = [v_{i1},\cdots,v_{ih},\cdots,v_{im}] = \begin{bmatrix} v_{11} & \cdots & v_{1m} \\ \vdots & \ddots & \vdots \\ v_{M1} & \cdots & v_{Mm} \end{bmatrix}_{M\times m} \quad (2.4.26)$$

多输出 R-OS-RVFLNs 初始化阶段的输出权值迭代公式为

$$\begin{aligned} \hat{\beta}^{k+1} &= [\hat{\beta}_{j1},\cdots,\hat{\beta}_{jh},\cdots,\hat{\beta}_{jm}] \\ &= [(H_0^{\mathrm{T}} V_{i1}^{(k)} H_0 + \delta_h I)^{-1} H_0^{\mathrm{T}} V_{i1}^{(k)} y_{i1},\cdots, \\ &\quad (H_0^{\mathrm{T}} V_{ih}^{(k)} H_0 + \delta_h I)^{-1} H_0^{\mathrm{T}} V_{ih}^{(k)} y_{ih},\cdots,(H_0^{\mathrm{T}} V_{im}^{(k)} H_0 + \delta_m I)^{-1} H_0^{\mathrm{T}} V_{im}^{(k)} y_{im}] \end{aligned} \quad (2.4.27)$$

而多输出 R-OS-RVFLNs 在线学习阶段的新来数据块的输出权值更新公式为

$$\begin{aligned} \hat{\beta}^{k+1} &= [\hat{\beta}_{j1},\cdots,\hat{\beta}_{jh},\cdots,\hat{\beta}_{jm}] \\ &= [\hat{\beta}_{j1}^k + P_1^{k+1} H_{k+1}^{\mathrm{T}} V_{i1}(y_{i1} - H_{k+1}\hat{\beta}_{j1}^k),\cdots, \\ &\quad \hat{\beta}_{jh}^k + P_h^{k+1} H_{k+1}^{\mathrm{T}} V_{ih}(y_{ih} - H_{k+1}\hat{\beta}_{jh}^k),\cdots, \\ &\quad \hat{\beta}_{jm}^k + P_m^{k+1} H_{k+1}^{\mathrm{T}} V_{im}(y_{im} - H_{k+1}\hat{\beta}_{jm}^k)] \end{aligned} \quad (2.4.28)$$

$$P_h^{k+1} = \frac{1}{\mu_h}\left[P_h^k - P_h^k H_{k+1}^{\mathrm{T}}\left(\mu_h (V_{ih}^{k+1})^{-1} + H_{k+1} P_h^k H_{k+1}^{\mathrm{T}} \right)^{-1} H_{k+1} P_h^k \right] \quad (2.4.29)$$

式中，$V_{ih} = \mathrm{diag}\{v_{ih}\}, h=1,2,\cdots,m$ 由权函数计算；μ_h 为每个输出的遗忘因子。

2.4.3.2 Cauchy 分布权函数及参数确定

所提基于 M-估计的 R-OS-RVFLNs 算法通过加权残差来决定每个观测值对估计的贡献，因此加权因子的确定特别重要。考虑到高炉炼铁系统的实际建模误差有时不服从均值为零的高斯分布，以及传统 M-估计加权方法在实际应用中的过拟

合和参数选取困难等问题，本节采用非高斯的 Cauchy 分布加权方法来对所提 R-OS-RVFLNs 算法进行权值确定。

与正态分布相似，Cauchy 分布也是统计学中应用较为广泛的分布。设连续随机变量 X 的概率密度函数为

$$f(x) = \frac{\lambda_a}{\pi} \cdot \frac{1}{\lambda_a{}^2 + (x - \lambda_b)^2}, \quad -\infty < x < \infty, \quad -\infty < \lambda_b < \infty, \quad \lambda_a > 0 \quad (2.4.30)$$

则称 X 服从参数为 λ_a, λ_b 的 Cauchy 分布，记作 $X \sim N(\lambda_a, \lambda_b)$。可以看出，Cauchy 分布具有与正态分布的密度曲线相似的性质：①曲线关于 $x = \lambda_b$ 对称；②当 $x = \lambda_b$ 时，$f(x)$ 取最大值 $f(\lambda_b) = 1/(\pi\lambda_a)$，$x$ 离 λ_b 越远，$f(x)$ 值越小。这表明对于同样长度的区间，当区间离 λ_b 越远，X 落在这个区间上的概率越小。在 $x = \lambda_b \pm \lambda_a$ 处曲线有拐点。如果固定 λ_a，改变 λ_b 的值，则曲线沿着 x 轴平移，而不改变其形状。λ_b 称为位置参数，Cauchy 分布的概率密度曲线 $y = f(x)$ 的位置完全由参数 λ_b 确定。如果固定 λ_b 而改变 λ_a，由于最大值 $f(\lambda_b) = 1/(\pi\lambda_a)$，可知 λ_a 越小图形变得越尖，因而 X 落在 λ_b 附近的概率也越大。

Cauchy 分布函数的参数 λ_a, λ_b 决定了分布曲线的特性，因此如何确定这两个参数是该方法的主要内容，这里参数确定方法如下。

（1）参数 λ_b 的确定。加权的目的是调和"离群点"和"过拟合"的作用，因此参数 λ_b 应取误差区域的中间值，可采用中位数方法选取 λ_b。

（2）参数 λ_a 的确定。参数 λ_a 决定了 Cauchy 分布函数曲线的形状。考虑估计误差的统计特性，应遵循以下取值原则：如果误差分布较紧密，则 λ_a 的取值应偏大；如果误差分布较分散，则 λ_a 的取值应偏小。标准差能反映误差的离散程度，误差分布越紧密则标准差越小，误差分布越分散则标准差越大，与 λ_a 有相反的特性。为此，可采用估计误差标准差的倒数来决定 λ_a 的取值。

2.4.3.3　算法实现步骤

综合上述推导，所提多输出 R-OS-RVFLNs 算法的实现步骤如下。

（1）鲁棒初始化批学习阶段。

步骤 1：对初始样本 $Z_0 = \{(x_i, y_i)\}_{i=1}^{N_0}$ 计算初始输出权值 $\hat{\beta}_0^{(0)} = (H_0^{\mathrm{T}} H_0)^{-1} H_0^{\mathrm{T}} Y_0$。

步骤 2：计算残差向量 $r^{(0)}$ 和稳健尺度 $\hat{\sigma}$，得到标准化的残差向量 $\hat{r}^{(0)} / \hat{\sigma}^{(0)}$，并代入权函数中计算每个样本对应的建模权值，求得样本权值对角阵 $V^{(0)}$。

步骤 3：利用式（2.4.27）求解 β，并判断是否满足迭代停止条件，若网络的每个输出权值 $|\hat{\beta}_{jh}^{(k)} - \hat{\beta}_{jh}^{(k-1)}| / |\hat{\beta}_{jh}^{(k-1)}|$ 都小于终止条件，如 10^{-6}，则停止迭代并保存 $\hat{\beta}_{M(0)} = \hat{\beta}^{(k)}$，进入下一阶段，并令数据批次 $k = 0$；否则，返回步骤 2。

（2）在线序贯学习阶段。

步骤 4：计算第 $k+1$ 组新来数据块 Z_{k+1} 的隐含层输出矩阵 H_{k+1}。

步骤 5：使用式（2.4.29）递推更新 P_h^{k+1}，利用式（2.4.28）计算输出权值 $\hat{\beta}_{k+1}$。

步骤 6：当新来一个数据块时，令 $k=k+1$，转入步骤 4 继续计算。

2.4.4　工业数据验证

2.4.4.1　铁水质量建模过程描述

采用某大型炼铁厂实际高炉炼铁数据对所提 R-OS-RVFLNs 方法进行数据测试。数据测试时，模型实现主要分两步，即初始化批学习阶段和在线序贯学习阶段：①初始化学习阶段，模型从高炉本体一次性获得建模所需数据，采用 2.3 节基于 CCA 的方法进行数据降维和数据预处理，同时完成模型的初始化训练；②在线序贯学习阶段，模型引入移动窗口技术，通过采用输出自反馈结构来将过去时刻的数据与当前时刻的数据进行动态的在线 NARX 建模。这里需要强调的是：R-OS-RVFLNs 模型不仅保证了原鲁棒 RVFLNs 算法的鲁棒性与精确度，同时由于在线序贯学习的引入，拥有算法在线学习和快速处理大量数据的能力。

图 2.4.2 为采用所提方法进行铁水质量在线估计的移动窗口示意图。质量建模的最终目的是实现对铁水质量 Y 的在线估计，但在通常情况下质量 Y 的在线估计时间间隔 t_1 会比实际 Y 的采样时间 t_2 小很多，因此引入固定宽度的移动窗口来实现对质量 Y 每隔时间 t_1 的在线估计。从图中可以看出，为了实现对 kt_1 时刻 $\tilde{Y}(kt_1)$ 的估计，采用 $X(kt_1)$、$X(kt_1-t_2)$、$\tilde{Y}(kt_1-t_2)$ 共同作为模型的综合输入。宽度为 t_2 的质量估计窗口以时间间隔 t_1 不断向前移动，在每个给定的 $kt_1, k\in\mathbb{Z}^+$ 时刻，都可以获得 $\tilde{Y}$ 的估计值，如下所示：

$$\tilde{Y}(kt_1)=f_{\text{R-OS-RVFLNs}}\left\{X(kt_1),X(kt_1-t_2),\tilde{Y}(kt_1-t_2)\right\} \tag{2.4.31}$$

式（2.4.31）的建模辅助变量仍采用前文 CCA 技术选取的 6 个过程变量，即炉腹煤气量、冷风流量、富氧流量、透气性、富氧率和理论燃烧温度。

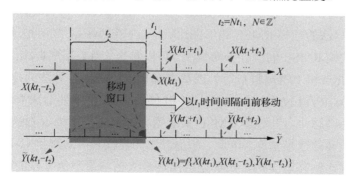

图 2.4.2　基于所提出方法进行铁水质量在线估计的移动窗口示意图

所提 R-OS-RVFLNs 质量模型的鲁棒建模数据设计如图 2.4.3 所示。训练集数据包括初始化学习阶段的 300 组样本和在线序贯学习阶段的第 301 时刻到 900 时刻的 600 组样本；测试集数据由第 1101 时刻到 1300 时刻共 200 个测试样本组成。而对于离群点的设计，仍然采用前文 2.3.3.2 节的方式，从不同离群比例和不同离群幅值两个角度在第 1～900 个样本区间内添加不同的离群点。

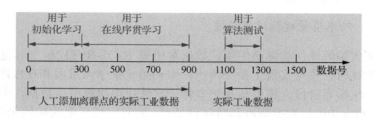

图 2.4.3   基于工业数据的鲁棒建模数据设计

2.4.4.2   铁水质量建模效果及其分析

为了对所提 Cauchy 分布加权的 R-OS-RVFLNs 算法进行建模性能和鲁棒性分析，将其与不同加权函数下的 OS-RVFLNs 算法进行建模比较。这些比较算法包括传统 LS 加权的 OS-RVFLNs 和传统 Huber 加权的鲁棒 OS-RVFLNs（Huber-OS-RVFLNs）。为了避免过拟合，平衡建模和泛化性能，所有 RVFLNs 算法的隐含层节点数均设置为 45 且激活函数均选择为 Sigmoid 函数。此外，Huber 加权 M-估计中的 λ_c 参数确定为 1.345，而所提 Cauchy 分布加权的 R-OS-RVFLNs 算法的遗忘因子设置为 0.95。由于 RVFLNs 算法的输入权值和隐含层偏置在给定范围内随机选取，从而 RVFLNs 算法的每次输出结果不具唯一性。为了更好地比较算法的性能，对所有 OS-RVFLNs 算法进行 30 次数据测试，通过测试数据的 RMSE 来比较不同方法的鲁棒性能。

图 2.4.4 和图 2.4.5 分别为当离群比例逐渐增加和离群幅值逐渐增加时，不同 OS-RVFLNs 算法的建模 RMSE 箱形图比较。这些箱型图曲线清楚地显示了 30 次数据实验的建模 RMSE 的统计分布情况。可以看出，当数据离群比例较低（如 0% 离群、5% 离群点和 10% 离群点等）或离群幅值较小时，各算法的建模性能接近。但是，传统 OS-RVFLNs 和 Huber-OS-RVFLNs 的建模性能随着离群比例或离群幅值的增大而急剧恶化，其建模 RMSE 显著增大。只有提出的 R-OS-RVFLNs 算法能一直保持较高的建模精度。因此，所提算法的建模精度对离群点不敏感。此外，当数据中离群比例高达 50%，离群幅值高达最大值与最小值之差的 5 倍时，所提方法仍具有很好的估计精度。这在图 2.4.4 中不断增加离群比例的情况时特别明

显。在这种情况下，所提算法的建模 RMSE 几乎保持一个很小的值，并且随着离群比例的逐渐增加，RMSE 值并没有明显增加。

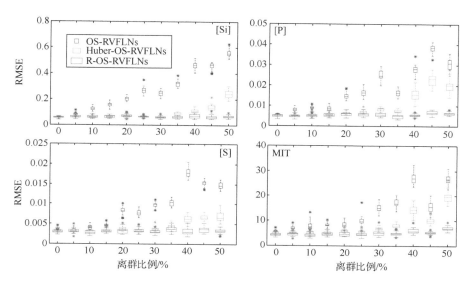

图 2.4.4 离群比例不断增加时不同 OS-RVFLNs 算法的铁水质量建模 RMSE 比较

一个好的鲁棒模型不仅需要准确地预测输出，不受异常值的影响，而且需要快速处理大量实时数据，从而可根据过程运行工况的变化进行自适应模型更新。为了进一步测试这些性能，将所提 R-OS-RVFLNs 算法与其他两种鲁棒建模算法进行比较，即鲁棒最小二乘支持向量机（robust least squares support vector machine，R-LSSVM）算法和鲁棒 RVFLNs（R-RVFLNs）算法。图 2.4.6 和图 2.4.7 分别为离群比例逐渐增加和离群幅值逐渐增加时，不同鲁棒算法的建模 RMSE 箱形图。与基于 RVFLNs 的算法不同，R-LSSVM 算法不是随机的，当模型和数据固定时，每个优化解是相同的。因此，在图 2.4.6 和图 2.4.7 中仅绘制了 R-LSSVM 算法的 30 个数据实验的 RMSE 平均值。与图 2.4.4 和图 2.4.5 的实验结果类似，从图 2.4.6 和图 2.4.7 也可以看出：当离群幅值较小、离群比例较低时，三种鲁棒算法的 RMSE 非常接近。然而，当离群比例或离群幅值逐渐增大时，常规 R-RVFLNs 算法和 R-LSSVM 算法的建模精度都会大大降低，只有所提 R-OS-RVFLNs 算法才能始终保持很高的建模精度，RMSE 一直很小。另外，与常规 R-RVFLNs 算法相比，所提算法的优点在于引入了带遗忘因子的在线序贯学习机制，能够快速处理大量实时数据，并实时更新模型，从而能够有效克服动态工况的变化对铁水质量建模的不利影响。

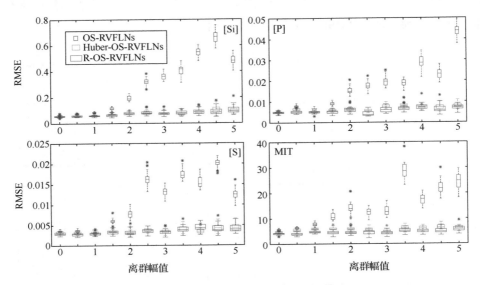

图 2.4.5　离群幅值不断增加时不同 OS-RVFLNs 算法的铁水质量建模 RMSE 比较

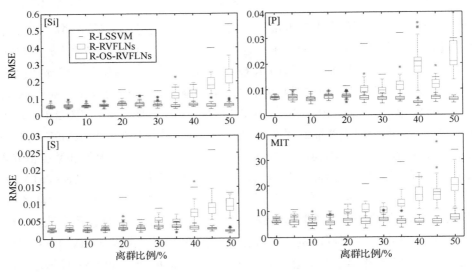

图 2.4.6　离群比例不断增加时不同鲁棒建模算法的铁水质量建模 RMSE 比较

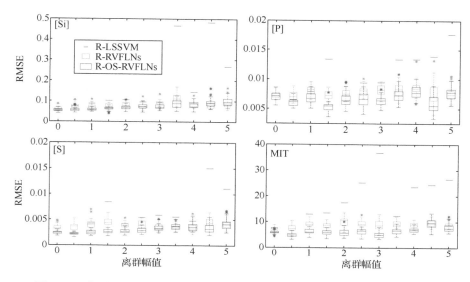

图 2.4.7　离群幅值不断增加时不同鲁棒建模算法的铁水质量建模 RMSE 比较

最后，选取离群比例为 40%、离群幅值参数为 2 时的铁水质量建模为例来检验所提方法的建模与测试效果，如图 2.4.8 所示。这里，使用图 2.4.3 中包含离群数据的前 300 组数据用于 5 种算法的初始化学习和建模，接下来的 600 组包含离群点的数据用于所提 R-OS-RVFLNs 算法和常规 OS-RVFLNs 算法的在线序贯学习，每次在线序贯学习的数据块大小设置为 200。显然，图 2.4.8 所示的建模样本数据包含了比实际工业数据更多、离群幅度更大的离群数据。在对模型进行训练

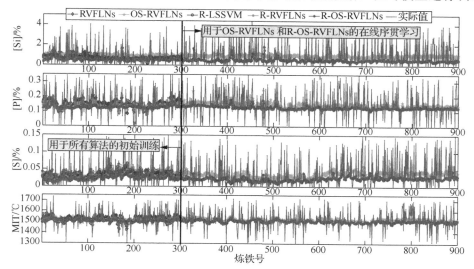

图 2.4.8　不同算法的铁水质量鲁棒建模效果

后,利用实际工业数据对建立的铁水质量指标模型进行测试,结果如图 2.4.9 所示。可以看出,所提 R-OS-RVFLNs 算法的铁水质量估计效果和精度比其他比较算法要好很多。此外,绘制不同算法铁水质量估计误差的 PDF 曲线,如图 2.4.10 所示。可以看出,与其他 4 种比较算法相比,所提出 R-OS-RVFLNs 算法的估计误差 PDF 形状在"0"值附近表现出更窄的脉冲尖峰形状。这表明,所提算法的估计误差基本为概率意义上的"0"均值,不确定性较小。

综上,所提基于 Cauchy 分布加权的 R-OS-RVFLNs 算法的铁水质量模型不仅在数据不含有明显离群点时可以进行精确估计,在数据含有较高比例离群点及离群点偏移正常值较大时也能有效地克服离群点的影响,做出高精度估计。另外,由于所提 R-OS-RVFLNs 具有在线学习能力,当运行工况发生时变时,可以通过在线序贯学习机制更新模型参数,有效提高了模型的自适应能力,保证了铁水质量在线估计的精度和稳定性,因而更加适用于高炉炼铁过程的铁水质量建模。

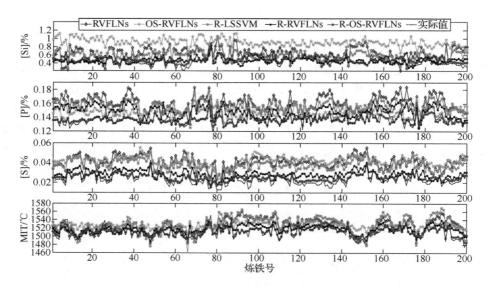

图 2.4.9 不同算法的铁水质量测试效果

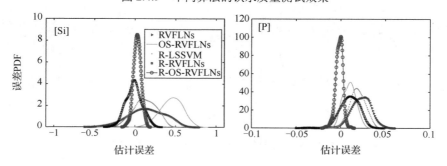

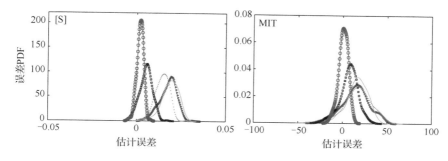

图 2.4.10　不同算法的铁水质量估计误差 PDF 曲线

2.5　基于 GM-估计与 PLS 的铁水质量鲁棒 RVFLNs 建模

基本 RVFLNs 由于输出权值由最小二乘估计得到，存在固有的鲁棒性差和多重共线性等问题，而 PLS 比最小二乘对含有噪声和共线性的数据鲁棒。因此，本节首先提出基于 PLS 的 RVFLNs（PLS-RVFLNs）算法，然后针对高炉炼铁过程数据样本中存在的输入输出方向均含离群点的问题，进一步对 PLS-RVFLNs 进行鲁棒改进。鲁棒估计中，前文提到和使用的 M-估计虽然具有效率高和稳健性好的优点，但是基于 M-估计的鲁棒 RVFLNs 只是从标准化残差（Y 方向）对样本进行加权处理，却没有对自变量（X 方向）数据异常的情况进行加权处理，因而在 X 方向不具鲁棒性。这也是前文 2.3 节和 2.4 节基于 M-估计的鲁棒 RVFLNs 方法的普遍问题。为此，本节提出基于广义 M-估计（GM-估计）与 PLS 的鲁棒随机权神经网络（GM-PLS-RVFLNs）算法。通过模型的残差大小和输入向量在高维空间的距离信息分别确定输入输出样本的权值大小，结合二者的权值确定样本最终的建模贡献大小，使其能够同时解决样本输入方向和输出方向均包含离群点的鲁棒建模问题，极大地降低数据中同时含有输入输出离群点对建模的影响，提高模型的鲁棒性和预测准确率。同时，利用正则化理论以及 PLS 来解决实际工业数据存在的多重共线性问题。最后，基于实际高炉炼铁过程数据进行充分数据试验，表明所提方法具有更强的鲁棒性和建模精度。

2.5.1　建模策略

本节针对高炉炼铁过程输入输出数据多离群点和多重共线性问题，提出的基于 GM-估计与 PLS 的鲁棒 RVFLNs 算法策略如图 2.5.1 所示。首先，GM-PLS-RVFLNs 基于 GM-估计技术，通过模型输出向量的残差大小和输入向量在高维空间中的距离信息来确定样本的权值，即通过 Cauchy 分布函数来对输出 Y 方向进行加权，通过改进的 Huber 函数来对输入 X 方向进行加权。结合这些权值来共同确定每个样本对数据建模的最终贡献程度，大大减小样本同时存在输入方向和输出方向的离群数据对建模过程的影响，提高数建模的鲁棒性和精度。同时，通过引入改进的 PLS 方法，解决实际工业数据中广泛存在的多重共线性问题。

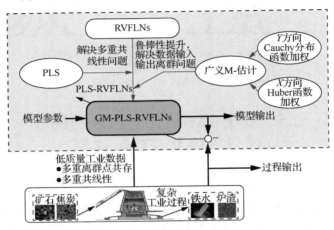

图 2.5.1　所提 GM-PLS-RVFLNs 算法策略图

注释 2.5.1：多重共线性是指多元回归建模自变量之间存在的高度互相关性，这一问题如果不加以处理，将直接导致数据建模及模型估计失真或难以准确估计。实际工业建模应用中，由于测量滞后或样本采集范围的限制等因素，过程变量之间往往存在不同程度的相关性。因此，用最小二乘方法直接求 RVFLNs 网络的输出权值会存在多重共线性问题，影响建模结果。

注释 2.5.2：从实用性和易用性的角度来看，所提 GM-PLS-RVFLNs 算法能有效处理实际工业数据的输入输出多重离群点和多重共线性问题，而不需要像传统数据建模方法那样在建模前进行过多的数据预处理，如数据降维、数据异常手动剔除等。因此，所提算法易于实现和进行实际工程应用。事实上，无论输入输出离群点和多重共线性问题导致实际工业数据质量有多差，所提方法只需要根据输入输出变量对实际工业数据进行有效配对，就可以直接对这些原始数据进行建模分析，并快速给出较为准确的建模或估计结果。

2.5.2　PLS-RVFLNs 算法

基本 RVFLNs 的输出权值由最小二乘估计得到，其在回归问题求解中往往存在病态问题，导致输出权值的估计方差偏大，模型不稳定。而 PLS 是通过在潜空间的正交投影提供一个鲁棒的输出权值估计解，用解的有偏性来降低解的估计方差。一般是通过交叉验证来选择潜变量的个数，进而减少预测方差，使模型获得更好的泛化能力。实际上，PLS 是一种常用的统计分析技术，它将信息从高维数据空间投影到由几个主成分定义的低维空间，并将多元回归和主成分分析相结合。PLS 的主要思想是从输入变量集中和输出变量集中提取方差最大的主变量，保证在满足一定正交性和规范化约束条件下，使得输入变量和输出变量的主元素之间的协方差最大。PLS 回归的分量和残差矩阵具有许多优良特性，其中一个特点是分量之间相互正交，从而可在一定程度上消除数据变量之间的多重共线性。

2.5.2.1　算法描述与推导

给定数据集 $\{(x_i, y_i) \mid x_i = [x_{i1}, x_{i2}, \cdots, x_{im}]^T \in \mathbb{R}^n, y_i = [y_{i1}, y_{i2}, \cdots, y_{im}]^T \in \mathbb{R}^m\}_i^N$，对于具有 L 个隐含神经元的 PLS-RVFLNs，可以表示为

$$\sum_{i=1}^{L} \beta_i g(\langle w_i, x_j \rangle + b_i) = o_j, \quad j = 1, 2, \cdots, N \tag{2.5.1}$$

式中，o_j 为网络的估计输出；$g(\cdot)$ 为隐含层激活函数。隐含层输出和模型输出的矩阵形式分别定义如下：

$$H = \begin{bmatrix} g(\langle w_1, x_1 \rangle + b_1) & \cdots & g(\langle w_L, x_1 \rangle + b_L) \\ \vdots & \ddots & \vdots \\ g(\langle w_1, x_N \rangle + b_1) & \cdots & g(\langle w_L, x_N \rangle + b_L) \end{bmatrix}_{N \times L}, \quad Y = \begin{bmatrix} y_1 \\ \vdots \\ y_m \end{bmatrix}^T_{N \times m}$$

PLS-RVFLNs 在隐含层输出矩阵 H 和输出 Y 之间建立 PLS 回归。为此，首先对隐含层输出矩阵与模型输出矩阵进行数据标准化，然后进行如下分解：

$$\begin{cases} H = TP^T + E = \sum_{i=1}^{A} t_i p_i^T + E \\ Y = UQ^T + F = \sum_{i=1}^{A} u_i q_i^T + F \end{cases} \tag{2.5.2}$$

式中，A 是主元个数，一般比较小；$P \in \mathbb{R}^{L \times A}$ 为隐含层输出矩阵的负载矩阵；u_i 为输出矩阵的主元；$Q \in \mathbb{R}^{m \times A}$ 为网络输出矩阵的负载矩阵；E 与 F 分别表示隐含层输出矩阵和网络输出矩阵的残差；t_i 是在正交性和归一化约束下根据 t_i 和 u_i 的最大协方差值从数据矩阵顺序提取的潜变量，即

$$\max\{\text{Cov}(t_i, u_i)\}$$

$$\text{s.t.} \begin{cases} t_i = E_{i-1} k_i \\ u_i = F_{i-1} c_i \\ \|k_i\| = 1 \\ \|c_i\| = 1 \end{cases} \tag{2.5.3}$$

其中，E_{i-1} 与 F_{i-1} 分别表示隐含层输出矩阵和网络输出矩阵提取 $i-2$ 个主元后的残差；t_i 和 k_i 分别表示提取 $i-1$ 个主元后隐含层输出矩阵和对应负载向量的得分向

量；u_i 和 c_i 分别表示提取 $i-1$ 个主元后网络输出矩阵和其对应负载向量的得分向量。因此，最终隐含层输出矩阵与网络输出之间的 PLS 回归模型可以表示为

$$\begin{cases} Y = H\beta + F \\ \beta = K(P^{\mathrm{T}}K)Q^{\mathrm{T}} \end{cases} \tag{2.5.4}$$

式中，$K \in \mathbb{R}^{n \times A}$，$P \in \mathbb{R}^{n \times A}$，$Q \in \mathbb{R}^{m \times A}$ 是与每个负载向量对应的负载矩阵；β 是所要求的 RVFLNs 输出权值矩阵，可以通过非线性最小二乘迭代算法求解。

2.5.2.2　算法实现步骤

综上，PLS-RVFLNs 算法的实现步骤如下。

步骤 1：给定训练集，设置网络各层神经元数目，选择合适的激活函数。

步骤 2：在一定范围内随机生成输入权值 w_j 和隐含层阈值 b_j，计算隐含层输出矩阵 H。

步骤 3：对于 Y 的任何一列 u，计算 H 在 u 上的负载向量 $k^{\mathrm{T}} = u^{\mathrm{T}}E / u^{\mathrm{T}}u$。

步骤 4：计算得分向量 $t = Xk / k^{\mathrm{T}}k$。

步骤 5：Y 的各列在 t 上进行回归 $q^{\mathrm{T}} = t^{\mathrm{T}}Y / t^{\mathrm{T}}t$，计算新的 $u = Yq / q^{\mathrm{T}}q$。

步骤 6：判断是否收敛，如果是，则转步骤 8，否则转步骤 3。

步骤 7：计算 H 的负载矩阵 $p^{\mathrm{T}} = t^{\mathrm{T}}H / t^{\mathrm{T}}t$。

步骤 8：计算模型残差矩阵 $E = H - tp^{\mathrm{T}}$ 和 $F = Y - tq^{\mathrm{T}}$。

步骤 9：用 E 和 F 代替 H 和 Y 计算下一潜变量，重复上述过程直到 A 个潜变量都被提取。

2.5.3　基于 GM-估计与 PLS 的鲁棒 RVFLNs 算法

2.5.3.1　算法描述与推导

由前文可知，常规 M-估计仅仅根据标准化残差确定了样本的建模权值，但没有对样本输入方向（X 方向）数据离群点计算相应的样本权值。因此，M-估计对样本输入方向的离群数据敏感。因而也需要对样本输入方向的离群点进行降权处理。为此，采用 GM-估计进一步提高 M-估计的鲁棒性。本节将 GM-估计与 PLS-RVFLNs 相结合，提出 GM-估计的偏最小二乘随机权神经网络（GM-PLS-RVFLNs）算法，如下所示。

首先，将 M-估计的方程

$$\sum_{i=1}^{N} \varphi\left(\frac{r_i(\beta)}{\hat{\sigma}}\right) H_i^{\mathrm{T}} = 0 \tag{2.5.5}$$

改写成如下形式：

$$\sum_{i=1}^{N}\varphi\left(\frac{r_i(\beta)}{\hat{\sigma}}\right)\times v(H_i^{\mathrm{T}})=0 \tag{2.5.6}$$

式中，函数 $v(H_i^{\mathrm{T}})$ 表示按照各样本点在隐含层输出矩阵（输入 X 方向）高维空间的位置来确定 H_i^{T} 的建模权值。若 H_i^{T} 异常，偏离高维空间大部分的数据，则 $v(H_i^{\mathrm{T}})$ 会比较小，甚至为 0，即在隐含层输出空间针对 X 方向的异常程度确定了样本建模权值。同时，GM-估计保留了原 M-估计的 φ 函数，也因此继承了 M-估计的优点，具有较高的估计效率和崩溃点。

根据上面推导，可以得到

$$\sum_{i=1}^{N}d\left(r_i(\beta)/\hat{\sigma}\right)\times(y_i-H_i\beta)H_i^{\mathrm{T}}\times v(H_i^{\mathrm{T}})=0 \tag{2.5.7}$$

简化为

$$H^{\mathrm{T}}DVH\beta=H^{\mathrm{T}}DVY \tag{2.5.8}$$

则 GM-估计 RVFLNs 的输出权值 β 的迭代计算公式为

$$\hat{\beta}^{(k+1)}=(H^{\mathrm{T}}D^{(k)}V^{(k)}H)^{-1}H^{\mathrm{T}}D^{(k)}V^{(k)}Y \tag{2.5.9}$$

为了解决隐含层数据中存在的多重共线性问题，利用正则化理论，在上面公式（2.5.5）～公式（2.5.7）后加上对输出权值的范数作为惩罚项，优化结构使风险最小化。如果惩罚项是二范数的平方，那么容易得到基于正则化的 GM-估计 RVFLNs，相应的迭代公式如下所示：

$$\hat{\beta}^{(k+1)}=(H^{\mathrm{T}}D^{(k)}V^{(k)}H+\lambda I)^{-1}H^{\mathrm{T}}D^{(k)}V^{(k)}Y \tag{2.5.10}$$

但是，二范数惩罚项实质上只是对神经网络权值起到了衰减作用，大部分权值不为 0，仍然有大量数据参加建模，模型计算复杂度过高。为此，利用 PLS 固有的前述优点来解决这一问题，不但可对数据进行降维，减少计算量，解决多重共线性问题，而且也方便确定样本 X 方向的权值因子 $v(H_i^{\mathrm{T}})$。

实际上，可以将基本 RVFLNs、基于 M-估计的鲁棒 RVFLNs 以及基于 GM-估计的鲁棒 RVFLNs 的优化目标函数分别写成如下表达形式：

$$\hat{\beta}_{\mathrm{LS\text{-}RVFLNs}}=\arg\min_{\beta}\sum_{i=1}^{N}(y_i-H_i\beta)^2 \tag{2.5.11}$$

$$\hat{\beta}_{\mathrm{M\text{-}RVFLNs}}=\arg\min_{\beta}\sum_{i=1}^{N}v_i(y_i-H_i\beta)^2 \tag{2.5.12}$$

$$\hat{\beta}_{\mathrm{GM\text{-}RVFLNs}}=\arg\min_{\beta}\sum_{i=1}^{N}d_iv_i(y_i-H_i\beta)^2 \tag{2.5.13}$$

可以看出，无论是 M-估计，还是 GM-估计都是对样本进行加权，以决定样本对建模的贡献度大小。通过鲁棒算法自动确定有效数据、可疑数据以及离群有害数据对建模过程的贡献程度，实现对有用数据信息进行保权，对可疑数据信息进行降权，而对异常数据进行零权或接近零权处理的鲁棒建模目的。显然，这比先使用异常检测算法识别异常值再人工替换数值的方法更加客观、准确和便捷。

2.5.3.2　GM-估计权函数参数确定

在本节 GM-估计中，样本 Y 方向的权值因子由 Cauchy 分布权函数确定，其表达式如前文 2.4.3.2 节所示，因而权函数参数选取也与 2.4.3.2 节相同。

样本 X 方向的权值因子由改进的 Huber 权函数确定，如下所示：

$$f_{\text{Huber}}(u, \lambda_c) = \begin{cases} 1, & |u - \mu_z| \leqslant \lambda_c \\ \dfrac{\lambda_c}{|u - \mu_z|}, & |u - \mu_z| > \lambda_c \end{cases} \tag{2.5.14}$$

式中，μ_z 是变量 u 的中位数；λ_c 是调节超参数，是一个常数。从而样本 X 方向权值的计算为

$$v_i = f\left(0.6745 \times \frac{\left\| t_i - \text{med}_{L_1}(T) \right\|}{\text{median}_i \left\| t_i - \text{med}_{L_1}(T) \right\|}, \lambda_c\right) \tag{2.5.15}$$

式中，$\|\cdot\|$ 是欧几里得范数；$\text{med}_{L_1}(T)$ 是 $\{t_1, t_2, \cdots, t_n\}$ 的 L_1-median（几何中位数）计算值，也可以是其他计算矩阵空间中心的运算。

注释 2.5.3：几何中位数 L_1-median 也称为 L_1 中位数，是一种具有良好统计属性的多变量位置鲁棒估计指标，其基本原理是对于数据集 $X = \{x_1, x_2, \cdots, x_n\}, x_i \in \mathbb{R}^p$，寻求满足以下条件的 μ_z：

$$\mu_z(X) = \arg \min_{\mu_z} \sum_{i=1}^{n} \|x_i - \mu_z\| \tag{2.5.16}$$

通俗来讲，L_1-median 是 n 个数据点中到某个点的欧几里得距离之和最小的数据点。如果数据点不是共线性的，那么式（2.5.16）的解是唯一的。

2.5.3.3　算法实现步骤

综上所述，为了同时消除样本在 X 方向和 Y 方向上的离群点对数据建模的影响并解决多重共线性问题，本节结合改进的 GM-估计与 PLS 方法，提出 GM-PLS-RVFLNs 算法，其简要实现步骤如下。

步骤 1：给定训练集，设置网络各层神经元数目，选择合适的激活函数。

步骤 2：在一定范围内随机生成输入权值 w_j 和隐含层阈值 b_j，计算隐含层输出矩阵 H，初始化迭代次数 k。

步骤 3：计算 t 的鲁棒尺度估计 $\hat{\sigma}_t$，从而计算 $\mu_t = \text{median}(\hat{\sigma}_t)$。

步骤 4：计算样本 X 方向权值矩阵 V。

步骤 5：更新 $\beta = \beta^*$ 与建模误差。

步骤 6： 计算误差的鲁棒尺度估计 $\hat{\sigma}_e$，从而计算 $\mu_e = \text{median}(\hat{\sigma}_e)$。

步骤 7： 计算样本 Y 方向权值矩阵 D。

步骤 8： 通过 PLS 方法计算 $\beta^*(:,i)$ 与 t_i。

步骤 9： 通过 $T(:,A \times (i-1) + 1 : A \times i) = (\text{diag}(\sqrt{DV}))^{-1} \times t_j$ 求取得分向量。

步骤 10： 更新输出矩阵以及 $k = k + 1$。

步骤 11： 重复上述步骤直到终止条件满足。

2.5.4　工业数据验证

2.5.4.1　铁水质量建模过程描述与鲁棒建模数据设计

采用某大型炼铁厂的实际工业生产数据将所提方法对高炉进行多元铁水质量的建模应用。由于高炉炼铁过程具有复杂的非线性动态特性，过程输入输出变量具有复杂时序关系和较大时滞，因此铁水质量模型被设计为前文所述的非线性自回归结构，也即当前时刻的质量输出不仅与当前时刻过程输入有关，还与前一时刻输入和质量输出有关，这样才能较好地捕捉过程的非线性动态。

同时，为了全面评价所提算法的鲁棒性和建模精度，从不同离群比例的角度出发，在采集的高炉原始工业数据基础上人为添加大量离群点，从而构成铁水质量建模的鲁棒数据集，主要涉及两类数据集设计。

第一类数据集是将实际高炉工业数据设计为只包含样本 Y 方向异常的离群数据建模集。通过将数据离群幅度最大值限定为 2 倍正常值，比较不同数据样本 Y 方向离群比例对所提算法建模精度的影响。此类数据集的设计方式如下：从实际工业数据集中随机挑选离群比例间隔为 5%，而离群比例范围为 0% 到 50% 的样本点 $y_{i,\text{Outlier}}$，然后对挑选的样本进行离群化处理，即

$$y_{i,\text{Outlier}} = y_i + 2 \times \text{sgn} \times [\text{rand}(0,1) \times y_{\text{max min}}], \quad i = 1,2,3,4 \qquad (2.5.17)$$

式中，$y_{\text{max min}} = \max(y_i) - \min(y_i)$ 是正常工况下铁水质量指标最大值与最小值之差。

第二类数据集是将实际工业数据设计为同时包含样本 X 方向和 Y 方向的离群数据建模集。通过将数据离群幅度最大值限定为 2 倍正常值，比较数据样本 X 和 Y 方向不同离群数据比例对所提算法建模精度的影响。Y 方向离群点的设计与第一类数据集的设计一致，而 X 方向离群点设计如下：在实际工业数据样本中随机选取样本点，离群化的离群比例间隔为 10%、范围为 5%~35%。然后通过以下方式离群化所选取的样本：

$$x_{j,\text{Outlier}} = x_j + 2 \times \text{sgn} \times [\text{rand}(0,1) \times x_{\text{max min}}], \quad j = 1,2,\cdots,16 \qquad (2.5.18)$$

式中，$x_{\text{max min}} = \max(x_j) - \min(x_j)$ 是正常工况下各输入变量数据样本的最大值与最小值之差。

在式（2.5.17）和式（2.5.18）中，当 sgn = 1 时，引入的离群值为正的离群值，而当 sgn = −1 时，引入的离群值为负的离群值。此外，数据实验中正的离群数据点数目与负的离群数据点数目之比为 2：1。模型建立后，测试集使用正常高炉工业现场采集的数据集。

2.5.4.2 铁水质量建模效果及其分析

图 2.5.2 为所提 GM-PLS-RVFLNs 算法与基本 RVFLNs 算法在 1100 次铁水质量建模试验中所得建模 RMSE 比较图。可以看出，随着 X 方向和 Y 方向离群比例的不断升高，基本 RVFLNs 建立的铁水质量模型的建模 RMSE 明显增加，从而模型精度越来越差。但是，所提 GM-PLS-RVFLNs 算法建立的铁水质量模型不会出现这种现象，在各种离群比例下都能稳定保持非常低的建模 RMSE 值。这意味着不管输入输出离群比例如何增加，所提方法建立的铁水质量模型能够一直保持较高的建模精度，即建模的鲁棒性好。

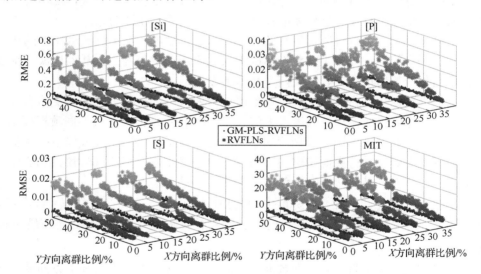

图 2.5.2　数据 X（输入）和 Y（输出）方向不同离群比例时所提 GM-PLS-RVFLNs 与基本 RVFLNs 的铁水质量建模 RMSE 曲线

图 2.5.3～图 2.5.7 分别是数据 X 方向离群比例在 0%, 5%, 15%, 25%, 35% 时，数据 Y 方向离群比例依次增加情况下不同建模方法的铁水质量测试 RMSE 箱形图。从图中同样可以看出，基本 RVFLNs 建模方法不具鲁棒性，预测精度最差；R-LSSVM 以及 Cauchy 分布加权 M-估计鲁棒 RVFLNs（Cauchy-M-RVFLNs）的鲁棒性能相比基本 RVFLNs 虽有所提升，但当同时有 X 方向和 Y 方向的离群点出

现时，该算法的铁水质量估计精度显著下降。只有所提 GM-PLS-RVFLNs 算法在 X 方向和 Y 方向同时含有高强度离群点时能保持较低的铁水质量估计 RMSE，得到稳定的铁水质量估计精度，实现稳定的建模性能。

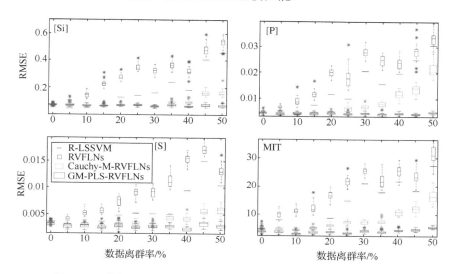

图 2.5.3　数据 X 方向离群比例为 0%、Y 方向离群比例逐渐增加时
不同建模方法铁水质量测试 RMSE 箱形图

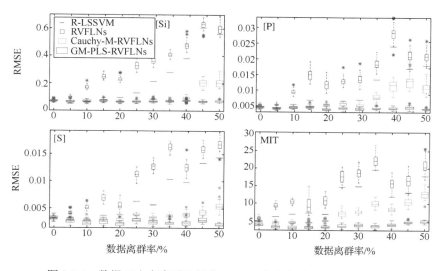

图 2.5.4　数据 X 方向离群比例为 5%、Y 方向离群比例逐渐增加时
不同建模方法铁水质量测试 RMSE 箱形图

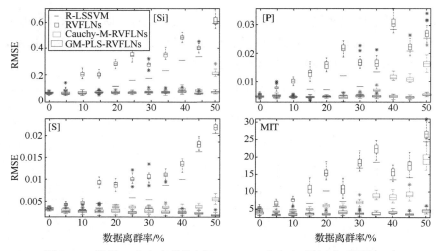

图 2.5.5　数据 X 方向离群比例为 15%、Y 方向离群比例逐渐增加时
不同建模方法铁水质量测试 RMSE 箱形图

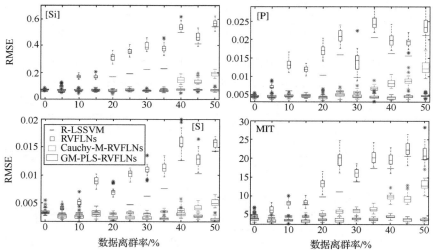

图 2.5.6　数据 X 方向离群比例为 25%、Y 方向离群比例逐渐增加时
不同建模方法铁水质量测试 RMSE 箱形图

　　进一步分析所提 GM-PLS-RVFLNs 算法的建模性能，选择 X 方向离群比例为 25%、Y 方向离群比例为 35% 的数据集作为分析对象。图 2.5.8 为不同算法对测试数据的铁水质量估计效果。可以清晰地看出，所提 GM-PLS-RVFLNs 算法的铁水质量估计曲线与实际铁水质量曲线最为接近，能够准确地拟合四条铁水质量曲线的变化。在图 2.5.9 所示估计误差 PDF 曲线中，所提 GM-PLS-RVFLNs 算法获得的四个铁水质量指标的 PDF 曲线不仅细而高，而且与 "0" 轴非常接近。这意味着所提 GM-PLS-RVFLNs 算法对铁水质量估计的误差和随机性最小。

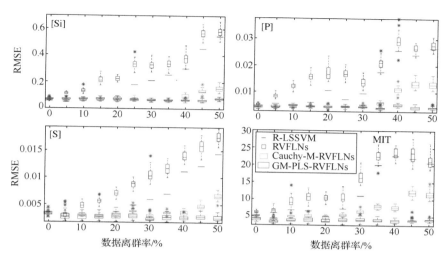

图 2.5.7　数据 X 方向离群比例为 35%、Y 方向离群比例逐渐增加时
不同建模方法铁水质量测试 RMSE 箱形图

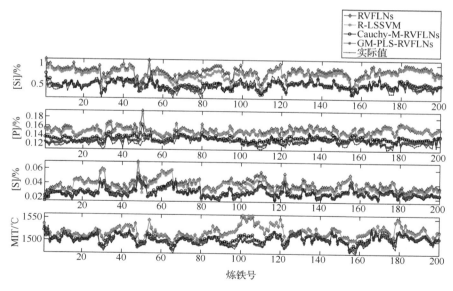

图 2.5.8　数据 X 方向离群比例为 25%、Y 方向离群比例为 35% 时
不同建模方法铁水质量估计效果

为了更直观地反映所提算法的优越性，利用回归问题中常用的评价指标对比四种建模方法拟合数据的性能，如表 2.5.1 和表 2.5.2 所示。对于 RMSE、平均绝对误差（mean absolute error, MAE）和 MAPE 三个建模性能评价指标，这些指标

的值越小，模型的预测性能越好。而对 R^2 指标而言，其数值越接近 1，拟合数据的能力越好，代表模型更加优异；反之，则拟合数据的能力就差，代表模型预测性能差。通过对这些指标的综合比较，可以明显看出所提 GM-PLS-RVFLNs 算法的各项指标在所有比较算法中都最好，并且优势明显。从而再次验证了所提算法在铁水质量建模中的有效性和优越性。

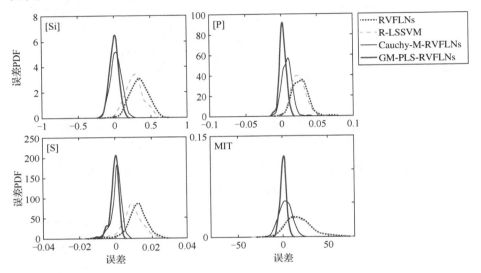

图 2.5.9　数据 X 方向离群比例为 25%、Y 方向离群比例为 35%时
不同建模方法铁水质量估计误差 PDF 曲线

表 2.5.1　不同算法的铁水质量估计 RMSE 和 MAE 指标比较（X=25%, Y=35%）

算法	RMSE				MAE			
	[Si]/%	[P]/%	[S]/%	MIT/℃	[Si]/%	[P]/%	[S]/%	MIT/℃
RVFLNs	0.3789	0.0294	0.0138	23.305	0.3429	0.0260	0.0124	18.180
R-LSSVM	0.3002	0.0257	0.0110	22.669	0.2773	0.0240	0.0099	18.208
Cauchy-M-RVFLNs	0.0937	0.0111	0.0034	7.6914	0.0621	0.0085	0.0022	5.8310
GM-PLS-RVFLNs	0.0649	0.0053	0.0025	3.7792	0.0463	0.0040	0.0017	2.6412

表 2.5.2　不同算法的铁水质量估计 MAPE 和 R^2 指标比较（X=25%, Y=35%）

算法	MAPE				R^2			
	[Si]/%	[P]/%	[S]/%	MIT/℃	[Si]/%	[P]/%	[S]/%	MIT/℃
RVFLNs	0.784	0.2111	0.4981	0.0121	−8.113	−12.96	−2.707	−2.315
R-LSSVM	0.630	0.1946	0.3986	0.0122	−5.252	−10.84	−1.542	−2.444
Cauchy-M-RVFLNs	0.147	0.0698	0.0888	0.0039	0.577	−0.906	0.823	0.652
GM-PLS-RVFLNs	0.103	0.0322	0.0599	0.0018	0.516	0.591	0.829	0.632

参 考 文 献

[1] Pao Y H, Takefuji Y. Functional-link net computing: Theory, system architecture, and functionalities[J]. Computer, 1992, 25(5): 76-79.

[2] 周平, 张丽, 李温鹏, 等. 集成自编码与 PCA 的高炉多元铁水质量随机权神经网络建模[J]. 自动化学报, 2018, 44(10): 1799-1811.

[3] 李温鹏, 周平, 王宏, 等. 高炉铁水质量鲁棒正则化随机权神经网络建模[J]. 自动化学报, 2020, 46(4): 1-13.

[4] Zhou P, Yuan M, Wang H, et al. Multivariable dynamic modeling for molten iron quality using online sequential random vector functional-link networks with self-feedback connections[J]. Information Sciences, 2015, 325(12): 237-255.

[5] Zhou P, Lv Y B, Wang H, et al. Data-driven robust RVFLNs modeling of a blast furnace iron-making process using Cauchy distribution weighted M-estimation[J]. IEEE Transactions on Industrial Electronics, 2017, 64(9): 7141-7151.

[6] Zhou P, Jiang Y, Wen C Y, et al. Improved Incremental RVFL with compact structure and its application in quality prediction of blast furnace[J]. IEEE Transactions on Industrial Informatics, 2021, 17(12): 8324-8334.

[7] Zhou P, Li W P, Wang H, et al. Robust online sequential RVFLNs for data modeling of dynamic time-varying systems with application of an ironmaking blast furnace[J]. IEEE Transactions on Cybernetics, 2020, 50(11): 4783-4795.

[8] Zhou P, Xie J, Li W P, et al. Robust neural networks with random weights based on generalized M-estimation and PLS for imperfect industrial data modelling[J]. Control Engineering Practice, 2020, 105(8):104633.

[9] Bartlett P L. The sample complexity of pattern classification with neural networks: The size of the weights is more important than the size of the network[J]. IEEE Transactions on Information Theory, 1998, 44(2): 525-536.

[10] Igelnik B, Pao Y H. Stochastic choice of basis functions in adaptive function approximation and the functional-link net[J]. IEEE Transactions on Neural Networks, 1995, 6(6):1320-1329.

[11] Schmidt W F, Kraaijveld M A, Duin R. Feedforward neural networks with random weights[C]. 1992 Pattern Recognition Conference B: Pattern Recognition Methodology and Systems, 1992: 1-4.

[12] Rumelhart D E, Hinton G E, Williams R J, Learning representations by back-propagating errors[J]. Nature, 1986, 232(9): 533-536.

[13] Zhang H G, Yin Y X, Zhang S. An improved ELM algorithm for the measurement of hot metal temperature in blast furnace[J]. Neurocomputing, 2015, 174:232-237.

[14] Pearson K. On lines and planes of closest fit to a systems of points in space[J]. Philosophical Magazine, 1901, 2(11): 559-572.

[15] Hotelling H. Analysis of a complex of statistical variables into principal components[J]. British Journal of Educational Psychology, 2010, 24(6): 417-441.

[16] Zou H, Hastie T. Regularization and variable selection via the elastic nets[J]. Journal of the Royal Statistical Society, 2010, 67(5):768.

[17] Hardoon D R, Szedmak S, Taylor J S. Canonical correlation analysis: An overview with application to learning methods[J]. Neural Computation, 2004, 16(12):2639-2664.

[18] Kakade S M, Foster D P. Multiview regression via canonical correlation analysis[C]. International Conference on Computational Learning Theory. Berlin, Heidelberg: Springer, 2007: 82-96.

[19] Hastie T, Tibshirani R, Friedman J. The Elements of Statistical Learning Data Mining, Inference and Prediction[M].

2nd ed. New York: Springer, 2009.

[20] Shewhart W A, Wilks S S. Robust Statistics: Theory and Methods[M]. Hoboken: Wiley, 2006.

[21] Huber P J, Ronchetti E M. Robust Statistics[M]. 2nd ed. Hoboken: Wiley, 2009.

[22] Sargin M E, Yemez Y, Erzin E, et al. Audiovisual synchronization and fusion using canonical correlation analysis[J]. IEEE Transactions on Multimedia, 2007, 9(7):1396-1403.

[23] Friedman J H, Hastie T, Tibshirani R. Regularization paths for generalized linear models via coordinate descent[J]. Journal of Statistical Software, 2010, 33(1):1-2.

[24] Paleologu C, Benesty J, Ciochina S. A robust variable forgetting factor recursive least-squares algorithm for system identification[J]. IEEE Signal Processing Letters, 2008, 15:597-600.

第3章 基于支持向量回归的高炉铁水质量鲁棒建模

高炉炼铁过程是具有大时滞的非线性动态系统，受其内部复杂环境的影响，传统的常规数据驱动模型，如时间序列模型与线性模型难以捕捉高炉炼铁过程复杂的非线性动态特性。由于 ANN 能够以任意精度逼近任意复杂的非线性映射，因此被广泛用于非线性系统包括高炉炼铁过程的预测建模。但是，常规 ANN 由于是基于经验风险最小化（empirical risk minimization, ERM）准则的方法，泛化能力较差，存在过学习问题。实际上，数据建模的最大化泛化能力不仅需要最小化经验风险，而且要最小化置信范围值。为此，Vapnik 和 Chervonenkis 提出结构风险最小化（structural risk minimization, SRM）准则的基本思想[1]，而 Vapnik 提出 SVM[2]就是这一思想的具体实现。不同于 ANN 等方法以训练误差最小化为优化目标，SVM 是以训练误差作为优化问题的约束条件，以最小化置信范围值作为优化目标。因此，SVM 的泛化能力要优于 ANN 等学习方法。另外，SVM 将优化求解问题转化为二次规划问题，因而 SVM 的解是唯一的，也是全局最优的。而且，训练 SVM 模型只需少量的训练数据，对样本要求不高，训练所需时间短。此外，SVM 的最终决策函数仅由少数支持向量决定，这能在一定程度上增加模型的泛化能力，避免"维数灾难"。得益于上述优点，SVM 一经提出就得到了广泛关注和应用。最小二乘支持向量回归（least squares support vector regression, LSSVR）算法是 Suykens 等[3]对标准 SVM 算法的一种改进。LSSVR 把 SVM 的一次损失函数改写为二次损失函数，并将不等式约束改为等式约束，避免了求解二次规划问题的复杂计算，提高了优化求解效率。但是，传统 LSSVR 算法仅适用于单输出系统的回归建模，对于多输出系统，通常的方法是对多输出系统的每一维输出建立回归模型，然后进行简单合成。显然，这样的模型没有考虑输出变量之间的耦合关系，因而往往精度不高[4]。

本章以某大型炼铁厂 2 号高炉为研究背景，在统计学习理论框架下，采用改进的 LSSVR 算法进行高炉铁水质量的建模研究。由于实际高炉炼铁过程时常受检测仪表、变送器等设备的故障以及电磁耦合干扰与工况变化的影响，其实际工业数据广泛存在各种各样的离群点。因此，本章也将聚焦于针对非理想离群数据的高炉铁水质量鲁棒建模研究，主要介绍提出的两种鲁棒 LSSVR 建模方法：一种是基于稀疏化鲁棒 LSSVR 的铁水硅含量建模方法，另一种是基于多输出鲁棒 LSSVR 的多元铁水质量建模方法。

3.1　支持向量回归理论基础

3.1.1　支持向量分类机

　　1963 年，Bell 实验室研究小组在 Vanpik 的领导下，首次提出了 SVM 的概念。但在当时，SVM 在数学上不能明晰地表示，因而 SVM 的研究在当时没有得到进一步的发展与重视。1971 年，Kimeldorf 提出了使用线性不等约束重新构造支持向量的核空间，使一部分线性不可分的问题得到了解决。20 世纪 90 年代，一个比较完善的理论体系——统计学习理论形成，此时一些新兴的机器学习方法（如神经网络等）的研究遇到了一些重大的困难，比如欠学习与过学习问题、如何确定网络结构的问题、局部极小值问题等。这些因素使得 SVM 迅速发展和完善，在很多问题的解决中表现出许多特有优势，而且能够推广应用到函数拟合等其他机器学习问题中，因而迅速发展了起来，并在许多领域里得到了成功应用[5,6]。

　　SVM 最初是作为二分类学习器而产生，其基本模型为定义在特征空间的最大间隔分类器，这有别于感知机算法。本节以如图 3.1.1 所示的二维线性可分样本为例直观描述 SVM 的原理。图 3.1.1 中，两类样本分别使用空心点和实心点来描述，H_2 为 SVM 的最优分类超平面，H_1 和 H_3 表示平行于最优分类超平面 H_2 且离 H_2 最近样本点的间隔边界。SVM 的优化目标不仅在于将样本进行正

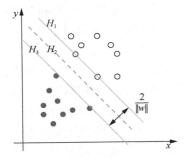

图 3.1.1　最优分类超平面示意图

确的分类，而且还要求分类间隔最大化，以此保证学习器的泛化推广能力。给定一组数据集 $\left\{(x_i, y_i) \mid x_i \in \mathbb{R}^d, y_i \in \{+1, -1\}\right\}_{i=1}^{n}$，则函数 $\langle x, w \rangle + b = 0$ 满足：

$$y_i(\langle w, x_i \rangle + b) - 1 \geqslant 0, \quad i = 1, 2, \cdots, n \tag{3.1.1}$$

式中，$w \in \mathbb{R}^n$ 为权值向量；$b \in \mathbb{R}$ 为偏置项。式（3.1.1）中分类间隔为 $2/\|w\|$。因此，SVM 需优化如下问题：

$$\begin{cases} \max\limits_{w,b} \dfrac{2}{\|w\|} = \min\limits_{w,b} \dfrac{1}{2}\|w\|^2 \\ y_i(\langle w, x_i \rangle + b) - 1 \geqslant 0, \quad i = 1, 2, \cdots, n \end{cases} \tag{3.1.2}$$

　　通过引进拉格朗日乘子将原始问题转换成对偶问题进行求解[7]，定义拉格朗日函数为

$$L(w, b, \alpha) = \frac{1}{2}\|w\|^2 - \sum_{i=1}^{n} \alpha_i y_i (\langle w, x_i \rangle + b) + \sum_{i=1}^{n} \alpha_i \tag{3.1.3}$$

式中，$\alpha = [\alpha_1, \alpha_2, \cdots, \alpha_n]^T, \alpha_i \geq 0$ 为拉格朗日乘子向量。

令拉格朗日函数 $L(w, b, \alpha)$ 对 w, b 的导数为零，即

$$\begin{cases} \nabla_w L(w, b, \alpha) = 0 \\ \nabla_b L(w, b, \alpha) = 0 \end{cases} \Rightarrow \begin{cases} w - \sum_{i=1}^{n} \alpha_i y_i x_i = 0 \\ \sum_{i=1}^{n} \alpha_i y_i = 0 \end{cases} \tag{3.1.4}$$

由此求得

$$\begin{cases} w = \sum_{i=1}^{n} \alpha_i y_i x_i \\ 0 = \sum_{i=1}^{n} \alpha_i y_i \end{cases} \tag{3.1.5}$$

消除变量 w, b 得

$$L(w, b, \alpha) = \frac{1}{2} \sum_{i=1}^{n} \sum_{j=1}^{n} \alpha_i \alpha_j y_i y_j (\langle x_i, x_i \rangle) - \sum_{i=1}^{n} \alpha_i y_i \left(\langle \sum_{j=1}^{n} \alpha_j y_j x_j, x_i \rangle + b \right) + \sum_{i=1}^{n} \alpha_i$$

$$= -\frac{1}{2} \sum_{i=1}^{n} \sum_{j=1}^{n} \alpha_i \alpha_j y_i y_j (\langle x_i, x_i \rangle) + \sum_{i=1}^{n} \alpha_i \tag{3.1.6}$$

则原始问题的对偶问题转化为

$$\begin{cases} \min_{\alpha} \frac{1}{2} \sum_{i=1}^{n} \sum_{j=1}^{n} \alpha_i \alpha_j y_i y_j (\langle x_i, x_i \rangle) - \sum_{i=1}^{n} \alpha_i \\ \text{s.t.} \sum_{i=1}^{n} \alpha_i y_i = 0, \quad \alpha_i \geq 0, \quad i = 1, 2, \cdots, n \end{cases} \tag{3.1.7}$$

该目标函数由求解 w, b 转化为求解拉格朗日乘子 α_i，再利用序列最小化算法（sequential minimal optimization, SMO）即可求得最优分类超平面：

$$f(x) = \text{sgn}(\langle w, x \rangle + b) = \text{sgn}\left(\sum_{i=1}^{nsv} \alpha_i y_i \langle x_i, x \rangle + b \right) \tag{3.1.8}$$

式中，nsv 为支持向量个数；sgn(·) 为标志（符号）函数。

此后，Cortes 等[8]通过引进松弛因子 ξ_i 来解决训练样本集线性不可分的情况。对于非线性问题，通过非线性核函数进行高维映射，然后求取最优分类超平面[9]。

3.1.2 支持向量回归机

SVM 最初作为一种高效的分类器得到了广泛应用，其良好表现也为研究人员解决回归问题提供了全新方法。Vapnik 通过在 SVM 中引进 ε 不敏感损失函数提出支持向量回归机（SVR）。ε 不敏感损失函数的定义如下：

$$L(y, f(x, a)) = L\left(\left|y - f(x, a)\right|_{\varepsilon}\right) \tag{3.1.9}$$

式中，

$$\left| y - f(x,a) \right|_{\varepsilon} = \begin{cases} 0, & \left| y - f(x,a) \right| \leqslant \varepsilon \\ \left| y - f(x,a) \right| - \varepsilon, & \left| y - f(x,a) \right| > \varepsilon \end{cases} \qquad (3.1.10)$$

给定数据集 $\left\{ (x_i, y_i) \mid x_i \in \mathbb{R}^d, y_i \in \mathbb{R} \right\}_{i=1}^n$，$f(x) = \left(\langle w, x \rangle \right) + b$ 为 SVR 函数，其中 $b \in \mathbb{R}, w \in \mathbb{R}^n$。同时引入松弛变量 ξ_i 和 ξ_i^*，则 SVR 的优化问题可描述为

$$\min_{w, b, \xi, \xi^*} \frac{1}{2} \|w\|^2 + C \sum_{i=1}^n \left(\xi_i + \xi_i^* \right)$$

$$\text{s.t.} \begin{cases} y_i - \langle w, x_i \rangle - b \leqslant \varepsilon + \xi_i \\ \langle w, x_i \rangle + b - y_i \leqslant \varepsilon + \xi_i^*, & i = 1, 2, \cdots, n \\ \xi_i, \xi_i^* \geqslant 0 \end{cases} \qquad (3.1.11)$$

式中，C 为惩罚因子，用来衡量分类错误样本数量最少与间隔距离最大之间的平衡程度。通过引入拉格朗日乘子将原始问题转化为对偶问题进行求解[10]，定义拉格朗日函数如下：

$$L(w, b, \xi, \alpha, \eta) = \frac{1}{2} \|w\|^2 + C \sum_{i=1}^l (\xi_i + \xi_i^*) - \sum_{i=1}^l (\eta_i \xi_i + \eta_i^* \xi_i^*)$$

$$- \sum_{i=1}^l \alpha_i (\varepsilon + \xi_i + y_i - \langle w, x_i \rangle - b) - \sum_{i=1}^l \alpha_i^* (\varepsilon + \xi_i^* - y_i + \langle w, x_i \rangle + b)$$

$$(3.1.12)$$

式中，$\alpha = \left[\alpha_1, \alpha_1^*, \alpha_2, \alpha_2^*, \cdots, \alpha_l, \alpha_l^* \right]^{\mathrm{T}}$ 和 $\eta = \left[\eta_1, \eta_1^*, \eta_2, \eta_2^*, \cdots, \eta_l, \eta_l^* \right]^{\mathrm{T}}$ 均为拉格朗日乘子。

令 $L(w, b, \xi, \alpha, \eta)$ 对 w, b, ξ_i, ξ_i^* 的导数为零，即

$$\begin{cases} \dfrac{\partial L(w, b, \xi, \alpha, \eta)}{\partial w} = 0 \\ \dfrac{\partial L(w, b, \xi, \alpha, \eta)}{\partial b} = 0 \\ \dfrac{\partial L(w, b, \xi, \alpha, \eta)}{\partial \xi_i} = 0 \\ \dfrac{\partial L(w, b, \xi, \alpha, \eta)}{\partial \xi_i^*} = 0 \end{cases} \Rightarrow \begin{cases} w = \displaystyle\sum_{i=1}^n (\alpha_i - \alpha_i^*) x_i \\ \displaystyle\sum_{i=1}^n (\alpha_i - \alpha_i^*) = 0 \\ C - \eta_i - \alpha_i = 0, & i = 1, 2, \cdots, n \\ C - \eta_i^* - \alpha_i^* = 0, & i = 1, 2, \cdots, n \end{cases} \qquad (3.1.13)$$

消去变量 w, b, ξ_i, ξ_i^*，则原对偶问题转化为

$$\max_{\alpha,\eta}\left(-\frac{1}{2}\sum_{i,j=1}^{n}(\alpha_i^*-\alpha_i)(\alpha_j^*-\alpha_j)(\langle x_i,x_j\rangle)\right)-\varepsilon\sum_{i=1}^{n}(\alpha_i^*+\alpha_i)+\sum_{i=1}^{n}y_i(\alpha_i^*-\alpha_i)$$

$$\text{s.t.}\begin{cases}\sum_{i=1}^{n}(\alpha_i-\alpha_i^*)=0\\ C-\eta_i-\alpha_i=0,\quad i=1,2,\cdots,l\\ C-\eta_i^*-\alpha_i^*=0,\quad i=1,2,\cdots,l\\ \alpha_i,\alpha_i^*\geqslant0,\quad \eta_i,\eta_i^*\geqslant0,\quad i=1,2,\cdots,l\end{cases}\quad(3.1.14)$$

进而得到 SVR 的性能指标和约束条件，即

$$\min_{\alpha}\left(\frac{1}{2}\sum_{i,j=1}^{n}(\alpha_i^*-\alpha_i)(\alpha_j^*-\alpha_j)(\langle x_i,x_j\rangle)+\varepsilon\sum_{i=1}^{n}(\alpha_i^*+\alpha_i)-\sum_{i=1}^{n}y_i(\alpha_i^*-\alpha_i)\right)$$

$$\text{s.t.}\begin{cases}\sum_{i=1}^{n}(\alpha_i-\alpha_i^*)=0\\ 0\leqslant\alpha\leqslant C,\quad i=1,2,\cdots,l\end{cases}\quad(3.1.15)$$

通过求解式（3.1.15）得到最优拉格朗日乘子 α 和 α^*，进一步求得权值向量 w 和偏置项 b，如下所示：

$$w=\sum_{i=1}^{n}(\alpha_i^*-\alpha_i)x_i\quad(3.1.16)$$

$$b=\begin{cases}y_j-\sum_{i=1}^{n}(\alpha_i^*-\alpha_i)(\langle x_i,x_j\rangle)+\varepsilon,\quad \alpha_i\in(0,C)\\ y_k-\sum_{i=1}^{n}(\alpha_i^*-\alpha_i)(\langle x_i,x_j\rangle)-\varepsilon,\quad \alpha_i^*\in(0,C)\end{cases}\quad(3.1.17)$$

最终得到拟合函数为

$$f(x)=\sum_{i=1}^{n}\left(\alpha_i-\alpha_i^*\right)K(x,x_i)+b\quad(3.1.18)$$

3.1.3　核函数

原始 SVR 主要针对线性系统，而实际工业系统如高炉炼铁系统往往是非线性的，此时可以应用某种变化将其映射到其他维度，通过维度的延拓转化为线性问题进行解决。如图 3.1.2 所示，通过非线性变换将非线性问题转化为线性问题，在 SVR 或 SVM 中具体表现为通过一个非线性变换函数将欧几里得空间 $\mathbb{R}^n$ 中的输入对应于一个再生核希尔伯特空间的特征空间，使得原先在输入空间 $\mathbb{R}^n$ 中的超曲面对应于特征空间中的超平面。

定义 3.1.1（核函数）[9]：设 X 为欧几里得空间的输入，H 为再生核希尔伯特空间的特征，若存在从 X 到 H 的映射

$$\phi(x):X \to H \tag{3.1.19}$$

使得对所有 $x, z \in X$，函数 $K(x,z)$ 满足如下条件：

$$K(x,z) = \langle \phi(x), \phi(z) \rangle \tag{3.1.20}$$

则称 $K(x,z)$ 为核函数。

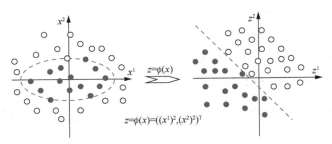

图 3.1.2　非线性分类问题与核函数示例
图中实心圆和空心圆分别表示不同的类

在式（3.1.20）中，只需定义核函数 $K(x,z)$，不需要显式地定义映射函数，进而避免维度灾难的问题[11]。在实际应用中，一般通过 Mercer 定理[9]进行核函数的选择，这里给出一个更加通用的充要条件，即正定核条件。

定义 3.1.2（正定核的充要条件）[9]：假设 $K \in \mathbb{R}^{n \times n}$ 为一对称函数，对任意的 $x_i \in X, i = 1, 2, \cdots, n$，$K(x,z)$ 对应的 Gram 矩阵是半正定矩阵，其中 Gram 矩阵如下：

$$K = \left[K(x_i, x_j) \right]_{n \times n} \tag{3.1.21}$$

上述定义给出了判断一个函数能否作为核函数的条件，经过多年发展，科研人员也设计出了一些性能各异的核函数。考虑到 SVR 和 SVM 应用场景不同，核函数的性能也有较大差异。常见核函数如下所示。

（1）线性核函数：

$$K(x, x_i) = \langle x, x_i \rangle \tag{3.1.22}$$

线性核函数主要应用于线性可分的情况，输入空间与特征空间的维度是一致的，相对而言参数较少，运算速度较快，一般应用于文本分类。

（2）多项式核函数：

$$K(x, x_i) = \left[\langle x, x_i \rangle + 1 \right]^d \tag{3.1.23}$$

式中，d 为多项式的阶次。

（3）多层感知机核函数：

$$K(x, x_i) = \tanh\left(\eta \left(\langle x, x_i \rangle \right) + c \right) \tag{3.1.24}$$

（4）RBF 核函数：

$$K(x, x_i) = \exp\left(-\left\| x - x_i \right\|^2 \Big/ 2\sigma^2 \right) \tag{3.1.25}$$

式中，σ 为核宽度。RBF 核函数是典型的局部核函数，具有较强的插值能力[11]。

当核半径 σ 很小时，虽然能获得回归超平面，但是容易产生过拟合，使得回归模型的泛化性变差。

3.2　基于稀疏化鲁棒 LSSVR 的铁水硅含量建模

3.2.1　建模问题描述

高炉炼铁系统是一个极其复杂的非线性动态系统，反映其冶炼状态的重要参数多达数十个。根据不同参数对系统的影响，可进一步细分为输出参数、控制参数和过程参数。在输出参数中，铁水质量指标最为重要，它反映产品质量与高炉的运行状态。从提高产品质量和节约能源的角度而言，高炉系统的控制与优化的主要对象是铁水硅含量（[Si]），它也是衡量高炉内热状态的重要标志，铁水[Si]过高或过低对于铁水质量、燃料消耗和生产成本有较大的影响[12-14]。为此，对铁水[Si]进行建模以实现在线估计或预测的意义重大。

进行铁水[Si]建模的第 1 步是分析并确定影响[Si]的主要因素。综合考虑所研究高炉系统的送风系统、燃料喷吹系统的现有传感器和炉缸、炉腹的内部可测参数，确定与铁水[Si]密切相关的影响变量有：鼓风湿度、热风压力、炉腹煤气量、喷煤量、富氧率、热风温度、富氧流量、炉顶压力、透气性、实际风速、冷风流量、理论燃烧温度、炉腹煤气指数等。通过采用数据分析中常用的主成分分析法对变量进行降维，最终得到与铁水[Si]（y）的相关性最大的 6 个可测变量为：热风压力 u_1、热风温度 u_2、富氧率 u_3、喷煤量 u_4、鼓风湿度 u_5、炉腹煤气量 u_6。同时，为了更好地捕捉高炉的非线性动态特性，将输入输出变量的时序关系在建模中进行考虑。为此，将之前采样时刻的输入测量值

$$U(t-1) = \{u_1(t-1), u_2(t-1), u_3(t-1), u_4(t-1), u_5(t-1), u_6(t-1)\}, \cdots, U(t-\tau_U), \quad \tau_U \in \mathbb{Z}^+$$

以及之前时刻输出铁水[Si]的值 $y(t-1), \cdots, y(t-\tau_C), \tau_C \in \mathbb{Z}^+$，连同当前时刻输入的测量值 $U(t)$ 作为模型的综合输入，即建立如下的 NARX 模型：

$$y(t) = f_{\text{R-S-LSSVR}}\left(U(t), U(t-1), \cdots, U(t-\tau_U), y(t-1), \cdots, y(t-\tau_C)\right) \quad (3.2.1)$$

3.2.2　稀疏化鲁棒 LSSVR 建模算法

3.2.2.1　LSSVR 算法

传统具有不敏感函数的 ε-SVR 在模型求解时需要优化一个带有仿射约束的凸函数，但当样本数据量较大时，求解过程所需计算资源会呈指数型增长，导致计算速度与精度受到影响。针对这一问题，Suykens 等于 1999 年提出了 LSSVR[3, 15]。

假定给定的训练数据集为 $\{x_i, y_i\}_{i=1}^{N}$，其中输入数据为 $x_i \in \mathbb{R}^n$，输出数据为 $y_i \in \mathbb{R}$，其在特征空间中的回归函数为

$$y(x) = w^{\mathrm{T}} \phi(x) + b \qquad (3.2.2)$$

式中，$\phi(\cdot)$ 为特征空间的非线性映射；w 是与特征空间相同维度的权值向量；b 为偏置项。

LSSVR 在特征空间的回归建模问题可以描述为求解如下二次规划（quadratic programming, QP）问题：

$$\begin{cases} \min\limits_{\omega,b} J(w,b,e) = \dfrac{1}{2}\left(\gamma \sum\limits_{i=1}^{N} \|e_i\|^2 + w^{\mathrm{T}}w \right) \\ \text{s.t.} \quad y_i = w^{\mathrm{T}}\phi(x_i) + b + e_i, \quad i = 1,2,\cdots,N \end{cases} \qquad (3.2.3)$$

式中，γ 为权衡结构风险与经验风险的正则化系数；e_i 为误差。为简化计算，引入拉格朗日乘子项如下：

$$L(w,b,e,\alpha) = J(w,b,e) - \sum_{i=1}^{N} \alpha_i (w^{\mathrm{T}}\phi(x_i) + b + e_i - y_i) \qquad (3.2.4)$$

式中，$\alpha_i \in \mathbb{R}$ 为拉格朗日乘子。

令式（3.2.4）中的各偏导数为零

$$\begin{cases} \dfrac{\partial L}{\partial w} = 0 \Rightarrow \omega = \sum\limits_{i=1}^{N} \alpha_i \phi(x_i) \\ \dfrac{\partial L}{\partial b} = 0 \Rightarrow \sum\limits_{i=1}^{N} \alpha_i = 0 \\ \dfrac{\partial L}{\partial e_i} = 0 \Rightarrow \alpha_i = \gamma e_i \\ \dfrac{\partial L}{\partial \alpha_i} = 0 \Rightarrow w^{\mathrm{T}}\phi(x_i) + b + e_i - y_i = 0, \quad i = 1,2,\cdots,N \end{cases} \qquad (3.2.5)$$

消去变量 w 和 e_i，得到如下线性方程组：

$$\begin{bmatrix} 0 & 1_{N\times1}^{\mathrm{T}} \\ 1_{N\times1} & \Omega + \gamma^{-1}1_{N\times1} \end{bmatrix} \cdot \begin{bmatrix} b \\ \alpha \end{bmatrix} = \begin{bmatrix} 0 \\ y \end{bmatrix} \qquad (3.2.6)$$

式中，$y = (y_1, y_2, \cdots, y_N)^{\mathrm{T}}$；$1_{N\times1}^{\mathrm{T}} = \overbrace{(1,1,\cdots,1)}^{N}$；$\alpha = (\alpha_1, \alpha_2, \cdots, \alpha_N)^{\mathrm{T}}$；$\Omega$ 是 N 维方阵，$\Omega_{mn} = \phi(x_m)\phi(x_n) = K(x_m, x_n)$ 为满足 Mercer 条件的核函数。本节选用式（3.1.25）所示的高斯核函数。

3.2.2.2 稀疏化改进

由式（3.2.5）可知，w 为输入向量在特征空间的线性组合，通过寻找输入向量在特征空间的近似基可以一定程度地提高解的稀疏性[16]。现将训练数据集 $\{x_i, y_i\}_{i=1}^{N}$ 通过径向基函数 $\phi(\cdot)$ 映射到高维希尔伯特空间，映射集为 $A = \{\phi(x_i)\}_{i=1}^{N}$。

由矩阵分析论可知，若 $\{\phi(x_i)\}_{i=1}^{N}$ 线性相关，则至少存在一个 $\phi(x_q) = \sum\limits_{i=1,i\neq q}^{N} \lambda_i \phi(x_i)$，

其中，$\lambda_i \in \mathbb{R}$。虽然 $\phi(\cdot)$ 不能被确切地表达，但有

$$K(x_q, x_q) = \sum_{i=1, i\neq q}^{N} \sum_{j=1, j\neq q}^{N} \lambda_i \lambda_j K(x_i, x_j)$$

映射集 A 的极大无关组的求解步骤如下。

步骤 1：初始化极大无关组集 $B = \Gamma$，在集合 $S = (1, 2, \cdots, N)$ 选取数据 $i = 1$ 放到 B 中。

步骤 2：在 S 中依次选取 $i = i+1$，计算

$$\min_{\lambda} G(\lambda) = \left(\phi(x_i) - \sum_{i\in B} \lambda_i \phi(x_i) \right)^{\mathrm{T}} \left(\phi(x_i) - \sum_{i\in B} \lambda \phi(x_i) \right) \qquad （3.2.7）$$

步骤 3：若 $\min\limits_{\lambda} G(\lambda) < \varepsilon$，则说明 $\phi(x_i)$ 可以由 $\{\phi(x_i) | i \in B\}$ 线性表示，摒弃数据 i；若 $\min\limits_{\lambda} G(\lambda) \geqslant \varepsilon$，则说明 $\phi(x_i)$ 不可由 $\{\phi(x_i) | i \in B\}$ 线性表示，则 $\{\phi(x_i), \phi(x_{i\in B})\}$ 线性无关，将 i 放到集合 B 中。

步骤 4：若迭代次数 $i \leqslant N$，则转到步骤 2；否则终止迭代。

将集合 B 中的训练数据集的元素取出组成稀疏后的训练数据集 $\Psi = \{x_k, y_k\}_{k=1}^{r}$，$r$ 为经稀疏化处理后训练数据集的样本数。Ψ 通过径向基函数映射后为 $\Phi = (\phi(x_1), \phi(x_2), \cdots, \phi(x_r))$。因为 Ψ 是 A 的极大无关组，则

$$w = \sum_{k=1}^{r} \beta_k \phi(x_k) = \Phi\beta \qquad （3.2.8）$$

将式（3.2.3）中的 w 用式（3.2.8）替换得

$$\begin{cases} \min\limits_{\beta, b} F(\beta, b, e) = \dfrac{1}{2} \left(\gamma \sum\limits_{i=1}^{r} \|e_i\|^2 + (\Phi\beta)^{\mathrm{T}}(\Phi\beta) \right) \\ \text{s.t. } y_i = (\Phi\beta)^{\mathrm{T}} \phi(x_i) + b + e_i, \quad i = 1, 2, \cdots, r \end{cases} \qquad （3.2.9）$$

3.2.2.3　鲁棒改进

针对实际工业数据中的各种离群点，需要提高上述稀疏化 LSSVR（S-LSSVR）算法的鲁棒性能。为此，对式（3.2.9）中的误差项 e_i 引入加权因子 v_i，从而得到如下优化问题：

$$\begin{cases} \min\limits_{\beta, b} F(\beta, b, e) = \dfrac{1}{2} \left(\gamma \sum\limits_{i=1}^{r} v_i \|e_i\|^2 + (\Phi\beta)^{\mathrm{T}}(\Phi\beta) \right) \\ \text{s.t. } y_i = (\Phi\beta)^{\mathrm{T}} \phi(x_i) + b + e_i, \quad i = 1, 2, \cdots, r \end{cases} \qquad （3.2.10）$$

引入拉格朗日算子之后可得

$$L(\beta, b, e, \alpha) = F(\beta, b, e) - \sum_{i=1}^{r} \alpha_i ((\Phi\beta)^{\mathrm{T}} \phi(x_i) + b + e_i - y_i) \qquad （3.2.11）$$

式中，$\alpha \in \mathbb{R}^r$ 为拉格朗日乘子，根据最优条件消去 e 和 α 可得

$$\begin{bmatrix} \boldsymbol{\varPhi}^{\mathrm{T}}\displaystyle\sum_{i=1}^{r}\phi(x_i)\phi(x_i)^{\mathrm{T}}\boldsymbol{\varPhi} - \dfrac{1}{\gamma v}\boldsymbol{\varPhi}^{\mathrm{T}}\boldsymbol{\varPhi} & \boldsymbol{\varPhi}^{\mathrm{T}}\displaystyle\sum_{i=1}^{r}\phi(x_i) \\ \displaystyle\sum_{i=1}^{r}\phi(x_i)\boldsymbol{\varPhi}^{\mathrm{T}} & N \end{bmatrix} \cdot \begin{bmatrix} \beta \\ b \end{bmatrix} = \begin{bmatrix} \boldsymbol{\varPhi}^{\mathrm{T}}\displaystyle\sum_{i=1}^{r}y_i\phi(x_i) \\ \displaystyle\sum_{i=1}^{r}y_i \end{bmatrix} \quad (3.2.12)$$

式中，$v = \mathrm{diag}(v_1, v_2, \cdots, v_r)$ 为鲁棒加权矩阵，这里 v 由下述 IGGIII 权函数决定：

$$v_i = \begin{cases} 1, & |e_i| < k_1\zeta \\ k_1\left|\dfrac{\zeta}{e_i}\right|\left(\dfrac{k_2 - \left|\dfrac{e_i}{\zeta}\right|}{k_2 - k_1}\right)^2, & k_1\zeta \leqslant |e_i| < k_2\zeta \\ 0, & |e_i| \geqslant k_2\zeta \end{cases} \quad (3.2.13)$$

式中，ζ 为误差的估计标准差；k_1 和 k_2 为相关系数，根据经验值有 $k_1 \in [1,3]$，$k_2 \in [3.2, 6]$。

3.2.3 R-S-LSSVR 参数多目标遗传优化

LSSVR 经过上述稀疏化和鲁棒改进后得到 R-S-LSSVR，它有两个结构化超参数需要确定，分别是决定离群点惩罚程度的正则项 C 和径向基核函数的伸缩量 σ。常见的模型参数确定方法有网格搜索和交叉验证，但这些算法效率低且易陷入局部最优。本节将采用带精英策略的非支配排序遗传算法-II（non-dominated sorting genetic algorithm-II, NSGA-II）对 C 和 σ 进行多目标优化确定，从而得到最终参数优化后的 NSGA-II-R-S-LSSVR 模型。

3.2.3.1 模型精度多目标评价

参数遗传优化的首要任务是构建性能指标作为适应度函数。常见的建模性能指标大多采用 RMSE，未从整体上考虑模型输出曲线与实际曲线的接近程度和动态趋势。实际上，准确的变化趋势对于动态过程的建模至关重要。为此，本节提出综合均方根误差和估计曲线与实际曲线相关性的模型精度多目标评价指标。

由数理统计理论可知，对于两个随机数据向量 X 和 Y，$E\{(X - E(X))(Y - E(Y))\}$ 称为 X 与 Y 的协方差或者相关矩，记作 $\mathrm{cov}(X, Y)$，而两者的相关系数定义为

$$\rho_{XY} = \frac{\mathrm{cov}(X, Y)}{\sqrt{D(X)} \cdot \sqrt{D(Y)}} \quad (3.2.14)$$

式中，$E(X)$ 和 $E(Y)$ 分别是 X 和 Y 的期望；$\sqrt{D(X)}$ 和 $\sqrt{D(Y)}$ 是 X 和 Y 的方差。相关系数 ρ_{XY} 是衡量数据变量 X 与 Y 关系程度的量：$|\rho_{XY}| \to 1$ 表示 X 和 Y 关系密切；而 $|\rho_{XY}| \to 0$ 表示 X 和 Y 的相关性很差；若 $|\rho_{XY}| = 1$ 表示 X 和 Y 以概率 1 存在关系；而 $|\rho_{XY}| = 0$ 表示 X 和 Y 不相关。

综上所述，提出的模型精度多目标评价指标如下：

$$F_{\mathrm{CEI1}} = \frac{1}{N}\sum_{i=1}^{N} e_i^{\,2} \qquad (3.2.15)$$

$$F_{\mathrm{CEI2}} = 1 - \rho_{XY} \qquad (3.2.16)$$

该多目标评价指标既可以保证建模过程的平稳性和限制输出曲线的横向偏移量，又可以保证建模过程的准确性和限制输出曲线的纵向偏移量。

3.2.3.2 基于改进 NSGA-II 的模型参数多目标优化

针对模型精度多目标评价指标，利用 NSGA-II 进行 C, σ 参数的寻优。NSGA-II 在工程领域已得到广泛应用[17]，但是存在计算复杂度高、缺少精英策略以及需要人为制定共享参数的问题[18]。为此，采用改进的 NSGA-II 算法，以模型精度多目标评价指标为适应度函数，采用实数编码，通过基于进行非支配快速排序和拥挤距离计算的种群进行二进制锦标赛选择，模拟二进制交叉和多项式变异的遗传因子增强种群多样性，主要计算流程如图 3.2.1 所示，具体步骤如下。

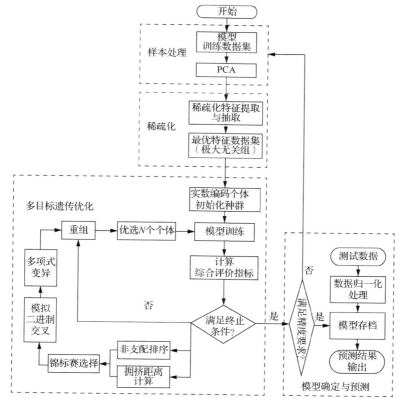

图 3.2.1 R-S-LSSVR 参数 NSGA-II 优化运算流程

步骤 1：选择算子。根据非支配排序的结果，选择支配层较低的个体，若同一支配层的个体有多个，选择拥挤距离较大的个体以获得种群的多样性[19]。

步骤 2：模拟二进制交叉。由于采用实数编码，则交叉后代是父代的线性组合。

$$
\begin{cases}
G_{a,i}^{t+1} = \dfrac{1}{2}[(1-\beta_k(u))G_{1,i}^t + (1+\beta_k(u))G_{2,i}^t] \\
G_{b,i}^{t+1} = \dfrac{1}{2}[(1+\beta_k(u))G_{1,i}^t + (1-\beta_k(u))G_{2,i}^t]
\end{cases}
\tag{3.2.17}
$$

式中，$G_{a,i}^{t+1}$ 和 $G_{b,i}^{t+1}$ 分别为第 $t+1$ 代均方根误差与相关系数种群的第 i 个个体；$G_{1,i}^t$ 和 $G_{2,i}^t$ 分别为由选择算法在第 t 代中选择的两个优良个体；u 为 $(0,1)$ 均匀分布的随机数；当 $u > 0.5$ 时 $\beta_k(u) = ([2(1-u)]^{(\eta_c+1)})^{-1}$，当 $u \leqslant 0.5$ 时 $\beta_k(u) = (2u)^{(\eta_c+1)^{-1}}$，$\eta_c$ 为交叉分布指数，k 为当代种群的第 k 个个体。

步骤 3：多项式变异。变异后的个体如下所示：

$$
G_i^{t+1} = G_i^{t+1} + (B^u - B^l)\delta_k =
\begin{cases}
G_i^{t+1} + (B^u - B^l)(2r_k)^{(\eta_m+1)^{-1}}, & r_k > 0.5 \\
G_i^{t+1} + (B^u - B^l)\left(1 - \left[2(1-r_k)\right]\right)^{(\eta_m+1)^{-1}}, & r_k \leqslant 0.5
\end{cases}
\tag{3.2.18}
$$

式中，B^u 和 B^l 分别为优化参数的上界与下界；δ_k 为变异参数；r_k 为来自 $(0,1)$ 均匀分布的随机数；η_m 为变异分布指数。

3.2.4　工业数据验证

针对提出的铁水硅含量稀疏化鲁棒 LSSVR 算法，采用如图 3.2.2 所示的两组实际工业高炉数据，即 Dataset 1 和 Dataset 2，进行工业数据验证。具体来说，Dataset 1 是实际高炉生产过程数据，并采用主成分分析法进行降维处理，共包含 200 组训练数据及 70 组测试数据。此外，为进一步验证模型鲁棒性，在 Dataset 1 输出数据中加入离群点数据，由此得到 Dataset 2。为了描述方便，称 Dataset 1 为原始数据，Dataset 2 为离群点数据。数据实验时，将所提算法与标准 LSSVR 进行比较，以验证所提算法的优越性。另外，采用部分标准指标对模型性能进行评价，这些指标包括建模时间（modeling time, MT）、RMSE、MAE、相对误差（relative error, RE）、命中率（hit ratio, HR）。

在采用改进 NSGA-II 对 R-S-LSSVR 的超参数进行优化前，可以先采用网格搜索方法给出待优化模型参数的初始范围。然后，通过限定 $C \in (1, 2, \cdots, 50)$，$\sigma \in (0.1, 0.3, \cdots, 10.1)$，得到不同组合参数与测试集的 RMSE 的三维图和等高线图，如图 3.2.3 所示。从图中可以初步确定模型超参数的初始范围可选为 $C \in (1, 20)$，$\sigma \in (0.1, 3)$。然后，设定 NSGA-II 的初始值如下：种群大小为 30，进化代数为 50，交叉和变异分布指数分别为 $\eta_c = 20, \eta_m = 20$，交叉率和变异率分别为 0.9 和 0.1，得到 NSGA-II 的 Pareto 前沿进化解如图 3.2.4 所示，可得最终 R-S-LSSVR 超参数优化结果为：C=2.8，σ=1.27。

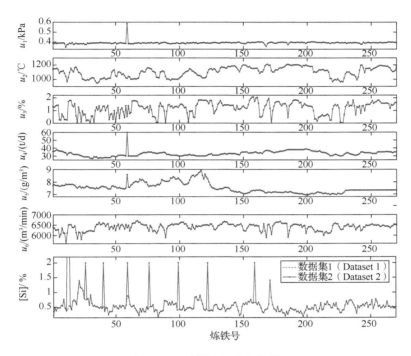

图 3.2.2　建模输入输出数据

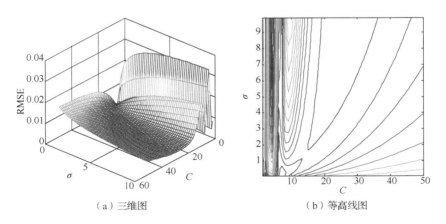

（a）三维图　　　　　　　　　（b）等高线图

图 3.2.3　模型超参数与测试集 RMSE 的三维图和等高线图

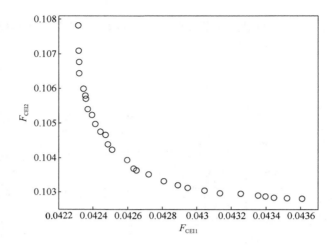

图 3.2.4　NSGA-II Pareto 前沿进化解

采用参数优化后的所提算法，利用 Dataset 1（即未包含人工添加离群点的数据）建立高炉铁水[Si]的数据模型。图 3.2.5 与图 3.2.6 为不同算法对[Si]的估计效果及估计误差分析曲线。从总体估计效果来看，针对无离群点原始数据建立的 NSGA-II-R-S-LSSVR 和 LSSVR 模型均可较好地跟踪原始数据变化，且具有较高的估计精度。但从局部细节来看，常规 LSSVR 的数据波动较大，相比之下所提 NSGA-II-R-S-LSSVR 的估计误差 PDF 曲线对称轴更加逼近中轴，估计误差自相关曲线更接近白噪声，因此具有更好的估计效果和泛化能力。表 3.2.1 列出不同算法建立的模型对铁水[Si]估计性能的定量统计分析结果。可以看出所提方法的均方根误差和平均绝对误差最小，训练时间较 LSSVR 缩短 48.76%，估计误差不超过 ±0.1 的命中率达 92.86%，因此该方法稀疏化带来的估计精度提升效果显著。

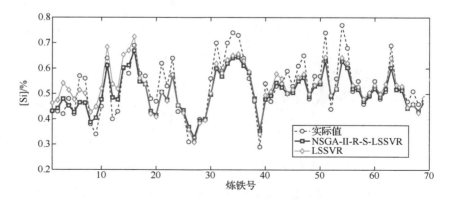

图 3.2.5　数据未包含离群点建模时各模型的铁水[Si]估计效果

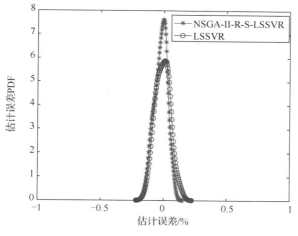

（a）铁水[Si]估计误差PDF曲线

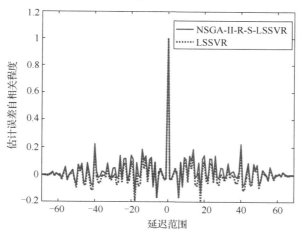

（b）铁水[Si]估计误差自相关函数曲线

图 3.2.6　数据未包含离群点建模时各模型铁水[Si]估计
误差 PDF 曲线和自相关函数曲线

表 3.2.1　数据未包含离群点建模时各模型性能指标比较

算法	MT/s	MAE $\dfrac{1}{N}\sum_{i=1}^{N}\lvert e_i\rvert$	RMSE $\sqrt{\dfrac{1}{N}\sum_{i=1}^{N}\lvert e_i\rvert^2}$	HR/% $\begin{cases}\dfrac{1}{N}\sum_{i=1}^{N}H_k\\[2mm] H_k=\begin{cases}1,&\lvert e_i\rvert<0.1\\0,&\lvert e_i\rvert\geqslant0.1\end{cases}\end{cases}$	RE $\dfrac{\sum_{i=1}^{N}\lvert e_i\rvert^2}{\sum_{i=1}^{N}\lvert y_i\rvert^2}$
LSSVR	0.1472	0.0460	0.2144	91.43	0.0110
NSGA-II-R-S-LSSVR	0.0760	0.0413	0.2032	92.86	0.0100

　　实际生产中，数据总会不同程度受到噪声等外界干扰，若在常规数据建模时考虑离群点将会严重影响建模效果以及模型的泛化能力。为了说明所提 R-S-LSSVR 建模算法对数据离群点的鲁棒性能，仍采用前述算法对 Dataset 2（即包含人工添加离群点的数据）进行建模与比较分析，得到的铁水[Si]估计效果如图 3.2.7～图 3.2.9 所示。从图中可以看出，当数据中存在离群点时，LSSVR 算法所建立的铁水[Si]模型估计效果很差，基本不能跟踪实际数据的变化，而所提 NSGA-II-R-S-LSSVR 算法对铁水[Si]的估计效果很好，能够实现对其实际值变化的较好跟踪。由图 3.2.8 可以看出 LSSVR 模型的估计误差 PDF 曲线延伸范围大，左右很不对称，其估计误差自相关曲线虽然形状与白噪声相近，但振幅较大且偏离零中心线。反观所提方法的估计误差 PDF 曲线延伸范围小，并且基本是对称、零均值的。图 3.2.9 为针对离群点数据不同算法的回归分析，其中所提算法的预测值与实际值更为接近，且由表 3.2.2 可知，该算法对实际估计的均方根误差最小，命中率达 91.43%，与未包含人工添加离群点原始数据 92.86%的命中率相比仅下降 1.43%，具有较强的鲁棒性。

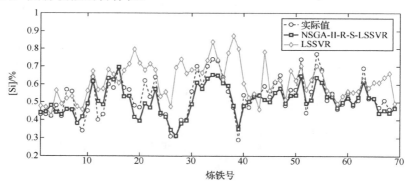

图 3.2.7　数据包含离群点建模时各模型的铁水[Si]估计效果

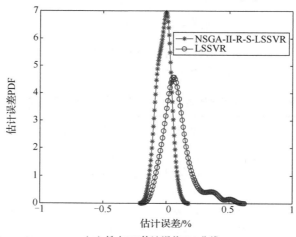

（a）铁水[Si]估计误差PDF曲线

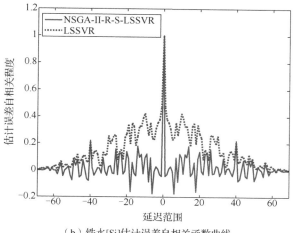

（b）铁水[Si]估计误差自相关函数曲线

图 3.2.8 数据包含离群点建模时各模型的铁水[Si]估计误差 PDF 曲线和自相关函数曲线

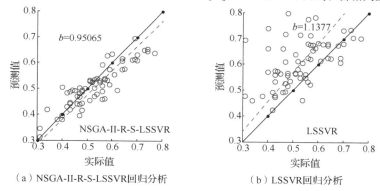

（a）NSGA-II-R-S-LSSVR回归分析　　　（b）LSSVR回归分析

图 3.2.9 数据包含离群点建模时 NSGA-II-R-S-LSSVR 和 LSSVR 的回归分析

表 3.2.2　数据包含离群点建模时各模型性能指标比较

算法	MT/s	RMSE	HR/%	RE
LSSVR	0.1164	0.3196	64.29	0.0720
NSGA-II-R-S-LSSVR	0.0934	0.2056	91.43	0.0101

3.3　基于多输出鲁棒 LSSVR 的多元铁水质量建模

3.3.1　建模问题描述

前文 3.2 节提出了一种基于稀疏化鲁棒 LSSVR 与多目标遗传优化的数据驱动鲁棒建模方法，有效解决了铁水[Si]难以在线检测且化验过程滞后的难题。然而在实际高炉生产中，其运行优化与控制需要综合考虑多元铁水质量指标（molten iron quality, MIQ），这些质量指标不仅包括铁水[Si]，还包括 MIT、铁水[P]和铁水[S]。这些质量指标难以通过现有硬传感器进行测量，并且受高炉内部复杂环境的影响，其机理模型也很难建立。为此，本节将进一步介绍一种基于迁移学习与 M-估计的多输出鲁棒最小二乘支持向量机（R-M-LSSVR）算法，用于多元铁水质量的数据驱动鲁棒建模。考虑到高炉炼铁过程的复杂动态特性，以及输入输出时序关系与过程时滞，拟建立如式（3.3.1）所示的多元铁水质量 NARX 模型：

$$\tilde{Y}(t) = f_{\mathrm{NARX}}\left(X(t), \cdots, X(t-k_I), Y(t-1), \cdots, Y(t-1-k_O)\right) \qquad (3.3.1)$$

式中，$X = [x_1, x_2, \cdots, x_n]$ 为影响铁水质量的关键输入变量；$\tilde{Y} = [\tilde{y}_1, \tilde{y}_2, \tilde{y}_3, \tilde{y}_4]$ 为上述四个铁水质量指标估计值；k_I, k_O 为系统阶次且 $k_I, k_O \in \mathbb{Z}^+$。

3.3.2 多输出鲁棒 LSSVR 建模算法

目前，SVR 已广泛应用于实际工业过程的关键参数回归建模。但是，与神经网络等建模算法不同，SVR 不能采用与单输出系统同样的方式处理多输出建模问题。传统多输出 SVR 建模方法的本质是对每个输出进行单独建模，再综合为一个看似多输出的建模算法。这种建模方法人为地将输出进行解耦，忽略了不同输出间潜在的耦合信息，因而建模性能较差。此外，针对高维工业系统的每个输出进行单独建模也会导致模型复杂度高、计算量大的问题。为此，本节以单输出 LSSVR 为基础，基于迁移学习的思想，构建了一种真正意义上的多输出 LSSVR 算法，并对其进行鲁棒改进，以提高实际工业低质数据建模的精度和鲁棒性。

3.3.2.1 传统维度延拓的多输出 LSSVR

多输出 LSSVR（multiple-output LSSVR，M-LSSVR）[20]是在单输出 LSSVR 基础上进行简单的维度延拓，并引进整体拟合误差项。假设给定一组独立同分布样本集 $\{(x_i, y_i) \mid x_i \in \mathbb{R}^d, y_i \in \mathbb{R}^m, i = 1, 2, \cdots, n\}$，其中 x_i 为输入样本，y_i 为输出样本，M-LSSVR 目的在于建立从输入 $x \in \mathbb{R}^d$ 到输出 $y \in \mathbb{R}^m$ 的非线性映射，通过综合考虑整体拟合误差与单一误差可得如式（3.3.2）所示的优化问题：

$$\min_{W \in \mathbb{R}^{n \times m}, b \in \mathbb{R}^m, E \in \mathbb{R}^n, e \in \mathbb{R}^{n \times m}} J(W, b, E, e) = \frac{1}{2} \sum_{j=1}^m \|w_j\|^2 + \sum_{j=1}^m C^j \sum_{i=1}^n \left(e_i^j\right)^2 + C^0 \sum_{i=1}^n E_i$$

$$\text{s.t.} \quad \|y_i - W\Phi(x_i) - b\|^2 = E_i \qquad (3.3.2)$$

$$y_i^j = w^j \phi^j(x_i)^{\mathrm{T}} + b^j + e_i^j$$

式中，E_i 为整体拟合误差；e_i^j 为单一拟合误差；$C^0 \in \mathbb{R}_+$ 和 $C^j \in \mathbb{R}_+$ 为惩罚因子；$\Phi(x_i)$ 可表示为

$$\varPhi(x_i) = \left[\phi^1(x_i),\, \phi^2(x_i),\cdots,\phi^n(x_i)\right]^{\mathrm{T}}, \quad \phi^j(x_i) \in \mathbb{R}^n \qquad (3.3.3)$$

将式（3.3.2）所示带有仿射约束的最小化问题改写为拉格朗日函数，如下所示：

$$L\left(W,b,E,e,\alpha,\beta\right) = J\left(W,b,E,e\right) - \sum_{i=1}^{n}\alpha_i\left(E_i - \left\|y_i - W\varPhi(x_i) - b\right\|^2\right)$$

$$- \sum_{j=1}^{m}\sum_{i=1}^{n}\beta_i^j\left(w^j\phi^j(x_i)^{\mathrm{T}} + b^j + e_i^j - y_i^j\right) \qquad (3.3.4)$$

式中，$\alpha = [\alpha_1,\alpha_2,\cdots,\alpha_n]^{\mathrm{T}} \in \mathbb{R}^n$ 与 $\beta = [\beta_1,\beta_2,\cdots,\beta_n]^{\mathrm{T}} \in \mathbb{R}^{n\times m}$ 为拉格朗日乘子，且 $\beta_i \in \mathbb{R}^m$。

根据 Karush-Kuhn-Tucker（KKT）条件，令 $L(W,b,E,e,\alpha,\beta)$ 对 w^j,b^j,E_i,e^j，α_i,β^j 的导数分别为零，可得

$$\begin{cases}\dfrac{\partial L(W,b,E,e,\alpha,\beta)}{\partial w^j} = 0\\[4pt]\dfrac{\partial L(W,b,E,e,\alpha,\beta)}{\partial b^j} = 0\\[4pt]\dfrac{\partial L(W,b,E,e,\alpha,\beta)}{\partial E_i} = 0\\[4pt]\dfrac{\partial L(W,b,E,e,\alpha,\beta)}{\partial e^j} = 0\\[4pt]\dfrac{\partial L(W,b,E,e,\alpha,\beta)}{\partial \alpha_i} = 0\\[4pt]\dfrac{\partial L(W,b,E,e,\alpha,\beta)}{\partial \beta^j} = 0\end{cases} \Rightarrow \begin{cases}2w^j - 2\left(\phi^j(x_i)\right)^{\mathrm{T}}D_\alpha\left[y^j - \phi^j - 1_{1\times m}b^j\right] - \left(\phi^j\right)^{\mathrm{T}}\beta^j = 0\\[4pt]2\alpha^{\mathrm{T}}\left[y^j - \phi^j - 1_{1\times m}b^j\right] - 1_{1\times m}\beta^j = 0\\[4pt]C^0 - \alpha_i = 0\\[4pt]2C^j 1_{1\times m}e^j - 1_{1\times m}\beta^j = 0\\[4pt]\left\|y_i - W\varPhi(x_i) - b\right\|^2 - E_i = 0\\[4pt]1_{1\times m}w^j\left(\phi^j(x_i)\right)^{\mathrm{T}} + nb^j + 1_{1\times m}e^j - 1_{1\times m}y^j = 0\end{cases}$$

$$(3.3.5)$$

式中，$1_{1\times m} = [1,1,\cdots,1] \in \mathbb{R}^m$；$\phi^j = \left[\phi^j(x_1),\phi^j(x_2),\cdots,\phi^j(x_n)\right]^{\mathrm{T}}$；$D_\alpha = \mathrm{diag}\{\alpha_1,\alpha_2,\cdots,\alpha_n\}$。

根据表示定理[2,21]，w^j 可表示为

$$w^j = \sum r_i^j\phi^j(x_i) = (\phi^j)^{\mathrm{T}}r^j \qquad (3.3.6)$$

进一步引入核函数概念，并将上述公式化简可得

$$\begin{bmatrix}K^j + (D_\alpha + C^j I)^{-1} & 1_{1\times m}\\(\alpha^{\mathrm{T}} - C^j 1_{1\times m})K^j & (\alpha^{\mathrm{T}} - C^j I)1_{1\times m}^{\mathrm{T}}\end{bmatrix}\begin{bmatrix}r^j\\b^j\end{bmatrix} = \begin{bmatrix}y^j\\(\alpha^{\mathrm{T}} - C^j 1_{1\times m}^{\mathrm{T}})y^j\end{bmatrix} \qquad (3.3.7)$$

式中，$\alpha_i = C^0$，K^j 为核函数矩阵。求解式（3.3.7）可得第 j 维的预测输出为

$$f^j(x) = \sum_{i=1}^{n}r_i^j k^j(x,x_i) + b^j \qquad (3.3.8)$$

3.3.2.2　基于迁移学习的改进多 M-LSSVR

传统维度拓展的 M-LSSVR 通过引入整体拟合误差项来实现名义上的多输入多输出系统的建模问题。然而其建模过程需要利用预测输出误差的矩阵范数，这将导致模型的稳定性变差，对于噪声干扰的抑制能力较弱。因此，M-LSSVR 仍不足以作为一种真正意义的 M-LSSVR 算法来解决实际工业系统的多输出建模问题。

迁移学习（transfer learning, TL）是一种通过相关学习任务中的知识来改进学习任务效果的机器学习算法[22]。与集成学习类似，它提供的不是某种具体的算法，而是一种学习的通用框架。对于基于特征的迁移学习，假设给定两种类型的数据域集合，分别为

$$D_1 = \left\{ x_{1,i}, y_{1,i} \right\} \in X_1 \times Y_1 \mid i = 1, 2, \cdots, n_1 \qquad (3.3.9)$$

$$D_2 = \left\{ x_{2,i}, y_{2,i} \right\} \in X_2 \times Y_2 \mid i = 1, 2, \cdots, n_2 \qquad (3.3.10)$$

式中，X, Y 分别代表输入输出空间。从特征变换的角度来说，可以通过一定的特征变换来构建数据域 D_1 和数据域 D_2 之间的潜在共享子空间。基于上述观点，对数据域 D_1 和数据域 D_2 所构建的回归函数共包含两部分：一部分是代表共享潜在子空间的公共向量，另一部分是代表原始空间的私有特征向量，具体可表述为如下形式：

$$f_i(x) = w_i^{\mathrm{T}} x + v_i^{\mathrm{T}} \Theta x, \quad i = 1, 2 \qquad (3.3.11)$$

式中，$f_i(x)$ 为 D_i 的决策函数；x 为 D_1 与 D_2 的样本实例；w_i 为原始特征空间的权值向量；Θ 为共享潜在子空间的变换矩阵；v_i 为共享子空间 Θx_1 和 Θx_2 中的权值向量。

对式（3.3.11）来说，也可将其视为通过变换矩阵 Θ 将共享潜在子空间的回归参数向量 v_i 映射回原始空间，则 $\Theta^{\mathrm{T}} v_i$ 与 w_i 存在于相同空间内。将 $\Theta^{\mathrm{T}} v_i$ 视作原始空间权值向量 w_i 在共享潜在子空间内的一个修正，进而得到

$$w = w_i + \Theta^{\mathrm{T}} v_i \qquad (3.3.12)$$

结合上述迁移学习思想，可将 M-LSSVR 的权值向量 w_j 改写为

$$w_j = w_0 + v_j \qquad (3.3.13)$$

式中，v_j 为私有特征向量，承载区别于其他学习问题的特有信息；w_0 为公共特征向量，承载所有学习问题的公共信息。假设存在一组模型的输入与输出向量：

$$x = [x_1, x_2, \cdots, x_d] \in \mathbb{R}^d$$
$$y = [y_1, y_2, \cdots, y_m] \in \mathbb{R}^m \qquad (3.3.14)$$

现给定独立同分布数据样本集 $Z = \{(x_i, y_i) \mid x_i \in \mathbb{R}^d, y_i \in \mathbb{R}^m, i = 1, 2, \cdots, n\}$，则多输出

建模问题可描述为学习一个从 $\mathbb{R}^d$ 空间到 $\mathbb{R}^m$ 空间的非线性映射关系。因此，M-LSSVR 建模问题即求解私有特征矩阵 $V = [v_1, v_2, \cdots, v_m] \in \mathbb{R}^{n \times m}$、公共特征向量 $w_0 \in \mathbb{R}^n$ 和偏置向量 $b = [b_1, b_2, \cdots, b_m] \in \mathbb{R}^m$，进而最小化如下风险函数：

$$\min_{w_0 \in \mathbb{R}^n, V \in \mathbb{R}^{n \times m}} J(w_0, V) = \frac{1}{2}\left[w_0^{\mathrm{T}} w_0 + \frac{\lambda}{m} \sum_{j=1}^{m} \sum_{i=1}^{n} \left\| v_{i,j} \right\|^2 \right] + C \sum_{j=1}^{m} \sum_{i=1}^{n} (\xi_{i,j})^2 \tag{3.3.15}$$

$$\text{s.t.} \quad y_i = \phi(x_i)^{\mathrm{T}}(w_0 \otimes [1,1,\cdots,1]_{1 \times m} + V) + b_i \otimes [1,1,\cdots,1]_{1 \times m} + \xi_i$$

式中，$\xi_i = [\xi_{i,1}, \xi_{i,2}, \cdots, \xi_{i,m}] \in \mathbb{R}^{n \times m}$ 为实际值与预测值之间的残差矩阵；$\otimes$ 代表直积操作算子；$\lambda, C \in \mathbb{R}_+$ 为正则化因子，分别权衡经验风险与模型复杂度和私有特征向量与公共特征向量间的贡献关系。

3.3.2.3　基于 M-估计的 M-LSSVR 鲁棒改进

如式（3.3.15）所示的 M-LSSVR 结构风险函数采用误差平方和作为损失函数，若训练数据中存在离群点等异常数据，将导致模型出现异常。同时，在实际工业生产环境中，异常数据的存在不可避免，因此需要对提出的 M-LSSVR 进一步进行鲁棒改进。

针对 M-LSSVR 鲁棒性较差这一问题，鲁棒估计理论可以提供一种有效的解决方案。鲁棒估计理论充分利用数据中的有效信息，选择性利用可用信息，同时避免受到离群点数据等有害信息的影响。鲁棒估计主要包括 M-估计、R-估计和 L-估计三类，其中 M-估计应用最为广泛。不同于最小二乘估计中的误差平方和度量指标，M-估计重新定义一个关于误差的偶函数为优化指标。将 M-估计引入式（3.3.15）可得

$$\min_{w_0 \in \mathbb{R}^n, V \in \mathbb{R}^{n \times m}} J(w_0, V) = \frac{1}{2}\left[w_0^{\mathrm{T}} w_0 + \frac{\lambda}{m} \sum_{j=1}^{m} \sum_{i=1}^{n} \left\| v_{i,j} \right\|^2 \right] + C \sum_{j=1}^{m} \sum_{i=1}^{n} \Gamma(\xi_{i,j}) \tag{3.3.16}$$

$$\text{s.t.} \quad y_i = \phi(x_i)^{\mathrm{T}}(w_0 \otimes [1,1,\cdots,1]_{1 \times m} + V) + b \otimes [1,1,\cdots,1]_{1 \times m} + \xi_i$$

式中，$\Gamma(\cdot)$ 为 M-估计鲁棒加权函数。

将式（3.3.16）所示优化问题改写为如下带拉格朗日乘子的函数形式：

$$L(w_0, V, b, \xi, A) = J(w_0, V) - \sum_{j=1}^{m} \sum_{i=1}^{n} \alpha_{i,j}(\phi(x_i)^{\mathrm{T}}(w_0 + v_j) + b_j + \xi_{i,j} - y_{i,j}) \tag{3.3.17}$$

式中，

$$A = \begin{bmatrix} \alpha_{1,1} & \cdots & \alpha_{1,j} & \cdots & \alpha_{1,m} \\ \vdots & \ddots & \vdots & \ddots & \vdots \\ \alpha_{i,1} & \cdots & \alpha_{i,j} & \cdots & \alpha_{i,m} \\ \vdots & \ddots & \vdots & \ddots & \vdots \\ \alpha_{n,1} & \cdots & \alpha_{n,j} & \cdots & \alpha_{n,m} \end{bmatrix} \in \mathbb{R}^{n \times m} \tag{3.3.18}$$

为拉格朗日乘子矩阵。然后，根据 KKT 条件，令 $L(w_0,V,b,\xi,A)$ 对参数 w_0,V,b,ξ,A 的偏导数为零，可得

$$
\begin{cases}
\dfrac{\partial L(w_0,V,b,\xi,A)}{\partial w_0}=0 \\[2mm]
\dfrac{\partial L(w_0,V,b,\xi,A)}{\partial b}=0 \\[2mm]
\dfrac{\partial L(w_0,V,b,\xi,A)}{\partial \alpha_{i,j}}=0 \Rightarrow \\[2mm]
\dfrac{\partial L(w_0,V,b,\xi,A)}{\partial \xi_{i,j}}=0 \\[2mm]
\dfrac{\partial L(w_0,V,b,\xi,A)}{\partial V}=0
\end{cases}
\begin{cases}
w_0=\displaystyle\sum_{j=1}^{m} Z\alpha_i \\[2mm]
\displaystyle\sum_{i=1}^{n}\alpha_{i,j}=0,\quad j=1,2,\cdots,m \\[2mm]
y_{i,j}=\phi(x_i)(w_0+v_j)^{\mathrm{T}}+b_j+\xi_{i,j} \\[2mm]
\alpha_{i,j}=C\dfrac{\mathrm{d}\Gamma(\xi_{i,j})}{\mathrm{d}\xi_{i,j}}=C\rho(\xi_{i,j}) \\[2mm]
V=\dfrac{\lambda}{m} ZA
\end{cases}
\tag{3.3.19}
$$

式中，$Z=[\phi(x_1),\phi(x_2),\cdots,\phi(x_n)]\in\mathbb{R}^{n\times n}$ 为核函数矩阵。定义 $\eta(\xi_{i,j})\triangleq\rho(\xi_{i,j})/\xi_{i,j}$，则式（3.3.19）中的 $\alpha_{i,j}$ 可改写为

$$
\alpha_{i,j}=C\rho(\xi_{i,j})=C\eta(\xi_{i,j})\times\xi_{i,j}
\tag{3.3.20}
$$

消去公共特征向量 w_0、私有特征向量 V 和残差矩阵 ξ，则式（3.3.19）可化简为如下线性方程系统：

$$
\begin{bmatrix}
0_{m\times m} & (1_{n\times 1}\otimes I_{m\times m})^{\mathrm{T}} \\[2mm]
1_{n\times 1}\otimes I_{m\times m} & K\otimes \mathrm{ones}(m)+\dfrac{m}{\lambda}K_{n\times n}\otimes I_{m\times m}+\dfrac{1}{C}\mathrm{diag}(Q)
\end{bmatrix}
\times
\begin{bmatrix}
b_{m\times 1} \\[2mm]
\alpha_{mn\times 1}
\end{bmatrix}
=
\begin{bmatrix}
0_{m\times 1} \\[2mm]
Y_{mn\times 1}
\end{bmatrix}
\tag{3.3.21}
$$

式中，$Q=[\eta(\xi_1);\cdots;\eta(\xi_m)]\in\mathbb{R}^{nm}$；$\mathrm{ones}(m)$ 为全 1 矩阵；$1_{n\times 1}=[1,1,\cdots,1]^{\mathrm{T}}\in\mathbb{R}^n$；$\alpha_{mn\times 1}=[\alpha_1;\cdots;\alpha_m]\in\mathbb{R}^{mn}$；$Y_{mn\times 1}=[y_1;\cdots;y_m]\in\mathbb{R}^{mn}$。通过求解式（3.3.21），可获得最优参数 α^* 和 b^*，从而得到最终鲁棒 M-LSSVR（R-M-LSSVR）的回归决策函数为

$$
\begin{aligned}
y(x)&=(w_0^*\otimes[1,1,\cdots,1]_{1\times m}+V^*)^{\mathrm{T}}\phi(x)+b^* \\[2mm]
&=\left(\sum_{j=1}^{m}\sum_{i=1}^{n}\alpha_{i,j}^*\kappa(x,x_i)\right)\otimes 1_{1\times m}+\frac{m}{\lambda}\sum_{i=1}^{n}\alpha_i^*\kappa(x_i,x)+b^*
\end{aligned}
\tag{3.3.22}
$$

3.3.3 多输出鲁棒 LSSVR 参数多目标遗传优化

如前文 3.2.3 节所述，常见的建模性能指标大多采用单一 RMSE，该类评价准则仅能对建模误差进行约束，忽略了模型预测值与动态过程实际输出值在动态趋势上的一致性。对提出的 R-M-LSSVR 而言，其包含的待优化超参数为 $R=[\sigma,\lambda,u]$，为了解决这一非线性优化问题并有效评估建模效果，采用一种整合 RMSE 与预测趋势相关性的模型综合评价指标，并采用 3.2.3 节所述的具有精英策

略与快速非支配排序的 NSGA-II 算法完成对 R-M-LSSVR 超参数的优化整定，其中第 t 代种群中第 h 位个体的适应度值如下：

$$F_1^{t,h} = \frac{1}{|\rho_{AB}|}, \quad F_2^{t,h} = e_{\text{RMSE}} = \sqrt{\frac{1}{N}\sum_{i=1}^{N} u_i} \tag{3.3.23}$$

式中，e_{RMSE} 为建模误差 RMSE 指标；ρ_{AB} 为由式（3.3.24）定义的趋势相关性指标。

$$\rho_{AB} = \frac{\sum_m \sum_n (A_{mn} - \bar{A})(B_{mn} - \bar{B})}{\sqrt{\left(\sum_m \sum_n (A_{mn} - \bar{A})^2\right)\left(\sum_m \sum_n (B_{mn} - \bar{B})^2\right)}} \tag{3.3.24}$$

式中，$\bar{A}$ 和 $\bar{B}$ 分别表示数据矩阵 A 和 B 中元素的平均值。ρ_{AB} 代表了数据矩阵 A 和 B 间的相关程度，当 $|\rho_{AB}| \to 0$ 时表示数据矩阵 A 和 B 间的相关程度较弱，而当 $|\rho_{AB}| \to 1$ 时则表示矩阵 A 和 B 间的相关程度较强。评价准则 ρ_{AB} 为拟合度指标，能够刻画实际值与模型输出值在整体动态变化趋势上的一致性。

综上所述，所提多输出鲁棒 LSSVR 建模策略如图 3.3.1 所示，算法实现步骤总结如下。

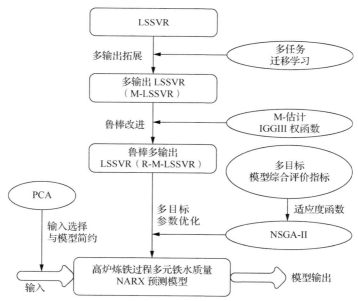

图 3.3.1　多输出鲁棒 LSSVR 建模策略

算法 3.3.1　多输出鲁棒 LSSVR 建模算法

参数：采用 NSGA-II 确定惩罚因子 $\lambda \in \mathbb{R}_+$、$C \in \mathbb{R}_+$ 和核宽度 σ。

输入：样本数据集 $Z = \{(x_i, y_i) \mid x_i \in \mathbb{R}^d, y_i \in \mathbb{R}^m, i = 1, 2, \cdots, n\}$。

输出：公共特征向量 $w_0 \in \mathbb{R}^n$，私有特征矩阵 $V \in \mathbb{R}^{n \times m}$ 和偏置向量 $b \in \mathbb{R}^m$。

初始化：令 $\eta_{i,j}^{num} = 1$ $(i = 1, 2, \cdots, n; j = 1, 2, \cdots, m)$，当前迭代次数 $num = 0$，最大迭代次数 N_{Itera}，终止阈值 ε。

重复以下步骤：

步骤 1：将 $\eta_{i,j}^{num} = 1$ 代入式（3.3.21），求解当前迭代下的 α^{num} 和 b^{num}。

步骤 2：求解 $\hat{s}^{num}$，在每次迭代中通过 $\xi_{i,j}^{num} = \alpha_{i,j}^{num} / \rho(\xi_{i,j})$ 计算 $\rho(\xi_{i,j})$。

步骤 3：通过式（3.2.13）更新权值，并重新计算 $\eta_{i,j}^{num+1} = \rho(\xi_{i,j}^{num}) / \xi_{i,j}^{num}$。

步骤 4：更新当前迭代次数 $num = num + 1$。

直到如下条件满足：

$\left\| w_0^{num} - w_0^{num+1} \right\|_2 < \varepsilon$ 或者 $num > N_{\text{Itera}}$。

3.3.4　工业数据验证

为验证本节所提方法的有效性和实用性，采用国内某大型炼铁高炉的实际生产数据进行验证。首先，利用基于 PCA 的高维数据降维方法，确定最终建模输入变量为：热风压力 x_1(kPa)、热风温度 x_2(℃)、富氧率 x_3(%)、喷煤量 x_4(t/h)、鼓风湿度 x_5(g/m³) 和炉腹煤气量 x_6(m³/min)。根据高炉炼铁动态特性分析，拟建立如下的铁水质量 NARX 模型：

$$\tilde{Y}(t) = f_{\text{NARX}} \{ X(t), X(t-1), Y(t-1) \}$$

式中，$X = [x_1, x_2, \cdots, x_6]$。在使用 NSGA-II 优化 R-M-LSSVR 超参数时，设置交叉分布指数 $\eta_c = 20$，交叉率和变异率分别设为 0.9 与 0.1，种群大小和进化代数分别设为 60 和 100。此外，待优化参数的上限与下限分别设为 $B^U = [2, 6, 8]$ 和 $B^L = [0.1, 0.5, 1]$，以及变异分布指数 $\eta_m = 20$。采用 NSGA-II 优化得到的 60 组 Pareto 前沿进化解如图 3.3.2 所示，根据特定需要，选择最左侧的一组 Pareto 前沿解作为最终多目标优化解，即 $F_1^{t,h} = 1.01235, F_2^{t,h} = 1.888$。

为了更加直观地说明所提算法的优越性，在此选择 3.3.2 节介绍的 M-LSSVR 和文献[23]中的多输出 ε-SVR（M-ε-SVR）算法进行比较。不同算法的铁水质量建模与实际估计效果分别如图 3.3.3 和图 3.3.4 所示。可以看出，不同算法对于训练数据都表现出较高的建模拟合精度。但是，不同算法对于新的测试数据的泛化能力差异明显。本节所提 R-M-LSSVR 算法相比 M-LSSVR 和现有 M-ε-SVR 算法在测试数据上有更高的预测精度，模型泛化能力更强。如所提 R-M-LSSVR 具有更好的拟合趋势和预测准确率。表 3.3.1 和表 3.3.2 分别为不同算法建模与测试阶段的 RMSE 与趋势相关系数的定量分析对比。可以看出，所提 R-M-LSSVR 算法具有更小的 RMSE 和更大的相关系数，这进一步说明了所提算法的优越性能。

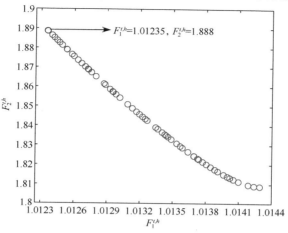

图 3.3.2　NSGA-II 优化后 Pareto 前沿进化解

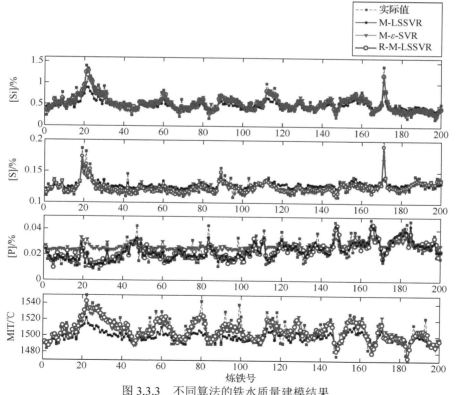

图 3.3.3　不同算法的铁水质量建模结果

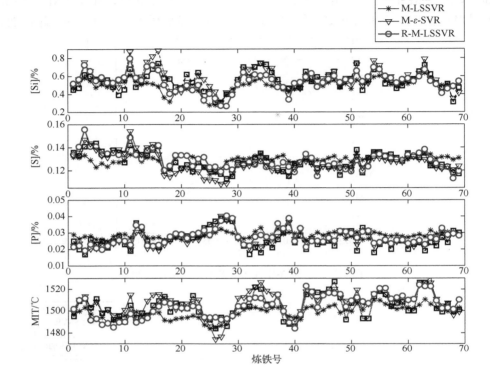

图 3.3.4　不同算法的铁水质量估计结果

表 3.3.1　不同算法铁水质量建模 RMSE 与相关系数比较

算法	RMSE				相关系数
	[Si]/%	[S]/%	[P]/%	MIT/℃	
R-M-LSSVR	0.0806	0.0066	0.0033	6.7725	0.9350
M-ε-SVR	0.1166	0.0087	0.0072	11.0415	0.8901
M-LSSVR	0.1014	0.0082	0.0042	7.7517	0.6793

表 3.3.2　不同算法铁水质量测试 RMSE 与相关系数比较

算法	RMSE				相关系数
	[Si]/%	[S]/%	[P]/%	MIT/℃	
R-M-LSSVR	0.0682	0.0430	0.0026	5.8118	0.9285
M-ε-SVR	0.0982	0.0068	0.0050	10.325	0.9271
M-LSSVR	0.0658	0.0044	0.0024	5.9529	0.6541

　　为了验证所提铁水质量 R-M-LSSVR 模型的鲁棒性，在前述高炉炼铁过程数据的基础上，人为设计如下两类包含离群点的非理想工业数据进行鲁棒性测验。

　　第一类数据用来测试铁水质量 R-M-LSSVR 模型针对不同比例离群点的鲁棒性。首先，从实际工业高炉数据集中随机选择 $p = 0\%, 10\%, 20\%, \cdots, 40\%$ 的不同比例数据样本，然后让相应的模型输出 $Y = [y_1, y_2, y_3, y_4]$ 按照如下方式生成离群点数据：

$$y_{i,\text{Outlier}} = y_i + \text{sgn}(\text{rand}(-1,1)) \times [\text{rand}(0,1) \times y_{\text{max min}}]$$

式中，$y_{\text{max min}} = \max(y_i) - \min(y_i)$，$\max(y_i)$ 和 $\min(y_i)$ 为 y_i 的最大值与最小值。当 $\text{rand}(-1,1) \geqslant 0$ 时，$\text{sgn}(\text{rand}(-1,1)) = 1$；否则，$\text{sgn}(\text{rand}(-1,1)) = -1$。

　　第二类数据用来测试铁水质量 R-M-LSSVR 模型针对不同幅值离群点的鲁棒性。首先，从工业数据集中选择 20%的训练样本，然后令模型输出 Y 按照如下方式生成离群数据：

$$y_{i,\text{Outlier}} = y_i + \alpha \times \text{sgn}(\text{rand}(-1,1)) \times [\text{rand}(0,1) \times y_{\text{max min}}]$$

式中，$\alpha = 0, 0.5, 1, 1.5, \cdots, 3$。

　　为减少偶然性，针对某一比例或某一幅值离群点随机生成 30 组数据用作训练，并取 30 次结果的平均值作为最终结果。图 3.3.5 和图 3.3.6 分别绘制了 R-M-LSSVR、M-ε-SVR 和 M-LSSVR 三种不同算法的鲁棒性测验结果。图 3.3.5 为三种算法建模的测试集 RMSE 随不同离群比例而变化的箱形图，而图 3.3.6 为三种算法建模的测试集 RMSE 随不同离群幅值而变化的箱形图。在 RMSE 箱形图中，每个方形箱子标注的中间横线为 30 次测试误差的中值，而上线与下线分别代表 3/4 与 1/4 分位点。从图中可以看出，当离群比例和离群幅值较小时，不同算法关于铁水质量的 RMSE 并无明显差别。然而，随着离群比例以及离群幅值的不断增大，常规 M-ε-SVR 与 M-LSSVR 算法的 RMSE 数值明显增加。相比而言，所提 R-M-LSSVR 算法的模型性能衰减较小，仍具有较高的预测精度。

　　此外，前文式（3.3.24）所定义的数据矩阵相关系数可以较好地描述不同曲线趋势的拟合程度，因此分别绘制不同算法的预测输出序列相关系数同离群比例以及离群幅值的关系图，如图 3.3.7 所示，图中每个点为该算法 30 次实验的平均回归系数。从图可以看出，无论是离群比例的增大还是离群幅值的增大，所提 R-M-LSSVR 算法均保持较高的拟合系数。综合图 3.3.5～图 3.3.7 可以看出，虽然常规维度拓展的 M-LSSVR 在曲线趋势拟合度方面同样表现不错，但其建模误差与泛化能力相比所提 R-M-LSSVR 较差。进一步，以离群比例为 20%、离群幅值为 2 作为实例，分别计算不同算法的 RMSE 和相关系数指标，如表 3.3.3 和表 3.3.4 所示。可以看出，无论是对于训练数据还是测试数据，所提 R-M-LSSVR 算法均具有更低的 RMSE 和更大的回归系数，从而再次验证了所提铁水质量建模方法具有较好的鲁棒性和建模精度。

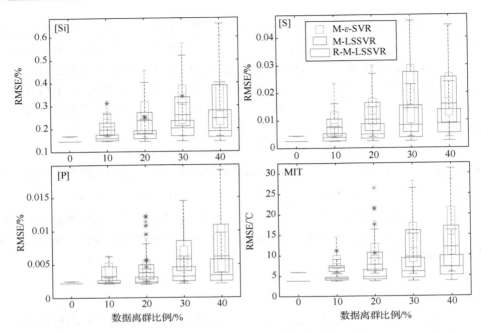

图 3.3.5　不同离群比例下不同算法建模 RMSE 的箱形图对比

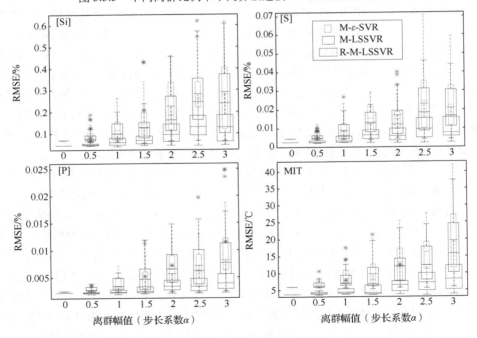

图 3.3.6　不同离群幅值下不同建模算法的测试 RMSE 箱形图对比

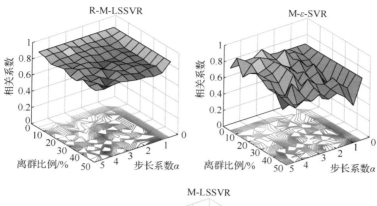

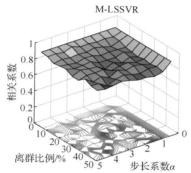

图 3.3.7　不同算法拟合程度相关系数对比

表 3.3.3　鲁棒测试时不同算法建模 RMSE 与相关系数比较

算法	RMSE				相关系数
	[Si]/%	[S]/%	[P]/%	MIT/℃	
R-M-LSSVR	0.3319	0.0351	0.0114	25.2998	0.8737
M-ε-SVR	0.3547	0.0371	0.0124	26.9378	0.6886
M-LSSVR	0.3826	0.0434	0.0014	29.1279	0.8186

表 3.3.4　鲁棒测试时不同算法测试 RMSE 与相关系数比较

算法	RMSE				相关系数
	[Si]/%	[S]/%	[P]/%	MIT/℃	
R-M-LSSVR	0.1622	0.0171	0.0056	13.0455	0.9033
M-ε-SVR	0.1961	0.0161	0.0067	13.5726	0.5168
M-LSSVR	0.1748	0.0221	0.0069	15.6373	0.8662

参 考 文 献

[1] Vapnik V N, Chervonenkis A Y. On the uniform convergence of the frequencies of events to their probabilities[J]. Probability Theory and Its Applications, 1971, 16(2), 264-280.

[2] Vapnik V. Statistical Learning Theory[M]. New York: John Wiley, 1998.

[3] Suykens J A K, Vandewalle J. Least squares support vector machine classifiers[J]. Neural Processing Letters, 1999, 9(3): 293-300.

[4] Lu Z, Sun J, Butts K. Linear programming SVM-ARMA$_{2K}$ with application in engine system identification[J]. IEEE Transactions on Automation Science and Engineering, 2011, 8(4): 846-854.

[5] Xu Q F, Zhang J X, Jiang C X, et al. Weighted quantile regression via support vector machine[J]. Expert Systems with Applications, 2015, 42(13): 5441-5451.

[6] 李翠平, 郑瑶瑕, 张佳. 基于遗传算法优化的支持向量机品位插值模型[J]. 北京科技大学学报, 2013, 35(7): 837-843.

[7] Slimani H, Radjef M S. Duality for nonlinear programming under generalized Kuhn-Tucker condition[J]. International Journal of Optimization: Theory, Methods and Application, 2009, 1(1):75-86.

[8] Cortes C, Vapnik V. Support-vector networks[C]. Machine Learning, 1995: 273-297.

[9] Kingsbury N, Tay D B H, Palaniswami M. Multi-scale kernel methods for classification[J]. Machine Learning for Signal Processing, 2005, 1:43-48.

[10] Vapnik V, Golowich S E, Smola A. Support vector method for function approximation, regression estimation, and signal processing[C]. Advances in Neural Information Processing Systems, 1996:281-287.

[11] Sahak R, Mansor W, Khuan L Y, et al. Choice for a support vector machine kernel function for recognizing asphyxia from infant cries[J]. Industrial Electronics and Applications, 2009, 1:675-678.

[12] Zhang J L, Wang G W, Shao J G, et al. Comprehensive mathematical model and optimum process parameters of nitrogen free blast furnace[J]. Iron Steel Research, International, 2014, 21(2): 151-158.

[13] Gao C H, Jian L, Liu X Y, et al. Data-driven modeling based on Volterra series for multidimensional blast furnace system[J]. IEEE Transactions on Neural Network, 2011, 22(12): 2272-2283.

[14] Zhou P, Yuan M, Wang H, et al. Multivariable dynamic modeling for molten iron quality using online sequential random vector functional-link networks with self-feedback connections[J]. Information Sciences, 2015, 325(12): 237-255.

[15] van Gestel T, Suykens J A K, Baesens B, et al. Benchmarking least squares support vector machine classifiers[J]. Machine Learning, 2004, 54: 5-32.

[16] Gan L Z, Liu H K, Sun Y X. Sparse Least Squares Support Vector Machine for Function Estimation[M]. Advances in Neural Networks - ISNN 2006. Berlin Heidelberg: Springer, 2006:1016-1021.

[17] Li Y G, Shen J, Lu J H. Constrained model predictive control of a solid oxide fuel cell based on genetic optimization[J]. Power Sources, 2011, 196(14): 5873-5880.

[18] 李长洪, 王云飞, 蔡美峰, 等. 基于支持向量机的露天转地下开采边坡变形模型[J]. 北京科技大学学报, 2009, 31(8): 945-950.

[19] Han Y Y, Gong D W, Sun X Y, et al. An improved NSGA-II algorithm for multi-objective lot-streaming flow shop scheduling problem[J]. Production Research, 2014, 52(8): 2211-2231.

[20] Tuia D, Verrelst J, Alonso L, et al. Multioutput support vector regression for remote sensing biophysical parameter estimation[J]. IEEE Geoscience and Remote Sensing Letters, 2011, 8(4):804-808.

[21] Vapnik V N. An overview of statistical learning theory[J]. IEEE Transactions on Neural Networks, 1999, 10(5): 988-999.

[22] Pan S J, Yang Q. A survey on transfer learning[J]. IEEE Transactions on Knowledge and Data Engineering, 2010, 22(10):1345-1359.

[23] Sanchez F M, de Prado C M, Arenas G J, et al. SVM multiregression for nonlinear channel estimation in multiple-input multiple-output systems[J]. IEEE Transactions on Signal Proceeding, 2004, 52(8): 106-108.

第 4 章 基于子空间辨识的高炉铁水质量建模

子空间辨识算法是 20 世纪 90 年代提出的一种新的系统辨识方法，经过不断地发展，已成为系统辨识领域的重要组成部分[1]。与传统输入输出模型形式的系统辨识方法不同，子空间辨识算法综合了系统理论、线性代数和统计学三方面的主要思想，以状态空间模型形式作为辨识的对象，直接由过程的输入输出数据辨识得到系统矩阵。对子空间辨识来说，最核心的内容是：状态空间模型的系统矩阵可以由某些特定矩阵的行空间和列空间经过一定的计算得到，而这些特定矩阵是过程输入输出数据通过一定方式构造的数据分块 Hankel 矩阵。子空间辨识经过不断地发展，产生了三种经典算法，分别为：Larimore 提出的规范变量分析（canonical variate analysis, CVA）[2]算法，Verhaegen 提出的多变量子空间辨识（multivariable subspace identification, MOESP)[3]算法以及 van Overschee 和 de Moor 提出的数值子空间状态空间系统辨识（numerical subspace state space system identification, N4SID）[4]算法。CVA 算法使用典型相关分析（CCA）来估计状态空间，并将其用于状态空间模型。N4SID 算法和 MOESP 算法则用几何代数和状态空间的实现理论来解释。虽然三种算法从不同的角度进行辨识建模，但却可以在一个辨识框架下得到统一[1,5,6]。

长久以来，高炉炼铁过程的闭环自动控制一直是冶金工程和自动化领域的难题。近年来，随着计算机与控制技术的快速发展，高炉炼铁过程大部分底层回路都实现了自动化，但是对上层指标——铁水质量的控制仍旧依赖于高炉炉长的主观判断和经验。因此，高炉铁水质量的控制亟待解决。要实现高炉炼铁过程多元铁水质量的控制，首先要建立其准确的过程模型，而高炉炼铁过程极其复杂，机理模型难以建立，因此数据驱动建模方法在建立高炉多元铁水质量模型的研究中被广泛应用。子空间辨识作为一种多输入多输出、模型结构简单、易于与控制研究相结合的数据驱动建模方法，尤其适合应用于多元铁水质量的建模研究。本章从高炉炼铁的整个工艺流程出发，分别应用线性子空间辨识、递推子空间辨识、递推双线性子空间辨识以及非线性子空间辨识四种方法对高炉多元铁水质量进行数据驱动建模研究。

4.1 子空间辨识算法理论基础

子空间辨识算法的理论基础主要是几何投影理论和矩阵分解技术[6]。下面将介绍子空间辨识算法中用到的主要几何工具——正交投影和斜向投影，以及用到的矩阵分解技术——QR 分解（正交三角分解）和奇异值分解（singular value decomposition, SVD）。

为了更好地说明子空间辨识算法原理，这里定义一些矩阵 $A \in \mathbb{R}^{p \times j}$，$B \in \mathbb{R}^{q \times j}$，$C \in \mathbb{R}^{r \times j}$，这些矩阵的行向量可以认为是 j 维闭区间的一个等价向量，并且这些矩阵的行向量定义为一个线性向量的基。

4.1.1　正交投影

正交投影算子 $\prod_B$ 定义为一个矩阵的行空间在矩阵 B 的行空间上的投影：

$$\prod_B = B^T \left(BB^T \right)^\dagger B \tag{4.1.1}$$

式中，$\dagger$ 表示 Moore-Penrosen 伪逆。

A / B 表示矩阵 A 的行空间在矩阵 B 的行空间上的投影，记为

$$A / B = A\prod_B = AB^T \left(BB^T \right)^\dagger B \tag{4.1.2}$$

同样定义 $\prod_{B^\perp}$ 为一个矩阵在矩阵 B 的行空间的正交补空间上的投影：

$$\prod_{B^\perp} = I_j - \prod_B \tag{4.1.3}$$

式中，I_j 表示维数为 j 的单位矩阵，则 A 的行空间在 B 的行空间的正交补空间上的投影为

$$A / B^\perp = A\prod_{B^\perp} \tag{4.1.4}$$

从式（4.1.3）和式（4.1.4）的定义可知，矩阵 A 可以分解为投影算子 $\prod_B$ 和 $\prod_{B^\perp}$ 的组合：

$$A = A\prod_B + A\prod_{B^\perp} \tag{4.1.5}$$

以 2 维空间（$j = 2$）为例，矩阵 A 被分解为在 B 的行空间和 B 的行空间的正交补空间的组合，如图 4.1.1 所示。

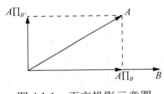

图 4.1.1　正交投影示意图

4.1.2　斜向投影

与正交投影相对应，斜向投影可以将矩阵 A 分解为非正交矩阵 B 和 C 以及 B 和 C 的正交补的线性组合，如图 4.1.2 所示，其中 $A /_B C$ 为矩阵 A 的行空间沿矩阵 B 的行空间在矩阵 C 的行空间上的斜向投影，即

$$A /_B C = \left[A / B^\perp \right] \left[C / B^\perp \right]^\dagger C = A \begin{bmatrix} C^T & B^T \end{bmatrix} \begin{pmatrix} CC^T & CB^T \\ BC^T & BB^T \end{pmatrix}^\dagger_{前 r 列} C \tag{4.1.6}$$

定义矩阵 A 的行空间在矩阵 B 和 C 行空间的交集上的正交投影为

$$A / \binom{C}{B} = A \begin{bmatrix} C^{\mathrm{T}} & B^{\mathrm{T}} \end{bmatrix} \begin{pmatrix} CC^{\mathrm{T}} & CB^{\mathrm{T}} \\ BC^{\mathrm{T}} & BB^{\mathrm{T}} \end{pmatrix}^{\dagger} \binom{C}{B} \qquad (4.1.7)$$

斜向投影满足如下性质：

$$B /_B C = 0 \qquad (4.1.8)$$

$$C /_B C = 0 \qquad (4.1.9)$$

当 $B = 0$ 时，有 $BC^{\mathrm{T}} = 0$ ，式（4.1.6）的斜向投影变为正交投影：

$$A /_B C = A / C \qquad (4.1.10)$$

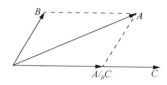

图 4.1.2　斜向投影示意图

4.1.3　QR 分解

QR 分解法可以用来求解一般矩阵的全部特征值和特征向量，并且将一个矩阵分解为一个酉矩阵和一个上三角矩阵，酉矩阵满足的条件是：

$$A^{\mathrm{H}} A = AA^{\mathrm{H}} = E \qquad (4.1.11)$$

式中，$A \in \mathbb{C}^{n \times n}$ ，$\mathbb{C}$ 为复数域，A^{H} 是 A 的共轭转置，当 A 为实矩阵时，酉矩阵即正交矩阵。

定理 4.1.1（QR 分解定理）[6]：设 A 为 n 阶复数矩阵，则存在酉矩阵 Q 及上三角矩阵 R ，使得

$$A = QR \qquad (4.1.12)$$

当 R 的主对角线元素均为正数时，则上述分解唯一。

4.1.4　奇异值分解

奇异值分解在讨论最小二乘问题、广义逆矩阵计算以及特征降维等很多领域都有应用。

定理 4.1.2（奇异值分解）[6]：设 $A \in \mathbb{C}^{m \times n}$ ，则存在酉矩阵 P 和 Q ，使得

$$P^{\mathrm{H}} AQ = \begin{bmatrix} D & 0 \\ 0 & 0 \end{bmatrix} \qquad (4.1.13)$$

式中，$D = \mathrm{diag}\{d_1, d_2, \cdots, d_r\}$ ，且 $d_1 \geqslant d_2 \geqslant \cdots \geqslant d_r > 0$ ，而 d_i 称为 A 的奇异值，并且有

$$A_{m \times n} = P_{m \times r} D_{r \times r} Q_{r \times n}^{\mathrm{H}} \qquad (4.1.14)$$

称为矩阵 A 的奇异值分解式。

奇异值 d_i 的大小表征了矩阵 A 分解中该奇异值对应的行空间和列空间的重要性。通常情况下，奇异值 d_i 从大到小递减较快，在奇异值个数 r 较大时，可以用 r'（$r' < r$）近似表征矩阵 A 的奇异值个数，则相应的奇异值分解为

$$A_{m\times n} \approx P_{m\times r'} D_{r'\times r'} Q_{r'\times n}^{\mathrm{H}} \tag{4.1.15}$$

4.2 基于线性子空间辨识的高炉铁水质量建模

4.2.1 系统状态空间描述

系统的数学表达形式有多种，如微分方程、传递函数和状态空间方程等。其中，状态空间模型在现代控制理论中最常见。相较于其他模型，状态空间模型尤其适合于描述多输入多输出系统。状态空间模型有多种不同的形式，各种形式可以相互转化，其中随机系统过程形式和新息形式的状态空间模型是子空间辨识算法中经常研究的两种模型。

4.2.1.1 随机系统过程模型

线性随机系统可由如下过程形式的状态空间模型描述：

$$\begin{cases} x_{t+1} = Ax_t + Bu_t + w_t \\ y_t = Cx_t + Du_t + v_t \end{cases} \tag{4.2.1}$$

满足：

$$E\left\{ \begin{bmatrix} w_p \\ v_p \end{bmatrix} \begin{bmatrix} w_q^{\mathrm{T}} & v_q^{\mathrm{T}} \end{bmatrix} \right\} = \begin{bmatrix} Q & S \\ S^{\mathrm{T}} & R \end{bmatrix} d_{pq} > 0 \tag{4.2.2}$$

式中，$w_t \in \mathbb{R}^n$ 和 $v_t \in \mathbb{R}^n$ 为不可测向量信号，w_t 为过程噪声，v_t 为测量噪声，该系统描述了噪声 w_t 和 v_t 对随机输出的影响。此外，系统阶次为 n，系统矩阵 $A \in \mathbb{R}^{n\times n}$，$B \in \mathbb{R}^{n\times l}$，$C \in \mathbb{R}^{m\times n}$，$D \in \mathbb{R}^{m\times l}$。在子空间辨识 N4SID 算法中主要采用式（4.2.1）所示模型。

4.2.1.2 新息形式模型

如果系统（4.2.1）可观测，便可设计一个 Kalman 滤波器来估计系统状态：

$$\hat{x}_{t+1} = A\hat{x}_t + Bu_t + K(y_t - C\hat{x}_t - Du_t) \tag{4.2.3}$$

式中，K 为稳态 Kalman 滤波增益，可由代数 Riccati 方程求解。Kalman 滤波器新息 e_t 为

$$e_t = y_t - C\hat{x}_t - Du_t$$

那么，系统模型（4.2.1）可写成等价新息形式的状态空间方程：

$$\begin{cases} x_{t+1} = Ax_t + Bu_t + Ke_t \\ y_t = Cx_t + Du_t + e_t \end{cases} \qquad (4.2.4)$$

式中，$u_t \in \mathbb{R}^l, y_t \in \mathbb{R}^m$ 和 $x_t \in \mathbb{R}^n$ 分别是系统的输入向量、输出向量和状态向量。新息 e_t 为零均值白噪声，并满足 $E[e_p e_q^{\mathrm{T}}] = S\delta_{pq}$，$A, B, C, D$ 为相应维数的系统矩阵。

4.2.2　子空间辨识数据矩阵构造

针对如式（4.2.1）所示的状态空间方程所描述的系统，在不考虑过程和测量噪声的情况下，将状态空间模型进行前向迭代可得

$$\begin{cases} y_t = Cx_t + Du_t \\ y_{t+1} = CAx_t + CBu_t + Du_{t+1} \\ \quad \vdots \\ y_{t+i} = CA^i x_t + C^{i-2}Bu_t + C^{i-1}Bu_{t+1} + L + Du_{t+i} \end{cases}$$

即

$$\begin{bmatrix} y_t \\ y_{t+1} \\ \vdots \\ y_{t+i} \end{bmatrix} = \begin{bmatrix} C \\ CA \\ \vdots \\ CA^i \end{bmatrix} x_t + \begin{bmatrix} D & 0 & 0 & 0 \\ CB & D & 0 & 0 \\ \vdots & \vdots & \vdots & 0 \\ C^{i-2}B & C^{i-1}B & L & D \end{bmatrix} u_t \qquad (4.2.5)$$

子空间辨识从输入输出数据的测量值 $u_t, y_t, t \in \{0, 1, \cdots, 2i + j - 2\}$ 开始，首先将输入输出数据按如下方式构造成 Hankel 矩阵，每个矩阵包含 i 块行 j 块列，定义如下：

$$U_p = \begin{bmatrix} u_0 & u_1 & \cdots & u_{j-1} \\ u_1 & u_2 & \cdots & u_j \\ \vdots & \vdots & \ddots & \vdots \\ u_{i-1} & u_i & \cdots & u_{i+j-2} \end{bmatrix} \qquad (4.2.6)$$

$$U_f = \begin{bmatrix} u_i & u_{i+1} & \cdots & u_{i+j-1} \\ u_{i+1} & u_{i+2} & \cdots & u_{i+j} \\ \vdots & \vdots & \ddots & \vdots \\ u_{2i-1} & u_{2i} & \cdots & u_{2i+j-2} \end{bmatrix} \qquad (4.2.7)$$

$$Y_p = \begin{bmatrix} y_0 & y_1 & \cdots & y_{j-1} \\ y_1 & y_2 & \cdots & y_j \\ \vdots & \vdots & \ddots & \vdots \\ y_{i-1} & y_i & \cdots & y_{i+j-2} \end{bmatrix} \qquad (4.2.8)$$

$$Y_f = \begin{bmatrix} y_i & y_{i+1} & \cdots & y_{i+j-1} \\ y_{i+1} & y_{i+2} & \cdots & y_{i+j} \\ \vdots & \vdots & \ddots & \vdots \\ y_{2i-1} & y_{2i} & \cdots & y_{2i+j-2} \end{bmatrix} \tag{4.2.9}$$

新息矩阵 E_p 和 E_f 也做类似定义，其中矩阵的每一个元素均是一个列向量，下标 p 和 f 分别代表过去和将来，p 矩阵块和 f 矩阵块分别由 i 组输入输出数据构成。参数 i 和 j 自由定义，一般满足 $i \geqslant n$，$j \gg \max(il, im)$，以降低对噪声的灵敏度。此外，状态矩阵 X_p 和 X_f 也做类似定义，如下所示：

$$X_p = \begin{bmatrix} x_0 & x_1 & \cdots & x_{j-1} \end{bmatrix} \tag{4.2.10}$$

$$X_f = \begin{bmatrix} x_i & x_{i+1} & \cdots & x_{i+j-1} \end{bmatrix} \tag{4.2.11}$$

通过式（4.2.1）的自身迭代，可获得下述式子，这些等式在子空间辨识算法中起着重要作用：

$$Y_p = \Gamma_i X_p + H_i U_p + H_i^s E_p \tag{4.2.12}$$

$$Y_f = \Gamma_i X_f + H_i U_f + H_i^s E_f \tag{4.2.13}$$

$$X_f = A^i X_p + \Delta_i U_p + \Delta_i^s E_p \tag{4.2.14}$$

式中，$\Delta_i = \begin{bmatrix} A^{i-1}B & A^{i-2}B & \cdots & B \end{bmatrix}$；$\Delta_i^s = \begin{bmatrix} A^{i-1}K & A^{i-2}K & \cdots & K \end{bmatrix}$。

广义能观性矩阵 Γ_i 以及确定低维分块三角 Toeplitz 矩阵 H_i, H_i^s 分别定义如下：

$$\Gamma_i = \begin{bmatrix} C^T & (CA)T & \cdots & (CA^{i-1})^T \end{bmatrix}^T \tag{4.2.15}$$

$$H_i = \begin{bmatrix} D & 0 & \cdots & 0 \\ CB & D & \cdots & 0 \\ \vdots & \vdots & \ddots & \vdots \\ CA^{i-2}B & CA^{i-3}B & \cdots & D \end{bmatrix} \tag{4.2.16}$$

$$H_i^s = \begin{bmatrix} I_m & 0 & \cdots & 0 \\ CB & I_m & \cdots & 0 \\ \vdots & \vdots & \ddots & \vdots \\ CA^{i-2}K & CA^{i-3}K & \cdots & I_m \end{bmatrix} \tag{4.2.17}$$

将式（4.2.12）代入式（4.2.14）中可得

$$X_f = \begin{bmatrix} A^i \Gamma_i^\dagger & (\Delta_i - A^i \Gamma_i^\dagger H_i) & (\Delta_i^s - A^i \Gamma_i^\dagger H_i^s) \end{bmatrix} \begin{bmatrix} Y_p \\ U_p \\ E_p \end{bmatrix} \tag{4.2.18}$$

将式（4.2.18）代入式（4.2.13）中可得

$$Y_f = L_w W_p + L_u U_f + L_e E_f \tag{4.2.19}$$

式中，$W_p = [Y_p^{\mathrm{T}} \quad U_p^{\mathrm{T}}]^{\mathrm{T}}$；$L_w$ 为状态子空间矩阵；L_u 为确定性输入的子空间矩阵；L_e 为随机输入的子空间矩阵。

4.2.3　线性子空间辨识算法

通常，子空间辨识算法包括两个基本步骤：第一步是对输入输出数据构成的 Hankel 矩阵做加权映射，从中得到系统的能观性矩阵 Γ_i 和状态序列 X_i 的估计 $\hat{X}_i$。然后利用奇异值分解技术得到系统的阶次 n，这里系统的阶次 n 和奇异值分解得到的非零奇异值数量相等。之后可通过类似的方法获得状态序列估计 $\hat{X}_{i+1}$。第二步可通过最小二乘法求解系统矩阵 A, B, C, D。根据系统矩阵的求取方式，子空间辨识可分为两类，一类是通过能观性矩阵 Γ_i 获取系统矩阵，另一类采用状态序列 X_i 的估计 $\hat{X}_i$。

子空间辨识算法始于等式（4.2.13），此等式表明未来输出 Y_f 可以表示为未来输入 U_f 和状态 X_i 的线性组合关系。子空间辨识的基本思想就是获得等式中的 $\Gamma_i X_f$ 部分。为此，可利用数学工具 QR 分解和奇异值分解来求取系统矩阵及阶次。根据以上介绍的子空间辨识算法基本步骤，可以将不同的子空间辨识算法，如 N4SID、MOESP 和 CVA 等统一于一个框架内。下面以 N4SID 算法为例介绍子空间辨识算法的基本框架与步骤。

首先，将 Y_f 的行子空间投影到 U_f 行子空间的正交补 $U_f^{\perp}$ 上，如下所示：

$$Y_f / U_f^{\perp} = \Gamma_i X_f / U_f^{\perp} + H_i U_f / U_f^{\perp} + H_i^s E_f / U_f^{\perp} \tag{4.2.20}$$

假设噪声与输入不相关，则有

$$Y_f / U_f^{\perp} = \Gamma_i X_f / U_f^{\perp} + H_i^s E_f \tag{4.2.21}$$

在投影左右两边分别加入一个加权值矩阵 W_1 和 W_2：

$$W_1 Y_f / U_f^{\perp} W_2 = W_1 \Gamma_i X_f / U_f^{\perp} W_2 + W_1 H_i^s E_f W_2 \tag{4.2.22}$$

输入 U_f 和权值矩阵的选择应满足以下条件：

（1）$\mathrm{rank}(W_1 \Gamma_i) = \mathrm{rank}(\Gamma_i)$；

（2）$\mathrm{rank}(X_f / U_f^{\perp} W_2) = \mathrm{rank}(X_f)$；

（3）$W_1 H_i^s E_f W_2 = 0$。

于是，斜投影可计算如下：

$$O_i = W_1 Y_f / U_f^{\perp} W_2 = W_1 \Gamma_i X_f / U_f^{\perp} W_2 \tag{4.2.23}$$

针对斜投影进行奇异值分解可得

$$O_i = \begin{bmatrix} U_1 & U_2 \end{bmatrix} \begin{bmatrix} S_1 & 0 \\ 0 & 0 \end{bmatrix} \begin{bmatrix} V_1^{\mathrm{T}} \\ V_2^{\mathrm{T}} \end{bmatrix} = U_1 S_1 V_1^{\mathrm{T}} \qquad (4.2.24)$$

至此，系统阶次可通过式（4.2.24）中非零奇异值的个数来确定。广义能观性矩阵 Γ_i 的相似性变化可由非零奇异值对应的左奇异向量获得，右奇异向量包含了状态 X_i 的相关信息，对于合适的加权矩阵 W_2，矩阵 $\hat{X}_i$ 满足

$$\hat{X}_i = X_f / U_f^{\perp} W_2 \qquad (4.2.25)$$

从而可以作为状态矩阵 X_i 的估计值。并且对于特定的加权矩阵，矩阵 $\hat{X}_i$ 为 X_i 的 Kalman 估计。

基于这种思想，所有子空间辨识算法，包含 N4SID、MOESP 和 CVA，都可归入上述的辨识框架内，不同点在于权值矩阵 W_1 和 W_2 选择的不同。表 4.2.1 给出了三种子空间辨识算法权值矩阵的选取方式。

表 4.2.1 三种子空间辨识算法权值矩阵选取方式

子空间辨识算法	W_1	W_2
N4SID	I_{li}	$(W_p / U_f^{\perp})^{\dagger} W_p$
MOESP	I_{li}	$(W_p / U_f^{\perp})^{\dagger} (W_p / U_f^{\perp})$
CVA	$[(Y_f / U_f^{\perp})(Y_f / U_f^{\perp})^{\mathrm{T}}]^{-1/2}$	$(W_p / U_f^{\perp})^{\dagger} (W_p / U_f^{\perp})$

由奇异值分解获得状态序列的估计 $\hat{X}_i$ 和广义能观性矩阵 Γ_i 后，在系统矩阵求解策略上，不同算法有所不同。N4SID 和 CVA 等算法利用状态序列的估计 $\hat{X}_i$ 求解系统矩阵，而 MOESP 等算法利用广义能观性矩阵 Γ_i 求解模型参数矩阵。

利用状态序列的估计 $\hat{X}_i$ 求解系统矩阵的子空间辨识算法，以 N4SID 算法为代表。该算法在获得系统状态序列的估计 $\hat{X}_i$ 后，利用与求解状态序列的估计 $\hat{X}_i$ 类似的算法获得下一时刻的状态序列估计 $\hat{X}_{i+1}$，然后系统矩阵便可通过最小二乘法求解：

$$[A, B, C, D] = \underset{A,B,C,D}{\arg\min} \left\| \begin{bmatrix} \hat{X}_{i+1} \\ Y_i \end{bmatrix} - \begin{bmatrix} A & B \\ C & D \end{bmatrix} \begin{bmatrix} \hat{X}_i \\ U_{i|i} \end{bmatrix} \right\|_F^2 \qquad (4.2.26)$$

利用广义能观性矩阵 Γ_i 求解系统矩阵的算法，首先计算系统矩阵 A, C，再求解系统矩阵 B, D。由于 $\Gamma_i = \begin{bmatrix} C & CA & \cdots & CA^i \end{bmatrix}^{\mathrm{T}}$，矩阵 C 可直接由矩阵 Γ_i 求得

$$C = \Gamma_i(1:m,:) \qquad (4.2.27)$$

从而可求得矩阵 A 为

$$A = \Gamma_i(1:\mathrm{end}-l,:)^{\dagger} \Gamma_i(l+1:\mathrm{end}-l,:) \qquad (4.2.28)$$

矩阵 A, C 算得后，便可通过 A, C 去求解系统矩阵 B, D。由式（4.2.13）可得

$$\Gamma_i^{\perp} Y_f U_i^{\dagger} = \Gamma_i^{\perp} H_i^d \qquad (4.2.29)$$

式中，$\Gamma_i \Gamma_i^{\perp} = 0$。为了简约表示，将等式左边用 M 表示，$\Gamma_i^{\perp}$ 用 L 表示，则上式可写为

$$\begin{bmatrix} M_1 & M_2 & \cdots & M_i \end{bmatrix} = \begin{bmatrix} L_1 & L_2 & \cdots & L_i \end{bmatrix} \times \begin{bmatrix} D & & & \\ CB & D & & \\ \vdots & \vdots & \ddots & \\ CAB & CAB & \cdots & D \end{bmatrix} \qquad (4.2.30)$$

显然，上式是矩阵 B, D 的超定线性方程，可通过最小二乘法求解。

4.2.4　工业数据验证

4.2.4.1　面向控制的建模输入变量选择

选取某大型高炉的 500 组高炉本体数据与铁水质量数据对所提方法进行数据建模实验，其中 300 组作为训练数据，200 组作为测试数据。高炉是一个强噪声系统，因此在建模前首先要对工业现场采集到的实际生产数据进行数据预处理。针对由高炉炉况不稳定和检测仪器不精确造成的跳变数据，采用异常值检测算法剔除高炉生产过程中的噪声尖峰跳变数据；然后采用移动平均滤波算法减弱训练数据中的高斯噪声干扰。之后基于预处理后的数据，采用本节所提方法进行多元铁水质量的线性状态空间建模。

根据高炉工艺机理分析，选取的影响高炉铁水质量的高炉主体参数分别为：冷风流量、送风比、热风压力、炉顶压力、压差、顶压风量比、透气性、阻力系数、热风温度、富氧流量、富氧率、喷煤量、鼓风湿度、理论燃烧温度、标准风速、实际风速、鼓风动能、炉腹煤气量、炉腹煤气指数。采用第 2 章基于 CCA[7,8] 和相关性分析结合的方法进行铁水质量建模输入变量选择。首先，采用 CCA 方法针对 552 组实验数据进行分析，去除相关性不显著的 2 对典型相关变量，得到相关系数分别为 0.672、0.394 的 2 对典型变量，典型相关分析结果如表 4.2.2 所示。选出表 4.2.2 中对输出典型变量影响较大的几个高炉主体参数作为候选辅助变量，即冷风流量、压差、富氧流量、富氧率、喷煤量、理论燃烧温度和炉腹煤气量（表中加粗内容）。然后通过相关性分析的方法选出候选辅助变量中相关性较大的几组中的可调控变量，如富氧流量与富氧率的相关系数为 0.999，而富氧率是计算值，不可控，所以选取可控变量富氧流量；冷风流量和炉腹煤气量的相关系数为 0.9872，炉腹煤气量是计算值，不可控，因此舍弃；理论燃烧温度为理论计算值，不可控，舍弃；考虑到压差与炉顶气阀的开度有直接关系，所以压差算作可控制变量。最终确定用于建模的可调控的铁水质量模型输入变量为冷风流量、压差、富氧流量、喷煤量。因此确定模型的输入维数 $l = 4$，输出维数 $m = 4$，模型形式为 4 输入 4 输出的线性状态空间方程。

表 4.2.2　典型相关分析结果

参数	0.563[Si]−0.453[P] −0.447[S]+0.287MIT	0.638[Si]+0.899[P] −0.986[S]−0.518MIT
冷风流量	**1.418**	**−5.426**
送风比	0.036	1.652
热风压力	0.098	2.536
炉顶压力	−0.155	0.158
压差	**−1.656**	0.461
顶压风量比	−0.435	−0.667
透气性	−0.581	0.934
阻力系数	−0.078	0.721
热风温度	−0.111	2.847
富氧流量	**−1.948**	1.044
富氧率	**1.553**	**3.512**
喷煤量	0.974	**−3.711**
鼓风湿度	0.339	−1.33
理论燃烧温度	0.688	**−9.003**
标准风速	0.49	−1.536
实际风速	−0.246	−0.471
鼓风动能	−0.339	2.967
炉腹煤气量	**−1.318**	**4.926**
炉腹煤气指数	0.285	0.002

4.2.4.2　铁水质量建模效果

基于上述线性子空间辨识算法，由 300 组训练数据可辨识得到的多元铁水质量输入输出模型如下式所示：

$$\begin{cases} x_{t+1} = Ax_t + Bu_t \\ y_t = Cx_t + Du_t \end{cases} \qquad (4.2.31)$$

式中，

$$A = \begin{bmatrix} 0.9174 & 0.0227 & -0.0162 \\ -0.2698 & 0.8095 & -0.4175 \\ 0.2599 & 0.5194 & 0.7518 \end{bmatrix}, \quad B = \begin{bmatrix} -0.0032 & 0.0025 & 0.0372 & -0.0132 \\ -0.0716 & -0.0044 & 0.0625 & 0.0353 \\ 0.1183 & -0.1992 & -0.1046 & 0.0987 \end{bmatrix}$$

$$C = \begin{bmatrix} -1.2223 & -0.5350 & -0.2851 \\ -0.4965 & -0.4467 & -0.3477 \\ -1.5794 & 0.6794 & 0.7242 \\ 0.2246 & -0.2999 & 0.1134 \end{bmatrix}, \quad D = \begin{bmatrix} -0.2031 & 0.5476 & 0.1338 & -0.2023 \\ -0.2588 & 0.2183 & -0.2217 & 0.1146 \\ 0.0541 & -0.3122 & -0.0041 & 0.2900 \\ 0.1198 & 0.2537 & 0.3910 & -0.5039 \end{bmatrix}$$

图 4.2.1 和图 4.2.2 分别为基于线性子空间辨识算法建立的多元铁水质量输入输出模型在训练数据和测试数据上的估计结果。由图可以看出，建立的多元铁水质量状态空间模型无论是在训练数据还是测试数据上都具有比较高的估计精度，建模误差以及测试误差均较小，且变化趋势与其实际值较一致。

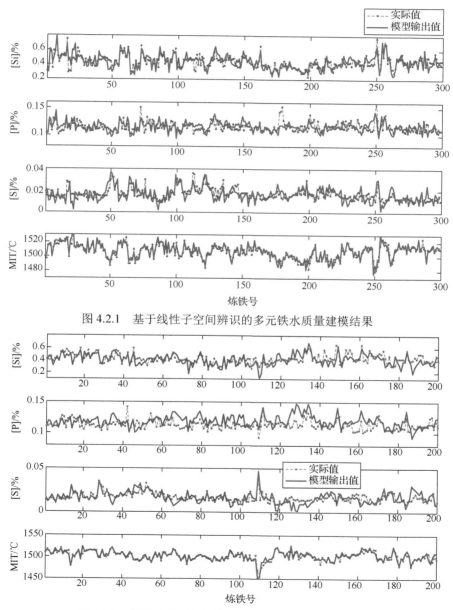

图 4.2.1　基于线性子空间辨识的多元铁水质量建模结果

图 4.2.2　基于线性子空间辨识的多元铁水质量估计结果

4.3   基于递推子空间辨识的高炉铁水质量在线建模

经典的子空间辨识算法可辨识得到系统的状态空间模型，而当子空间辨识算法在面向预测控制应用时，可推导出一种模型形式更加简单的输入输出模型，称之为子空间预估器[9]。这种子空间辨识算法，无须明确地求出系统矩阵，只需通过线性回归的方法，基于系统的输入输出数据直接求解模型的子空间参数矩阵[10,11]。同时，针对高炉炼铁过程的动态时变特性，需要实现子空间矩阵的在线识别，为此引入带有遗忘因子的递推算法，提出基于递推子空间辨识的高炉铁水质量在线建模方法。

4.3.1   递推子空间辨识算法

考虑一个 l 维输入 m 维输出的线性系统，用状态空间的形式描述为

$$x_{k+1} = A_{n \times n} x_k + B_{n \times l} u_k + K_{n \times m} e_k \qquad (4.3.1)$$

$$y_k = C_{m \times n} x_k + D_{m \times l} u_k + e_k \qquad (4.3.2)$$

式中，$u_k \in \mathbb{R}^l$，$y_k \in \mathbb{R}^m$ 和 $x_k \in \mathbb{R}^n$ 分别是系统的输入向量、输出向量以及状态向量；K 表示 Kalman 滤波增益；$e_k \in \mathbb{R}^m$ 是一个未知的新息序列，且其协方差矩阵为 $E[e_k e_k^T] = S_{m \times m}$。

假设对于任意的 $k \in \{1, 2, \cdots, 2i + j - 1\}$，测量输入 u_k 和测量输出 y_k 都是已知的，那么可以将数据块 Hankel 矩阵 U_p 和 U_f 定义为

$$U_p = \begin{bmatrix} u_1 & u_2 & \cdots & u_j \\ u_2 & u_3 & \cdots & u_{j+1} \\ \vdots & \vdots & \ddots & \vdots \\ u_i & u_{i+1} & \cdots & u_{i+j-1} \end{bmatrix} \qquad (4.3.3)$$

$$U_f = \begin{bmatrix} u_{i+1} & u_{i+2} & \cdots & u_{i+j} \\ u_{i+2} & u_{i+3} & \cdots & u_{i+j+1} \\ \vdots & \vdots & \ddots & \vdots \\ u_{2i} & u_{2i+1} & \cdots & u_{2i+j-1} \end{bmatrix} \qquad (4.3.4)$$

式中，下标 p 和 f 表示过去和未来的采样时间。同样，输出块 Hankel 矩阵 Y_p 和 Y_f 以及新息块 Hankel 矩阵 E_p 和 E_f 也有类似定义。过去和未来的状态序列定义为

$$X_p = \begin{bmatrix} x_0 & x_1 & \cdots & x_{j-1} \end{bmatrix} \qquad (4.3.5)$$

$$X_f = \begin{bmatrix} x_i & x_{i+1} & \cdots & x_{i+j-1} \end{bmatrix} \qquad (4.3.6)$$

将式（4.3.1）和式（4.3.2）递推替换，可以得到如下输入输出矩阵方程：

$$Y_p = \Gamma_i X_p + H_i U_p + H_i^s E_p \qquad (4.3.7)$$

$$Y_f = \Gamma_i X_f + H_i U_f + H_i^s E_f \qquad (4.3.8)$$

$$X_f = A^i X_p + \Delta_i U_p + \Delta_i^s E_p \qquad (4.3.9)$$

式中，

$$\Delta_i = \begin{bmatrix} A^{i-1}B & A^{i-2}B & \cdots & B \end{bmatrix} \qquad (4.3.10)$$

$$\Delta_i^s = \begin{bmatrix} A^{i-1}K & A^{i-2}K & \cdots & K \end{bmatrix} \qquad (4.3.11)$$

在式（4.3.7）和式（4.3.8）中，广义能观性矩阵 Γ_i 以及下三角 Toeplitz 矩阵 H_i 和 H_i^s 有如下定义：

$$\Gamma_i = \begin{bmatrix} C^{\mathrm{T}} & (CA)^{\mathrm{T}} & \cdots & (CA^{i-1})^{\mathrm{T}} \end{bmatrix}^{\mathrm{T}} \qquad (4.3.12)$$

$$H_i = \begin{bmatrix} D & 0 & \cdots & 0 \\ CB & D & \cdots & 0 \\ \vdots & \vdots & \ddots & \vdots \\ CA^{i-2}B & CA^{i-3}B & \cdots & D \end{bmatrix} \qquad (4.3.13)$$

$$H_i^s = \begin{bmatrix} I_m & 0 & \cdots & 0 \\ CB & I_m & \cdots & 0 \\ \vdots & \vdots & \ddots & \vdots \\ CA^{i-2}K & CA^{i-3}K & \cdots & I_m \end{bmatrix} \qquad (4.3.14)$$

将式（4.3.7）代入式（4.3.9）可以得到

$$X_f = \begin{bmatrix} A^i \Gamma_i^{\dagger} & (\Delta_i - A^i \Gamma_i^{\dagger} H_i) & (\Delta_i^s - A^i \Gamma_i^{\dagger} H_i^s) \end{bmatrix} \begin{bmatrix} Y_p \\ U_p \\ E_p \end{bmatrix} \qquad (4.3.15)$$

将式（4.3.13）代入式（4.3.8），当 $i,j \to \infty$ 时，有

$$\begin{cases} Y_f = L_w W_p + L_u U_f + L_e E_f \\ W_p = [Y_p^{\mathrm{T}} \quad U_p^{\mathrm{T}}]^{\mathrm{T}} \end{cases} \qquad (4.3.16)$$

式中，L_w 是对应状态的子空间矩阵；L_u 是对应确定性输入的子空间矩阵；L_e 是对应随机输入的子空间矩阵。因此，对于 $i,j \to \infty$，Y_f 的预测表达式为

$$\tilde{Y}_f = L_w W_p + L_u U_f \qquad (4.3.17)$$

通过求解如下最小二乘问题，可以得到 $\tilde{Y}_f$ 的解：

$$\min_{L_w, L_u} \left\| Y_f - \tilde{Y}_f \right\|_F^2 = \min_{L_w, L_u} \left\| Y_f - \begin{bmatrix} L_w & L_u \end{bmatrix} \begin{bmatrix} W_p \\ U_f \end{bmatrix} \right\|^2 \qquad (4.3.18)$$

可以用来解决式（4.3.18）优化问题的算法有很多，如最小二乘法和正交投影法。然而，这些算法获得的预测模型无法在过程工况随时间变化时在线更新模型参数，因而难以对时变动态过程实现稳定、准确的预测。为此，引入递推算法来解决上述优化问题，使子空间矩阵可以在线更新。此外，还引入了遗忘因子来调整算法对参数变化的敏感性。带有遗忘因子的递推算法描述如下：

$$
\begin{cases}
\hat{L}_{k+1} = \hat{L}_k + g_{k+1}(y_{k+1}^{\mathrm{T}} - \varphi_{k+1}^{\mathrm{T}} \hat{L}_k) \\
g_{k+1} = P_k \varphi_{k+1}(\lambda + \varphi_{k+1}^{\mathrm{T}} P_k \varphi_{k+1})^{-1} \\
P_{k+1} = \dfrac{1}{\lambda}(I - g_{k+1}\varphi_{k+1}^{\mathrm{T}})P_k
\end{cases}
\tag{4.3.19}
$$

式中，$\hat{L}_k = \begin{bmatrix} \hat{L}_w & \hat{L}_u \end{bmatrix}_k^{\mathrm{T}}$；$\varphi_k^{\mathrm{T}} = \begin{bmatrix} w_p^{\mathrm{T}} & u_f^{\mathrm{T}} \end{bmatrix}_k$；$g_k$ 表示增益向量；P_k 代表协方差矩阵；λ 为遗忘因子。

那么，带有遗忘因子的递推线性子空间预测器可以写成

$$
\tilde{y}_f = \hat{L}_w w_p + \hat{L}_u u_f
\tag{4.3.20}
$$

4.3.2 工业数据验证

基于典型相关分析和相关性分析方法，从面向控制的角度选取冷风流量、压差、富氧流量和喷煤量作为铁水质量建模的输入变量，并将铁水[Si]、[P]、[S]以及 MIT 作为建模输出变量。在确定建模输入输出变量后，应用某大型高炉的 250 组实际生产数据来验证所提递推子空间辨识算法的有效性。辨识得到的多元铁水质量模型如下：

$$
\tilde{y}_f = \hat{L}_w w_p + \hat{L}_u u_f
\tag{4.3.21}
$$

式中，

$$
\hat{L}_w = \begin{bmatrix}
0.3190 & 0.0910 & 0.0918 & 0.1076 & 0.0314 & 0.1438 & -0.2600 & 0.5104 \\
-0.1009 & 0.3955 & 0.0184 & 0.0440 & 0.0828 & 0.0527 & -0.3248 & 0.2973 \\
0.4234 & -0.1510 & 0.5974 & -0.1532 & 0.0498 & -0.0905 & 0.0098 & -0.3918 \\
0.1398 & -0.0399 & 0.0295 & 0.3918 & -0.0953 & -0.0050 & -0.1465 & 0.4540
\end{bmatrix}
$$

$$
\hat{L}_u = \begin{bmatrix}
-0.2699 & 0.1734 & 0.2390 & -0.3745 \\
-0.3214 & 0.1046 & -0.0211 & -0.0998 \\
0.1666 & -0.1955 & -0.1701 & 0.2331 \\
0.1490 & 0.1223 & 0.3200 & -0.7417
\end{bmatrix}
$$

图 4.3.1 和图 4.3.2 分别为基于递推子空间辨识算法建立的多元铁水质量在线输入输出模型在训练数据和测试数据上的估计结果。可以看出，建立的多元铁水质量模型无论是在训练数据还是测试数据上都具有比较高的估计精度，建模误差以及测试误差均较小，且变化趋势与其实际值较一致。

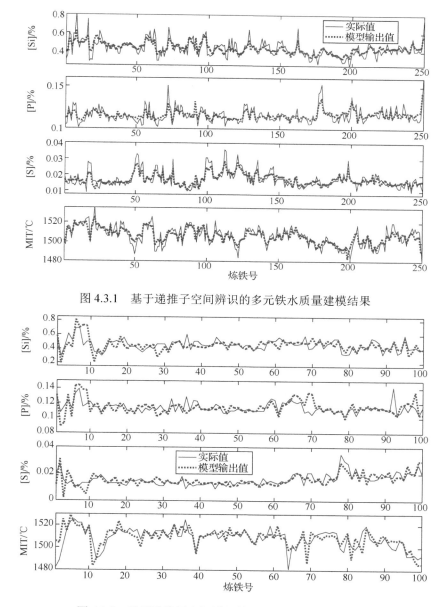

图 4.3.1　基于递推子空间辨识的多元铁水质量建模结果

图 4.3.2　基于递推子空间辨识的多元铁水质量估计结果

为了验证递推子空间预估器的在线辨识能力，分别用子空间预估器和带有遗忘因子的递推子空间预估器在 250 组训练数据上建立多元铁水质量的输入输出模型。在测试时，选用一组与训练数据不同工况下的数据，对比两种模型在工况改变的情况下模型的预测表现。图 4.3.3 为两种模型在工况改变下的多元铁水质量估计结果。表 4.3.1 为两种模型在工况改变下的多元铁水质量指标估计的 RMSE。由图 4.3.3 和

表 4.3.1 可以看出,相比之下带有遗忘因子的递推子空间预估器具有更高的预测精度,估计误差较小,变化趋势更接近于实际值。因此,带有遗忘因子的递推子空间预估器更适合于工况时变的高炉炼铁系统的铁水质量建模与在线预测。

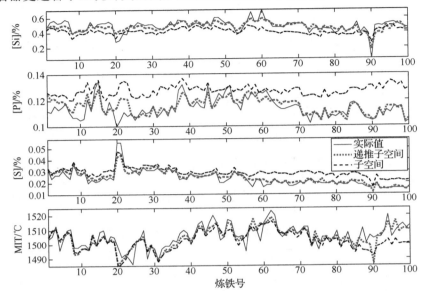

图 4.3.3   工况变化下两种子空间预估器估计结果

表 4.3.1   工况变化下两种子空间预估器对各个铁水质量指标估计的均方根误差

算法	RMSE			
	[Si]/%	[P]/%	[S]/%	MIT/℃
递推线性子空间	0.0465	0.0051	0.0025	4.3006
线性子空间	0.0730	0.0150	0.0052	5.7697

4.4   基于递推双线性子空间辨识的高炉铁水质量在线建模

高炉炼铁是一个复杂的非线性动态系统,常规线性模型难以准确地描述高炉炼铁过程的非线性特性,而一般的非线性模型难以实现模型参数的在线更新,从而无法准确地描述炼铁过程的动态特性。在工况相对平稳、系统非线性较弱时,4.3 节建立的递推线性子空间辨识的高炉铁水质量模型具有较好的估计精度。但是当高炉工况不稳定且非线性较强时,4.3 节建立的模型预测精度有限,实用性不强。因此,需要建立模型参数能够根据最新数据自适应更新的铁水质量非线性模型,以实现可靠预测以及后续的铁水质量控制。

在各种非线性模型中,双线性模型被认为是最接近线性系统又具有较好非线性拟合能力的一类非常实用的模型。考虑到面向控制应用的辨识模型应当简单易用，并且可实现炼铁过程复杂非线性动态特性的有效捕捉，本节在双线性子空间辨识和 4.3 节递推线性子空间辨识基础上，提出一种递推双线性子空间辨识（recursive bilinear subspace identification, R-B-SI）方法，用于建立铁水质量的双线性在线学习模型。与 CVA、N4SID 等标准子空间辨识算法不同，该方法无须显式地求出系统矩阵，只需要通过线性回归的方法，基于系统的输入输出数据直接求解模型的子空间参数矩阵。该方法通过构建扩展后的 Hankel 矩阵以方便求解用于构建数据驱动输入输出模型的子空间矩阵，而不显式地估计系统矩阵，可以有效地降低计算复杂度；同时，引入具有遗忘因子的 R-B-SI 算法建立用于铁水质量预测的数据驱动在线建模，提高模型的精度和自适应能力。由于建立的预测模型的子空间矩阵可通过最新的过程数据实现在线更新，因而后文基于该模型所设计的预测控制器也具有更稳定和更可靠的控制性能。

4.4.1　递推双线性子空间辨识算法

考虑如下 l 维输入 m 维输出的双线性系统：

$$x_{t+1} = A_{n\times n}x_t + N_{n\times nm}u_t \otimes x_t + B_{n\times m}u_t + K_{n\times l}e_t$$
$$y_t = C_{l\times n}x_t + D_{l\times m}u_t + e_t \tag{4.4.1}$$

式中，$x_t \in \mathbb{R}^n, u_t \in \mathbb{R}^m$ 和 $y_t \in \mathbb{R}^l$ 分别为系统的状态向量、输入向量和输出向量；$K_{n\times l}$ 为 Kalman 滤波增益；$e_t \in \mathbb{R}^l$ 为零均值高斯白噪声序列，其协方差矩阵为 $E[e_k e_k^{\mathrm{T}}] = S_{l\times l}$；矩阵 $N_{n\times nm} = \begin{bmatrix} N_1 & N_2 & \cdots & N_m \end{bmatrix}$ 表示模型的双线性特性。向量 $a \in \mathbb{R}^p$ 和 $b \in \mathbb{R}^q$ 的 Kronecker 积 $\otimes$ 定义为 $a \otimes b = \begin{bmatrix} a_1 b^{\mathrm{T}} & a_2 b^{\mathrm{T}} & \cdots & a_p b^{\mathrm{T}} \end{bmatrix} \in \mathbb{R}^{pq}$。

由式（4.4.1）可知，双线性系统在线性系统的基础上包含了控制量（输入量）和状态量的乘积，t 时刻的状态输出为

$$x_t = C^{\dagger}(y_t - Du_t - e_t) \tag{4.4.2}$$

式中，$\dagger$ 表示 Moore-Penrose 伪逆。非线性乘积项 u_t 和 x_t 的 Kronecker 积由 $f(u_t, y_t)$ 表示为

$$\begin{aligned} f(u_t, y_t) &= u_t \otimes C^{\dagger}y_t - u_t \otimes C^{\dagger}Du_t - u_t \otimes C^{\dagger}e_t \\ &= Pu_t \otimes y_t - Qu_t \otimes u_t - u_t \otimes C^{\dagger}e_t \end{aligned} \tag{4.4.3}$$

式中，P 为 $\mathbb{R}^{mn\times ml}$ 对角矩阵，Q 为 $\mathbb{R}^{mn\times mm}$ 对角阵，分别表示为

$$P = \begin{bmatrix} C^{\dagger} & 0 & 0 & 0 \\ 0 & C^{\dagger} & 0 & 0 \\ 0 & 0 & \ddots & 0 \\ 0 & 0 & 0 & C^{\dagger} \end{bmatrix}, \quad Q = \begin{bmatrix} C^{\dagger}D & 0 & 0 & 0 \\ 0 & C^{\dagger}D & 0 & 0 \\ 0 & 0 & \ddots & 0 \\ 0 & 0 & 0 & C^{\dagger}D \end{bmatrix}$$

将式（4.4.3）代入式（4.4.1）中，可得 $t+1$ 时刻的状态输出为

$$x_{t+1} = Ax_t + NPu_t \otimes y_t - NQu_t \otimes u_t + Bu_t + (K - Nu_t \otimes C^\dagger)e_t \qquad (4.4.4)$$

定义如下扩展输入和扩展系统矩阵：

$$\tilde{u}_t = \begin{bmatrix} u_t & u_t \otimes y_t & u_t \otimes u_t \end{bmatrix}^{\mathrm{T}} \qquad (4.4.5)$$

$$\tilde{B} = \begin{bmatrix} B & NP & -NQ \end{bmatrix} \qquad (4.4.6)$$

$$\tilde{K} = \begin{bmatrix} K & -Nu_t \otimes C^\dagger \end{bmatrix} \qquad (4.4.7)$$

将式（4.4.5）～式（4.4.7）代入式（4.4.4）中，可得

$$x_{t+1} = Ax_t + \tilde{B}\tilde{u}_t + \tilde{K}e_t \qquad (4.4.8)$$

结合式（4.4.1）和式（4.4.8），基于状态空间模型形式的双线性系统可写为

$$\begin{aligned} x_{t+1} &= Ax_t + \tilde{B}\tilde{u}_t + \tilde{K}e_t \\ y_t &= Cx_t + Du_t + e_t \end{aligned} \qquad (4.4.9)$$

式（4.4.9）在结构上和线性系统保持一致，只是输入量的形式不一样，因此对式（4.4.9）进行子空间辨识可以按照线性子空间辨识的某些特性进行。

基于系统的输入输出数据测量值，按如下方式构造数据块 Hankel 矩阵：

$$U_p = \begin{bmatrix} u_0 & u_1 & \cdots & u_{j-1} \\ u_1 & u_2 & \cdots & u_j \\ \vdots & \vdots & \ddots & \vdots \\ u_{i-1} & u_i & \cdots & u_{i+j-2} \end{bmatrix} \qquad (4.4.10)$$

$$\tilde{U}_p = \begin{bmatrix} \tilde{u}_0 & \tilde{u}_1 & \cdots & \tilde{u}_{j-1} \\ \tilde{u}_1 & \tilde{u}_2 & \cdots & \tilde{u}_j \\ \vdots & \vdots & \ddots & \vdots \\ \tilde{u}_{i-1} & \tilde{u}_i & \cdots & \tilde{u}_{i+j-2} \end{bmatrix} \qquad (4.4.11)$$

$$U_f = \begin{bmatrix} u_i & u_{i+1} & \cdots & u_{i+j-1} \\ u_{i+1} & u_{i+2} & \cdots & u_{i+j} \\ \vdots & \vdots & \ddots & \vdots \\ u_{2i-1} & u_{2i} & \cdots & u_{2i+j-2} \end{bmatrix} \qquad (4.4.12)$$

$$\tilde{U}_f = \begin{bmatrix} \tilde{u}_i & \tilde{u}_{i+1} & \cdots & \tilde{u}_{i+j-1} \\ \tilde{u}_{i+1} & \tilde{u}_{i+2} & \cdots & \tilde{u}_{i+j} \\ \vdots & \vdots & \ddots & \vdots \\ \tilde{u}_{2i-1} & \tilde{u}_{2i} & \cdots & \tilde{u}_{2i+j-2} \end{bmatrix} \qquad (4.4.13)$$

式中，输入块 Hankel 矩阵中的下标 f 和 p 分别表示"未来"和"过去"的采样时间；$Y_p, Y_f, \tilde{Y}_p, \tilde{Y}_f$ 的定义和前文定义相似；$u_0, u_1, \cdots, u_{2i+j-2}$ 都为 m 维输入列向量，$y_0, y_1, \cdots, y_{2i+j-2}$ 都为 l 维输出列向量，所定义的块 Hankel 矩阵行数为 i，列数为 j，

并且有 $j = s - 2i + 1$，其中 s 为训练样本集的总列数。未来状态序列和过去状态序列分别有如下定义：

$$X_p = \begin{bmatrix} x_0 & x_1 & \cdots & x_{j-1} \end{bmatrix} \qquad (4.4.14)$$

$$X_f = \begin{bmatrix} x_i & x_{i+1} & \cdots & x_{i+j-1} \end{bmatrix} \qquad (4.4.15)$$

同线性子空间辨识一样，以下方程在双线性子空间辨识中起着非常重要的作用：

$$Y_p = \Gamma_i X_p + H_i \tilde{U}_p + H_i^d U_p \qquad (4.4.16)$$

$$Y_f = \Gamma_i X_f + H_i \tilde{U}_f + H_i^d U_f \qquad (4.4.17)$$

$$X_f = A^i X_p + \Delta_i \tilde{U}_p \qquad (4.4.18)$$

假设 $\{A, C\}$ 满足能观性，$\{A, \tilde{B}\}$ 满足能控性，则广义能观矩阵 Γ_i 和广义能控矩阵 Δ_i 定义为

$$\Gamma_i = \begin{bmatrix} C & CA & \cdots & CA^{i-1} \end{bmatrix}^{\mathrm{T}} \qquad (4.4.19)$$

$$\Delta_i = \begin{bmatrix} A^{i-1}\tilde{B} & A^{i-2}\tilde{B} & \cdots & \tilde{B} \end{bmatrix} \qquad (4.4.20)$$

另外，低维分块三角 Toeplitz 矩阵 H_i 和对角分块矩阵 H_i^d 的定义为

$$H_i = \begin{bmatrix} 0 & 0 & 0 & \cdots & 0 \\ C\tilde{B} & 0 & 0 & \cdots & 0 \\ CA\tilde{B} & C\tilde{B} & 0 & \cdots & 0 \\ \vdots & \vdots & \vdots & \ddots & \vdots \\ CA^{i-2}\tilde{B} & CA^{i-3}\tilde{B} & CA^{i-4}\tilde{B} & \cdots & 0 \end{bmatrix} \qquad (4.4.21)$$

$$H_i^d = \begin{bmatrix} D & 0 & 0 & \cdots & 0 \\ 0 & D & 0 & \cdots & 0 \\ 0 & 0 & D & \cdots & 0 \\ \vdots & \vdots & \vdots & \ddots & \vdots \\ 0 & 0 & 0 & \cdots & D \end{bmatrix} \qquad (4.4.22)$$

结合式（4.4.16）和式（4.4.18）可得

$$X_f = \begin{bmatrix} \Delta_i - A^i \Gamma_i^{\dagger} H_i & -A^i \Gamma_i^{\dagger} H_i^d & A^i \Gamma_i^{\dagger} \end{bmatrix} \begin{bmatrix} \tilde{U}_p \\ U_p \\ Y_p \end{bmatrix} \qquad (4.4.23)$$

将式（4.4.23）代入式（4.4.17）中可得

$$Y_f = L_p W_p + L_u W_u + L_v W_v \qquad (4.4.24)$$

这里，各参数有如下描述：

$$
\begin{cases}
L_p = \varGamma^i \begin{bmatrix} -A^i \varGamma_i^\dagger H_i^d & A^i \varGamma_i^\dagger \end{bmatrix} \\
L_u = H_i^d \\
L_v = \begin{bmatrix} \varGamma_i \varDelta_i - \varGamma_i A^i \varGamma_i^\dagger H_i & H^i \end{bmatrix} \\
W_p = \begin{bmatrix} U_p^{\mathrm{T}} & Y_p^{\mathrm{T}} \end{bmatrix}^{\mathrm{T}} \\
W_u = U_f \\
W_v = \begin{bmatrix} \tilde{U}_p^{\mathrm{T}} & \tilde{U}_f^{\mathrm{T}} \end{bmatrix}^{\mathrm{T}}
\end{cases}
$$

式中，W_p, W_u, W_v 为输入输出数据构造的块 Hankel 矩阵，其和线性子空间的不同在于该构造方式中包含了输入和输出的乘积形式。

式（4.4.24）为子空间的预估器形式，可通过求解如下最小二乘问题求出：

$$
\min_{L_p, L_u, L_v} \left\| Y_f - \tilde{Y}_f \right\|_F^2 = \min_{L_p, L_u, L_v} \left\| Y_f - \begin{bmatrix} L_p & L_u & L_v \end{bmatrix} \begin{bmatrix} W_p \\ W_u \\ W_v \end{bmatrix} \right\|_F^2 \quad (4.4.25)
$$

值得注意的是，该算法得到的双线性系统模型式（4.4.1）和式（4.4.24）不能用最新数据在线更新模型参数，不能表征复杂工业过程的非线性时变动态。为此，进一步提出递推学习算法来解决上述优化问题，引入带遗忘因子的递推学习算法来求解式（4.4.25），使子空间矩阵 L_p, L_u, L_v 可以在线实时更新。带遗忘因子的递推学习算法可以描述如下：

$$
\hat{L}_{k+1} = \hat{L}_k + g_{k+1} \left(y_{k+1}^{\mathrm{T}} - \varphi_{k+1}^{\mathrm{T}} \hat{L}_k \right) \quad (4.4.26)
$$

$$
g_{k+1} = P_k \varphi_{k+1} \left(\lambda + \varphi_{k+1}^{\mathrm{T}} P_k \varphi_{k+1} \right)^{-1} \quad (4.4.27)
$$

$$
P_{k+1} = \frac{1}{\lambda} \left(I - g_{k+1} \varphi_{k+1}^{\mathrm{T}} \right) P_k \quad (4.4.28)
$$

式中，$\hat{L}_k = \begin{bmatrix} \hat{L}_p & \hat{L}_u & \hat{L}_v \end{bmatrix}_k^{\mathrm{T}}$；$\varphi_k = \begin{bmatrix} w_p^{\mathrm{T}} & u_f^{\mathrm{T}} & w_v^{\mathrm{T}} \end{bmatrix}_k$；$g_k$ 为增益向量；P_k 为协方差矩阵；λ 为遗忘因子，用来调整算法对参数变化的灵敏度，通常 $0.95 \leqslant \lambda \leqslant 1$。

综上，子空间预测模型可以写为

$$
\hat{y}_f = \hat{L}_p w_p + \hat{L}_u u_f + \hat{L}_v w_v \quad (4.4.29)
$$

注释 4.4.1：带遗忘因子的递推学习算法的预测输出不仅包含输入输出数据的 Hankel 矩阵，还包括输入数据的 Kronecker 乘积项和输入输出数据之间的 Kronecker 乘积项。这使得该算法的识别过程充分利用了数据信息。因此，所建立的预测模型能够很好地描述动态系统的非线性动力学方程。显然，这优于常规线性子空间辨识模型，后者只包含输入输出数据的 Hankel 矩阵。

注释 4.4.2：式（4.4.29）的预测模型具有良好的在线递推学习能力，能够很好地识别系统的非线性时变动态。这意味着无论高炉的炼铁工况如何变化，该算法都能获得良好的预测性能，从而保证了基于递推双线性子空间辨识的数据驱动预测控制器具有良好的控制性能。

4.4.2　工业数据验证

通过典型相关分析和相关性分析将冷风流量、压差、富氧流量和喷煤量确定为控制输入，并将铁水[Si]、铁水温度（MIT）作为多元铁水质量指标。利用所提出的递推双线性子空间辨识算法，通过实际高炉工业数据得到铁水质量的预测模型为

$$\hat{y}_f = \hat{L}_p w_p + \hat{L}_u u_f + \hat{L}_v w_v \tag{4.4.30}$$

式中，子空间矩阵 $\hat{L}_p, \hat{L}_u, \hat{L}_v$ 根据最新的一组数据更新得到，分别为

$$\hat{L}_p = \begin{bmatrix} 0.2989 & 0.0419 & 0.2465 & -0.0509 & -0.0315 & -0.2461 \\ 0.1860 & 0.2808 & -0.1420 & 0.0099 & 0.1104 & -0.0538 \end{bmatrix}$$

$$\hat{L}_u = \begin{bmatrix} 0.0696 & 0.1440 & 0.0387 & -0.2458 \\ 0.0875 & 0.1593 & -0.0258 & 0.1563 \end{bmatrix}$$

$$\hat{L}_v = \begin{bmatrix} 0.1313 & -0.2139 & 0.2120 & \cdots & 0.1216 & 0.2322 \\ 0.1135 & -0.1821 & 0.0617 & \cdots & 0.0009 & -0.1451 \end{bmatrix}_{2 \times 24}$$

图 4.4.1 和图 4.4.2 分别为所提 R-B-SI 算法建立的铁水质量模型的建模与测试效果。为了消除高频率低振幅的随机噪声波动，图 4.4.1 和图 4.4.2 使用了一个炼铁周期对应的建模输入的平均值来进行质量建模和预测。同时为了更好地验证所

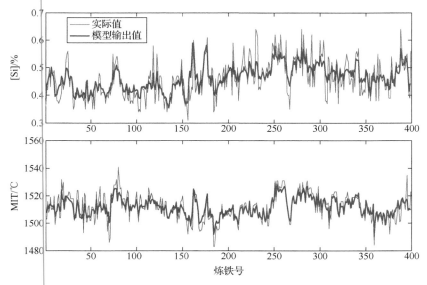

图 4.4.1　基于 R-B-SI 的铁水质量建模效果

提算法的优越性，在同一数据集上与 4.3 节的递推线性子空间辨识（recursive line subspace identification, R-L-SI）算法进行比较实验。结果表明，本节所提方法精度较高，均方根误差更小，能够根据系统输入的实时测量数据准确预测铁水质量指标。此外，对于图 4.4.2 选取的数据集，本节所提方法预测的铁水[Si]和铁水温度的趋势与实际值的趋势更一致。显然，一个具有高建模和预测精度的模型在铁水[Si]和铁水温度的后续预测控制中起着至关重要的作用。

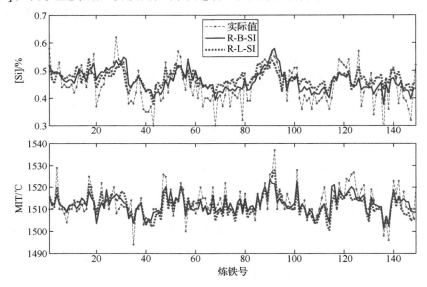

图 4.4.2   基于 R-B-SI 的铁水质量预测效果

4.5   基于非线性子空间辨识的高炉铁水质量建模

实际工业高炉炼铁是一个极其复杂的强非线性过程，一般的线性模型难以准确地描述高炉炼铁过程的非线性特性。此外，前文 4.3 节建立的多元铁水质量线性模型以及 4.4 节建立的双线性模型虽然能够实现模型参数随工况自适应地更新，但是仍难以完全刻画高炉的强非线性特性。目前铁水质量的非线性建模大多针对单一铁水质量指标，如铁水硅含量或铁水温度，无法全面表征铁水质量信息。另外，现有的大部分铁水质量非线性建模研究采用神经网络等智能建模算法，建模过程复杂，模型形式也仅限于输入输出的模型形式，不便于后续铁水质量的控制器设计[11]。基于以上问题，本节首先在适合于控制器设计的线性状态空间模型基础上，在模型输入端加入静态非线性模块，构成非线性 Hammerstein 模型。同时，针对整体的非线性系统，采用基于最小二乘支持向量机（LSSVM）的 Hammerstein

系统非线性子空间辨识算法，建立非线性状态空间方程。为了降低引入核函数增加的模型计算复杂度，采用多项式拟合或插值方法拟合核函数表示的非线性特性。基于某高炉实际生产数据的数据实验验证了所提建模方法的有效性和准确性。

4.5.1　基于 LSSVM 的非线性子空间辨识算法

Hammerstein 模型是一种典型的非线性模型，它由一个静态的非线性单元与一个动态的线性模块串联而成[12]。该模型能较好地反映过程特征，已用于描述聚丙烯级过渡、固体氧化物燃料电池、生物系统等很多非线性系统[13-15]。这里考虑以下状态空间 Hammerstein 系统：

$$\begin{cases} x_{t+1} = Ax_t + Bf(u_t) + v_t \\ y_t = Cx_t + Df(u_t) + v_t \end{cases} \tag{4.5.1}$$

式中，$t = 1, 2, \cdots, N-1$；$u_t \in \mathbb{R}^m, y_t \in \mathbb{R}^l, x_t \in \mathbb{R}^n$ 分别为系统的输入向量、输出向量和状态向量；$f(u_t): \mathbb{R}^m \to \mathbb{R}^m$ 为静态非线性 $f(u_t) = \begin{bmatrix} f_1(u_t(1)) & f_2(u_t(2)) & \cdots & , \end{bmatrix}$ $f_m(u_t(m)) \end{bmatrix}^T$；$v_t \in \mathbb{R}^n, v_t \in \mathbb{R}^l$ 为零均值高斯白噪声序列向量，其协方差矩阵为

$$E\left\{ \begin{bmatrix} v_p \\ v_p \end{bmatrix} \begin{bmatrix} v_q^T & v_q^T \end{bmatrix} \right\} = \begin{bmatrix} Q & S \\ S^T & R \end{bmatrix} \delta_{pq} \tag{4.5.2}$$

式中，δ_{pq} 为 Kronecker 符号函数；Q, S 和 R 为噪声协方差矩阵。

在文献[16]中，Goethals 等以预测为目的提出了一种针对式（4.5.1）所示的多输入多输出 Hammerstein 系统的系统辨识方法。该方法通过将 N4SID 算法中的斜投影计算问题改写为一系列分量形式的 LSSVM 回归问题，从而实现了对 N4SID 算法的非线性扩展。Goethals 指出 Hammerstein 系统中的线性模型和式（4.5.1）中的静态非线性特性可以通过对 LSSVM 回归问题得到的矩阵进行低秩逼近得到。具体算法描述如下。

4.5.1.1　计算斜投影

假设可以测量得到的输入输出数据对为 $\{(u_t, y_t)\}_{t=0}^{N-1}$，定义 Φ 为针对 Hankel 矩阵的矩阵算子，定义非线性函数 $\rho(\cdot)$ 为针对 Z 中每一个块矩阵 Z_i 的非线性算子。根据子空间辨识建模原理，斜投影 $O_i = Y_f / U_f W_p, W_p = [Y_p; U_p]$ 可以通过 L_u, L_y, f 计算求得，式中 U_f, Y_f, U_p, Y_p 分别为未来输入输出数据和过去输入输出数据对应的 Hankel 矩阵，而 L_u, L_y, f 则可以通过一个最小二乘问题估计得出，即最小化下式中的残差 E：

$$Y_f = \begin{bmatrix} L_u & L_y \end{bmatrix} \begin{bmatrix} \Phi_f(U_{0|2i-1}) \\ Y_p \end{bmatrix} + E \tag{4.5.3}$$

式（4.5.3）亦可写为

$$Y_f(s,t) = L_y(s,:)Y_p(:,t) + \sum_{h=1}^{2i}\sum_{k=1}^{m} L_u(s,(h-1)m+k)f_k(u_{h+t-2}(k)) + E(s,t) \qquad (4.5.4)$$

式中，$s = 1,2,\cdots,il$ ；$t = 1,2,\cdots,j$ 。

一旦式（4.5.3）和式（4.5.4）中 L_u,L_y,f 的估计值 $\hat{L}_u,\hat{L}_y,\hat{f}$ 通过最小二乘法确定下来，斜投影可计算如下：

$$O_i(s,t) = \hat{L}_y(s,:)Y_p(:,t) + \sum_{h=1}^{i}\sum_{k=1}^{m}\hat{L}_u(s,(h-1)m+k)\hat{f}_k(u_{h+t-2}(k)) \qquad (4.5.5)$$

然而，式（4.5.4）中包含参数矩阵 L_u 与非线性函数 f 的相乘项，使得优化问题非凸，为此引入一组函数 $g_{h,s,k}:\mathbb{R}^m \to \mathbb{R}^m$ ，如下所示：

$$\begin{cases} g_{h,s,k} \triangleq c_{h,s,k}f_k \\ \text{s.t.} \quad c_{h,s,k} = L_u(s,(h-1)m+k) \end{cases} \qquad (4.5.6)$$

式中，$h = 1,2,\cdots,2i$ ；$s = 1,2,\cdots,il$ ；$k = 1,2,\cdots,m$ 。引入这组函数后，式（4.5.4）和式（4.5.5）可写为

$$Y_f(s,t) = L_y(s,:)Y_p(:,t) + \sum_{h=1}^{2i}\sum_{k=1}^{m} g_{h,s,k}(u_{h+t-2}(k)) + E(s,t) \qquad (4.5.7)$$

$$O_i(s,t) = \hat{L}_y(s,:)Y_p(:,t) + \sum_{h=1}^{i}\sum_{k=1}^{m}\hat{g}_{h,s,k}(u_{h+t-2}(k)) \qquad (4.5.8)$$

定义核函数 $k^k:\mathbb{R}\times\mathbb{R}\to\mathbb{R}$ ，对所有 $p,q = 0,2,\cdots,N-1$ 和 $k = 1,2,\cdots,m$ ，均有 $k^k(u_p(k),u_q(k)) = \varphi_k(u_p(k))^{\mathrm{T}}\varphi_k(u_q(k))$，核函数矩阵 $K^k \in \mathbb{R}^{N\times N}$，对所有 $i,j = 1,2,\cdots,N$，均有 $K^k(i,j) = k^k(u_{i-1}(k),u_{j-1}(k))$ 。用 $\omega_{h,s,k}^{\mathrm{T}}\varphi_k$ 替换式（4.5.7）中的 $g_{h,s,k}$ 得

$$Y_f(s,t) = L_y(s,:)Y_p(:,t) + \sum_{h=1}^{2i}\sum_{k=1}^{m} \omega_{h,s,k}^{\mathrm{T}}\varphi_k(u_{h+t-2}(k)) + E(s,t)$$

$$\forall s = 1,2,\cdots,il \ , \ t = 1,2,\cdots,j \qquad (4.5.9)$$

式（4.5.9）的模型形式可以方便地引入核函数及分量形式 LSSVM 的方法去估计参数。考虑到将非线性函数展开成一组非线性函数的和并不唯一，例如，对于所有的 $\delta\in\mathbb{R}$ ，存在

$$(\omega_1^{\mathrm{T}}\varphi_1(u)) + (\omega_2^{\mathrm{T}}\varphi_2(u)) = (\omega_1^{\mathrm{T}}\varphi_1(u) + \delta) + (\omega_2^{\mathrm{T}}\varphi_2(u) - \delta)$$

此问题可通过引入中心约束条件 $\sum_{t=0}^{N-1} f(u_t) = 0$ 来避免。对于任意的常数 δ_u 和任意的函数 $\overline{f}:\mathbb{R}^m \to \mathbb{R}^m$ ，满足 $f = \overline{f} + \delta_u$ ，均存在一个状态转换 $\xi_t = \psi(x_t)$ ，$\psi:\mathbb{R}^m \to \mathbb{R}^m$ 和一个常数 δ_y ，定义如下：

$$\begin{cases} \xi_t = \psi(x_t) = x_t - (I-A)^{-1}B\delta_u \\ \delta_y = (C(I-A)^{-1}B + D)\delta_u \end{cases} \qquad (4.5.10)$$

则式（4.5.1）可变换为

$$\begin{cases} \xi_{t+1} = A\xi_t + B\overline{f}(u_t) + v_t \\ y_t - \delta_y = C\xi_t + D\overline{f}(u_t) + v_t \end{cases} \tag{4.5.11}$$

式中，$\psi : \mathbb{R}^n \to \mathbb{R}^n$；$\delta_u, \delta_y$ 均为常数。由于系统模型加入了一个新的参数 δ_y，因此式（4.5.9）变换为

$$Y_f(s,t) + [1_i \otimes \delta_y](s) = L_y(s,:)(Y_p(:,t) + 1_i \otimes \delta_y)$$
$$+ \sum_{h=1}^{2i} \sum_{k=1}^{m} \omega_{h,s,k}^{\mathrm{T}} \varphi_k(u_{h+t-2}(k)) + E(s,t) \tag{4.5.12}$$
$$\forall s = 1, 2, \cdots, il, \quad t = 1, 2, \cdots, j$$

式中，$\otimes$ 表示 Kronecker 积。

对于所有 $h = 1, 2, \cdots, 2i$ 和 $s = 1, 2, \cdots, il$，均有 $\omega_{h,s,k}^{\mathrm{T}} \varphi_k = g_{h,s,k} = c_{h,s,k} f_k$，则原 LSSVM 回归问题可表示为一个有约束的优化问题：

$$\min_{\omega_{h,s,k}, L_y, E, \delta_y} J(\omega_{h,s,k}, L_y, E, \delta_y) = \frac{1}{2} \sum_{s=1}^{il} \sum_{h=1}^{2i} \sum_{k=1}^{m} \omega_{h,s,k}^{\mathrm{T}} \omega_{h,s,k} + \frac{\gamma}{2} \sum_{s=1}^{il} \sum_{t=1}^{j} E(s,t)^2$$

$$\text{s.t.} \begin{cases} Y_f(s,t) + [1_i \otimes \delta_y](s) = L_y(s,:)(Y_p(:,t) + 1_i \otimes \delta_y) \\ \qquad\qquad + \sum_{h=1}^{2i} \sum_{k=1}^{m} \omega_{h,s,k}^{\mathrm{T}} \varphi_k(u_{h+t-2}(k)) + E(s,t) \\ \forall s = 1, 2, \cdots, il, \quad t = 1, 2, \cdots, j \\ \sum_{t=0}^{N-1} \omega_{h,s,k}^{\mathrm{T}} \varphi_k(u_t(k)) = 0 \\ \forall h = 1, 2, \cdots, 2i, \quad s = 1, 2, \cdots, il, \quad k = 1, 2, \cdots, m \end{cases} \tag{4.5.13}$$

通过构造式（4.5.13）的拉格朗日函数，L_y 和 δ_y 的估计值可以从如下对偶系统求解：

$$\begin{bmatrix} 0 & 0 & 1^{\mathrm{T}} & 0 \\ 0 & 0 & Y_p & 0 \\ 1 & Y_p^{\mathrm{T}} & \kappa_p + \kappa_f + \gamma^{-1}I & S \\ 0 & 0 & S^{\mathrm{T}} & T \end{bmatrix} \begin{bmatrix} \overline{d} \\ L_y^{\mathrm{T}} \\ A \\ B \end{bmatrix} = \begin{bmatrix} 0 \\ 0 \\ Y_f^{\mathrm{T}} \\ 0 \end{bmatrix} \tag{4.5.14}$$

式中，$\overline{d} = (1_i \otimes I_l - L_y(1_i \otimes I_l))\delta_y$；$1_i$ 是长度为 i 且元素全为 1 的列向量；$A \in \mathbb{R}^{j \times h}$，$B \in \mathbb{R}^{2im \times li}$ 分别为包含一组拉格朗日乘子的矩阵；T, S 定义如下：

$$T \triangleq I_{2i} \otimes \begin{bmatrix} 1_N^{\mathrm{T}} K^1 1_N & & 0 \\ & \ddots & \\ 0 & & 1_N^{\mathrm{T}} K^m 1_N \end{bmatrix}, \quad S \triangleq \begin{bmatrix} S_1 & S_2 & \cdots & S_{2i} \\ S_2 & S_3 & \cdots & S_{2i+1} \\ \vdots & \vdots & & \vdots \\ S_j & S_{j+1} & \cdots & S_N \end{bmatrix}$$

$$S_q \triangleq \sum_{t=1}^{N} \begin{bmatrix} K^1(t,q) & K^2(t,q) & \cdots & K^m(t,q) \end{bmatrix}$$

矩阵 $\kappa_p \in \mathbb{R}^{j \times j}$, $\kappa_f \in \mathbb{R}^{j \times j}$，其元素分别为

$$\begin{cases} \kappa_p(p,q) = \sum_{h=1}^{i} \sum_{k=1}^{m} k^k(u_{h+p-2}(k), u_{h+q-2}(k)) \\ \kappa_f(p,q) = \sum_{h=i+1}^{2i} \sum_{k=1}^{m} k^k(u_{h+p-2}(k), u_{h+q-2}(k)) \end{cases}, \quad p,q = 1,2,\cdots,j$$

$g_{h,s,k}$ 的估计值以及斜投影分别如下：

$$\hat{g}_{h,s,k} : \mathbb{R} \to \mathbb{R} : u^*(k) \to \sum_{t=1}^{j} \alpha_{s,t} k^k(u_{h+t-2}(k), u^*(k)) + \beta_{h,s}(k) \sum_{t=0}^{N-1} k^k(u_t(k), u^*(k)), \quad \forall h,s$$

$$(4.5.15)$$

$$O_i = L_u(:,1:li)\Phi_{\bar{f}}(U_{0|i-1}) + \hat{L}_y Y_p = A^{\mathrm{T}} \kappa_p + B_p^{\mathrm{T}} S_p^{\mathrm{T}} + \hat{L}_y(Y_p - (1_i 1_j^{\mathrm{T}}) \otimes \hat{\delta}_y) \qquad (4.5.16)$$

式中，$B_p = B(1:mi,:)$；$S_p = S(:,1:mi)$。O_{i+1} 的计算方法和 O_i 类似，即

$$O_{i+1} = (A^-)^{\mathrm{T}}(\kappa_p^+)^{\mathrm{T}} + (B_p^-)^{\mathrm{T}}(S_p^-)^{\mathrm{T}} + L_y^-(Y_p^+ - 1_{(i+1)} 1_j^{\mathrm{T}} \otimes \delta_y) \qquad (4.5.17)$$

式中，$\kappa_p^+(p,q) = \sum_{h=1}^{i+1} \sum_{k=1}^{m} k^k(u_{h+p-2}(k), u_{h+q-2}(k))$，$p,q = 1,2,\cdots,j$；$B_p^- = B^-(1:(i+1)m,:)$；$S_p^- = S^-(:,1:(i+1)m)$。此外，$A^-, B^-, L_y^-$ 可通过对偶系统求解。

4.5.1.2 系统状态估计

系统的状态序列 $\tilde{X}_i$, $\tilde{X}_{i+1}$ 的估计方法和线性子空间辨识的方法一样，可以通过对斜投影 O_i, O_{i+1} 进行奇异值分解得到。这些状态序列将在算法的后续步骤中用来估计系统矩阵和提取非线性特性 $\bar{f}_k$。

4.5.1.3 提取系统矩阵和静态非线性

系统矩阵和静态非线性函数可由下式估计得出：

$$(\hat{A}, \hat{B}, \hat{C}, \hat{D}, \hat{\bar{f}}) = \underset{A,B,C,D,\bar{f}}{\arg\min} \left\| \begin{bmatrix} \tilde{X}_{i+1} \\ Y_{i|i} - \delta_y \end{bmatrix} - \begin{bmatrix} A & B \\ C & D \end{bmatrix} \begin{bmatrix} \tilde{X}_i \\ \Phi_{\bar{f}}(U_{i|i}) \end{bmatrix} \right\|_F^2 \qquad (4.5.18)$$

这一最小二乘问题依然可以变为一个 LSSVM 回归问题，定义为

$$\chi_{i+1} = \begin{bmatrix} \tilde{X}_{i+1} \\ Y_{i|i} - \delta_y \end{bmatrix}, \quad \Theta_{AC} = \begin{bmatrix} A \\ C \end{bmatrix}, \quad \Theta_{BD} = \begin{bmatrix} B \\ D \end{bmatrix} \qquad (4.5.19)$$

将 $\Theta_{BD}(s,k) f_k$ 用 $\omega_{s,k}^{\mathrm{T}} \varphi_k$ 替换，则

$$\chi_{i+1}(s,t) = \Theta_{AC}(s,:)\tilde{X}_i(:,t) + \sum_{k=1}^{m} \omega_{s,k}^{\mathrm{T}} \varphi_k(u_{i+t-1}(k)) + E \qquad (4.5.20)$$

式中，E 为式（4.5.18）的残差。由此，LSSVM 回归的原始问题可以写为

$$\min_{\omega_{s,k}, E, \Theta_{AC}} J(\omega, E) = \frac{1}{2} \sum_{s=1}^{n+l} \sum_{k=1}^{m} \omega_{s,k}^{\mathrm{T}} \omega_{s,k} + \frac{\gamma_{BD}}{2} \sum_{s=1}^{n+l} \sum_{t=1}^{j} E(s,t)^2$$

$$\mathrm{s.t.} \begin{cases} \chi_{i+1}(s,t) = \Theta_{AC}(s,:) \tilde{X}_i(:,t) + \sum_{k=1}^{m} \omega_{s,k}^{\mathrm{T}} \varphi_k(u_{i+t-1}(k)) \\ \forall s = 1, 2, \cdots, il, \quad t = 1, 2, \cdots, j \\ \sum_{t=0}^{N-1} \omega_{s,k}^{\mathrm{T}} \varphi_k(u_t(k)) = 0, \quad \forall s = 1, 2, \cdots, il, \quad k = 1, 2, \cdots, m \end{cases} \quad (4.5.21)$$

式中，γ_{BD} 为一个正则化常数，与式（4.5.13）中的 γ 相区别。

式（4.5.19）所示 Θ_{AC} 中的系统矩阵 A, C 可由如下所示的对偶问题求出：

$$\begin{bmatrix} 0 & \tilde{X}_i & 0 \\ \tilde{X}_i^{\mathrm{T}} & \kappa_{BD} + \gamma_{BD}^{-1} I & S_{BD} \\ 0 & S_{BD}^{\mathrm{T}} & T_{BD} \end{bmatrix} \begin{bmatrix} \Theta_{AC}^{\mathrm{T}} \\ A_{BD} \\ B_{BD} \end{bmatrix} = \begin{bmatrix} 0 \\ \chi_{i+1}^{\mathrm{T}} \\ 0 \end{bmatrix} \quad (4.5.22)$$

式中，$\kappa_{BD}(p,q) = \sum_{k=1}^{m} K_{BD}^k(p,q)$，$K_{BD}^k(p,q) = k^k(u_{i+p-1}(k), u_{i+q-1}(k))$，$\forall p, q = 1, 2, \cdots, j$；$A_{BD} \in \mathbb{R}^{j \times (n+l)}$；$B_{BD} \in \mathbb{R}^{m \times (n+l)}$；$T_{BD} = \mathrm{diag}\{1_N^{\mathrm{T}} K^k 1_N\}$，$k = 1, 2, \cdots, m$；$S_{BD} = \begin{bmatrix} S_{i+1} & \cdots & S_{i+j} \end{bmatrix}^{\mathrm{T}}$。系统矩阵 A, C 的估计值可以通过分解 Θ_{AC} 得到，将式（4.5.22）与式（4.5.18）、式（4.5.19）相结合，得到下式：

$$\Theta_{BD}(:,k)[\bar{f}_k(u_0(k)), \bar{f}_k(u_1(k)), \cdots, \bar{f}_k(u_{N-1}(k))]$$

$$= A_{BD}^{\mathrm{T}} K^k(i+1:i+j,:) + B_{BD}^{\mathrm{T}}(k,:) \sum_{t=1}^{N} K_{BD}^k(t,:) \quad (4.5.23)$$

对 Θ_{BD} 中的系统矩阵 B, D 的第 k 列和非线性特性 $\bar{f}_k$ 的估计可通过对式（4.5.23）右边进行秩为 1 的近似获得，如采用 SVD 进行求解。

由 SVD 获得非线性特性 $\bar{f}_k$ 后，可以得到 N 组数据，即 $\left\{\left(u_t(k), \bar{f}_k(u_t(k))\right)\right\}_{t=0}^{N-1}$，将 $u_t(k), \bar{f}_k(u_t(k))$ 分别作为横、纵坐标画出非线性特性 $\bar{f}_k$ 对应的散点图，将这些散点用一条非线性曲线拟合，即可获得非线性特性 $\bar{f}_k$ 的曲线表示形式，降低原始模型中核函数带来的计算复杂度。

当非线性特性曲线近似低阶多项式曲线时，可以采用多项式拟合的方法拟合非线性特性。首先，根据非线性特性 $\bar{f}_k$ 的散点图判断出多项式的阶次 m，以此决定 $\bar{f}_k$ 的近似多项式函数表达式：

$$\bar{f}_k(x) \doteq a_0 + a_1 x + a_2 x^2 + \cdots + a_m x^m$$

然后，将多项式曲线拟合问题转化为如下最小二乘问题求解：

$$\min_{a_0, a_1, a_2, \cdots, a_m} \sum_{t=0}^{N-1} \left\| \sum_{i=0}^{m} a_i (u_t(k))^i - \bar{f}_k(u_t(k)) \right\|^2 \quad (4.5.24)$$

利用多元函数求极值方法，分别对 a_i 求偏导，可得 $m+1$ 个方程，写成矩阵形式如下所示：

$$
\begin{bmatrix}
N & \displaystyle\sum_{t=0}^{N-1} u_t(k) & \cdots & \displaystyle\sum_{t=0}^{N-1}(u_t(k))^m \\
\displaystyle\sum_{t=0}^{N-1} u_t(k) & \displaystyle\sum_{t=0}^{N-1}(u_t(k))^2 & \cdots & \displaystyle\sum_{t=0}^{N-1}(u_t(k))^{m+1} \\
\vdots & \vdots & \ddots & \vdots \\
\displaystyle\sum_{t=0}^{N-1}(u_t(k))^m & \displaystyle\sum_{t=0}^{N-1}(u_t(k))^{m+1} & \cdots & \displaystyle\sum_{t=0}^{N-1}(u_t(k))^{2m}
\end{bmatrix}
\begin{bmatrix}
a_0 \\ a_1 \\ \vdots \\ a_m
\end{bmatrix}
$$

$$
=
\begin{bmatrix}
\displaystyle\sum_{t=0}^{N-1} \overline{f}_k(u_t(k)) \\
\displaystyle\sum_{t=0}^{N-1} u_t(k)\overline{f}_k(u_t(k)) \\
\vdots \\
\displaystyle\sum_{t=0}^{N-1}(u_t(k))^m\, \overline{f}_k(u_t(k))
\end{bmatrix}
\qquad（4.5.25）
$$

求解如式（4.5.25）所示的关于 $a_0, a_1, \cdots, a_m$ 的线性方程组，即可获得非线性特性 $\overline{f}_k$ 的多项式函数表达式。

当辨识得到的非线性特性较强，曲线变化较为复杂时，可以考虑使用插值法拟合非线性特性曲线。此处采用分段三次 Hermite 插值法，当 $u(k)\in[u_t(k),u_{t+1}(k)]$ 时，$\overline{f}_k(u(k))$ 的计算公式如下式所示：

$$
\begin{aligned}
\overline{f}_k(u(k)) =& \left(1+2\frac{u(k)-u_t(k)}{u_{t+1}(k)-u_t(k)}\right)\left(\frac{u(k)-u_{t+1}(k)}{u_t(k)-u_{t+1}(k)}\right)^2 \overline{f}_k(u_t(k)) \\
&+\left(1+2\frac{u(k)-u_{t+1}(k)}{u_t(k)-u_{t+1}(k)}\right)\left(\frac{u(k)-u_t(k)}{u_{t+1}(k)-u_t(k)}\right)^2 \overline{f}_k(u_{t+1}(k)) \\
&+(u(k)-u_t(k))\left(\frac{u(k)-u_{t+1}(k)}{u_t(k)-u_{t+1}(k)}\right)^2 \overline{f}_k'(u_t(k)) \\
&+(u(k)-u_{t+1}(k))\left(\frac{u(k)-u_t(k)}{u_{t+1}(k)-u_t(k)}\right)^2 \overline{f}_k'(u_{t+1}(k))
\end{aligned}
\qquad（4.5.26）
$$

4.5.1.4　算法实现步骤

综上，非线性子空间辨识建模过程可以总结如下。

步骤 1：根据式（4.5.16）和式（4.5.17）计算斜投影 O_i 和 O_{i+1}。

步骤 2：通过对斜投影 O_i, O_{i+1} 进行奇异值分解估计出系统的状态。

步骤 3：根据式（4.5.22）获得系统矩阵 A,C 及 A_{BD},B_{BD} 的估计值。

步骤 4：对式（4.5.23）进行秩为 1 的近似，获得系统矩阵 B,D 的第 k 列及非线性特性 $\overline{f}_k$。

步骤 5：采用多项式拟合的方法将核函数表示的非线性特性 $\overline{f}_k$ 确定为具体的多项式函数表达式。

4.5.2　工业数据验证

应用典型相关分析与相关性分析选取冷风流量、压差、富氧流量、喷煤量作为多元铁水质量建模的输入变量，并将[Si]、[P]、[S]以及铁水温度作为输出变量。获得模型输入输出数据且确定了模型形式后，采用基于 LSSVM 的 Hammerstein 系统非线性子空间辨识算法进行多元铁水质量的建模。首先由训练数据构造输入输出 Hankel 矩阵，Hankel 矩阵的行块数 i 可自由选定，一般大于系统的阶次 n，这里选择 $i=6$；其次计算斜投影并通过对斜投影进行奇异值分解估计系统的状态，在估计系统状态时首先要确定系统阶次，系统阶次可由奇异值分解得到的非零奇异值的个数来确定，这里系统阶次确定为 $n=4$；然后根据最小二乘法获得系统矩阵 A,C 及 A_{BD},B_{BD} 的估计值；之后通过对式（4.5.23）进行秩为 1 的近似，获得系统矩阵 B,D 的第 k 列及非线性特性 $\overline{f}_k$；得到 Hammerstein 系统非线性特性 $\overline{f}_k$ 后，需先通过非线性特性曲线判断采用哪种方法对系统非线性特性曲线进行拟合。这里非线性特性曲线变化较复杂，用多项式拟合不是很合适，因此选用分段三次 Hermite 插值法将核函数表示的非线性特性 $\overline{f}_k$ 确定为计算较为简单的插值表达式。此外，采用遗传优化模型可调参数 $\sigma,\gamma,\gamma_{BD}$，得到参数优化结果为：$\sigma = 0.1688$，$\gamma = 1.3344$，$\gamma_{BD} = 1.3$。

基于上述建模过程，最终得到插值拟合后的多元铁水质量非线性状态空间模型如下：

$$\begin{cases} x_{t+1} = Ax_t + B\overline{f}(u_t) \\ y_t - \delta_y = Cx_t + D\overline{f}(u_t) \end{cases} \quad (4.5.27)$$

式中，

$$A = \begin{bmatrix} 0.8913 & -0.0663 & 0.0831 & -0.0253 \\ -0.0931 & 0.7493 & 0.2531 & -0.0898 \\ -0.0950 & -0.2185 & 0.7055 & -0.2115 \\ -0.0433 & 0.1721 & 0.2415 & 0.6345 \end{bmatrix}$$

$$B = \begin{bmatrix} -0.0944 & 0.0425 & 0.1069 & -0.0478 \\ -0.0771 & 0.1033 & 0.0296 & 0.0569 \\ 0.1892 & 0.0478 & -0.3435 & -0.0152 \\ -0.2324 & -0.1698 & 0.2896 & 0.0119 \end{bmatrix}$$

$$C = \begin{bmatrix} 0.0309 & 0.5527 & -0.3798 & 0.1319 \\ 0.8582 & 1.0056 & -0.5812 & -0.8898 \\ -0.8120 & -0.3108 & 0.2204 & -0.8777 \\ -0.0742 & 0.1547 & 0.3777 & 0.7628 \end{bmatrix}$$

$$D = \begin{bmatrix} 0.0419 & -0.6901 & -0.6908 & -0.2218 \\ 0.2372 & -0.4480 & -0.4259 & -0.3531 \\ 0.8706 & 0.4115 & -0.2919 & 0.5086 \\ -0.2818 & -0.3318 & -0.2054 & -0.7494 \end{bmatrix}, \quad \delta_y = \begin{bmatrix} -0.3354 \\ -0.4122 \\ -0.3883 \\ -0.1378 \end{bmatrix}$$

辨识得到的非线性特性散点分布与相应拟合曲线如图 4.5.1 所示。可以看出，多项式函数可以很好地拟合 $f(u(k))$。为方便起见，将以核函数表示的非线性模型称为"N-SIM"，将式（4.5.27）中插值方法拟合的非线性模型称为"I-N-SIM"。

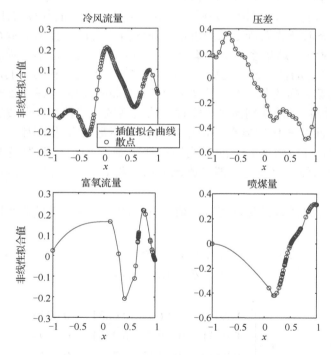

图 4.5.1　插值拟合辨识得到的非线性特性结果

图 4.5.2 为铁水质量指标的非线性子空间辨识建模结果。图 4.5.3 为相应的状态输出。图 4.5.4 为建立的非线性状态空间模型分别在有无插值拟合的情况下对多元铁水质量指标的实际预测结果，并将预测趋势与实际趋势进行对比。可以看出，对非线性进行插值拟合的模型和没有插值拟合的模型都具有较高的预测精度，预

测值的变化趋势与实际值的变化趋势一致。此外，所提出的模型不仅对多元铁水质量指标具有良好的预测性能，而且可以对系统状态进行估计。

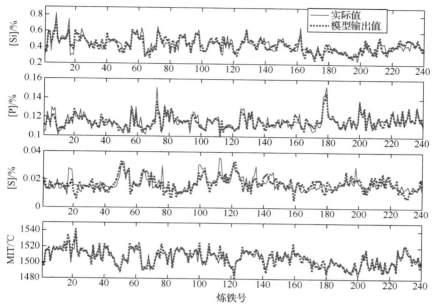

图 4.5.2　铁水质量指标非线性子空间辨识的建模结果

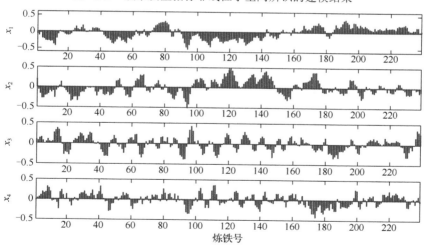

图 4.5.3　系统状态（归一化后）输出曲线

为了说明 I-N-SIM 相比 N-SIM 的优越性，计算两个模型的 RMSE 和计算时间，对建模效果进行了定量分析，如表 4.5.1 所示。可以看出，I-N-SIM 在预测精度上略优于 N-SIM，说明 I-N-SIM 在鲁棒性和泛化能力上具有一定的提升。与 N-SIM

相比，I-N-SIM 计算时间大大缩短，计算效率提高 10 倍。根据以上分析，可以看出插值方法拟合的非线性在一定程度上提高了模型的泛化能力，在不损失精度的情况下降低了计算复杂度。

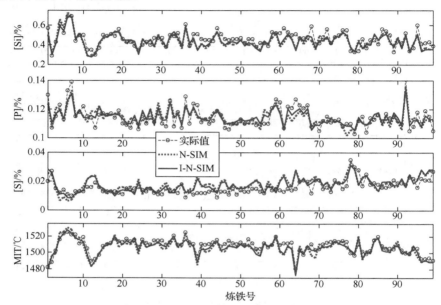

图 4.5.4   有无插值拟合情况下多元铁水质量指标的预测结果

表 4.5.1   多元铁水质量预测的 RMSE 和计算效率

算法	RMSE				时间/s
	[Si]/%	[P]/%	[S]/%	MIT/℃	
N-SIM	0.0575	0.0046	0.0044	5.6180	0.01743
I-N-SIM	0.0531	0.0038	0.0041	4.4222	0.00122

为了进一步验证所提出方法的优越性，并与各种流行的预测方法进行比较。选取所提 I-N-SIM 与线性递推子空间辨识模型（R-SIM）、M-LSSVR 进行对比分析。图 4.5.5 为不同方法根据实际生产数据对多元铁水质量指标实际预测结果的对比。可以看出所提方法的模型预测性能最好。例如，该方法具有最佳的预测趋势和预测精度，预测曲线的形状与实际情况非常吻合，优于其他方法。众所周知，一个好的模型，它的估计误差自相关函数曲线应该近似为一个白噪声序列。所以，绘制不同建模方法得到的模型的估计误差自相关函数曲线如图 4.5.6 所示。可以看出，相对于 R-SIM 和 M-LSSVR，所提方法的 4 个铁水质量参数估计误差自相关曲线综合来说更加接近于白噪声序列，从而进一步验证了所提方法的非线性建模能力和对多元铁水质量指标的预测性能。

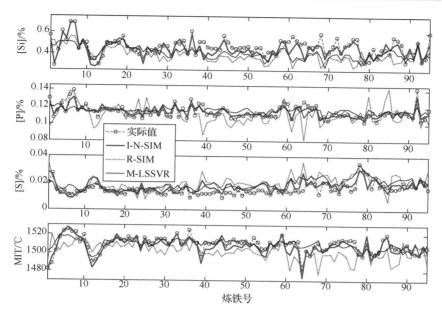

图 4.5.5　不同方法对多元铁水质量指标的预测结果

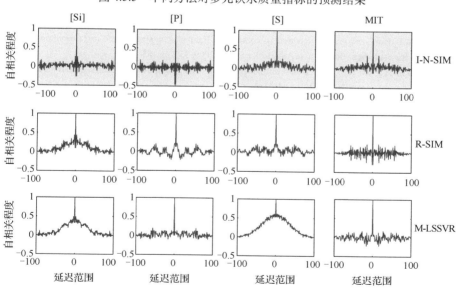

图 4.5.6　不同方法铁水质量指标预测误差的自相关函数曲线

参 考 文 献

[1] Pan Y D. Subspace-based on identification tools for chemical process control[D]. West Lafaytte: Purdue University, 2003.

[2] Larimore W E. Canonical variate analysis in identification, filtering and adaptive control[C]. In Proceedings of the 29th conference on Decision Control. Honolulu, HI: IEEE, 1990: 596-601.

[3] Verhaegen M, Dewilde P. Subspace model identification Part 1. The output-error state-space model identification class of algorithms[J]. International Journal of Control, 1992, 56(5): 1187-1210.

[4] van Overschee P, de Moor B. N4SID: Subspace algorithms for the identification of combined deterministic-stochastic systems[J]. Automatica, 1994, 330(1): 75-93.

[5] 曾久孙. 高炉冶炼过程的子空间辨识预测及控制[D]. 杭州: 浙江大学, 2009.

[6] van Overschee P, de Moor B. Subspace Identification for Linear Systems[M]. Leuven: Kluwer Academic Publishers, 1995.

[7] Hardoon D, Szedmak S, Taylor J S. Canonical correlation analysis: An overview with application to learning methods[J]. Neural Computation, 2004, 16(12): 2639-2664.

[8] Sargin M E, Yemez Y, Erzin E, et al. Audiovisual synchronization and fusion using canonical correlation analysis[J]. IEEE Transactions on Multimedia, 2007, 9(7): 1396-1403.

[9] Favoreel W, de Moor B. SPC: Subspace predictive control[C]. IFAC World Congress in Beijing, 1999: 235-240.

[10] Zeng J S, Gao C H, Su H Y. Data-driven predictive control for blast furnace ironmaking process[J]. Computers and Chemical Engineering, 2010, 34(11): 1854-1862.

[11] Zhou P, Dai P, Song H D, et al. Data-driven recursive subspace identification based online modeling for prediction and control of molten iron quality in blast furnace ironmaking[J]. IET Control Theory and Applications, 2017, 11(14): 2343-2351.

[12] 丁宝苍, 李少远. 具有约束的 Hammerstein 非线性控制系统的设计与分析[J]. 控制与决策, 2003, 18(1): 24-28.

[13] Moon J, Kim B. Enhanced Hammerstein behavioral model for broadband wireless transmitters[J]. IEEE Transactions on Microwave Theory and Techniques, 2011, 59(4): 924-933.

[14] He D F, Yu L. Nonlinear predictive control of constrained Hammerstein systems and its research on simulation of polypropylene grade transition[J]. Acta Automatica Sinica, 2009, 35(12): 1558-1563.

[15] Huo H B, Zhu X J, Hu W Q, et al. Nonlinear model predictive control of SOFC based on a Hammerstein model[J]. Journal of Power Sources, 2008, 185(1): 338-344.

[16] Goethals I, Pelckmans K, Suykens J A K, et al. Subspace identification of Hammerstein systems using least squares support vector machines[J]. IEEE Transactions on Automatic Control, 2005, 50(10): 1509-1519.

第 5 章　高炉炼铁过程其他数据驱动建模方法

　　前文第 2 章、第 3 章和第 4 章分别介绍了作者近几年做的几类数据驱动高炉铁水质量建模，尤其是鲁棒建模与在线学习建模的工作，这些工作主要为：基于随机权神经网络的高炉铁水质量建模、基于支持向量回归的高炉铁水质量鲁棒建模以及基于子空间辨识的高炉铁水质量在线建模和非线性建模。由于这三类方法的每一类都自成体系，因而本书分别对其进行分章单独介绍。此外，作者近年在开展数据驱动高炉自动化的研究工作时，也做了一些有别于前述三章所述的数据驱动建模工作，本章就从中挑选作者认为比较有代表性和有意义的几个工作进行简单介绍，包括基于多输出具有辅助输入自回归滑动平均模型（multi-output auto regression and moving average model with exogenous input, M-ARMAX）的高炉十字测温中心温度估计方法[1]、基于建模误差 PDF 形状优化的高炉十字测温中心温度估计方法[2]以及面向建模误差 PDF 形状与趋势拟合优度多目标优化的铁水质量建模方法[3]。

5.1　高炉十字测温中心温度估计的 M-ARMAX 建模

　　高炉炼铁过程中，十字测温作为炉顶温度和煤气流分布监测的最主要手段，对高炉的安全、稳定和高效运行起着重要作用。然而，由于高炉炉顶中心部位温度较高，造成十字测温装置中心位置传感器极易损坏，并且更换周期长，因而无法及时判断炉顶煤气流分布。针对这一实际工程问题，基于时间序列建模思想，集成采用 M-ARMAX 建模、因子分析、Pearson 相关分析、基于赤池信息量准则（Akaike information criterion, AIC）与模型拟合度联合定阶等混合技术，提出一种模型结构简单、精度较高且易于工程实现的十字测温中心温度在线估计方法。首先，利用因子分析与 Pearson 相关分析相结合的稳健特征选择方法选取多输出建模输入变量。然后，采用样本均值消去法预处理采集的高炉样本数据，使其成为离散随机数。基于离散随机数，建立算法简单、易于工程实现的 M-ARMAX 温度模型。为了克服传统基于 AIC 的阶数确定造成模型阶次高、结构复杂的问题，提出在 AIC 基础上进一步引入模型拟合度来选取模型最小阶，可保证模型估计精度的同时降低模型阶次。并且，采用可快速收敛的递推最小二乘算法辨识 M-ARMAX 模型参数，并用残差分析方法检验模型。基于实际工业数据的试验表明：建立的 M-ARMAX 模型能够根据实时数据同时对十字测温装置多个中心温度点进行准确和稳定估计，且模型估计误差符合高斯白噪声特性。

5.1.1 高炉十字测温过程及建模问题描述

近年来，十字测温在无钟布料高炉得到了广泛应用，它能连续准确地测出炉喉径向的煤气流温度分布。由于温度高的地方煤气流旺盛，因而十字测温可有效监测高炉炉顶煤气流的分布状况。十字测温装置位于高炉炉喉位置，并在炉喉圆周面上的东北、西北、西南、东南方向安装四个测温臂，每个测温臂分布有数目不等的温度传感器（如热电偶），一般共有 17～21 个温度传感器。这些测温点能够提供实时温度数据，可比较全面地反映煤气流在炉喉圆周方向上的分布，使操作者直观地观察到煤气流的变化，为及时准确地进行高炉上部调剂（布料制度调节）和下部调剂（热风和喷煤调节）提供可靠依据，同时还避免因煤气取样分析滞后和不全面给高炉操作带来的不利影响。

典型高炉炼铁过程十字测温装置如图 5.1.1 所示，其中西北方向测温臂有 6 个

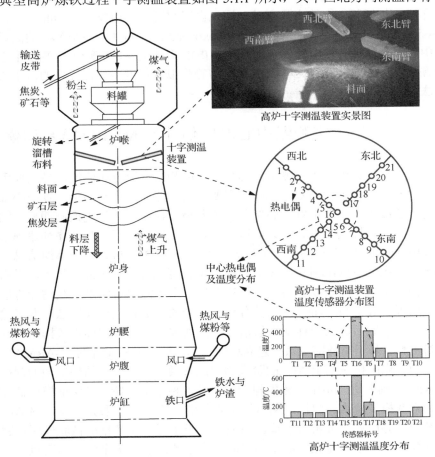

图 5.1.1　典型高炉炼铁过程十字测温装置

温度传感器，其余三个测温臂上有 5 个温度传感器。从某时刻十字测温装置 21 个测温点实时温度分布图可以看出中心五点 5、6、15、16、17 温度相对较高，对传感器的耐高温性要求也较高，因而寿命较短且容易损坏。另外，十字测温装置安装在密闭的高炉筒体顶部，其中高温高压和多相多场耦合并行，粉尘与高温煤气密布，运行环境极为恶劣。因此，十字测温装置的传感器损坏时不能及时进行维护，必须等到大周期（一般一个季度一次或半年一次）的高炉检修才能进行传感器的更换。显然，这给高炉操作人员判断煤气分布带来影响，并且将大大影响操作员基于十字测温装置的各种操作和决策。因此，建立十字测温中心点温度估计模型可以有效解决由传感器损坏带来的各种不利影响。

目前对高炉的研究多集中在高炉炉温的建模或在线估计上，对高炉十字测温却较少研究且重点放在十字测温装置技术及使用上。近年来，人们对支持向量机、神经网络等学习算法的研究热度增加，因此也有些关于机器学习的算法在高炉十字测温上的研究报道。但这些已有方法模型结构复杂、精度低、实现困难而难以在高炉中实际应用。本节从实际工程应用的角度出发，将致力于建立一种模型结构简单、精度较高且易于工程实现的十字测温中心温度在线估计方法。从面向在线估计或软测量的建模角度来看，建立十字测温中心点温度估计模型需要解决如下几方面的问题。

（1）问题 1：如何从众多影响因素中选择有效、可靠且简洁的建模输入变量。

（2）问题 2：如何对高炉实际数据进行预处理，以得到高质量的建模数据。

（3）问题 3：如何采用有效并且易于实际工程实现的建模算法来进行温度估计模型的建立。

目前数据驱动建模集中在建模方法研究，而忽略问题 1 所述模型输入变量选取即特征选择。实际工程建模中，模型输入选择大多根据经验主观确定，容易造成特征冗余及关键特征的丢失，影响模型精度和建模效率。因此，针对多输入多输出建模问题如何选取有效的输入变量是本节建模首要解决的关键问题之一。为此，提出将数据降维因子分析和稳健 Pearson 相关分析的 Filter 特征选择方法相集成，综合选取模型输入变量。首先采用因子分析方法预处理输出变量，提取最大主因子，然后分析主因子与高炉建模关键过程变量的相关关系，进而选出模型输入变量。Pearson 相关分析具有以下优点：①计算速度快，易于处理大规模数据；②Pearson 相关系数的取值区间为[-1,1]，这个特点使得 Pearson 相关系数能够捕捉更丰富的变量互信息，即符号表示关系的正负，绝对值表示相关性的大小。因此，所提方法选取输入变量是简单且稳健的方法。

对于问题 2，从高炉实际数据出发，基于时间序列建模思想，用样本均值消去法去除高炉数据趋势项提取其随机分量并对随机分量建模。对于问题 3，提出算法结构简单的多输出 ARMAX 建模算法，并用 AIC 结合拟合度指标函数选取模型最优阶次，之后运用收敛速度快的在线 RLS 算法辨识模型参数，同时采用残差分析方法评价所建模型性能。在问题 3 中，模型阶数的确定对模型估计精度影响较大。关于模型定阶主要有 AIC 和贝叶斯信息准则（Bayesian information criterion, BIC）两种方法。AIC 和 BIC 均利用模型极大似然估计值、待估参数个数以及样本参数构成指标函数来确定模型阶数。但两种方法的缺点是计算量大且耗时，并且仅使用 AIC 或 BIC 得到的模型阶数通常较高，增大了模型的复杂度。文献[4]提出一种在线辨识的模型阶估计准则，利用递推最小二乘（recursive least squares, RLS）辨识系统阶数和参数，将最小方差函数作为指标函数，推导出模型阶次估计的递推形式。但该方法比 AIC、BIC 更为复杂，并且结果相差不大。为此在 AIC 基础上，进一步引入模型拟合度指标函数进行联合阶数。所提方法能够在保证模型估计精度的同时降低模型阶次。

考虑到十字测温中心五点的温度不仅与输入变量有依存关系，还与其自身历史数据存在时序上的相关关系，同时考虑高炉内部随机干扰的存在，为此选用简单有效的 ARMAX 时间序列建模技术来建立十字测温中心五点的动态温度模型。由于温度模型输出为中心五点温度，并且炉喉中心五点温度输出变量之间也具有相关性，因此建模还需考虑输出变量之间的相关关系。为此，建立多输出 ARMAX（M-ARMAX）十字测温中心五点温度模型。基于实际工业数据的实验和比较分析表明：相比于多输出 SVM（M-SVM）算法、PLS 回归建模算法、动态 PLS 回归建模算法、BP 神经网络算法，本节建立的基于 M-ARMAX 的十字测温中心温度模型简单有效，且具有较高的精度，可以很好地应用于高炉实际生产，为高炉操作人员判断煤气流在炉喉分布和相关操作决策提供依据。

5.1.2 建模算法

考虑到十字测温各测量点温度的时序特性，采用时间序列分析方法建立高炉十字测温中心五点的温度估计模型。时间序列分析的基本思想是根据观察到的历史数据，建立能够比较精确地反映时间序列中所包含动态依存关系的数学模型，来评价事物的现状和估计事物的未来变化，并用此模型对系统的未来行为进行预测。所以可分析从高炉中获得的输入输出时间序列数据之间以及输出时间序列之间的相互关系来建立十字测温中心点温度的估计模型。时间序列数据的主要特点是存在趋势项，需要将其从原序列中分解出来，得到由各种因素影响的随机项，并对随机项进行建模，对于高炉数据趋势项即为数据的直流分量。离散时间随机数线性动态模型的一般结构为

$$A(z^{-1})y(k) = \frac{B(z^{-1})}{F(z^{-1})}u(k) + \frac{C(z^{-1})}{D(z^{-1})}\varepsilon(k) \qquad (5.1.1)$$

式中，$A(z^{-1})$，$B(z^{-1})$，$C(z^{-1})$，$D(z^{-1})$，$F(z^{-1})$ 分别为相应维数的多项式矩阵，如下所示：

$$
\begin{cases}
A(z^{-1}) = 1 + a_1 z^{-1} + a_2 z^{-1} + \cdots + a_{np} z^{-np} \\
B(z^{-1}) = 1 + b_1 z^{-1} + b_2 z^{-2} + \cdots + b_{nq} z^{-nq} \\
C(z^{-1}) = 1 + c_1 z^{-1} + c_2 z^{-2} + \cdots + c_{nc} z^{-nc} \\
D(z^{-1}) = 1 + d_1 z^{-1} + d_2 z^{-2} + \cdots + d_{nd} z^{-nd} \\
F(z^{-1}) = 1 + f_1 z^{-1} + f_2 z^{-2} + \cdots + f_{nf} z^{-nf}
\end{cases}
\tag{5.1.2}
$$

另外，z^{-1} 为延迟或后移算子，即 $z^{-1} y(k) = y(k-1)$，$\varepsilon(k)$ 为零均值的高斯白噪声，nq，np，nc，nd，nf 为滞后的阶次。

注释 5.1.1：对于式（5.1.1）：当 $F(z^{-1}) = D(z^{-1}) = 1$ 时，为 ARMAX 模型；当 $F(z^{-1}) = D(z^{-1}) = C(z^{-1}) = 1$ 时，为自回归各态历经（auto-regressive exogenous, ARX）模型；当 $A(z^{-1}) = D(z^{-1}) = C(z^{-1}) = 1$ 时，为输出误差模型；而当 $A(z^{-1}) = 1$ 时，为 Buckley-James（BJ）模型。

对于多输入多输出系统，$A(z^{-1})$、$B(z^{-1})$、$C(z^{-1})$ 分别为维数是 $N_y \times N_y$、$N_y \times N_u$ 和 $N_y \times 1$ 的多项式矩阵，其中 N_u 为输入的维数，而 N_y 为输出的维数。考虑到需要建立十字测温中心五点的多输出温度估计模型，以及中心五点温度与各输入的时序和时滞等动态关系，从实际工程应用的角度出发，提出建立十字测温中心点温度估计的 M-ARMAX 模型。

5.1.2.1　建模输入变量选取

模型输入选择对模型建模性能具有重要影响。考虑到传统单一 Pearson 相关分析和单一因子分析在多输入多输出建模输入变量选择中的不足（如 Pearson 相关分析选出的输入变量可能与多输出变量中一些变量具有强相关性，但是与其他输出变量却不相关），本节针对所研究的多输入多输出时间序列建模问题，提出基于数据降维因子分析与 Pearson 相关分析相结合的稳健特征选择新方法。首先采用因子分析从多个输出变量中找出一个主因子，并与众多过程输入变量做 Pearson 相关分析，选出与主因子相关性较强的过程变量作为模型输入变量。

因子分析是一种分析多变量之间的依赖关系并降维的数据处理技术。因子分析所提取的主因子能够表示原始众多变量方差变化最大的方向。十字测温中心带的温度由于所在空间位置以及温度本身的连续特性，从十字测温中心带五个输出变量提取一个主因子成为可能。因子分析所提取的主因子不可直接观测，但又客观存在，是众多原始变量的共同影响因素，每一个变量都可表示成主因子的线性函数与特殊因子之和，即

$$
X_i = a_{i1} F_1 + a_{i2} F_2 + \cdots + a_{ip} F_p + \varepsilon_i, \quad i = 1, 2, \cdots, m
\tag{5.1.3}
$$

式中，X_i 表示第 i 个原始变量；$F_1, F_2, \cdots, F_p$ 为主因子；p 为主因子个数；ε_i 为 X_i

的特殊因子以及未被主因子包含的部分变量信息。式（5.1.3）的矩阵表示形式为

$$X = AF + \varepsilon \tag{5.1.4}$$

式中，$X = \begin{bmatrix} X_1 \\ X_2 \\ \vdots \\ X_m \end{bmatrix}$; $A = \begin{bmatrix} a_{11} & a_{12} & \cdots & a_{1p} \\ a_{21} & a_{22} & \cdots & a_{2p} \\ \vdots & \vdots & \ddots & \vdots \\ a_{m1} & a_{m2} & \cdots & a_{mp} \end{bmatrix}$; $F = \begin{bmatrix} F_1 \\ F_2 \\ \vdots \\ F_p \end{bmatrix}$; $\varepsilon = \begin{bmatrix} \varepsilon_1 \\ \varepsilon_2 \\ \vdots \\ \varepsilon_m \end{bmatrix}$。

式（5.1.2）中的矩阵 A 为因子载荷矩阵，可用 PCA 技术进行求解。求取因子载荷矩阵 A 后，利用 Thomson 回归可得主因子估计计算公式为 $\hat{F} = A^{\mathrm{T}} \Sigma^{-1} X$，其中 Σ 为原始变量数据标准化之后的协方差阵。另外，计算出输出变量的主因子之后，需利用主因子与众多影响因子做 Pearson 相关分析，以剔除与主因子不相关的影响因子，进一步减少模型的维数。Pearson 相关分析又称为皮尔逊积矩相关系数（Pearson product-moment correlation coefficient, PPMCC），用来度量两个变量之间的相互关系，公式如下：

$$r = \frac{\sum_{i=1}^{n}(X_i - \overline{X})(Y_i - \overline{Y})}{\sqrt{\sum_{i=1}^{n}(X_i - \overline{X})^2 \sum_{i=1}^{n}(Y_i - \overline{Y})^2}} \tag{5.1.5}$$

此外，高炉内部干扰因素较多，数据采集与传送的误差等都会影响数据的质量，因此做好数据预处理是建模的前提。数据预处理包括差分、归一化、样本均值消去、缺省值及垃圾数据的处理等。本节针对所研究的时间序列建模问题，采用样本均值消去法预处理高炉原始数据，消去其直流成分，并对其随机成分进行建模，这样可很大程度保证基于时间序列建模的最优性能。

5.1.2.2   基于 AIC 与模型拟合度的 M-ARMAX 模型定阶

建模过程增加模型阶数可以提高模型精度，但是模型复杂度会增大，并易于导致过拟合问题。为此，采用信息准则作为确定模型阶数的依据。信息准则通过加入模型复杂度的惩罚项来避免模型过拟合问题。最常用信息准则为赤池信息量准则，即 AIC。AIC 是衡量统计模型优良性的一种标准，由日本统计学家赤池弘次在 1974 年提出[5]，它建立在熵的概念上，提供了权衡估计模型复杂度和拟合数据优良性的标准。通常情况下，AIC 定义为

$$\mathrm{AIC} = \log(v) + \frac{2d}{N} \tag{5.1.6}$$

式中，v 为模型对应的极大似然损失函数；d 为模型参数个数；N 为训练样本数；而 d/N 表示模型的独立参数个数。

对于高斯白噪声序列 $\varepsilon(t, \theta_N)$，其对应极大似然损失函数 v 可以表示为

$$v = \det\left(\frac{1}{N}\sum_{i=1}^{N}\varepsilon(t,\theta_i)(\varepsilon(t,\theta_i))^{\mathrm{T}}\right) \tag{5.1.7}$$

通过改变 M-ARMAX 模型中 np 和 nq 的值，可选择使 AIC 最小的模型阶数。但是单纯使用 AIC 定阶，随着模型阶次的增加，模型 AIC 值降低的幅度变化不大，会最终导致模型阶次仍然较高。为此，在 AIC 准则基础上，进一步引入模型拟合度目标函数来综合选取模型阶数。这可以在确保模型精度的同时减少模型阶次。基于 AIC 与模型拟合度的模型定阶算法和步骤如下。

步骤 1：采用 AIC 定阶准则进行阶数初步确定。

步骤 2：求取模型 AIC 输入输出阶次三维图各等势线上的阶次组合 np 和 nq。

步骤 3：利用下式计算不同阶次组合 M-ARMAX 模型的拟合度数值，其中 $\hat{y}$ 为实际值：

$$\mathrm{fit} = 100 \times \left(1 - \frac{\|y - \hat{y}\|}{\|y - \mathrm{mean}(y)\|}\right)$$

步骤 4：将拟合度最高值确定为最优阶次组合。

5.1.2.3　基于 RLS 的 M-ARMAX 模型参数辨识

需要建立的温度估计 M-ARMAX 模型表达式为

$$y_i(k) = A_i(z^{-1})y_i(k) + \sum_{j=1,\,j\neq i}^{N_y} -A_j(z^{-1})y_j(k) + B_i(z^{-1})u(k) + C_i(z^{-1})\varepsilon_i(k) \tag{5.1.8}$$

式中，$i,j = 1,\cdots,N_y$ 且 $i\neq j$，根据所研究的问题，这里 $N_y = 5$；$A_i(z^{-1})$ 为首一多项式；$B_i(z^{-1})$ 为 $1\times N_u$ 多项式矩阵；$u(k) = [u_1(k),u_2(k),\cdots,u_7(k)]$ 为输入变量矩阵；$C_i(z^{-1})$ 为首一多项式；$\varepsilon_i(k)$ 为零均值高斯白噪声序列。由于建模数据为可实时采集的高炉数据，包含各种未知动态干扰，所以式（5.1.8）所示 M-ARMAX 温度模型可简化为

$$y_i(k) = A_i(z^{-1})y_i(k) + \sum_{j=1,\,j\neq i}^{N_y} -A_j(z^{-1})y_j(k) + B_i(z^{-1})u(k) \tag{5.1.9}$$

定义数据向量和参数向量：

$$\varphi(k-1) = [y_1,\cdots,y_{N_y},u_1,\cdots,u_{N_u}] \tag{5.1.10}$$

$$\theta^{\mathrm{T}} = [A_1,\cdots,A_{N_y},B_1,\cdots,B_{N_u}] \tag{5.1.11}$$

式中，

$$\begin{cases} y_i = [-y_i(k-1),\cdots,-y_i(k-np)], & i=1,2,\cdots,N_y \\ u_j = [u_j(k),\cdots,u_j(k-nq)], & j=1,2,\cdots,N_u \\ A_i = [a_{i1},a_{i2},\cdots,a_{i\times np}], & i=1,2,\cdots,N_y \\ B_j = [b_{j1},b_{j2},\cdots,b_{j\times nq}], & j=1,2,\cdots,N_u \end{cases} \tag{5.1.12}$$

且 n 为样本数。

将式（5.1.10）和式（5.1.11）代入式（5.1.9）可得

$$y(k) = \varphi(k-1)\theta \tag{5.1.13}$$

因此，上述问题可用 LS 一次算法来辨识参数，参数辨识表达式为

$$\theta = (\varphi^{\mathrm{T}}(k-1)\varphi(k-1))^{-1}\varphi^{\mathrm{T}}(k-1)y(k) \tag{5.1.14}$$

引入记号

$$y_N = \begin{bmatrix} y(1) \\ y(2) \\ \vdots \\ y(N) \end{bmatrix}, \quad \Phi_N = \begin{bmatrix} \varphi(0) \\ \varphi(1) \\ \vdots \\ \varphi(N-1) \end{bmatrix} \tag{5.1.15}$$

则参数表达式可转化为 $\theta = (\Phi_N^{\mathrm{T}}\Phi_N)^{-1}\Phi_N^{\mathrm{T}}y_N$。从上述表达式可以看出 LS 一次算法需要计算逆矩阵，对于多变量高维数的数据向量，LS 的计算量往往很大。为此采用 RLS 算法消除矩阵求逆计算。这不但可大大提高计算效率，同时还可根据新的观测数据不断修正参数估计值直至参数精度达到要求。实际上，RLS 基于 LS 一次算法，在每次取得一次新的观测数据后，就在旧的参数估计值基础上，利用新引入的观测数据对前一时刻的参数估计值根据递推算法进行修正从而得到当前时刻参数估计值。随着观测数据的不断引入，参数估计值不断得到修正直至达到满意的精度为止。

设 $\theta(k-1)$ 是时刻 $k-1$ 为止的所有观测数据在 $k-1$ 时刻的未知参数 θ 的 LS 估计，$\theta(k)$ 为采集到一组新数据后得到的 k 时刻参数估计，根据 LS 一次算法可得

$$\theta(k-1) = [\Phi_{k-1}^{\mathrm{T}}\Phi_{k-1}]^{-1}\Phi_{k-1}^{\mathrm{T}}y_{k-1} \tag{5.1.16}$$

$$\theta(k) = [\Phi_{k-1}^{\mathrm{T}}\Phi_k]^{-1}\Phi_{k-1}^{\mathrm{T}}y_k \tag{5.1.17}$$

考虑到 $\Phi_k = \begin{bmatrix} \Phi_{k-1} \\ \varphi(k-1) \end{bmatrix}, y_k = \begin{bmatrix} y_{k-1} \\ y_k \end{bmatrix}$，则式（5.1.17）表示为

$$\theta(k) = [\Phi_{k-1}^{\mathrm{T}}\Phi_{k-1} + \varphi(k-1)\varphi^{\mathrm{T}}(k-1)]^{-1}[\Phi_{k-1}^{\mathrm{T}}y_{k-1} + \varphi(k-1)y_k] \tag{5.1.18}$$

令 $p(k) = \left[\Phi_{k-1}^{\mathrm{T}}\Phi_k \right]^{-1}$，则有 $p(k-1) = \left[\Phi_{k-1}^{\mathrm{T}}\Phi_{k-1} \right]^{-1}$，于是有

$$p(k) = \left[p^{-1}(k-1) + \varphi(k-1)\varphi^{\mathrm{T}}(k-1) \right]^{-1}$$

根据矩阵求逆引理，可得模型参数辨识的最终 RLS 公式为

$$K(k) = \frac{P(k-1)\varphi(k-1)}{1 + \varphi^{\mathrm{T}}(k-1)P(k-1)\varphi(k-1)} \tag{5.1.19}$$

$$\theta(k) = \theta(k-1) + K(k)[y(k) - \varphi^{\mathrm{T}}(k-1)\theta(k-1)] \tag{5.1.20}$$

$$P(k) = P(k-1) - K(k)\varphi^{\mathrm{T}}(k-1)P(k-1) \tag{5.1.21}$$

式中，$K(k), \theta(k), P(k)$ 分别为增益矩阵、参数向量和逆矩阵。

注意到上述 RLS 算法需要事先给定初值 $\theta(0) = 0, P(0) = \alpha I$ ，其中 α 为足够大的正数，这里选取 $\alpha = 10^6$ ，具体实施步骤如下。

步骤 1：设置初值 $\theta(0) = 0, P(0) = 10^6 I$ 。

步骤 2：构造数据向量 $\varphi_{k-1}^{\mathrm{T}} = \begin{bmatrix} \varphi(0) & \varphi(1) & \cdots & \varphi(k-1) \end{bmatrix}$ 。

步骤 3：根据式（5.1.19）计算增益矩阵 $K(k)$ 。

步骤 4：根据式（5.1.20）计算参数向量 $\theta(k)$ 。

步骤 5：根据式（5.1.21）计算逆矩阵 $P(k)$ 。

步骤 6：递推一步 $k-1 \rightarrow k$ ，返回步骤 2 构造新的数据向量。

参数估计完成后，还需要进行模型诊断以检验模型是否过拟合，所以在检验模型拟合度的同时还需要检验模型残差是否为白噪声，残差的白噪声性质可从残差自相关函数和高斯曲线看出。

5.1.3　工业数据验证

5.1.3.1　模型建立

选取某钢厂高炉实际生产数据对所提方法进行工业数据验证。采集的建模相关高炉数据为采样频率为 10s 的离散时间序列数据，通过样本均值消去法预处理这些数据使其成为离散时间随机数。建模输出变量为需要估计的十字测温中心测温点 5、6、15、16、17 的温度。建模数据确定和预处理后，需要确定十字测温中心五点温度建模的主因子。表 5.1.1 为数据的 Kaiser-Meyer-Olkin（KMO）与 Bartlett 检验表，从表中可以看出 KMO>0.6，Bartlett 显著性检验为 0，小于 0.01，因此十字测温中心五点适合做因子分析。图 5.1.2 为中心五点协方差阵的碎石图，可以看出协方差阵 Σ 特征值大于 1 的因子有 1 个，因此可以从 5 个输出变量中提取一个具有代表性的主因子，与输入变量进行 Pearson 相关分析，选出与 5 个输出变量相关性较高的过程变量。表 5.1.2 为通过 PCA 计算得到的该因子载荷矩阵。计算出输出变量的主因子之后，利用这个主因子与众多高炉过程变量做 Pearson 相关分析，结果如图 5.1.3 所示。为了进一步减少模型的维数，选出与主因子相关性较强的过程变量作为模型输入变量，选取相关性大于 $r_0 = 0.5$ 的过程变量为模型输入，得到建模输入变量为：十字测温点 3、十字测温点 4、十字测温点 8、十字测温点 10、十字测温点 20、顶温东南、顶温西北、顶温西南、顶温西北。因子分析所选的主因子是代表的五个输出变量方差变化最大的方向，没有实际物理意义，并且这一主因子并不能解释五个输出变量的所有方差信息。为此，将主因子选出的各个影响因子再与十字测温中心五个温度点做 Pearson 相关性分析，以剔除各变量与中心温度点不相关的影响因子，结果如表 5.1.3 所示。从表中可以看出：十字测温点 4 和 20 与中心测温点 6 不相关（表中加粗内容），十字测温点 20 与中心测温点 16 不相关（表中加粗内容），所以将十字测温点 4 和十字测温点 20 剔除。最后建模输入变量为十字测温点 3、十字测温点 8、十字测温点 10、顶温东南、顶温西北、顶温西南和顶温西北。

表 5.1.1   KMO 和 Bartlett 分析结果

取样足够度 KMO 度量	Bartlett 球形度检验		
	近似卡方	df	Sig.
0.778	10051.361	10	0

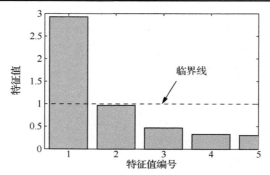

图 5.1.2   碎石图

表 5.1.2   因子载荷矩阵

测温点	因子载荷
T5	0.756
T6	0.418
T15	0.850
T16	0.889
T17	0.560

表 5.1.3   因子分析选出的输入变量与五个输出变量的 Pearson 相关系数

	T3	**T4**	T8	T10	**T20**	顶温东南	顶温西北	顶温东北	顶温西南
T5	0.676^{**}	0.860^{**}	0.631^{**}	0.677^{**}	0.487^{**}	0.684^{**}	0.786^{**}	0.616^{**}	0.788^{**}
T6	0.131^{**}	**0.026**	0.246^{**}	0.141^{**}	**0.023**	0.634^{**}	0.434^{**}	0.702^{**}	0.569^{**}
T15	0.498^{**}	0.538^{**}	0.462^{**}	0.462^{**}	0.243^{**}	0.656^{**}	0.734^{**}	0.612^{**}	0.737^{**}
T16	0.299^{**}	0.296^{**}	0.242^{**}	0.325^{**}	**-0.021**	0.617^{**}	0.579^{**}	0.545^{**}	0.741^{**}
T17	0.556^{**}	0.648^{**}	0.591^{**}	0.580^{**}	0.411^{**}	0.467^{**}	0.691^{**}	0.545^{**}	0.620^{**}

注：**为相关性在 0.01 显著，T1,T2,…,T21 分别表示测温点 1,2,…,21

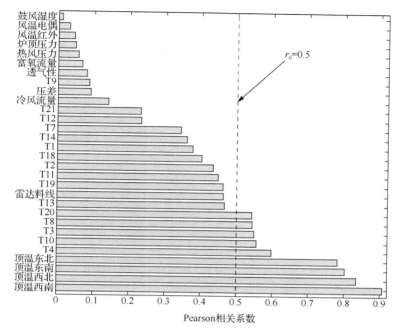

图 5.1.3　所有输入与主因子的 Pearson 相关系数图

　　然后，进行模型阶数确定。模型 AIC 值与不同输入输出阶次的三维立体图如图 5.1.4 所示，其中等势线上不同阶次组合所对应的模型拟合度如表 5.1.4 所示。可以看出模型拟合度最大值为 96.7（表中加粗内容），对应的 M-ARMAX 模型阶数为 $np=3, nq=3$。最后，选用 RLS 算法进行 M-ARMAX 模型参数估计，参数收敛曲线如图 5.1.5 所示。可以看出参数经过 400 次迭代后，模型各参数基本能够收敛。

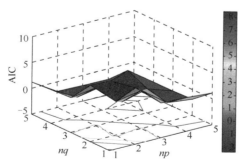

图 5.1.4　不同阶次所对应的模型 AIC 值

表 **5.1.4**   不同阶次所对应的模型拟合度

模型阶次组合	模型拟合度值
(1, 1)	91.03
(2, 1)	95.42
(2, 2)	96.27
(3, 3)	**96.7**
(4, 1)	95.32
(5, 1)	95.89
(4, 4)	96.29
(5, 5)	94.61

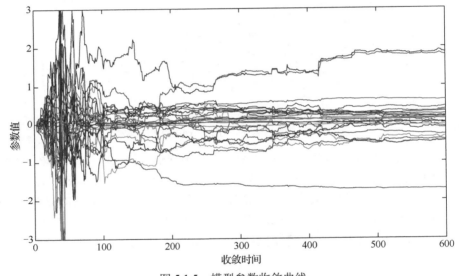

图 5.1.5   模型参数收敛曲线

5.1.3.2   建模效果及其分析

建立的 M-ARMAX 温度估计模型建模效果如图 5.1.6 所示，可以看出所提方法建立的十字测温中心点温度模型具有较好的建模精度，对给定的建模数据可以以很高精度进行拟合。然后采用新的高炉工业数据对模型进行泛化性能测试，为此将所提方法与常见多输出支持向量回归（multiple-output support vector regression, M-SVR）模型、BP 神经网络（back propagation neural network, BP-NN）模型、偏最小二乘回归（partial least squares regression, PLSR）模型以及动态偏最小二乘（dynamic partial least squares，DPLS）方法进行比较分析，相关模型参数选取如下所示。

（1）PLSR 和 DPLS 主元个数根据累计方差百分比大于 80% 的原则，输出变量主元个数为 1 和输入变量主元个数为 3，其中 DPLS 输入输出得分主元之间滞后阶次根据交叉验证分别选取为 3 和 2。

（2）BP-NN 的隐含层节点和输出层节点的传输函数分别采用双曲正切 S 形函数和线性 Purelin 函数。隐含层节点数设置为 19，学习率初值设置为 0.05，网络训练采用梯度自适应学习率训练算法，即在训练过程中通过检查权值的修正值是否真正降低了误差函数，来自动调整学习率。

（3）M-SVR 激活函数选为 Sigmoid 函数。另外，M-SVR 的惩罚因子 C 表示对误差的容忍度，而核函数参数 σ 表示所选的支持向量的影响范围。这里采用交叉验证法将其分别确定为 $C=100$ 和 $\sigma=2$。

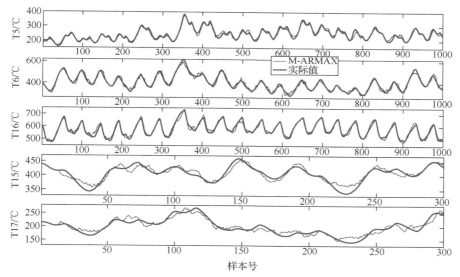

图 5.1.6　所提方法十字测温中心点温度建模效果

图 5.1.7 为不同模型对十字测温中心温度点的实际估计效果图。可以看出，PLSR 线性模型拟合值不能很好地跟随实际值变化趋势，模型估计精度最差。而 M-SVR 和 BP-NN 模型得到的输出估计值基本上可以跟随实际值的变化趋势，但是模型精度不高，温度估计具有较大的误差。相比而言，所提基于 M-ARMAX 的温度模型估计精度最好，可以准确地跟随实际值的趋势变化并且模型估计效果最好。图 5.1.8 为不同方法估计误差的 PDF 曲线图。可以看出，相对于其他几种方法，所提方法的 PDF 形状更接近零均值高斯分布的白噪声，从而进一步验证了所提 M-ARMAX 温度估计模型的有效性和优越性。此外，表 5.1.5 给出了不同算法所建模型的均方根误差（RMSE）和平均绝对误差（MAE）指标，对不同模型做出量化对比，从而更加直观地看出，在对十字测温中心五点的估计上，M-ARMAX 具有较好的估计效果（表中加粗内容）。

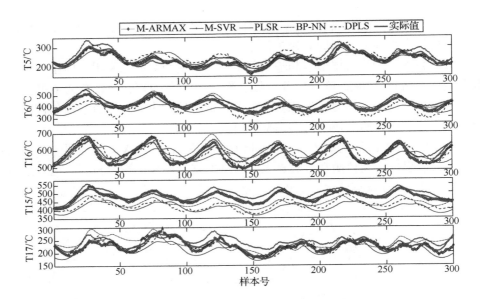

图 5.1.7　不同建模方法下的十字测温中心温度估计效果对比

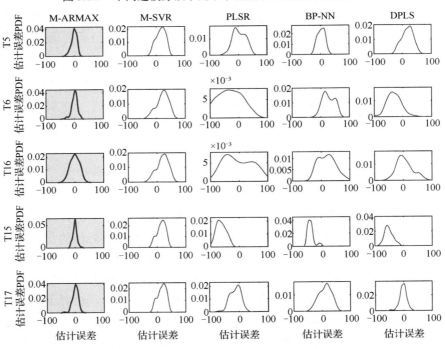

图 5.1.8　不同建模方法温度估计误差 PDF 曲线

表 5.1.5　十字测温中心温度预测 RMSE 值和 MAE 值　　（单位：℃）

	M-ARMAX		M-SVR		PLSR		BP-NN		DPLS	
	RMSE	MAE	RMSE	MAE	RMSE	MAE	RMSE	MAE	RMSE	MAE
T5	**9.28**	**0.0330**	22.39	0.0855	21.48	0.0795	13.07	0.0490	25.51	0.0978
T6	**10.39**	**0.0188**	29.11	0.0631	52.73	0.1009	33.60	0.0692	39.81	0.0836
T16	**15.69**	**0.0119**	27.81	0.0371	48.70	0.1319	34.37	0.0785	28.06	0.1077
T15	**7.54**	**0.0224**	20.34	0.0428	65.24	0.0753	39.52	0.0502	53.46	0.0386
T17	**10.39**	**0.0349**	21.36	0.0852	22.16	0.0735	23.68	0.0899	12.85	0.0419

注释 5.1.2：从算法结构上分析，M-SVR 通过 Sigmoid 核函数将数据映射为高维 Hilbert 空间里的数据，而 BP-NN 通过隐含层的激活函数映射输入数据，两者都是在完成输入数据的映射或变换之后建立与输出数据的回归关系。虽然这两种算法都表现出较强的非线性逼近能力，但应用在十字测温中心点温度建模和估计时效果不佳，泛化性能较差。为此，通过多次试验和比较分析，转向于采用线性建模方法建立十字测温温度估计模型。所提 M-ARMAX 方法以及常规 PLSR 及其改进的 DPLS 都是基于线性回归的数据驱动建模方法。PLSR 模型是综合了典型相关分析、主成分分析以及回归分析的综合性数据驱动建模方法，但此种方法在处理输入数据和输出数据的同时会丢失部分原始数据信息。此外，常规 PLSR 模型关注的是当前时刻变量之间的联系，不能表示包含历史信息的动态特性。而 DPLS 模型是在 PLSR 的基础上通过引入过程变量的时滞信息来描述过程的动态特性，DPLS 一方面解决了 PLSR 不能描述过程动态特征的缺点，另一方面也继承了 PLSR 在通过提取输入输出数据特征向量时丢失信息的缺点。所提 M-ARMAX 时间序列模型能够很好地保留输入输出变量的全部方差变化信息，通过自回归与滑动平均过程来描述变量的动态特性，并运用离散时间序列分析数据的变化特点。因此，采用 M-ARMAX 算法能够很好地说明十字测温温度系统数据之间的动态依存关系，拟合精度高、建模效果好、算法简单且易于工程实现和工业应用。

5.2　建模误差 PDF 形状优化的高炉十字测温中心温度估计

数据驱动模型的建模误差通常为一随机变量。传统数据驱动建模方法主要利用过程输入输出数据，基于多元统计分析技术或人工智能技术构建过程输入输出之间的数学关系，并以建模误差的均方误差（mean square error，MSE）、RMSE 等指标作为建模目标函数，使得建模误差 MSE 或 RMSE 尽可能小。然而，动态系统建模时，常规 MSE、RMSE 等性能指标难以刻画具有随机特性的建模误差的所有统计信息。对随机系统变量来说，PDF 能够包含所有动态特性的统计信息，为此引入 PDF 对建模误差进行全面刻画和评价。另外，以 MSE 或 RMSE 作为指标的常规建模方法假设随机干扰为高斯过程，没有考虑干扰为非高斯过程的情况。因此这类方法用于具有非高斯随机干扰的过程建模时，难以获得满意的性能。并且，建模误差的 PDF 形状充分考虑建模误差在运行时间上的分布信息，能够对建模误差进行全面刻画和评价，因而可更全面地用于评价模型的建模性能。

本节以小波神经网络（wavelet neural network, WNN）建模为例，开展基于建模误差 PDF 形状优化的数据驱动 WNN 建模及在高炉十字测温中心温度估计应用的研究。WNN 是在小波分析与神经网络发展基础上并结合二者的优势提出的一种前馈型神经网络[6]。WNN 用定义的小波函数代替传统神经网络的 Sigmoid 函数作为激励函数，通过仿射变换建立小波变换与网络系数之间的连接，能以任意精度对给定函数进行逼近。由于小波函数在时域和频域均具有良好的局部特性，引入小波神经元的平移和伸缩因子，自由度更高、收敛性更好。另外，网络训练过程中可避免局部极小等非线性优化问题，因而 WNN 具有强大的非线性逼近、自适应及容错能力。提出的面向建模误差 PDF 形状优化的数据驱动 WNN 方法采用核密度估计技术对 WNN 建模误差 PDF 进行估计，以估计的建模误差 PDF 与建模误差目标 PDF 之间的偏差平方积分为优化性能指标，采用梯度下降法最小化性能指标，获得优化的 WNN 模型参数集。高炉工业数据验证结果表明：相对于常规基于 MSE 准则的 WNN 建模，所提方法可使建模误差分布 PDF 形状尽可能地呈现理想 PDF 分布形状，具有较强的泛化性能和实用性。

5.2.1   小波神经网络算法简介

5.2.1.1   小波神经网络主要特征

WNN 的实质就是将神经元的激励函数替换为小波神经元，用小波分解来建立小波变换和网络参数之间的联系。WNN 将传统神经网络与有良好时域和频域局部特性的小波变换进行有机结合，同时引入小波神经元的平移因子和伸缩因子，可以提高 WNN 的自由度和收敛性，并且能够以任意精度来逼近给定函数。WNN 的主要特征如下。

（1）并行结构。WNN 在时间和空间上的计算和存储相互关联。从时间上来说，并行处理信息；而从空间上来说，WNN 是在同一个地点进行信息处理工作。

（2）分布式存储。WNN 将信息存储在小波基互联的分部网络中，信息处理和存储这两个功能有机地融合在同一个网络。这是因为不管是单个小波基还是完整的 WNN 都具有双重功能，信息处理和存储功能合二为一，有机融合。

（3）容错性。对于不完整或者包含噪声的信息，WNN 能够对其进行容错处理，将其分析为完整且正确的信息。

（4）自组织和自学习推理。WNN 的自组织能力体现在可以经过无监督训练对输入信号特征进行自组织。WNN 还可发展知识，具有自学习能力。同时，对于训练未出现的输入信息，WNN 可以通过推理来对其进行正确分辨。

（5）非线性学习器。WNN 具有非线性的小波基函数，所以小波神经网络具有对非线性系统的良好学习能力。

5.2.1.2　小波神经网络结构及算法

WNN 的输入信号逐层向前传播，由输入层传递到输出层，然而误差信号则反向传播，通过输出层的误差反向修正 WNN 的参数。三层 WNN 结构如图 5.2.1 所示，图中：$x_1, x_2, \cdots, x_M$ 为网络输入，$y_1, y_2, \cdots, y_N$ 为网络输出，w_{ij} 为输入层到隐含层的网络权值，w_{jl} 为隐含层到输出层的网络权值。

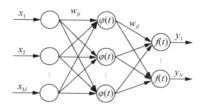

图 5.2.1　三层 WNN 结构

假设图 5.2.1 所示 WNN 的输入层、隐含层、输出层分别具有 M、n、N 个节点，则隐含层第 j 个节点的输入为

$$\mathrm{net}_{H,j} = \sum_i w_{ij} x_i, \quad i = 1, 2, \cdots, M, \quad j = 1, 2, \cdots, n \tag{5.2.1}$$

$\mathrm{net}_{H,j}$ 经过隐含层的激励函数（Morlet 母小波函数）后得到隐含层的节点输出为

$$z_j = \varphi\left(\frac{\mathrm{net}_{H,j} - b_j}{a_j}\right) = \varphi(\mathrm{net\_ab}_j), \quad j = 1, 2, \cdots, n \tag{5.2.2}$$

式中，$\varphi(t)$ 为 WNN 的 Morlet 母小波函数；a_j, b_j 分别为 $\varphi(t)$ 的伸缩和平移因子。

式（5.2.2）的 Morlet 母小波函数为

$$\varphi(t) = \cos(1.75t)\mathrm{e}^{-t^2/2} \tag{5.2.3}$$

这是一种由余弦调制的高斯波，具有支撑、对称特点。

隐含层节点输出经过输出层节点激活函数 $f(t)$ 激励后，得到网络输出为

$$y_l = f\left(\sum_j w_{lj} z_j - \theta_l\right) = f(\mathrm{net}_{O,l}), \quad j = 1, 2, \cdots, n, \quad l = 1, 2, \cdots, N \tag{5.2.4}$$

式中，θ_l 为输出层节点的阈值；$\mathrm{net}_{O,l}$ 为输出层节点的输入。这里，WNN 输出层激励函数则采用 Sigmoid 函数，即 $f(t) = (1 + \mathrm{e}^{-t})^{-1}$。

　　输入信号前向传播的同时，误差反向传播，即从输出层开始逐层计算误差，然后根据梯度下降法不断调节各层的权值及伸缩因子和平移因子，以此得到最小的建模误差，使得 WNN 输出与真实模型输出之间的如下误差最小：

$$
\begin{aligned}
E &= \frac{1}{2}\sum_l (t_l - y_l)^2 \\
&= \frac{1}{2}\sum_l \left(t_l - f\left(\sum_j w_{jl} z_j - \theta_l\right)\right)^2 \\
&= \frac{1}{2}\sum_l \left(t_l - f\left(\sum_j w_{jl}\varphi\left(\frac{\sum_i w_{ij}x_i - b_j}{a_j}\right) - \theta_l\right)\right)^2
\end{aligned}
\tag{5.2.5}
$$

　　在误差反向传播的时候对 WNN 的建模参数进行修正。首先对隐含层到输出层的权值进行求导，得到

$$
\frac{\partial E}{\partial w_{jl}} = \sum_l \frac{\partial E}{\partial y_l}\frac{\partial y_l}{\partial w_{jl}} = -(t_l - y_l)f'(\mathrm{net}_{O,l})z_j
\tag{5.2.6}
$$

　　然后计算误差性能函数对输入层到隐含层的权值的导数：

$$
\frac{\partial E}{\partial w_{ij}} = \frac{\partial E}{\partial z_j}\frac{\partial z_j}{\partial \mathrm{net\_ab}_j}\frac{\partial \mathrm{net\_ab}_j}{\partial w_{ij}} = -\frac{1}{a_j}\sum_l (t_l - y_l)f'(\mathrm{net}_{O,l})w_{jl}\varphi'(\mathrm{net\_ab}_j)x_i
\tag{5.2.7}
$$

　　除此之外，还需要对隐含层和输出层的阈值进行修正。计算误差性能函数对输出层的阈值的导数：

$$
\frac{\partial E}{\partial \theta_l} = \sum_l \frac{\partial E}{\partial y_l}\frac{\partial y_l}{\partial \theta_l} = \sum_l \frac{\partial E}{\partial y_l}\frac{\partial y_l}{\partial \mathrm{net}_{O,l}}\frac{\partial \mathrm{net}_{O,l}}{\partial \theta_l} = (t_l - y_l)f'(\mathrm{net}_{O,l})
\tag{5.2.8}
$$

　　WNN 最大的优势在于最重要的特点，即引入小波神经元的平移因子 b 和伸缩因子 a，可以提高 WNN 的自由度和收敛性。因此需要对平移因子和伸缩因子进行修正。计算误差性能函数对伸缩因子 a 的导数：

$$
\begin{aligned}
\frac{\partial E}{\partial a_j} &= \frac{\partial E}{\partial z_j}\frac{\partial z_j}{\partial \mathrm{net\_ab}_j}\frac{\partial \mathrm{net\_ab}_j}{\partial a_j} \\
&= \frac{1}{a_j^2}\sum_l (t_l - y_l)f'(\mathrm{net}_{O,l})w_{jl}\varphi'(\mathrm{net\_ab}_j)(\mathrm{net}_{H,j} - b_j)
\end{aligned}
\tag{5.2.9}
$$

同理，计算误差性能函数对平移因子 b 的导数为

$$
\frac{\partial E}{\partial b_j} = \frac{\partial E}{\partial z_j}\frac{\partial z_j}{\partial \mathrm{net\_ab}_j}\frac{\partial \mathrm{net\_ab}_j}{\partial b_j} = \frac{1}{a_j}\sum_l (t_l - y_l)f'(\mathrm{net}_{O,l})w_{jl}\varphi'(\mathrm{net\_ab}_j)
\tag{5.2.10}
$$

　　基于上述推导，利用梯度下降法对 WNN 模型参数进行学习修正的公式如下：

$$\begin{cases} w_{jl}(k+1) = w_{jl}(k) - (1+\gamma_a)\eta\dfrac{\partial E}{\partial w_{jl}} \\[2mm] w_{ij}(k+1) = w_{ij}(k) - (1+\gamma_a)\eta\dfrac{\partial E}{\partial w_{ij}} \\[2mm] a_j(k+1) = a_j(k) - (1+\gamma_a)\eta\dfrac{\partial E}{\partial a_j} \\[2mm] b_j(k+1) = b_j(k) - (1+\gamma_a)\eta\dfrac{\partial E}{\partial b_j} \\[2mm] \theta_l(k+1) = \theta_l(k) - (1+\gamma_a)\eta\dfrac{\partial E}{\partial \theta_l} \end{cases} \quad (5.2.11)$$

式中，η 为学习速率；γ_a 是动量因子。引入动量因子和学习速率可以加快收敛速度，并使得建模参数平稳变化。关于动量因子的选择，这与 WNN 的结构和迭代情况有关。如果当次迭代与上次迭代得到的参数变化较大，则选择大一些的动量因子，反之选择小的动量因子。同时在训练时选择误差允许范围，如果建模误差符合误差允许范围，则停止训练，若没有，则继续进行训练，直到符合误差允许范围或达到给定训练次数时停止训练。

5.2.2 建模策略与建模算法

5.2.2.1 建模策略

面向建模误差 PDF 形状优化的 WNN 建模策略如图 5.2.2 所示。首先，基于过程数据建立初始的 WNN 模型，然后基于核密度估计技术建立建模误差 PDF 估计器，根据 WNN 模型输出与实际过程输出的误差对 WNN 建模误差 PDF 进行估

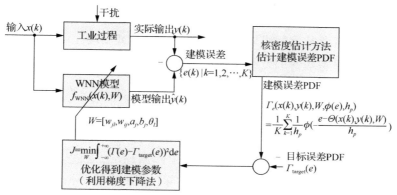

图 5.2.2 基于建模误差 PDF 形状优化的 WNN 建模策略图

计；在此基础上，利用梯度下降法最小化建模误差 PDF 与建模误差目标 PDF 的偏差平方积分，以此优化和调节 WNN 模型参数集 $W = \{w_{jl}, w_{ij}, a_j, b_j, \theta_l\}$。通过 WNN 的参数优化与调节，使得实际建模误差 PDF 逼近目标建模误差 PDF，从而建立可真实表征过程特性的 WNN 模型。

基于图 5.2.2 所示建模策略，定义如下目标函数对 WNN 进行参数优化：

$$J = \min_W \int_{-\infty}^{+\infty} (\varGamma(e) - \varGamma_{\text{target}}(e))^2 \, \mathrm{d}e \qquad (5.2.12)$$

式中，$W = \{w_{jl}, w_{ij}, a_j, b_j, \theta_l\}$ 为需要优化和调节的 WNN 模型参数集；$\varGamma(e)$ 为实际的 WNN 建模误差 PDF；$\varGamma_{\text{target}}(e)$ 为建模误差目标 PDF。当随机干扰为高斯过程或无干扰时，$\varGamma_{\text{target}}(e)$ 可设置如下：

$$\varGamma_{\text{target}}(e) = \frac{1}{\sqrt{2\pi}\sigma_g} \exp\left(\frac{-e^2}{2\sigma_g^2}\right) \qquad (5.2.13)$$

式中，σ_g 是控制模型精度的参数，σ_g 越小模型精度越高。

注释 5.2.1：实际上，基于建模误差 PDF 形状优化的 WNN 建模就是将利用最小化建模误差调节 WNN 模型参数的问题转化为利用优化建模误差 PDF 形状来调节参数的优化问题。当随机干扰为高斯过程时，可以将目标误差 PDF 设置为窄而高的高斯分布函数；当随机干扰为非高斯过程时，需要首先对随机干扰的 PDF 进行估计，以此设置理想误差 PDF，然后利用所提基于建模误差 PDF 形状的建模方法使得建模误差 PDF 逼近目标 PDF。

注释 5.2.2：图 5.2.2 所示建模策略可看作一种建模误差 PDF 形状优化控制系统。该控制系统将 WNN 模型可调参数作为优化控制系统的输入或者决策变量，建模误差 PDF 作为控制系统的输出，式（5.2.12）定义的建模误差 PDF 与建模误差目标 PDF 偏差平方的积分为优化控制性能指标。因此，图 5.2.2 所示建模策略可看成是将开环模型参数辨识问题转化建模误差 PDF 形状的闭环优化控制问题。通过 WNN 模型参数的优化来控制建模误差 PDF 形状，不仅能够保障模型精度，还可控制建模误差的分布状态，从而有效克服过程噪声与干扰对建模性能的影响。

5.2.2.2 基于核密度估计的建模误差 PDF 估计

图 5.2.2 的 WNN 模型建模误差为

$$e(k) = \hat{y}(k) - y(k) = f_{\text{WNN}}(x(k), W) - y(k), \quad k = 1, 2, \cdots, K \qquad (5.2.14)$$

式中，$\hat{y}(k)$ 为 WNN 模型输出值；$y(k)$ 为实际过程输出值；$f_{\text{WNN}}(\cdot)$ 为小波神经网络函数。可将式（5.2.14）表示为

$$e(k) = \varTheta(x(k), y(k), W) \qquad (5.2.15)$$

对于采集到的建模误差样本集 $\{e(k)|k=1,2,\cdots,K\}$，其 PDF 可以采用核密度估计（kernel density estimation, KDE）方法得到。

KDE 是求解给定随机变量集合分布密度问题的非参数估计方法，由 Parzen 首次提出[7]。假设 $x_i \in \mathbb{R}, i=1,2,\cdots,n$ 为独立同分布随机变量，其所服从的分布密度函数为 $f(x), x \in \mathbb{R}$，则 $f(x)$ 的核密度估计 $\hat{f}_h(x)$ 定义为

$$\hat{f}_h(x) = \frac{1}{nh_p} \sum_{i=1}^{n} \phi\left(\frac{x_i - x}{h_p}\right), \quad x \in R \qquad (5.2.16)$$

式中，$\phi(\cdot)$ 称为核函数；h_p 通常称为窗口宽度或光滑参数，是预先给定的正数。

分布密度函数 $f(x)$ 的核密度估计 $\hat{f}_h(x)$ 不仅与给定的数据样本集有关，还与核函数的选择和窗口宽度 h_p 的选择有关。利用 KDE 法对给定建模误差样本集 $\{e(k)|k=1,2,\cdots,K\}$ 进行 PDF 估计，得到估计误差概率密度函数 $\varGamma_e$ 为

$$\varGamma_e = \frac{1}{K} \sum_{k=1}^{K} \frac{1}{h_p} \phi\left(-\frac{e - e(k)}{h_p}\right) \qquad (5.2.17)$$

式中，e 为误差 PDF 的自变量。

具体来说，基于 KDE 的 WNN 建模误差 PDF 估计主要包括选择核函数、选择窗口宽度以及求解建模误差 PDF 等几个部分。

（1）选择核函数。在估计随机变量未知 PDF 时，核函数的选取方法有很多种。理论上讲，核函数不必为密度函数，但是从实用角度出发，因为待估函数为 PDF，所以要求核函数符合 PDF 性质，即满足以下条件[8]：

$$\begin{aligned} &\text{a.} \quad \phi(e) \geqslant 0 \\ &\text{b.} \quad \int \phi(e)\mathrm{d}u = 1 \end{aligned} \qquad (5.2.18)$$

常用的核函数有高斯核函数、矩形窗核函数等。核函数的不同选择在 KDE 中不敏感，当样本数据很大时，对核函数密度估计的结果影响不大。因此，这里选取相对简单的高斯核函数，其表示如下：

$$\phi(x) = \frac{1}{\sqrt{2\pi}} \mathrm{e}^{-\frac{\|x\|^2}{2}} \qquad (5.2.19)$$

（2）选择窗口宽度。窗口宽度 h_p 的选择对核函数的密度估计起着局部光滑的作用，如果 h_p 过大会使建模误差 PDF 形状很光滑，使其主要部分的某些特征（如多峰性）被掩盖起来，从而增加估计量的偏差；而若 h_p 过小，则整个密度函数不光滑，尤其是密度估计的尾部会出现较大干扰。为此，基于正态参考规则方法进行窗口宽度选择。假设建模误差服从正态分布，则窗口宽度 h_p 设置为 $h_p = 1.06\sigma K^{-1/5}$，其中 σ 由 $\min\{s, Q/1.34\}$ 估计，s 表示样本标准差，Q 为四分位数间距。

（3）求解建模误差 PDF。根据上述两个步骤选择合适窗函数和窗口宽度，将

其代入式（5.2.16），得到 WNN 建模误差 PDF 的估计值为

$$\Gamma_e(x(k),y(k),W,\phi(e),h_p) = \frac{1}{K}\sum_{k=1}^{K}\frac{1}{h_p}\phi\left(-\frac{e-\Theta(x(k),y(k),W)}{h_p}\right) \quad （5.2.20）$$

5.2.2.3 基于梯度下降的模型参数优化

将式（5.2.20）所示估计的 WNN 建模误差 PDF 和式（5.2.13）的期望 PDF 式代入式（5.2.12），得到优化目标函数为

$$\begin{aligned} J &= \min_{W}\int_{-\infty}^{+\infty}(\Gamma(e)-\Gamma_{\text{target}}(e))^2\,\mathrm{d}e \\ &= \min_{W}\int_{-\infty}^{+\infty}\left(\frac{1}{K}\sum_{k=1}^{K}\frac{1}{h_p}\phi\left(-\frac{e-\Theta(k)}{h_p}\right)-\frac{1}{\sqrt{2\pi}\sigma_g}\exp\left(-\frac{e^2}{2\sigma_g^2}\right)\right)^2\,\mathrm{d}e \\ &= \min_{W}\int_{-\infty}^{+\infty}\left(\frac{1}{Kh_p}\sum_{i=1}^{K}\phi\left(-\frac{e-\Theta(i)}{h_p}\right)-\frac{1}{\sqrt{2\pi}\sigma_g}\exp\left(-\frac{e^2}{2\sigma_g^2}\right)\right)^2\,\mathrm{d}e \end{aligned} \quad （5.2.21）$$

进一步展开，可以得到

$$\begin{aligned} \int_{-\infty}^{+\infty}(\Gamma(e)-\Gamma_{\text{target}}(e))^2\,\mathrm{d}e &= \sum_{k=1}^{K}\xi_1^2\int_{-\infty}^{+\infty}\exp\left(-\left(\frac{\Theta(k)-e}{h}\right)^2\right)\mathrm{d}e + \xi_2^2\int_{-\infty}^{+\infty}\exp\left(2\frac{e^2}{\xi_3}\right)\mathrm{d}e \\ &\quad + 2\xi_1^2\sum_{i=1}^{K-1}\sum_{j=i+1}^{K}\int_{-\infty}^{+\infty}\exp\left(\frac{\left(\frac{\Theta(i)-e}{h}\right)^2+\left(\frac{\Theta(j)-e}{h}\right)^2}{-2}\right)\mathrm{d}e \\ &\quad - 2\xi_1\xi_2\sum_{i=1}^{K}\int_{-\infty}^{+\infty}\exp\left(\frac{\left(\frac{\Theta(i)-e}{h}\right)^2}{-2}+\frac{e^2}{\xi_3}\right)\mathrm{d}e \end{aligned} \quad （5.2.22）$$

式中，$\xi_1=\dfrac{1}{Kh_p\sqrt{2\pi}}$；$\xi_2=\dfrac{1}{\sqrt{2\pi}\sigma_g}$；$\xi_3=-2\sigma_g^2$。

式（5.2.22）中的积分项共有 4 项，其中第 1 项展开为

$$\int_{-\infty}^{+\infty}\exp\left(-\left(\frac{\Theta(k)-e}{h}\right)^2\right)\mathrm{d}e = h\sqrt{\pi} \quad （5.2.23）$$

第 2 项展开为

$$\int_{-\infty}^{+\infty}\exp\left(2\frac{e^2}{\xi_3}\right)\mathrm{d}e = \sqrt{\frac{-\xi_3}{2}}\sqrt{\pi} \quad （5.2.24）$$

第 3 项展开为

$$\int_{-\infty}^{+\infty} \exp\left(\frac{\left(\frac{\Theta(i)-e}{h} \right)^2 + \left(\frac{\Theta(j)-e}{h} \right)^2}{-2} \right) \mathrm{d}e$$

$$= \int_{-\infty}^{+\infty} \exp\left(\frac{\Theta(i)^2 + \Theta(j)^2}{-2h^2} \right) \exp\left(\frac{e^2}{-h^2} \right) \exp\left(\left(\frac{\Theta(i)+\Theta(j)}{h^2} \right)e \right) \mathrm{d}e$$

$$= \exp\left(\frac{\Theta(i)^2 + \Theta(j)^2}{-2h^2} \right) h\sqrt{\pi} \exp\left(\frac{(\Theta(i)+\Theta(j))^2}{4h^2} \right) \qquad (5.2.25)$$

第 4 项展开为

$$\int_{-\infty}^{+\infty} \exp\left(\frac{\left(\frac{\Theta(i)-e}{h} \right)^2}{-2} + \frac{e^2}{\xi_3} \right) \mathrm{d}e = \int_{-\infty}^{+\infty} \exp\left(\frac{\Theta(i)^2}{-2h^2} + \frac{e^2}{-2h^2} + \frac{\Theta(i)e}{h^2} + \frac{e^2}{\xi_3} \right) \mathrm{d}e$$

$$= \exp\left(\frac{\Theta(i)^2}{-2h^2} \right) \int_{-\infty}^{+\infty} \exp\left(\frac{\xi_3 - 2h^2}{-2\xi_3 h^2} e^2 + \frac{\Theta(i)e}{h^2} \right) \mathrm{d}e$$

$$= \exp\left(\frac{\Theta(i)^2}{-2h^2} \right) \sqrt{\frac{2\xi_3 h^2 \pi}{\xi_3 - 2h^2}} \exp\left(\frac{\xi_3 \Theta(i)^2}{2\xi_3 h^2 - 4h^4} \right) \qquad (5.2.26)$$

若设 $\lambda_1 = \sqrt{\dfrac{2\xi_3 h^2 \pi}{\xi_3 - 2h^2}}, \lambda_2 = \dfrac{\xi_3}{2\xi_3 h^2 - 4h^4}$，则式（5.2.26）可以化简为

$$\int_{-\infty}^{+\infty} \exp\left(\frac{\left(\frac{\Theta(i)-e}{h} \right)^2}{-2} + \frac{e^2}{\xi_3} \right) \mathrm{d}e = \exp\left(\frac{\Theta(i)^2}{-2h^2} \right) \lambda_1 \exp(\lambda_2 \Theta(i)^2) \qquad (5.2.27)$$

将式（5.2.23）～式（5.2.25）、式（5.2.27）代入式（5.2.22）可以得到

$$J = \int_{-\infty}^{+\infty} (\Gamma(e) - \Gamma_{\text{target}}(e))^2 \mathrm{d}e$$

$$= K\xi_1^2 h\sqrt{\pi} + \xi_2^2 \sqrt{\frac{-\xi_3}{2}} \sqrt{\pi} + \sum_{k=1}^{K-1} \sum_{j=k+1}^{K} 2\xi_1^2 h\sqrt{\pi} \exp\left(\frac{(\Theta(k)-\Theta(j))^2}{-4h^2} \right)$$

$$- \sum_{i=1}^{K} 2\xi_1 \xi_2 \lambda_1 \exp\left(\frac{2h^2 \lambda_2 - 1}{2h^2} \Theta(k)^2 \right) \qquad (5.2.28)$$

式（5.2.21）的优化目标函数可采用粒子群算法、遗传算法以及梯度下降法等进行优化求解。本节根据 WNN 特性，采用简单易于实现的梯度下降法对模型参数进行求解，如下所示：

$$W(t+1) = W(t) - r\Delta W(t) = W(t) - r\frac{\partial J}{\partial W} \qquad (5.2.29)$$

式中，r 是迭代优化步长；t 表示迭代步数。将目标函数对各个参数进行求导得到

$$\frac{\partial J}{\partial W} = \sum_{k=1}^{K} \frac{\partial J}{\partial \Theta(k)} \frac{\partial \Theta(k)}{\partial W} \qquad (5.2.30)$$

式（5.2.30）中，第 1 项为

$$\frac{\partial J}{\partial \Theta(k)} = \sum_{j=1}^{K} \frac{\xi_1^2}{-h} \sqrt{\pi} \exp\left(\frac{(\Theta(k)-\Theta(j))^2}{-4h^2}\right)(\Theta(k)-\Theta(j))$$

$$- 2\xi_1 \xi_2 \lambda_1 \exp\left(\frac{2h^2 \lambda_2 - 1}{2h^2}\Theta(k)^2\right)\frac{2h^2 \lambda_2 - 1}{h^2}\Theta(k) \qquad (5.2.31)$$

第 2 项为

$$\begin{cases}
\dfrac{\partial \Theta(x(k),y(k),W)}{\partial w_{jl}} = -f'(\mathrm{net}_{O,l})z_j \\[3mm]
\dfrac{\partial \Theta(x(k),y(k),W)}{\partial \theta_l} = f'(\mathrm{net}_{O,l}) \\[3mm]
\dfrac{\partial \Theta(x(k),y(k),W)}{\partial w_{ij}} = -\dfrac{f'(\mathrm{net}_{O,l})w_{jl}\varphi'(\mathrm{net\_ab}_j)x_i}{a_j} \\[3mm]
\dfrac{\partial \Theta(x(k),y(k),W)}{\partial a_j} = \dfrac{f'(\mathrm{net}_{O,l})w_{jl}\varphi'((\mathrm{net\_ab}_j)(\mathrm{net}_{H,j}-b_j)}{a_j^2} \\[3mm]
\dfrac{\partial \Theta(x(k),y(k),W)}{\partial b_j} = \dfrac{f'(\mathrm{net}_{O,l})w_{jl}\varphi'(\mathrm{net\_ab}_j)}{a_j}
\end{cases} \qquad (5.2.32)$$

式中，$i = 1, 2, \cdots, M$；$j = 1, 2, \cdots n$；$l = 1, 2, \cdots, N$。

最后基于上述推导，采用负梯度下降法修正 WNN 模型参数集：

$$\begin{cases}
w_{jl}(k+1) = w_{jl}(k) - (1+\gamma_a)\eta \dfrac{\partial J}{\partial \Theta}\dfrac{\partial \Theta}{\partial w_{jl}} \\[3mm]
w_{ij}(k+1) = w_{ij}(k) - (1+\gamma_a)\eta \dfrac{\partial J}{\partial \Theta}\dfrac{\partial \Theta}{\partial w_{ij}} \\[3mm]
a_j(k+1) = a_j(k) - (1+\gamma_a)\eta \dfrac{\partial J}{\partial \Theta}\dfrac{\partial \Theta}{\partial a_j} \\[3mm]
b_j(k+1) = b_j(k) - (1+\gamma_a)\eta \dfrac{\partial J}{\partial \Theta}\dfrac{\partial \Theta}{\partial b_j} \\[3mm]
\theta_l(k+1) = \theta_l(k) - (1+\gamma_a)\eta \dfrac{\partial J}{\partial \Theta}\dfrac{\partial \Theta}{\partial \theta_l}
\end{cases} \qquad (5.2.33)$$

注意到动量因子 γ_a 的选取应与建立的 WNN 模型相联系，该模型表征了下一个参数变化量与前一个参数变化量之间的相关程度。如果相关程度较大，则可以选择较大的 γ_a 值，而如果相关程度较小，则可以选择较小的 γ_a 值。

5.2.3　工业数据验证

将所提建模方法应用于高炉十字测温中心点的温度估计,并与基于 MSE 准则的常规 WNN 方法进行对比。选取某大型高炉实际生产数据的采样频率为 10s 的离散时间序列数据,通过样本均值消去法预处理这些数据使其成为离散时间随机数。高炉系统具有较多的操作变量以及过程变量,根据相关系数法选取建模输入变量为温度较低的十字测温装置上的 5 号、6 号、15 号、17 号等测温点,输出变量为需要估计的十字测温中心 16 号测温点的温度。为建立中心温度点模型,选取300 组数据,将其分为训练数据 200 组,测试数据 100 组。为消除变量间的量纲影响,建模所用训练与测试数据都归一化处理,设定 WNN 隐含层节点数为 6,迭代优化步长 r 为 0.003,同时设定理想误差 PDF 为均值为 0,方差为 0.12 的高斯分布。利用 KDE 技术估计建模误差的概率密度函数,采用梯度下降法使估计的建模误差 PDF 与目标 PDF 之间的二维偏差的积分最小,从而优化和调节 WNN 模型参数。

图 5.2.3 是所提方法参数优化时性能指标随迭代批次的变化曲线,图 5.2.4 是对应建模误差随参数优化迭代批次的变化曲线。可以看出,随着迭代批次的增加,建模误差收敛到一个窄而尖锐的高斯分布。图 5.2.5 是所提方法与传统基于建模误差 MSE 准则的 WNN 方法的十字测温中心温度估计性能比较图,图 5.2.6 是相应不同方法温度估计误差 PDF 比较。从这些图中可以看出,与基于 MSE 准则的传统 WNN 方法相比,所提方法具有更高的建模精度和更好的泛化性能。此外,所提方法可使得十字测温中心温度的估计误差 PDF 很好地逼近目标误差 PDF,建模误差的分布及 PDF 形状更优,基本为一窄而高的理想高斯分布函数形状,即具有更合理的分布。

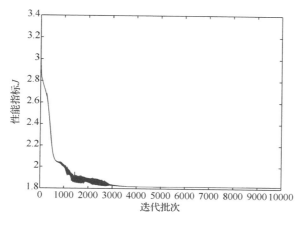

图 5.2.3　所提方法参数优化性能指标收敛曲线

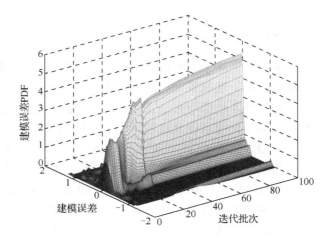

图 5.2.4　建模误差 PDF 随参数优化迭代批次变化曲线

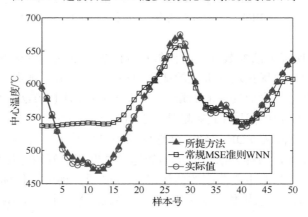

图 5.2.5　不同方法十字测温中心温度估计曲线

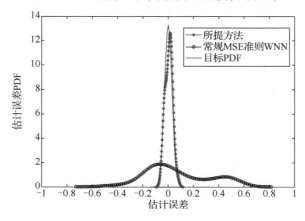

图 5.2.6　不同方法温度估计误差 PDF 比较

最后，采用一些标准建模性能指标来评价不同建模方法对十字测温中心温度估计的效果，这些评价指标包括 RMSE、MAE、RE、HR，结果如表 5.2.1 所示。可以看出，所提方法高炉十字测温中心温度估计 RMSE、MAE、RE、HR 均优于常规基于 MSE 准则的 WNN 方法，从而进一步验证了所提方法的有效性和实用性。

表 5.2.1　不同方法十字测温中心温度估计统计指标比较

	MAE	RMSE	HR	RE
	$\frac{1}{N}\sum_{i=1}^{N}\lvert e_i\rvert$	$\sqrt{\frac{1}{N}\sum_{i=1}^{N}\lvert e_i\rvert^2}$	$\begin{cases}\frac{1}{N}\sum_{i=1}^{N}H_k\times100\% \\ H_k=\begin{cases}1,\lvert e_i\rvert<0.1\\0,\lvert e_i\rvert\geq0.1\end{cases}\end{cases}$	$\dfrac{\sum_{i=1}^{N}\lvert e_i\rvert^2}{\sum_{i=1}^{N}\lvert y_i\rvert^2}$
所提方法	3.0790	3.6997	60.00	0.000043
常规 WNN	25.0067	32.5929	20.00	0.0033

5.3　面向建模误差 PDF 形状与趋势拟合优度多目标优化的铁水质量建模

前文 5.2 节方法是期望实际模型的建模误差 PDF 形状更好地跟踪期望的高斯分布形状，以此建立具有最优参数的过程数据模型。然而，不管是常规建模方法的 RMSE 或 MSE 指标，还是上述改进方法的建模误差 PDF 指标，均仅仅体现过程模型输出与实际输出之间的误差大小情况，难以衡量模型输出与实际动态过程输出之间拟合趋势的好坏。实际工业动态系统中，过程输出变化趋势的估计和预测，对于基于模型的预测控制、生产过程运行态势的把握与调控等诸多工程应用，都具有十分重要的作用。因此，在实际工业动态系统建模时，除了需要优化建模误差的 PDF 形状，同时也需要考虑建模输出与样本数据之间拟合趋势是否接近或者一致，即曲线拟合动态变化趋势的相似度最大。实际上，这一问题在前几章也有类似阐述和讨论。

针对上述问题，本节仍以 WNN 数据建模为例，进一步提出一种面向建模误差 PDF 形状与趋势拟合优度（相似度）多目标优化的动态系统数据建模方法，用于高炉铁水质量的建模与预测。所提方法不仅引入二维尺度的 PDF 指标来对动态建模误差在时间和空间进行全面刻画，同时引入拟合优度（相似度）指标刻画动态系统数据建模的拟合趋势。通过采用 KDE 技术对实际建模误差 PDF 形状进行估计，以及采用 NSGA-II 算法对建模误差 PDF 形状的偏差以及拟合优度指标进行多目标优化，从而建立具有最优模型参数的 WNN 模型。数值仿真和实际高炉工业数据的实验表明：所提方法的建模误差 PDF 能够更好地逼近设定的期望 PDF，并且模型输出与样本数据拟合趋势接近。

5.3.1 建模策略

正如前文 5.2 节所述，常规 WNN 等现有多数建模方法通常采用如式（5.3.1）所示的 RMSE、MSE、MAE 等单一的误差性能指标，通过性能指标数值大小来评价建模精度。

$$
\begin{cases}
J_{\mathrm{RMSE}} = \sqrt{\dfrac{1}{m}\sum_{l=1}^{m}(y_l - \hat{y}_l)^2} \\[2mm]
J_{\mathrm{MSE}} = \dfrac{1}{m}\sum_{l=1}^{m}(y_l - \hat{y}_l)^2 \\[2mm]
J_{\mathrm{MAE}} = \dfrac{1}{m}\sum_{l=1}^{m}\left|y_l - \hat{y}_l\right|
\end{cases}
\tag{5.3.1}
$$

然而，式（5.3.1）所示传统性能指标是从建模误差的均值角度评价模型精度，并不能全面描述动态系统建模误差在时空尺度上的随机特性。此外，对于时序相关动态系统建模，运行数据拟合趋势的估计对于建模效果有很大影响，并且通常也更有实际意义。而式（5.3.1）所示常规建模性能指标仅希望建模输出与实际数据之间偏差最小，却难以描述动态系统拟合趋势的好坏。

为了解决上述问题，本节以 WNN 智能建模为基础，通过引入建模误差 PDF 指标从时空二维角度对建模误差进行全面刻画，以及引入拟合优度指标对动态系统数据建模的拟合趋势进行相似性评估，从而提出图 5.3.1 所示的面向建模误差 PDF 形状与趋势拟合优度的动态系统优化建模方法，具体如下。

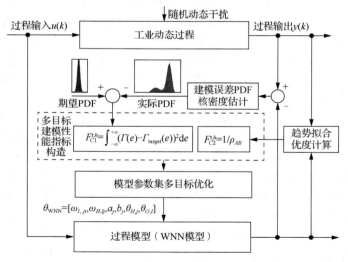

图 5.3.1　面向建模误差 PDF 形状与趋势拟合优度的动态系统优化建模策略

（1）构建动态系统数据建模的实际建模误差 PDF 与建模误差目标 PDF 的偏差平方积分作为多目标优化计算的第一个评价指标，如下所示：

$$J_1 = \int_{-\infty}^{+\infty} (\Gamma(e) - \Gamma_{\text{target}}(e))^2 \, \mathrm{d}e \qquad (5.3.2)$$

式中，$\Gamma(e)$ 和 $\Gamma_{\text{target}}(e)$ 分别为建模误差 PDF 和建模误差目标 PDF。实际建模误差 PDF 是采用核密度估计技术对所建立数据模型的建模误差序列进行求解获得，而建模误差目标 PDF 是设置的一个较为理想的（即均值为 0、方差尽量小）高斯分布形状的 PDF，e 为建模误差 PDF 的自变量。

（2）引入式（5.3.3）所示的拟合优度指标 ρ_{AB} 对动态系统数据建模的动态拟合趋势进行相似性评估，从而构建式（5.3.4）所示关于拟合优度的性能指标作为第二个评价指标。

$$\rho_{AB} = \frac{\sum_m \sum_n (A_{mn} - \overline{A})(B_{mn} - \overline{B})}{\sqrt{\left(\sum_m \sum_n (A_{mn} - \overline{A})^2\right)\left(\sum_m \sum_n (B_{mn} - \overline{B})^2\right)}} \qquad (5.3.3)$$

$$J_2 = 1/\rho_{AB} \qquad (5.3.4)$$

式中，A, B 为数据矩阵；$\overline{A}, \overline{B}$ 分别为数据矩阵 A, B 的均值。事实上，ρ_{AB} 是衡量数据矩阵 A 和 B 之间近似程度的量，$|\rho_{AB}| \to 1$ 表示数据矩阵 A 和 B 之间相关性很强，而 $|\rho_{AB}| \to 0$ 意味着数据矩阵 A 和 B 之间相关性较弱。由于要衡量建模输出与实际输出的时序相关数据之间的动态拟合趋势，所以式（5.3.3）中 A 和 B 分别表示 WNN 模型输出和实际过程输出所构成的时序相关数据矩阵。

（3）将式（5.3.2）和式（5.3.4）作为数据建模的综合性能评价指标的适应度函数，采用运算速度快、收敛性好的 NSGA-II 算法来获得 WNN 模型的最优参数集 $[\omega_{I,ji}, \omega_{H,lj}, a_j, b_j, \theta_{Hj}, \theta_{O,l}]$。

5.3.2　建模算法

所提建模算法主要包括如下几个过程：首先基于实际过程输入输出数据建立初始的 WNN 模型。通过比较 WNN 模型输出与过程输出实际值，可以得到特定时间内的建模误差序列。然后，采用前文 5.2.2 节所述的核密度估计技术，对初始 WNN 模型的建模误差序列的 PDF 形状进行估计。最后，利用 NSGA-II 算法优化式（5.3.2）和式（5.3.4）所示的多目标建模性能指标，从而获得同时具有较好建模误差 PDF 形状与拟合优度值的一组 WNN 模型参数优化解。

基于核密度估计的初始 WNN 模型建模误差 PDF 形状估计算法与前文 5.2.2.2 节相同，主要是用于得到如下建模误差 PDF 估计值：

$$\Gamma_e(x(k), y(k), \theta_{\mathrm{WNN}}, \phi(e), h_p) = \frac{1}{K} \sum_{k=1}^{K} \frac{1}{h_p} \phi\left(-\frac{e - \Theta(x(k), y(k), \theta_{\mathrm{WNN}})}{h_p}\right) \quad (5.3.5)$$

与前文 5.2.2 节不同的是，这里待优化的基本 WNN 数据模型的参数集 θ_{WNN} 为：输入层连接权值 $\omega_{I,ji}$、隐含层连接权值 $\omega_{H,lj}$、隐含层阈值 $\theta_{H,j}$、输出层阈值 $\theta_{O,l}$、小波基函数的伸缩因子 a_j 以及平移因子 b_j。这些参数的取值决定了 WNN 数据模型的性能，因而基于前述的多目标建模性能指标，采用 NSGA-II 算法对模型参数进行多目标优化，步骤如下。

步骤 1（网络参数的编码）：将 WNN 模型参数集 $\theta_{\mathrm{WNN}} = [\omega_{I,ji}, \omega_{H,lj}, a_j, b_j, \theta_{H,j}, \theta_{O,l}]$ 与每条染色体相对应，即对 WNN 模型参数进行如下形式的编码：

$$R = [\omega_{I,11}, \cdots, \omega_{I,1n}, \cdots, \omega_{I,Mn}, \omega_{H,11}, \cdots, \omega_{H,1m}, \cdots, \omega_{H,nN}, a_1, \cdots, a_n,$$
$$b_1, \cdots, b_n, \theta_{H,1}, \cdots, \theta_{H,n}, \theta_{O,1}, \cdots, \theta_{O,N}]$$

式中，染色体基因数为 $S = (M+3)n + (n+1)N$，而 $P = [S_1, S_2, \cdots, S_i, \cdots, S_Q]^{\mathrm{T}}$ 表示包含 Q 条染色体的初始种群。

步骤 2（个体适应度计算）：每条染色体的各个基因分别代表 WNN 的各个模型参数，将第 t 代种群中第 h 条染色体上的各个基因代入下式的第 t 代第 h 个个体的适应度函数中：

$$F_{C1}^{t,h} = \int_{-\infty}^{+\infty} (\Gamma(e) - \Gamma_{\mathrm{target}}(e))^2 \, \mathrm{d}e \quad (5.3.6)$$

$$F_{C2}^{t,h} = \frac{1}{\rho_{AB}} \quad (5.3.7)$$

步骤 3（选择算子）：根据非支配排序结果，选择非支配排序中支配层较低的个体。如果有多个个体在同一支配层，从种群多样性角度考虑，选择拥挤度距离较大的个体。

步骤 4（模拟二进制交叉）：基于实数编码，交叉后代为父代的线性组合，即

$$\begin{cases} G_{1,i}^{t+1} = 0.5\left[(1-\beta_k(\varepsilon))G_{1,i}^t + (1+\beta_k(\varepsilon))G_{2,i}^t\right] \\ G_{2,i}^{t+1} = 0.5\left[(1+\beta_k(\varepsilon))G_{1,i}^t + (1-\beta_k(\varepsilon))G_{2,i}^t\right] \end{cases} \quad (5.3.8)$$

式中，ε 为在 $(0,1)$ 内服从均匀分布的随机数。当 $\varepsilon > 0.5$ 时 $\beta_k(\varepsilon) = ([2(1-\varepsilon)]^{(\eta_c+1)^{-1}})^{-1}$，当 $\varepsilon \leqslant 0.5$ 时，$\beta_k(\varepsilon) = (2\varepsilon)^{(\eta_c+1)^{-1}}$，$\eta_c$ 为交叉分布指数，$i = 1,2$ 为目标函数个数。

步骤 5（多项式变异）：二进制交叉后，进行多项式变异，变异后的个体为

$$G_i^{t+1} = G_i^{t+1} + (B_{\max} - B_{\min})\delta_k \quad (5.3.9)$$

式中，$B_{\max}, B_{\min}$ 分别为优化变量的上下限值；δ_k 为变异参数。当 $r_k > 0.5$ 时，$\delta_k = (2r_k)^{(\eta_m+1)^{-1}}$，而当 $r_k \leqslant 0.5$ 时，$\delta_k = (1 - [2(1-r_k)])^{(\eta_m+1)^{-1}}$，$r_k$ 为在 $(0,1)$ 服从均匀分布的随机数，η_m 为变异分布指数。

采用 NSGA-II 算法优化 WNN 模型参数时，每个待优化的参数对应染色体上的一个基因。在遗传算法中，适应度函数的选择决定着遗传优化的精度和收敛速度。描述个体性能的指标主要通过适应度函数值体现，依据适应度值的大小对个体优胜劣汰。这里多目标适应度函数为实际建模误差 PDF 与建模误差目标 PDF 之间的二维偏差平方和以及趋势拟合优度的倒数。

5.3.3　数值仿真

为了验证所提方法的有效性和优越性，首先使用下述非线性动态系统进行数值验证：

$$y(k+1) = u^3(k) + \frac{y(k)}{1+y^2(k)} + \omega(k) \tag{5.3.10}$$

式中，$y(0) = 0.1$；$u(k)$ 为在区间(0，1)内服从均匀分布的随机序列；$\omega(k)$ 为通过参数 σ 描述的、服从瑞利分布的非高斯随机干扰序列。针对以上非线性系统，利用提出的建模方法进行建模，所要建立的 WNN 数据模型可以表示为

$$\tilde{y}(k+1) = f_{\text{WNN}}(y(k), u(k), \omega(k), \theta_{\text{WNN}}) \tag{5.3.11}$$

假设 ω 为随机产生、服从瑞利分布且参数为 0.2 的非高斯干扰。WNN 隐含层节点数选择为 6，迭代优化步长 r 为 0.003。采用 NSGA-II 算法对 WNN 模型参数进行寻优时，交叉分布指数 $\eta_c = 20$，变异分布指数 $\eta_m = 20$，优化变量的上限与下限分别设定为 1 和-1，交叉率和突变率分别设为 0.9 和 0.1。

建模后，得到 60 组 Pareto 前沿解进化过程，如图 5.3.2 所示，而图 5.3.3 为 60 组多目标优化解对应的拟合优度变化曲线，这里将所提方法与常规 WNN 方法以及前文 5.2 节面向建模误差 PDF 形状优化的 WNN 方法进行比较。由于前文 5.2 节方法是采用梯度下降法来优化 WNN 数据模型的建模误差 PDF，因而这里称其为 GD-WNN。从图 5.3.3 可以看出，采用所提建模方法可以获得具有较大动态变化趋势拟合优度的一组解集，这些解对应的拟合优度均远好于常规 WNN 方法以及 GD-WNN 方法。所提方法得到的解对应的拟合优度指标最高达到 0.96，而 5.2 节方法的拟合优度指标仅为 0.83，以及常规 WNN 方法的拟合优度指标甚至仅为 0.75。并且从图 5.3.3 还可以看出所提方法有 39 组解的拟合优化度指标好于 GD-WNN 方法得到的拟合优度值。图 5.3.4 是 1 到 60 号解对应的建模误差 PDF 曲线图，可以看出 60 号解对应模型的建模误差 PDF 最好。图 5.3.5 为多目标优化后 30 号解与 60 号解的建模误差 PDF 曲线与其他两种方法的建模误差 PDF 曲线的对比图，设置的期望 PDF 为均值为 0、方差为 0.25 的窄而尖的理想高斯型 PDF。可以看出，所提方法获得的非最优 30 号解对应的建模误差 PDF 曲线也要好于常规 WNN 方法和 GD-WNN 方法，因而所提方法得到的建模误差 PDF 较高且较窄，与其他方法相比方差更小，即模型的随机性和不确定性更小，这也验证了所提方法的有效性和优越性。图 5.3.6 是所提方法中非最优的 30 号解对应的建模效果，

可以看出所提方法得到非最优解对应的模型建模效果也好于其他两种常规 WNN方法。

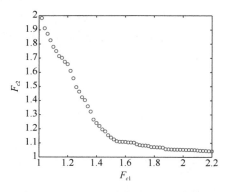

图 5.3.2   Pareto 前沿解进化过程

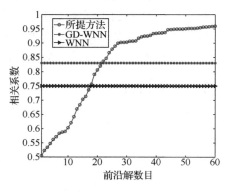

图 5.3.3   不同优化解对应的拟合优度曲线

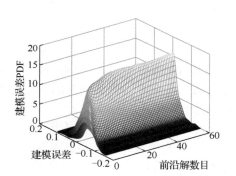

图 5.3.4   不同多目标优化解对应的
建模误差 PDF 曲线

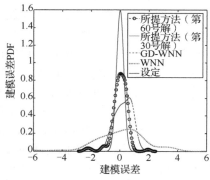

图 5.3.5   不同方法建模误差 PDF 曲线

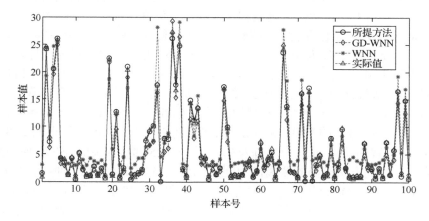

图 5.3.6   所提方法 30 号解对应的建模效果

5.3.4　工业数据验证

进一步将提出的建模方法应用于实际工业高炉炼铁过程的铁水温度建模与预测，通过采用类似于前文的 CCA 等变量选择分析方法，选取铁水温度建模的输入变量为冷风流量、压差和富氧流量，而建模输出变量为铁水温度。为消除不同变量间的量纲影响，建模所用训练与测试数据都归一化处理，此外所提方法设定 WNN 隐含层节点数为 6，迭代优化步长为 0.003。

基于所提方法，采用实际工业高炉炼铁过程数据，得到参数集多目标优化的 100 组 Pareto 前沿解，如图 5.3.7 所示，而图 5.3.8 和图 5.3.9 分别为 100 组多目标优化解对应的拟合优度变化曲线和归一化后铁水温度建模误差 PDF 变化曲线。同样，这里也将所提方法与常规 WNN 方法以及前文 5.2 节提出的 GD-WNN 方法进行比较。可以看出，采用所提建模方法可以获得具有较大动态趋势拟合优度的 70 余组参数优化解，这些解对应的拟合优度均远好于常规 WNN 方法以及前文 5.2 节的 GD-WNN 方法，并且所提方法所得解的最优拟合优度非常接近 1。图 5.3.9 为所有多目标优化解的归一化后铁水温度建模误差 PDF 变化曲线。可以看出，从第 1 号解到第 100 号解，铁水温度建模误差 PDF 的形状越来越窄而尖，并且越来越接近设定的理想 PDF 形状，即模型的随机性和不确定性很小。此后，选取最大拟合优度值所对应模型参数，得到的 WNN 建模误差 PDF 与其他建模方法得到的建模误差 PDF 对比如图 5.3.10 所示，这里设置的期望 PDF 为均值为 0 的窄而尖的高斯型 PDF。可以看出，本节所提方法的建模误差 PDF 形状为窄而高的形状，远好于常规 WNN 方法和 GD-WNN 方法。图 5.3.11 是所提方法选取的最大拟合优度值所对应的一组模型参数对应 WNN 模型的铁水温度实际估计效果，可以看出所提方法对实际铁水温度的估计精度与动态变化趋势基本与实际铁水温度值保持一致，具有很好的实际工程应用价值。

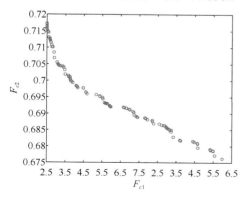
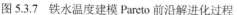

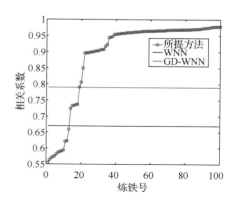

图 5.3.7　铁水温度建模 Pareto 前沿解进化过程　　图 5.3.8　不同优化解对应的拟合优度变化曲线

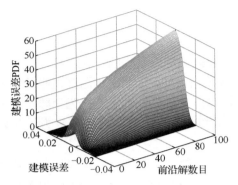

图 5.3.9   不同优化解对应的归一化后
铁水温度建模 PDF 变化曲线

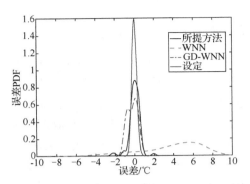

图 5.3.10   不同方法铁水温度建模
误差 PDF 比较

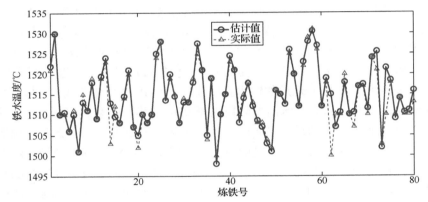

图 5.3.11   最大拟合优度解对应的铁水温度估计效果

参 考 文 献

[1] 周平, 刘记平. 基于数据驱动多输出 ARMAX 建模的高炉十字测温中心温度在线估计[J]. 自动化学报, 2017, 44(3): 552-561.

[2] Zhou P, Wang C Y, Li M J, et al. Modeling error PDF optimization based wavelet neural network modeling of dynamic system and its application in blast furnace ironmaking[J]. Neurocomputing, 2018, 285(12): 167-175.

[3] 周平, 赵向志. 面向建模误差 PDF 形状与趋势拟合优度的动态过程优化建模[J]. 自动化学报, 2021, 47(10): 2402-2411.

[4] Cai M, Cai F, Shi A, et al. Chaotic time series prediction based on local-region multi-steps forecasting model[J]. Lecture Notes in Computer Science, 2004, 3174: 418-423.

[5] Akaike H. A Bayesian extension of the minimum AIC procedure of autoregressive model fitting[J]. Biometrika, 1979, 66(2): 237-242.

[6] Alexandridis A K, Zapranis A D. Wavelet neural networks: A practical guide[J]. Neural Networks, 2013, 42:1-27.

[7] Parzen E. On estimation of a probability density function and mode[J]. Annals of Mathematical Statistics, 1962, 33(3):1065-1076.

[8] Buch-Larsen T, Nielsen J P, Guillén M, et al. Kernel density estimation for heavy-tailed distributions using the champernowne transformation[J]. Statistics: A Journal of Theoretical and Applied Statistics, 2006, 39(6):503-518.

第6章   高炉铁水质量数据驱动预测控制

高炉炼铁过程的控制与优化一直以来都是冶金工程和自动控制领域研究的热点与难点。高炉本身的密闭、高温、高压、高粉尘以及非线性、大时滞与原燃料多变引起的强时变等极复杂动态特性，使得高炉炼铁过程自动控制至今仍未有效实现，目前仍以人工操作的经验调节为主。近年来，随着计算机、数据驱动建模方法及智能优化算法等技术的不断发展和落地应用，高炉炼铁过程的自动控制有了很大进步和提升。目前高炉炼铁的很多关键变量已经实现基础回路控制。但是上层指标控制，如铁水质量指标的控制仍依赖于有经验的高炉操作人员根据经验进行调控。显然，由于操作员自身经验的限制，以及人工操作的主观性和随意性，在原燃料突变以及工况波动时有时难以快速、准确、客观地进行操作与决策，从而造成铁水质量波动大、不达标，并很大程度影响了高炉炼铁的稳定顺行与节能降耗。因此，亟须研究有效的方法实现高炉铁水质量的控制与优化。

目前，作为工业多变量主导控制技术的模型预测控制（model predictive control，MPC，简称预测控制）已被应用于高炉铁水质量指标的优化控制。这类算法不需要对被控对象的机理过程有非常深入的了解，使用常见的辨识方法便可方便地设计控制系统，并且能很好地处理带约束的多变量优化控制问题。然而，预测控制的控制性能在很大程度上取决于所使用的预测模型或预测器，这已经成为预测控制的"致命伤"（achilles heel）。由于高炉内部是一个高温、高压、多相多场耦合的密闭空间，固-液-气多态共存，使得难以建立准确的铁水质量机理模型。此外，传统基于响应测试的预测模型需要进行一系列的工业测试，这在实际高炉炼铁生产中不允许，因为工业测试会对日常的工业生产造成较大影响，严重时会引发生产事故。并且由于高炉固有的大容积型特性和大惯性，这些影响和事故很难在短时间内进行处理和恢复。因此，借助于人工智能与数据驱动技术，直接利用实际工业生产的输入输出数据，建立面向控制的数据驱动预测模型对高炉炼铁过程进行数据驱动预测控制就显得尤其重要。实际上有效的数据驱动模型比工业试验获得的响应测试模型能够包含更多的过程动态信息。因此，数据驱动预测控制为高炉炼铁过程监测与调控提供了有效的解决方法。

本章将介绍作者近年所做的高炉数据驱动预测控制方面的几个工作，这些工作大多是基于前述第3章和第4章建立的数据驱动铁水质量模型而进一步提出的方法。此外，后续第7章将进一步介绍作者近年提出的几种基于即时学习的高炉铁水质量自适应预测控制方法，而在第 8 章将介绍作者近年所做的高炉铁水质量无模型自适应（预测）控制的几个工作。本章方法和第 7 章方法由于涉及数据驱动预测建模，因而实为间接数据驱动控制方法。而第 8 章方法由于是采用过程输入输出数据直接设计控制器，因而是直接数据驱动控制方法。第 6 章、第 7 章和第 8 章构成了本书的第二部分，即数据驱动高炉炼铁过程控制部分。以下为第 6 章高炉铁水质量数据驱动预测控制的内容。

6.1   预测控制及相关问题

20 世纪 60 年代初期发展起来的现代控制理论依赖于过程精确的数学模型或者要求模型已知，而工业过程往往具有非线性、时变性、强耦合和不确定性等特点，难以得到精确的数学模型。因此，现代控制理论与实际工业中过程控制的特点和应用需求不相匹配，且这种不匹配性在钢铁、石化等流程工业中表现尤其突出。也正因此，人们从工业过程控制的特点与需求出发，不断探索各种对模型形式与性能要求不高而同样能实现高质量控制的方法。预测控制正是在这种背景下应运而生的一类新型控制算法。一经问世，预测控制就在石油、电力和航空等工业中得到十分成功的应用并迅速发展。因此，预测控制的出现并不是某种理论研究的产物，而是在工业实践过程中发展起来的一种有效实用的先进控制方法[1, 2]。由于预测控制的基本原理、特点和发展历程在很多预测控制的文献中都有详细具体的阐述，如文献[1]~[6]，因此本书不再重述。

作为一种先进控制技术，预测控制最初针对线性系统而提出[3]。对于非线性系统或过程，由于预测控制本身带有一定的鲁棒性，若过程只存在较弱的非线性特性，可视为一种模型失配，通过在线辨识模型参数等手段便可克服弱非线性造成的影响。但当过程表现为强非线性时，常规基于线性模型的预测控制由于预测模型和实际过程偏差较大，达不到优化控制的目的和效果，必须利用非线性模型进行预测和优化，从而产生非线性预测控制（nonlinear predictive control, NPC）。如 Chauhdry 等[4]提出一种基于嵌套分割算法的 NPC 方法，Karer 等[5]提出一种基于模糊逻辑的 NPC 方法，Shafiee 等[6]提出一种线性化 Wiener 模型的 NPC 方法等。这些方法主要从工程实际与控制需求的角度出发，集中于解决 NPC 在工程应用中存在的两个关键问题：①如何获得准确描述原非线性系统的预测模型；②如何更有效求解 NPC 涉及的非线性约束优化问题。相对于线性系统，非线性系统由于其本身的复杂性，很难找到一种统一的非线性预测控制方法，同时从理论上分析 NPC 的稳定性和鲁棒性等问题相对于线性预测控制也更为复杂。

从 NPC 工程应用中涉及的第一个关键问题可以看出，非线性预测控制器的控制性能与预测模型精度有着密切关系，即建立的非线性模型精度越高，其 NPC 控制性能越好。对于复杂非线性动态过程，如高炉炼铁过程，传统基于响应测试模型的非线性预测建模方法难以进行有效应用，必须向数据驱动预测建模与控制转变。从 NPC 涉及的第二个关键问题可以看出，即使预测模型精度再高，但若 NPC 控制器的实时优化算法不能准确及时地求解出预测控制序列，那么其预测控制性能仍然得不到提高。因此需要根据实际控制问题及特点，选取合适的优化方法进行数据驱动预测控制律的求解。

6.2　基于单输出 LSSVR 建模的铁水硅含量非线性预测控制

　　铁水硅含量（[Si]）是衡量高炉炼铁过程内部热状态和稳定顺行的关键参数，同时也是高炉操作的关键指导参数。基于前文第 3 章单输出 LSSVR 建模方法，本节进一步提出一种基于 LSSVR 建模的数据驱动非线性预测控制方法，以解决高炉炼铁过程铁水[Si]的优化控制问题。如图 6.2.1 所示，所提方法首先采用单输出 LSSVR 算法建立铁水[Si]的预测模型；然后，将模型用于硅含量的非线性预测控制，构建适用于提前多步预测控制的反馈校正策略，并通过具有全局优化能力的智能优化算法得到最优控制律。

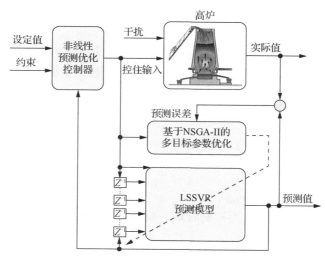

图 6.2.1　基于单输出 LSSVR 建模的铁水硅含量非线性预测控制策略

6.2.1　控制算法

（1）基于单输出 LSSVR 的预测模型。考虑如下具有输入 $u \in \mathbb{R}^d$、输出 $y \in \mathbb{R}$ 的非线性多输入单输出系统：

$$y(k+i) = f(\Delta u(k+i-1), \cdots, \Delta u(k), u(k-1), \cdots, $$
$$u(k-n_u+1), y(k), \cdots, y(k-n_y+1)) \qquad (6.2.1)$$

式中，$\Delta u(k) = u(k) - u(k-1)$；$f(\cdot)$ 为非线性函数；$n_u \geqslant 1$ 和 $n_y \geqslant 1$ 分别为输入输出的最大时延。采用单输出 LSSVR 建立预测模型，k 时刻的第 i 步预测值为

$$y_{\mathrm{LSSVR}}(k+i \,|\, k) = \sum_{t=1}^{r} \beta_t \kappa(S_i, x_t) + b \qquad (6.2.2)$$

式中，S_i 为构造 $y_{\mathrm{LSSVR}}(k+i \,|\, k)$ 的样本输入向量；x_t 为稀疏化后的样本输入向量，定义如下：

$$x_t = [u(k-1), \cdots, u(k-n_x+1), y(k), \cdots, y(k-n_y+1)] \qquad (6.2.3)$$

（2）滚动优化与目标函数。NPC 属于一类反馈控制，为了克服模型失配和外部干扰对控制性能的影响，通过反馈校正对未来误差做出预测并加以预测输出补偿，k 时刻第 i 步预测输出被修正为

$$\overline{y}_p(k+i \,|\, k) = y_{\mathrm{LSSVR}}(k+i \,|\, k) + h(i)e(k)$$
$$= y_{\mathrm{LSSVR}}(k+i \,|\, k) + h(i)[y(k) - y_{\mathrm{LSSVR}}(k \,|\, k-i)] \qquad (6.2.4)$$

式中，$h(i)$ 为反馈校正（或者补偿）系数矩阵，其中补偿系数通常设定在(0, 1)区间，并根据实际应用效果进行调整。

由于预测控制的优化不仅基于预测模型，而且利用了反馈信息，因而构成闭环优化。至此，基于 LSSVR 预测的 NPC 滚动优化性能指标为

$$\min J = \sum_{i=1}^{N_p} \left[\overline{y}_p(k+i \,|\, k) - \overline{y}_s(k+i) \right]^{\mathrm{T}} Q(i) \left[\overline{y}_p(k+i \,|\, k) - \overline{y}_s(k+i) \right]$$
$$+ \sum_{j=0}^{N_c} \left[\Delta u(k+j) \right]^{\mathrm{T}} R(j) (\Delta u(k+j)) \qquad (6.2.5)$$

$$\text{s.t.} \quad u_{\min} \leqslant u \leqslant u_{\max}$$
$$\Delta u_{\min} \leqslant \Delta u \leqslant \Delta u_{\max}$$

式中，N_p 为预测时域，N_c 为控制时域，满足 $N_p \geqslant N_c$；Q 和 R 分别为控制和输出加权系数矩阵。

由于 NPC 性能指标的优化是一个复杂的非线性优化问题，难以采用常规数学规划方法进行求解，因此可采用具有全局寻优能力的遗传算法求解上述优化问题，具体步骤如下。

步骤 1：采用 NSGA-II 等多目标优化算法离线优化 LSSVR 预测模型的惩罚

因子 C 和核宽度 σ，设定模型时滞参数 n_u 和 n_y、预测时域 N_p、控制时域 N_c 和反馈校正矩阵 h、控制加权矩阵 Q 与输出加权矩阵 R。

步骤2：建立单输出 LSSVR 铁水硅含量预测模型。

步骤3：根据式（6.2.2）计算 $y_{\text{LSSVR}}(k\,|\,k-i), i=1,2,\cdots,N_p$。

步骤4：计算采样时刻 k 时的预测偏差 $e(k\,|\,k-i)=y(k)-y_{\text{LSSVR}}(k\,|\,k-i)$。

步骤5：采用遗传算法进行滚动优化的实时计算，并获得 k 时刻的最优增量 $\Delta u_{\text{opt}}(k)$，进而得到最优控制律为 $u_{\text{opt}}(k)=\Delta u_{\text{opt}}(k)+u(k-1)$。

步骤6：$k+1\to k$，跳转至步骤3，直至控制结束。

6.2.2　工业数据验证

采用某大型炼铁厂的实际高炉数据对上述方法进行工业数据验证。根据过程变量的可测性和可控性分析，选择热风压力 (u_1)、热风温度 (u_2)、富氧率 (u_3) 和喷煤量 (u_4) 作为建模输入和控制变量。控制算法的相关参数设定如下：时滞参数 $n_u=2$ 和 $n_y=1$，惩罚因子 $C=9.8$ 与核宽度 $\sigma=1.8$。基于单输出 LSSVR 铁水[Si]预测模型的建模效果如图 6.2.2 所示，可以看出建立的单输出 LSSVR 预测模型在铁水[Si]预测中有较好的建模精度，可以满足非线性预测控制器的需要。另外，被控对象模型也是采用单输出 LSSVR 算法进行辨识，与预测模型不同的是所采用的数据集处于不同典型工作点附近。

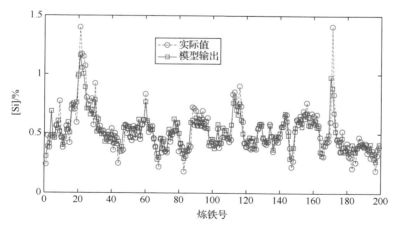

图 6.2.2　铁水硅含量预测效果

为了验证多步预测的优越性，将三步预测一步控制的预测控制方式与三步预测三步控制的预测控制进行对比分析，此时预测控制器的设计参数分别为 $N_p=3$，$N_c=3$，$h=0.1I$，$Q=50I$，$R=0.3I$，其中 I 为相应维数的单位矩阵。图 6.2.3 为所提非线性预测控制方法采用三步预测一步控制与采用三步预测三步控制的设

定值跟踪曲线和控制量曲线比较。可以看出所提方法采用三步预测三步控制可以
更加快速平稳地跟踪铁水质量设定值的变化，而三步预测一步控制的过渡过程的
超调量和时间比较大。此外，也可以看出所提方法的三步预测三步控制的控制输
出变化更加平稳、抖动较小，从而有利于控制方法的实际工程应用。

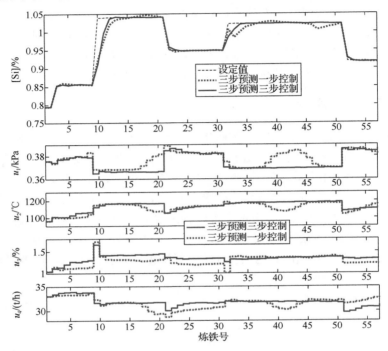

图 6.2.3　铁水硅含量预测控制效果

6.3　基于多输出 LSSVR 逆系统辨识的铁水质量预测控制

逆系统方法是非线性反馈线性化中一种比较形象直观、易于理解的方法。在
经典逆系统设计方法中，首先利用反馈设计方法得到被控过程的逆系统，然后利
用得到的逆系统模型将被控非线性系统补偿为具有线性传递关系的系统，最后可
利用线性系统设计方法完成非线性系统的控制与综合。逆系统方法虽然可以将被
控对象补偿为具有线性传递关系的伪线性系统，但其应用的前提是必须知道被控
对象的精确数学模型。而在复杂的实际工业生产中，被控对象模型难以精确建立。
另外，对于非线性系统，即便建立精确的数学模型也难以解析地求解逆模型。这
些问题成为逆系统方法在实际工业应用中的"瓶颈"。

本节针对高炉炼铁过程中多元铁水指标的非线性控制难题，提出一种基于多

输出 LSSVR 算法的数据驱动逆系统辨识方法,并基于多输出 LSSVR 逆系统模型,将被控非线性高炉炼铁系统补偿为纯滞后伪线性系统。在所构造的伪线性系统基础上,进一步设计预测控制器对多元铁水质量进行预测优化控制。提出的基于多输出 LSSVR 逆系统辨识的铁水质量预测控制策略如图 6.3.1 所示,主要由多输出 LSSVR 逆系统辨识和多步超前预报模型建立、参考轨迹设定、反馈校正和滚动优化控制等几部分组成。

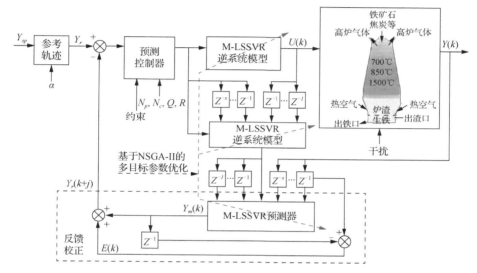

图 6.3.1　基于多输出 LSSVR 逆系统辨识的铁水质量预测控制策略

6.3.1　控制算法

将高炉炼铁过程表示成如下 $d \times m$ 维离线多输入多输出非线性系统:
$$Y(k+1) = f\{U(k), U(k-1), \cdots, U(k-l+1), Y(k), Y(k-1), \cdots, Y(k-s+1)\} \quad (6.3.1)$$
式中,$Y(k) = [y_1(k), y_2(k), \cdots, y_m(k)] \in \mathbb{R}^m$ 是高炉炼铁系统的多元铁水质量指标输出;$U(k) = [u_1(k), u_2(k), \cdots, u_d(k)] \in \mathbb{R}^d$ 为相应的过程输入;$f(\cdot): \mathbb{R}^{d \times l + m \times s} \to \mathbb{R}^m$ 是未知非线性动态映射函数;l 和 s 为系统阶次;m 为系统输出维数,这里 $m = 4$;d 为系统输入维数。

假设给定一组独立同分布数据样本:$Z = \{(X_i, Y_i) | X_i \in \mathbb{R}^{d \times l + m \times s}, Y_i \in \mathbb{R}^m, i = 1, 2, \cdots, n\}$,式中 $Y_i = Y_i(k+1)$ 和 $X_i = \{U_i(k), U_i(k-1), \cdots, U_i(k-l+1), Y_i(k), \cdots, Y_i(k-s+1)\}$ 为过程输出与输入向量,那么所提高炉炼铁过程的逆系统辨识非线性预测控制方法主要包括如下 5 个部分。

(1)基于 M-LSSVR 的逆系统辨识。为了构造被控高炉炼铁过程的复合伪线性系统,采用前文第 3 章的数据驱动 M-LSSVR 算法用于高炉炼铁过程的逆系统辨识，即实现如下的非线性逆映射关系：

$$X_i = g(Y_i) = f^{-1}(Y_i) \tag{6.3.2}$$

逆系统辨识时，建模输入向量为 $Y_i = [U_i(k-1), \cdots, U_i(k-l+1), Y_i(k), \cdots, Y_i(k-s+1)]$，而建模输出向量为 $X_i = U_i(k)$。采用 M-LSSVR 算法，可以得到高炉炼铁过程的多步向前逆系统模型如下：

$$\begin{cases} X_m(k) = \left(\sum_{j=1}^{m} \sum_{i=1}^{n} \alpha_{i,j}^{I} \alpha_{i,j} \kappa(Y_k, Y_i) \right) \otimes 1_{1 \times m} + \dfrac{m}{\lambda} \sum_{i=1}^{n} \alpha_i^{I} \kappa(Y_i, Y_k) + b^{I} \\[2mm] X_m(k+1) = \left(\sum_{j=1}^{m} \sum_{i=1}^{n} \alpha_{i,j}^{I} \kappa(Y_{k+1}, Y_i) \right) \otimes 1_{1 \times m} + \dfrac{m}{\lambda} \sum_{i=1}^{n} \alpha_i^{I} \kappa(Y_i, Y_{k+1}) + b^{I} \\[2mm] \quad \vdots \\[2mm] X_m(k+N_p-1) = \left(\sum_{j=1}^{m} \sum_{i=1}^{n} \alpha_{i,j}^{I} \kappa(Y_{k+N_p-1}, Y_i) \right) \otimes 1_{1 \times m} + \dfrac{m}{\lambda} \sum_{i=1}^{n} \alpha_i^{I} \kappa(Y_i, Y_{k+N_p-1}) + b^{I} \end{cases} \tag{6.3.3}$$

式中，α^I 和 b^I 为 M-LSSVR 逆系统模型的系数。

（2）基于 M-LSSVR 的预测建模。铁水质量预测建模即要实现如下的非线性映射关系：

$$Y_i = f(X_i) \tag{6.3.4}$$

同样采用 M-LSSVR 算法建立如下的铁水质量 N_p 步向前预测模型：

$$\begin{cases} Y_m(k+1) = \left(\sum_{j=1}^{m} \sum_{i=1}^{n} \alpha_{i,j}^{P} \kappa(X_k, X_i) \right) \otimes 1_{1 \times m} + \dfrac{m}{\lambda} \sum_{i=1}^{n} \alpha_i^{P} \kappa(X_i, X_k) + b^{P} \\[2mm] Y_m(k+2) = \left(\sum_{j=1}^{m} \sum_{i=1}^{n} \alpha_{i,j}^{P} \kappa(X_{k+1}, X_i) \right) \otimes 1_{1 \times m} + \dfrac{m}{\lambda} \sum_{i=1}^{n} \alpha_i^{P} \kappa(X_i, X_{k+1}) + b^{P} \\[2mm] \quad \vdots \\[2mm] Y_m(k+N_p) = \left(\sum_{j=1}^{m} \sum_{i=1}^{n} \alpha_{i,j}^{P} \kappa(X_{k+N_p-1}, X_i) \right) \otimes 1_{1 \times m} + \dfrac{m}{\lambda} \sum_{i=1}^{n} \alpha_i^{P} \kappa(X_i, X_{k+N_p-1}) + b^{P} \end{cases} \tag{6.3.5}$$

式中，α^P 和 b^P 为 M-LSSVR 预测模型的系数。

（3）参考轨迹设置。为了把当前输出 $Y(k)$ 平滑引导到设定值 Y_{sp}，将参考轨迹取为如下一阶平滑形式：

$$\begin{cases} Y_r(k) = Y(k) \\ Y_r(k+j) = \alpha Y_r(k+j-1) + (1-\alpha) Y_{sp} \end{cases} \tag{6.3.6}$$

式中，α 为柔化系数，满足 $0 < \alpha < 1$。若 α 较小，系统响应较快，但鲁棒性较差；而 α 较大，则系统响应平缓，鲁棒性好。

（4）反馈校正。为了克服模型失配和外部干扰对控制性能的影响，通过反馈

校正对未来误差做出预测并加以预测输出补偿，即

$$\begin{cases} E(k) = Y(k) - Y_m(k) \\ Y_p(k+j) = Y_m(k+j) + hE(k), \quad j = 1, 2, \cdots, P \end{cases} \tag{6.3.7}$$

式中，h（$0 < h < 1$）为补偿系数，根据实际应用效果进行调整。由于预测控制的优化不仅基于预测模型，而且利用了反馈信息，因而构成闭环优化。

（5）滚动优化及求解。作为预测控制的主要特点，预测控制的优化过程是一个有限时域的滚动优化过程，这不同于传统离散最优控制中的不变全局优化目标。预测控制滚动优化的性能指标如式（6.3.8）所示，在每个采样时间，性能指标只涉及从当前时间到下一采样时间的未来有限时间，该优化周期将同时向前推进。

$$\min J(U) = \sum_{j=1}^{d} \sum_{i=1}^{N_p} [y_{rj}(k+i \mid k) - y_{pj}(k+i)]^{\mathrm{T}} Q(i) [y_{rj}(k+i \mid k) - y_{pj}(k+i)]$$

$$+ \sum_{l=1}^{m} \sum_{r=1}^{N_c} (\Delta u_l(k+r-1))^{\mathrm{T}} R(j)(\Delta u_l(k+r-1)) \tag{6.3.8}$$

$$\text{s.t.} \quad u_{\min} \leqslant u \leqslant u_{\max}$$

$$\Delta u_{\min} \leqslant \Delta u \leqslant \Delta u_{\max}$$

式中，N_p 为预测时域，N_c 为控制时域，且满足 $N_p \geqslant N_c$；R 为控制加权系数。每一控制时刻 k，可得到一组最优控制序列 $\{U^*(k), \cdots, U^*(k+N_c-1)\}$。但是，为了及时控制，尽管已经计算了 N_c 个控制量序列，但仅对过程施加第一个控制量 $U^*(k)$。

非线性预测控制的另一核心问题是式（6.3.8）所示的非线性约束优化问题。采用不同优化策略可以得到不同的优化控制解，因而优化策略对预测控制的控制效果、适应性、鲁棒性等都有重要影响。由于数据驱动预测模型都相对复杂，通常需要采用智能优化方法进行求解，但是智能优化求解通常存在优化速度慢的问题。序列二次规划（sequential quadratic programming, SQP）算法是目前公认求解非线性约束优化问题的有效方法之一，具有全局收敛性和超线性收敛速度。SQP 算法对预测控制律的求解速度要明显快于遗传算法（genetic algorithm, GA）、粒子群优化（particle swarm optimization, PSO）等算法。SQP 算法的基本思想为：在某个近似解处，将原非线性规划问题简化为处理一个简单二次规划问题，求取最优解。如果有，则认为二次规划问题最优解是原非线性规划问题最优解；否则，用近似解代替构成一个新的二次规划问题，继续迭代[7,8]。利用 SQP 算法对式（6.3.8）进行求解的具体步骤如下。

步骤 1：令 $f_i(U), i = 1, \cdots, m$ 为式（6.3.8）的不等式约束函数向量组，引入拉格朗日乘子 λ_i，则式（6.3.8）的拉格朗日函数为

$$L(U, \lambda) = J(U) + \sum_{i=1}^{m} \lambda_i f_i(U) \qquad (6.3.9)$$

步骤 2：在迭代点 U^k 处将式（6.3.9）转化为如下二次规划子问题：

$$\min 0.5 d^{\mathrm{T}} H_k d + \nabla \left(J(U^k) \right)^{\mathrm{T}} d$$
$$\text{s.t. } \nabla \left(f_i(U^k) \right)^{\mathrm{T}} d + f_i(U^k) \leqslant 0 \qquad (6.3.10)$$

式中，H_k 为式（6.3.9）在 $U = U^k$ 处的 Hessian 矩阵[9]。

步骤 3：通过求解式（6.3.10），可以得到下一搜索方向 d^k，从而更新下一迭代点：

$$U^{k+1} = U^k + \varepsilon_k d^k \qquad (6.3.11)$$

式中，标量步长参数 ε_k 通过合适的线性搜索过程来确定，ε_k 的每次取值必须保证式（6.3.11）有足够的减小量。

$$\begin{cases} L(U, r) = J(U) + \sum_{i=1}^{m_e} r_i f_i(U) + \sum_{i=m_e+1}^{m} r_i \max\{0, f_i(U)\} \\ r_i = (r_{k+1})_i = \max\{\lambda_i, 0.5((r_k)_i + \lambda_i)\} \end{cases} \qquad (6.3.12)$$

式中，m_e 为等式约束的个数；r_i 为罚系数。

步骤 4：利用 Broydon-Fletcher-Goldgarb-Shanno 算法更新拉格朗日函数的 Hessian 矩阵：

$$\begin{cases} H_{k+1} = H_k + \dfrac{q_k q_k^{\mathrm{T}}}{q_k^{\mathrm{T}} s_k} - \dfrac{H_k^{\mathrm{T}} s_k s_k^{\mathrm{T}} H_k}{s_k^{\mathrm{T}} H_k s_k} \\ s_k = U_{k+1} - U_k \\ q_k = \nabla J(U_{k+1}) + \sum_{i=1}^{m} \lambda_i \nabla f_i(U_{k+1}) - [\nabla J(U_k) + \sum_{i=1}^{m} \lambda_i \nabla f_i(U_k)] \end{cases} \qquad (6.3.13)$$

步骤 5：所求解满足终止条件时，就可以认为此时的 U^{k+1} 为最优控制律 U^*。

6.3.2 工业数据验证

采用某大型炼铁厂的实际高炉数据对上述方法进行工业数据验证。根据过程变量的可测性和可控性分析，最终选择热风压力 (u_1)、热风温度 (u_2)、富氧率 (u_3) 和喷煤量 (u_4) 作为最终建模输入和控制变量。这些过程输入和输出变量的描述统计特征和工艺约束条件如表 6.3.1 所示。根据所研究高炉炼铁过程的动态特性，将预测模型和过程逆系统模型的系统阶数分别确定为 $l=2$ 和 $s=1$。在此基础上，确定系统输出和系统输入的维数分别为 $m=4$ 和 $d \times l + m \times s = 12$。然后，利用 NSGA-II 算法对数据模型的参数进行多目标优化，最终确定预测模型和逆系统模型的超参数分别为 $\sigma=5$、$\lambda=3$、$C=12$ 和 $\sigma=2.9$、$\lambda=3.2$、$C=9.8$。图 6.3.2 和图 6.3.3 分别为建立的高炉炼铁过程逆系统模型的建模和测试效果。可以看出，逆系统模型具有较好的建模和预测性能，其输出预测值的趋势与对应实际值趋势基本一致。

表 6.3.1　主要输入输出变量的统计特性及约束

	[Si]/%	[P]/%	[S]/%	MIT/℃	u_1/kPa	u_2/℃	u_3/%	u_4/(t/h)
均值	0.44	0.115	0.018	1505.03	0.394	1189.14	3.248	40.031
标准方差	0.08	0.0083	0.0053	9.72	0.0076	5.567	0.1483	0.639
上限	0.82	0.153	0.036	1537	0.414	1250	3.76	43.46
下限	0.24	0.101	0.009	1455	0.381	1170	2.89	28.5

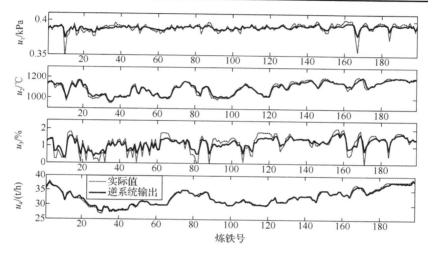

图 6.3.2　基于 M-LSSVR 的高炉逆系统模型建模结果

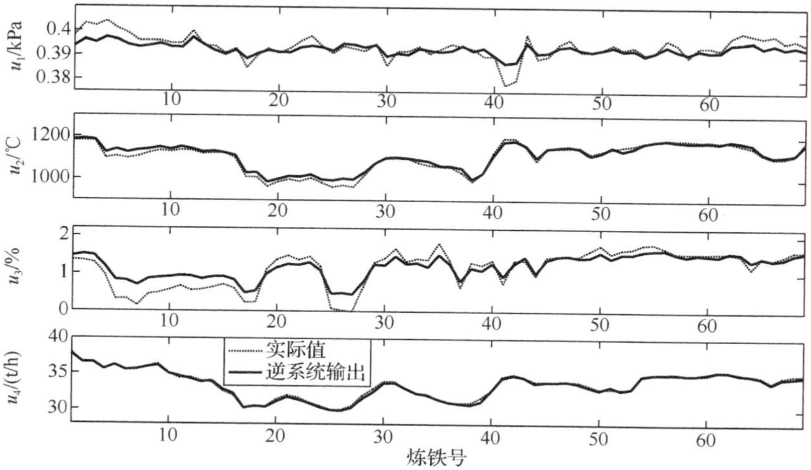

图 6.3.3　基于 M-LSSVR 的高炉逆系统模型测试结果

　　基于建立的 M-LSSVR 逆系统模型，采用提出的图 6.3.1 所示非线性预测控制策略，将被控非线性高炉炼铁过程补偿为一个具有线性传递关系的伪线性系统，并以所建立的预测模型为预报器，进行铁水质量的数据驱动预测控制。为了直观验证所提基于逆系统辨识非线性预测控制（inverse system identification based nonlinear predictive control, INPC）方法在铁水质量控制的有效性，将所提方法与传统数据驱动 NPC 方法进行比较。控制实验时，所提 INPC 方法与传统 NPC 方法使用相同的预测模型，并且预测控制器控制参数设置也相同，即控制时域和预测时域均设置为 3，优化性能指标的权值矩阵均设为 $h=\mathrm{diag}(0.1,0.1,0.1,0.1)$，$Q=\mathrm{diag}(50,50,50,50)$ 和 $R=\mathrm{diag}(0.3, 0.3,0.3,0.3)$。实验初始阶段，4 个被控铁水质量指标的设定值分别为[Si]=0.55%,[P]=0.13%, [S]=0.022%和MIT=1506℃。此后控制实验时，铁水质量设定值分别做如下变化：在炼铁 10 时刻，将[S]的设定值更改为0.025%；在炼铁 20 时刻，将[Si]和 MIT 的设定值分别更改为 0.48%和 1499℃；在炼铁 40 时刻,继续将[Si],[S]和 MIT 的设定值分别更改为 0.55%,0.022%和 1506℃。为了模拟实际工业过程各种干扰对过程操作的影响，在不同炼铁时刻将外部负载干扰添加到过程输入端，得到的最终的数据实验结果如图 6.3.4 所示。可以看出，即使存在外部干扰，所提控制方法仅通过较少的控制动作就能使 4 个铁水质量指标快速跟踪各自的设定值，控制误差较小，并且解耦性能良好。通过比较相同条件下所提 INPC 方法和传统 NPC 方法的铁水质量控制效果，可以看出所提方法在设定值跟踪、干扰抑制等方面均优于传统 NPC 方法，从而验证了所提基于 M-LSSVR 逆系统辨识的非线性预测控制方法在高炉铁水质量控制的有效性和先进性。

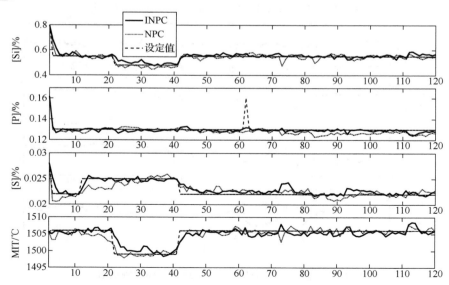

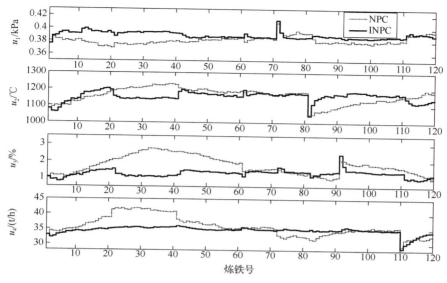

图 6.3.4　不同预测控制方法对铁水质量指标的控制效果

6.4　基于线性子空间在线预测建模的铁水质量自适应预测控制

前述两种数据驱动铁水质量预测控制方法的数据模型都是通过离线一次批训练获得。这种离线一次学习建立的预测模型由于不能适应动态工况的变化,容易造成预测模型与当前运行工况的不匹配,因而无法准确地描述炼铁过程的动态特性。显然,基于此模型优化得到的预测优化解也往往不是当前工况下的优化解,所以这种数据驱动预测控制方法的实际工程应用效果不甚理想。为此,本节和下节将介绍两种预测模型参数能随工况变化在线学习与更新的数据驱动自适应预测控制方法。其中 6.4 节为基于线性子空间在线预测建模的铁水质量自适应预测控制方法,而 6.5 节为基于双线性子空间在线预测建模的铁水质量自适应预测控制方法。如图 6.4.1 所示,本节使用的是前文第 4 章建立的线性子空间辨识预测模型,由于模型能够使用实时数据进行在线学习,因而每时刻获得的预测模型相当于非线性炼铁过程在当前工作点的近似线性化。这也意味着图 6.4.1 所示基于线性子空间在线预测建模的自适应预测控制方法一定程度具备了处理非线性铁水质量控制问题的能力。

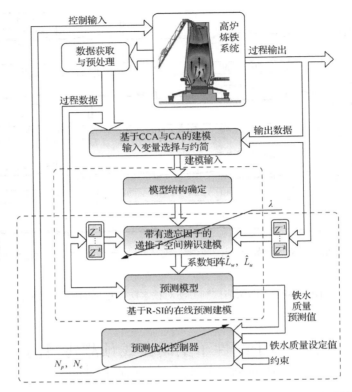

图 6.4.1 基于线性子空间在线预测建模的铁水质量自适应预测控制策略

6.4.1 控制算法

铁水质量预测优化控制问题仍然表示成如下最小化成本函数的形式:

$$
\begin{aligned}
J &= \sum_{k=1}^{N_p} (r_{t+k} - y_{t+k|t})^{\mathrm{T}} (r_{t+k} - y_{t+k|t}) + \sum_{k=1}^{N_c} \Delta u_{t+k}^{\mathrm{T}} R \Delta u_{t+k} \\
&= (r_f - \tilde{y}_f)^{\mathrm{T}} (r_f - \tilde{y}_f) + \Delta u_f^{\mathrm{T}} (RI) \Delta u_f
\end{aligned}
\tag{6.4.1}
$$

式中,N_p 为预测时域;N_c 为控制时域;R 为控制输入权值;I 为相应维数的单位矩阵;r_{t+k} 为未来时刻的输出设定值;$y_{t+k|t}$ 为预测模型的未来时刻预测值。

为了消除稳态误差,将积分作用加入到前文得到的递推子空间预测模型:

$$
\tilde{y}_f = \hat{L}_w w_p + \hat{L}_u u_f
$$

可得

$$
\begin{cases}
\Delta \tilde{y}_f = [\Delta y_{t+1}^{\mathrm{T}} \quad \cdots \quad \Delta y_{t+N_p}^{\mathrm{T}}]^{\mathrm{T}} = \hat{L}_w \Delta w_p + \hat{L}_u \Delta u_f \\
\Delta w_p = [\Delta y_p^{\mathrm{T}} \quad \Delta u_p^{\mathrm{T}}]^{\mathrm{T}}
\end{cases}
\tag{6.4.2}
$$

进一步可得 k 步向前预测器为

$$\tilde{y}_f = y_f^{z^{-1}} + \hat{L}_w \Delta w_p + \hat{L}_u \Delta u_f \qquad (6.4.3)$$

式中，$y_f^{z^{-1}}$ 表示 y_f 在上一时刻的值。

通过将式（6.4.3）中所示的新的积分线性预测器代入优化成本函数，可以得到

$$J = [r_f - (y_f^{z^{-1}} + \hat{L}_w \Delta w_p + \hat{L}_u \Delta u_f)]^T$$
$$\times [r_f - (y_f^{z^{-1}} + \hat{L}_w \Delta w_p + \hat{L}_u \Delta u_f)] + \Delta u_f^T (RI) \Delta u_f \qquad (6.4.4)$$

对上述性能指标求关于 Δu_f 的偏导，并令 $\partial J / \partial(\Delta u_f) = 0$，可得

$$\Delta u_f = (\hat{L}_u^T \hat{L}_u + RI)^{-1} \hat{L}_u^T (r_f - y_f^{z^{-1}} - \hat{L}_w \Delta w_p) \qquad (6.4.5)$$

在每一个采样时刻，只有 Δu_f 的第一个元素 Δu_{t+1} 作为控制输入的增量作用于被控对象，并且在下一个采样时刻重复控制动作的计算。因此，实际控制输入为

$$u_{t+1} = u_t + \Delta u_{t+1} \qquad (6.4.6)$$

当预测控制进行实际应用时，还应考虑输入和输出的约束，此时的优化性能指标变为

$$\min_{\Delta u_{t+k}} J = \sum_{k=1}^{N_p} (r_{t+k} - y_{t+k|t})^T (r_{t+k} - y_{t+k|t}) + \sum_{k=1}^{N_c} \Delta u_{t+k}^T R \Delta u_{t+k}$$
$$\text{s.t.} \quad u_{\min} \leqslant \Delta u_{t+k} + u_{t+k-1} \leqslant u_{\max} \qquad (6.4.7)$$
$$y_{\min} \leqslant y_{t+k|t} \leqslant y_{\max}$$

这是一个标准的二次规划问题，可以通过一些常见的优化方法进行求解。

6.4.2 工业数据验证

采用某炼铁厂实际高炉数据对所提方法进行工业数据验证。初始预测模型由子空间辨识算法离线获得。然后根据运行工况的变化，采用前文提出的带遗忘因子的递推子空间辨识（recursive subspace identification，R-SI）算法对预测模型进行自适应更新。由于高炉炼铁可认为是一个缓慢时变过程，遗忘因子设定为0.98。预测控制的优化性能函数设定如下：

$$J = \sum_{k=1}^{N_p} (r_{t+k} - y_{t+k|t} + D)^T (r_{t+k} - y_{t+k|t} + D) + \sum_{k=1}^{N_c} \Delta u_{t+k}^T R \Delta u_{t+k}$$

式中，$D = y_t - \tilde{y}_t$；$R = 0.5 \times I_{4\times4}$。此外，相关输入输出约束设置如表6.4.1所示，其中 $u_1 \sim u_4$ 在本小节中分别表示实际的高炉冷风流量、压差、富氧流量、喷煤量。

表6.4.1 输入输出变量的统计特性和约束

	[Si]/%	MIT/℃	u_1/(m³/h)	u_2/kPa	u_3/(m³/h)	u_4/(t/h)
均值	0.46	1513.94	28.43×10⁴	63.34	11826.79	41.75
标准方差	0.08	10.04	0.37×10⁴	5.43	952.03	1.29
上限	0.89	1548	29.50×10⁴	177	13213	43.00
下限	0.27	1483	24.95×10⁴	132	8360	32.74

首先，比较所提基于 R-SI 在线学习预测器的预测控制（R-SI-MPC）和常规基于离线一次 SI 学习预测器的 MPC（SI-MPC）在标称情况下的控制性能。铁水质量指标的初始设定值分别为[Si]=0.45%和 MIT=1500℃。然后，根据不同时间的操作条件改变它们的设定值。图 6.4.2 为标称情况下不同预测控制方案的铁水质量指标的设定值跟踪响应曲线。可以看出，无论标称高炉炼铁过程的[Si]和 MIT 的设定值如何变化，它们的输出响应都可解耦良好，并且能够以较小的超调量快速达到设定值。通过比较不同预测控制器参数的控制结果可以看出，N_p=6 和 N_c=3 的预测控制器比 N_p=1 和 N_c=1 的预测控制器能更快地跟踪实际的铁水质量指标设定值。因此，适当增加预测时域和控制时域可以提高预测控制系统的设定值跟踪性能。

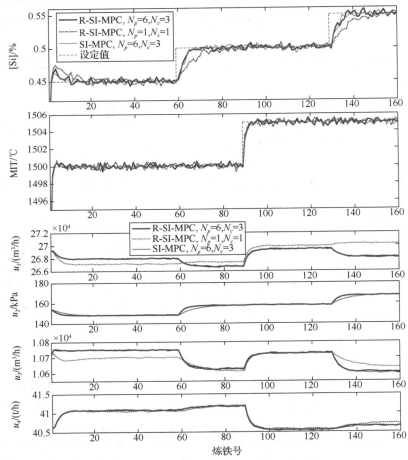

图 6.4.2   标称高炉炼铁系统铁水质量的设定值跟踪控制效果

为了进一步验证所提方法的性能，进行抗干扰抑制的控制实验。首先在炼铁200 时刻向 u_2 添加负阶跃输入干扰，然后在 300 时刻向铁水温度输出添加阶跃输出干扰。图 6.4.3 为标称情况下负载干扰时不同预测控制方案的铁水质量控制效果。可以看出，所提基于 R-SI 预测器的 R-SI-MPC 方法比常规基于离线 SI 预测器的 SI-MPC 方法具有更好的抗干扰性能。对于所提方法，当发生强负载干扰时，即使铁水质量指标偏离其设定值并产生瞬时峰值跳变，但是通过调整控制输入后又迅速返回各自的设定值。显然，这一良好表现应该归功于所采用的 R-SI 预测器，它可以使用最新的输入和输出数据进行在线学习，从而实时更新模型参数。然而，当干扰发生时，基于离线一次学习预测建模的数据驱动预测控制方法不能很好地跟踪铁水质量指标的设定值。同时还可以观察到，预测控制器的 N_c 和 N_p 越大，铁水质量输出可以更快地从大的波动中恢复到设定值，即具有更好的解耦、设定值跟踪和干扰抑制性能。

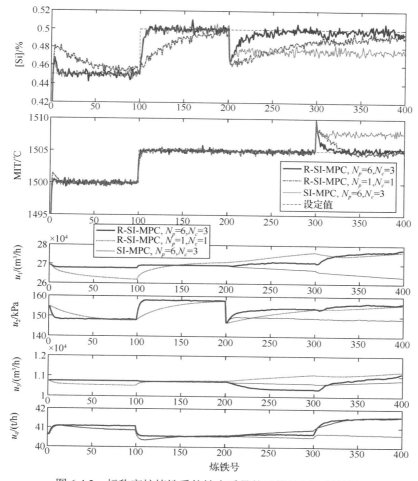

图 6.4.3 标称高炉炼铁系统铁水质量的干扰抑制控制效果

考虑到高炉炼铁过程的动态时变特性，在接下的数据试验中，将另一个工作点处用子空间辨识技术得到的如下模型作为被控高炉炼铁过程：

$$y_f = L_{wm}w_p + L_{um}u_f$$

式中，

$$L_{wm} = \begin{bmatrix} 0.232 & 0.031 & -0.093 & 0.139 & -0.0407 & 0.0004 \\ -0.019 & 0.392 & -0.116 & 0.006 & -0.0898 & 0.3808 \end{bmatrix}$$

$$L_{um} = \begin{bmatrix} 0.0502 & 0.0631 & 0.0109 & -0.0020 \\ 0.2061 & 0.0378 & 0.1055 & -0.6147 \end{bmatrix}$$

注意到，该模型采用与标称模型不同数据集用子空间辨识算法建立，模型的参数与标称模型有很大变化。

图 6.4.4 为不同预测控制方案下摄动（非标称）高炉炼铁过程铁水质量的设定值跟踪响应曲线。可以看出，得益于基于 R-SI 的预测器不断地从最新输入和输出

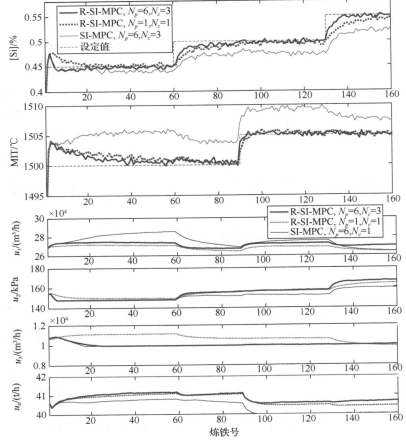

图 6.4.4   摄动高炉炼铁系统铁水质量的设定值跟踪控制效果

数据中进行学习和模型更新，所提出 R-SI-MPC 方法能够很好地控制摄动高炉炼铁系统，并且只产生很小的控制偏差和耦合效应。而传统基于离线 SI 预测器的 SI-MPC 控制方法不能获得可接受的系统响应性能，甚至造成了实际过程输出响应远离了设定值。

同样，进一步观察所设计控制系统对摄动高炉炼铁系统的抗干扰性能。实验时，负载干扰加入方式与上述标称情况相同。图 6.4.5 为负载干扰下，不同预测控制下摄动高炉炼铁系统铁水质量控制效果。实验结果显示：对于同时存在高频测量噪声和负载干扰下的摄动高炉炼铁系统，所提 R-SI-MPC 预测控制方法仍然具有较好的解耦、抗干扰和鲁棒性能。然而，传统 SI-MPC 控制方法不能有效地控制这一受干扰的摄动高炉炼铁系统，控制偏差大，铁水质量输出不稳定。通过对比分析，可以再次得出结论：所提方法选择较大的 N_c 和 N_p 参数的干扰抑制能力更强。

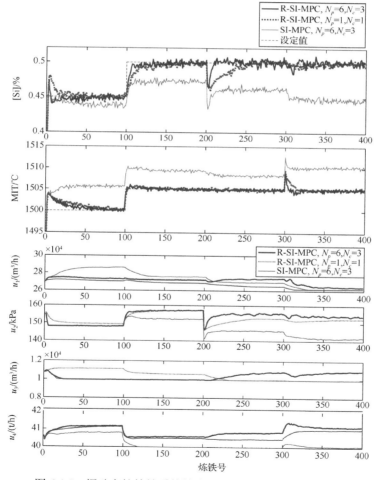

图 6.4.5　摄动高炉炼铁系统铁水质量的干扰抑制控制效果

6.5   基于双线性子空间在线预测建模的
铁水质量自适应预测控制

高炉炼铁是一个复杂的非线性动态过程，常规的线性模型难以准确地描述高炉炼铁过程的非线性特性，而复杂的非线性模型难以实现模型参数的在线更新，从而无法准确地描述炼铁过程的动态特性。在工况相对较稳定时，双线性子空间铁水质量模型具有较好的估计精度，但当工况不稳定时，其预测和控制效果仍不如参数可自适应更新的动态模型。另外，由于前文双线性子空间辨识（B-SI）构建的 Hankel 矩阵的维数随行块数增加呈指数形式递增，其系统矩阵难以实现在线更新。针对上述问题，前文第 4 章建模部分提出了一种模型参数能随工况变化自适应更新的递推双线性子空间辨识（R-B-SI）方法。本节将采用该 R-B-SI 算法进一步构建铁水质量预测模型以用于铁水质量的非线性自适应预测控制，如图 6.5.1

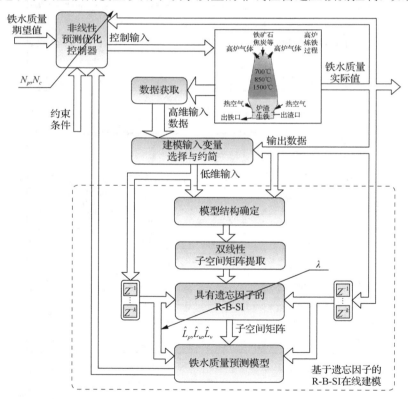

图 6.5.1   基于双线性子空间在线预测建模的铁水质量自适应预测控制框图

所示。由于所提控制方法预测模型的子空间矩阵能够基于 R-B-SI 算法用最新输入输出数据进行模型参数的在线更新，因而对于具有时变动态特性的非线性高炉炼铁过程，所提出基于在线学习型预测的自适应预测控制方法能够产生更可靠和更稳定的控制性能。

6.5.1　控制算法

所提高炉炼铁过程自适应预测控制主要包括基于 R-B-SI 的预测模型、模型参数自适应更新、反馈校正、参考轨迹和基于 SQP 优化的非线性预测控制求解等几个部分。首先，根据前文 R-B-SI 建模算法，得到每一采样时刻 t 的 R-B-SI 预测模型的 k 步预测输出为

$$\begin{cases} \hat{y}_f(t+1) = \hat{L}_p w_p(t+1) + \hat{L}_u u_f(t+1) + \hat{L}_v w_v(t+1) \\ \hat{y}_f(t+2) = \hat{L}_p w_p(t+2) + \hat{L}_u u_f(t+2) + \hat{L}_v w_v(t+2) \\ \quad\vdots \\ \hat{y}_f(t+k) = \hat{L}_p w_p(t+k) + \hat{L}_u u_f(t+k) + \hat{L}_v w_v(t+k) \end{cases} \tag{6.5.1}$$

模型运行时，对于每次获取的最新一批过程输入输出数据，采用式（6.5.2）所示带有遗忘因子的递推最小二乘算法更新 R-B-SI 预测模型的模型参数 L_p，L_u，L_v：

$$\begin{cases} \hat{L}_{k+1} = \hat{L}_k + g_{k+1}(y_{k+1}^{\mathrm{T}} - \varphi_{k+1}^{\mathrm{T}} \hat{L}_k) \\ g_{k+1} = P_k \varphi_{k+1}(\lambda + \varphi_{k+1}^{\mathrm{T}} P_k \varphi_{k+1})^{-1} \\ P_{k+1} = \lambda^{-1}(I - g_{k+1}\varphi_{k+1}^{\mathrm{T}})P_k \end{cases} \tag{6.5.2}$$

式中，$\hat{L}_k = [\hat{L}_p \quad \hat{L}_u \quad \hat{L}_v]_k^{\mathrm{T}}$；$\varphi_k = [w_p^{\mathrm{T}} \quad u_f^{\mathrm{T}} \quad w_v^{\mathrm{T}}]_k$；$g_k$ 为增益向量；P_k 为协方差矩阵；λ 为遗忘因子，通常取 $0.95 \leqslant \lambda \leqslant 1$。

为了克服模型失配和外部环境干扰对控制性能的影响，通过反馈校正对未来的误差做出预测并加以补偿，即

$$\begin{cases} e(t) = y(t) - y_m(t) \\ \hat{y}_p(t+k) = \hat{y}_f(t+k) + he(t) \end{cases} \tag{6.5.3}$$

式中，h 为误差校正矩阵，根据实际的应用效果进行调整，可选相应维数的单位矩阵。此外，为了把当前输出 $y(t)$ 平滑地过渡到相应的设定值，将参考轨迹方程选用如下所示的一阶平滑模型：

$$\begin{cases} y_r(t) = y(t) \\ y_r(t+k) = \alpha y_r(t+k-1) + (1-\alpha)y_{sp} \end{cases} \tag{6.5.4}$$

式中，$\alpha \in (0,1)$ 为柔化系数，α 值越小，参考轨迹就越能快速地到达设定值 y_{sp}。

预测控制的优化是一种有限时间段的滚动优化，其滚动优化控制器常采用的性能指标函数为一个二次性能指标函数：

$$
\min J = \sum_{k=1}^{N_p} (y_r(t+k) - \hat{y}_f(t+k) - he(t))^{\mathrm{T}} Q (y_r(t+k) - \hat{y}_f(t+k) - he(t))
$$

$$
+ \sum_{k=1}^{N_c} \Delta u(t+k)^{\mathrm{T}} R \Delta u(t+k) \tag{6.5.5}
$$

$$
\text{s.t.} \begin{cases} \hat{y}_f(t+k) = \hat{L}_p w_p(t+k) + \hat{L}_u u_f(t+k) + \hat{L}_v w_v(t+k) \\ u_{\min} \leqslant u(t+k-1) + \Delta u(t+k) \leqslant u_{\max} \\ y_{\min} \leqslant \hat{y}_p(t+k) \leqslant y_{\max} \end{cases}
$$

由于所提方法的预测模型为一个双线性函数，这导致式（6.5.5）所示的约束非线性优化问题很难用标准二次规划方法来求解。为此，采用前文 6.3 节的 SQP 算法进行求解。SQP 是目前公认求解非线性约束优化问题的有效方法之一，具有全局收敛性和超线性收敛速度，其具体算法请见前文 6.3 节。

6.5.2   工业数据验证

工业数据验证时，选取的控制输入为冷风流量（u_1）、压差（u_2）、富氧流量（u_3）和喷煤量（u_4），被控变量为铁水硅含量（[Si]）和铁水温度（MIT），这些输入输出变量的统计特性和约束如表 6.4.1 所示。所提方法预测控制器的相关参数设定为：误差加权矩阵 $Q = I_{2\times2}$，控制加权矩阵 $R = I_{4\times4}$，误差校正矩阵 $h = I_{2\times2}$，柔化系数 $\alpha = 0.01$。标称数据实验时，铁水质量初始设定值为：[Si]=0.55%，MIT=1510℃。然后，在炼铁 100 时刻和 200 时刻分别改变设定值为：[Si]=0.45%，MIT=1500℃。为了测试控制系统的抗干扰性能，在炼铁 200 时刻和 300 时刻将不同幅值的输入干扰和输出干扰分别添加到输入端 u_2 和输出端 y_2。此外，为了模拟日常炼铁生产中常见的测量噪声，将方差为 0.01 的白噪声也加入过程输出反馈中。为了更好地说明采用 R-B-SI 在线建模方法在预测控制上的优势，将所提基于 R-B-SI 在线预测建模的自适应预测控制方法与基于一次性离线学习 B-SI 预测建模的预测控制方法进行对比分析，并分别选取了预测时域和控制时域为 $N_p=6$，$N_c=3$ 和 $N_p=1, N_c=1$ 的两种情况进行分析。

图 6.5.2 给出了标称情况下，不同基于子空间预测建模的预测控制方法的铁水质量控制效果，图 6.5.3 为预测模型在线学习时，其双线性子空间矩阵 L_v 的部分参数（前 6 列）的在线学习曲线。可以看出，无论标称模型所描述的高炉炼铁过程的质量指标设定值如何变化，[Si]和铁水温度的响应都可相互解耦，并且能够平滑地跟踪设定值。此外，对于所提基于 R-B-SI 在线预测建模的预测控制方法，当外部干扰进入时，即使两个质量指标暂时偏离各自的设定值并产生了一些较大的跳跃和抖动，但是在对控制输入 u_1, u_2, u_3, u_4 进行少量调整后，铁水质量实际值又会

迅速返回各自的设定值。这意味着所提自适应预测控制方法具有较好的设定值跟踪和干扰抑制性能，好于常规一次性离线学习 B-SI 预测建模的预测控制方法。显然，所提方法优异的性能很大程度应归功于所采用的可在线学习和参数更新的 R-B-SI 预测器。这在图 6.5.3 中也可以清楚地看到，当发生大的外部干扰时，双线性预测器子空间矩阵 L_v 的参数就会不断地学习，以适应工况的变化。然而，当加入大的干扰时，使用离线双线性预测器的预测控制方法的铁水质量输出不能完成跟踪设定值。通过比较不同控制参数 N_p 和 N_c 下的数据驱动预测控制器的性能，可以看出预测控制器具有较大的控制器参数（如 $N_p=6$ 和 $N_c=3$），比采用较小的控制器参数（即 $N_p=1$ 和 $N_c=1$）能更快地使实际铁水质量输出跟踪设定值。此外，当外部干扰进入时，采用较大的控制器参数的预测控制也能使实际铁水质量输出能较快地从大的波动中返回到各自的设定值。

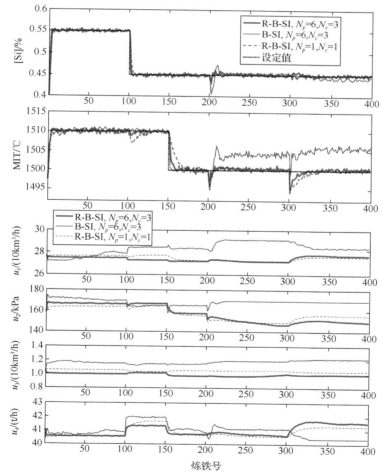

图 6.5.2　不同控制方法下的标称高炉炼铁系统铁水质量的设定值跟踪控制效果

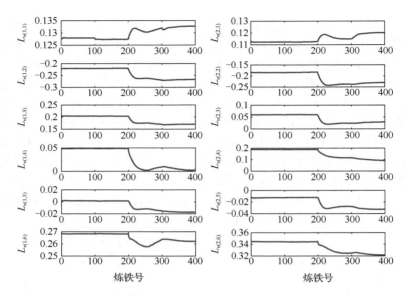

图 6.5.3　L_v 参数矩阵前 6 列参数的在线学习曲线

考虑到实际高炉炼铁过程的时变动态特性，采用不同的数据建立如式（6.5.6）所示的高炉炼铁过程摄动模型，这一摄动模型参数与标称高炉炼铁系统的模型参数有较大区别。

$$\hat{y}_f = \hat{L}_p w_p + \hat{L}_u u_f + \hat{L}_v w_v \tag{6.5.6}$$

式中，

$$\hat{L}_p = \begin{bmatrix} 0.1090 & 0.8271 & 0.2235 & 0.1518 & -0.4349 & -0.0153 \\ -0.1889 & 0.7067 & -0.3080 & 0.0122 & 0.0607 & 0.2247 \end{bmatrix}$$

$$\hat{L}_u = \begin{bmatrix} -0.0967 & 0.1532 & -0.0130 & -0.5547 \\ -0.0967 & 0.1542 & 0.0613 & 0.0803 \end{bmatrix}$$

$$\hat{L}_v = \begin{bmatrix} 0.0554 & 0.0529 & -0.2637 & \cdots & 0.6349 & -0.3245 \\ 0.0238 & -0.4185 & 0.1215 & \cdots & -0.2398 & -0.2695 \end{bmatrix}_{2\times24}$$

在针对摄动高炉炼铁过程的控制实验中，设定值变化情况和干扰加入方式与上述标称系统实验时相同。图 6.5.4 为不同预测控制方法对摄动高炉系统铁水质量的控制效果。可以看出，由于所提方法采用的在线 R-B-SI 预测模型可以连续地从最新的过程数据中学习，因此建立的数据驱动控制器对摄动高炉炼铁过程的铁水质量具有较好的控制性能，只产生很小的控制偏差和输出耦合效应。然而，基于一次离线学习 B-SI 预测建模的预测控制方法无法准确地控制摄动高炉炼铁系统，不仅产生了较大的质量指标控制偏差，而且由于模型失配和外部干扰的存在，造成了控制过程的不稳定。

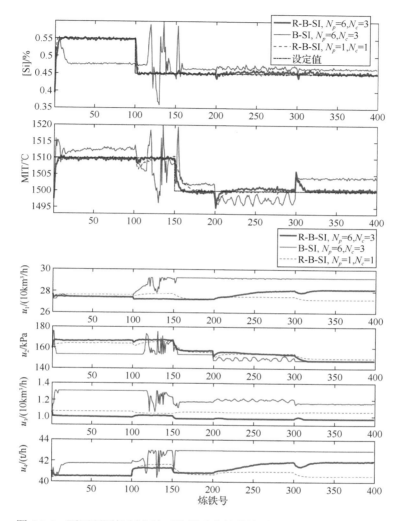

图 6.5.4　不同预测控制方法下的摄动高炉炼铁系统铁水质量控制效果

最后，对所提基于 R-B-SI 在线预测建模的自适应预测控制方法与前文 6.4 节基于 R-L-SI 在线预测建模的自适应预测控制方法进行实验对比分析。值得注意的是，前文 6.4 节采用递推线性 SI（R-L-SI）算法建立了数据驱动的铁水质量预测器，其预测器也可以在线学习。图 6.5.5 为不同数据驱动自适应预测控制方法对摄动高炉系统的控制性能曲线。可以看出，相对于前文 6.4 节的控制方法，所提方法具有更好的抗干扰性能和设定值跟踪性能。例如，前文 6.4 节中使用基于 R-L-SI 的预测控制方案的质量指标不能很好地跟踪给定设定值。尤其是当强负载干扰加入到过程的输入和输出中时，会产生较大的控制偏差并引发两路输出的耦合效应。

这是因为前文 6.4 节中的线性预测模型不能很好地反映复杂炼铁过程的时变非线性动力学特性，因此即使预测模型能够在线学习，使用该线性模型对质量指标的预测精度和控制效果也有限。由于实际工业过程一般都是非线性时变的，因此本节提出的控制方法比前文 6.4 节提出的方法更具实用性。

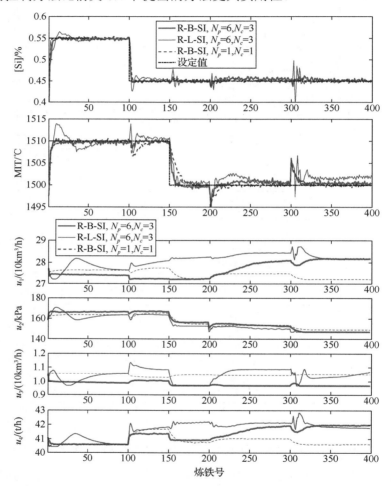

图 6.5.5　不同自适应预测控制方法下的摄动高炉炼铁系统铁水质量控制效果

参 考 文 献

[1] 席裕庚. 预测控制[M]. 2 版. 北京：国防工业出版社, 2013.

[2] 陈虹. 模型预测控制[M]. 北京：科学出版社, 2013.

[3] Qin S J, Badgwell T A. A survey of industrial model predictive control technology[J]. Control Engineering Practice, 2003, 11(7): 733-764.

[4] Chauhdry M H, Luh P B. Nested partitions for global optimization in nonlinear model predictive control[J]. Control Engineering Practice, 2012, 20(9): 869-881.

[5] Karer G, Music G, Skrjanc I, et al. Hybrid fuzzy model-based predictive control of temperature in a batch reactor[J]. Computers and Chemical Engineering, 2007, 31(12): 1552-1564.

[6] Shafiee G, Arefi M M, Jahed-Motlagh M R, et al. Nonlinear predictive control of a polymerization reactor based on piecewise linear Wiener model[J]. Chemical Engineering Journal, 2008, 143(1): 282-292.

[7] Ghaemi R, Sun J, Kolmanovsky I V. An integrated perturbation analysis and sequential quadratic programming approach for model predictive control[J]. Automatica, 2009, 45(10): 2412-2418.

[8] 戴鹏, 周平, 梁延灼, 等. 基于多输出最小二乘支持向量回归建模的自适应非线性预测控制及应用[J]. 控制理论与应用, 2019, 36(1): 43-52.

[9] Puddu G. About efficient quasi-Newtonian schemes for variational calculations in nuclear structure[J]. European Physical Journal A, 2009, 42(2): 281-285.

第 7 章 基于即时学习的高炉铁水质量自适应预测控制

正如前文第 6 章所述,预测控制是工业多变量控制的主导控制技术,现已越来越多地应用于高炉炼铁过程,这主要是因为预测控制不需要对被控过程机理有非常深入的了解,只需要使用简单的辨识方法便可设计控制系统,并可有效处理复杂的非线性多变量约束优化控制问题。预测控制的关键在于预测模型,由于传统机理预测建模以及响应测试预测建模在高炉炼铁过程难以实现,因而数据驱动预测建模与控制是一种非常经济实用并且行之有效的解决方法。第 6 章介绍了几种高炉铁水质量数据驱动预测控制方法,这些方法的数据驱动预测模型或者初始预测模型都是一次离线全局学习建模获得。这种离线的全局预测建模方式,首先利用大量的过程输入输出数据对模型进行离线训练,然后用于在线预测并丢弃建模所用数据。当预测模型不匹配或者工况变化时,全局预测模型要么不能在线更新,要么执行递推模型更新时需要大量新数据,因而计算代价较大。

针对上述问题,作者近年开展了基于局部即时学习的高炉铁水质量自适应预测控制的研究。局部的即时学习(just-in-time learning, JITL)建模一般是将离线输入输出数据样本存储在指定的数据集中,然后根据每个查询时刻工况点的输入信息,在数据集中找到与之相似程度高的数据样本以构成建模学习子集,通过选定方法回归学习子集中的数据样本即可得到局部预测模型,然后利用所建立的局部模型进行输出预测[1-3]。特别地,在预测完成之后,丢弃所建立的局部模型,直到下一个查询样本到达。因此,严格来说,JITL 建模没有明显的常规参数化全局离线建模的训练和测试阶段,相应的建模数据也不区分训练数据和测试数据。局部学习 JITL 建模的最大优点是每时每刻建立的预测模型都是能够表征当前工况与运行工作点动态特性的局部最优模型,因而基于即时学习的预测控制是一种自适应控制方法,也是一种分而治之的控制思想。

本章将介绍作者近年在基于即时学习高炉铁水质量自适应预测控制方面的两个有代表性的工作,即基于线性即时学习的铁水硅含量自适应预测控制方法和基于快速即时学习 M-LSSVR 的铁水质量非线性自适应预测控制方法。

7.1　即时学习方法理论基础

即时学习[1-3]是一种最具代表性且最受关注的局部学习方法，其目的是要从由离线和在线输入输出数据组成的数据集中找到非线性系统局部输入与输出的映射关系。因此，基于即时学习的预测控制是一种分而治之的控制思想，其基本思想是：首先针对非线性系统的每个查询工作点进行动态时变局部化（即在每个时刻建立反映非线性被控对象在此时刻所处工作点附近动态特性的预测模型），然后基于每个时刻的预测模型设计预测控制器[4]。接下来，本节主要对即时学习算法的基本原理进行简单介绍。

7.1.1　即时学习基本原理

即时学习方法的实现方式一般是首先将离线输入输出数据样本存储在数据集中，然后根据每个查询时刻的输入点，在数据集中找到与之相似程度高的数据样本构成学习子集，通过指定算法回归学习子集中的数据样本即可得到预测模型。描述数据样本间相似度的准则一般采用距离函数，根据距离的大小来评判数据样本间的关联度。一种简单的基于即时学习方法的局部拟合方法如图 7.1.1 所示[5]，其中工作点分别为 $x = 0.4$ 和 $x = 0.72$，以工作点为中心根据定义的数据窗口 h_w 大小搜索窗口内的数据样本参与建模，窗口内的数据为相似数据样本，窗口外的数据为不相似数据样本且不参与本次查询时刻的局部建模。基于相似数据样本所构成的学习子集，可以采用非线性建模方法或线性建模方法建立局部模型。算法的基本原理如下。

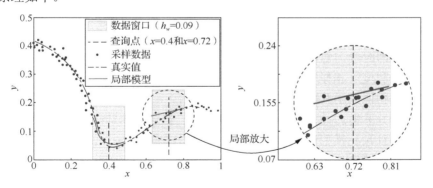

图 7.1.1　即时学习方法建模原理图

考虑式（7.1.1）所示的多输入单输出非线性系统，系统输入输出数据 $\{(x_1, y_1), \cdots, (x_i, y_i)\}$ 可测量获得。

$$y_i = f(x_i) + \varepsilon_i \qquad (7.1.1)$$

式中，$x_i \in \mathbb{R}^n$ 是系统输入；$y_i \in \mathbb{R}$ 为系统输出；$\varepsilon_i \in \mathbb{R}$ 表示零均值的独立随机分布噪声。

针对式（7.1.1）所描述的非线性系统，即时学习方法解决的问题是如何根据当前工作点 x_q，从系统历史数据集中查询相关数据样本，建立一个局部输入输出映射，并能通过该映射预测当前工作点的输出值 $\hat{y}_q$。此问题可以归结为求解如下的优化问题[5]：

$$\min \sum_{(x_i, y_i) \in \Omega_k} (y_i - f(x_i, \theta))^2 w_i \qquad (7.1.2)$$

式中，$f(\cdot)$ 为描述非线性系统的输入输出映射函数；θ 为模型参数；w_i 为权值因子，表示相似数据样本对输出的影响程度，越相似的数据样本对系统输出的影响越大。这实际上也是即时学习的基本原则：相似输入产生相似输出。Ω_k 为与工作点 x_q 最相似的 k 个数据样本所构成的学习子集，其表达式如下所示：

$$\Omega_k \triangleq \{x_1, x_2, \cdots, x_k\} = \{x_i \mid d(x_i, x_q) < h_w\} \qquad (7.1.3)$$

式中，$d(\cdot, \cdot)$ 为数据样本间的距离计算函数，$d(\cdot, \cdot)$ 越小表示数据样本间的距离越小，数据样本越相似；h_w 为数据窗口大小，决定了学习子集中的样本数量，只有与工作点 x_q 的距离小于 h_w 的样本才会被考虑参与局部建模。

因此，式（7.1.3）所描述的优化问题可进一步表示为如下形式：

$$\theta = \arg\min_{\theta} \sum_{i=1}^{k} \{y_i - f(x_i, \theta)\}^2 w_i \qquad (7.1.4)$$

式中，w_i 是数据窗口 h_w 与距离 $d(x_i, x_q)$ 的函数。通过求解式（7.1.4）即可得到当前工作点的局部模型参数。

7.1.2　即时学习的几个主要问题

由上述即时学习算法的基本原理可知，该方法的主要关键问题如下。

（1）关联度（相似度）准则，即评判数据样本间的相似程度。数据样本与当前工作点越相似，用其建立的模型预测越准确。

（2）学习子集 Ω_k 的大小，即建模样本数。若建模数据样本过多，会导致计算效率低，并且预测模型过于复杂；而建模数据样本过少，则容易使模型泛化性能差，不能准确地表达系统的动态特性。

7.1.2.1　相似度准则

对于关键问题 1，文献[5]和[6]从信息向量的角度，提出 k 向量最近邻（k-vector nearest neighbors, k-VNN）算法。首先，给出如下向量距离与角度的定义 7.1.1。

定义 7.1.1[5,6]：设有两个 n 维向量 $x_i = [x_{i,1}, x_{i,2}, \cdots, x_{i,n}]^{\mathrm{T}}$ 与 $x_q = [x_{q,1}, x_{q,2}, \cdots, x_{q,n}]^{\mathrm{T}}$，则向量 x_i 与 x_q 的欧几里得距离与夹角定义如下：

$$\begin{cases} d(x_i, x_q) = \sqrt{\left\| x_i - x_q \right\|_2} = \sqrt{\sum_{j=1}^{n} \left(x_{i,j} - x_{q,j} \right)^2} \\ \beta(x_i, x_q) = \cos^{-1}\left(\dfrac{x_i^{\mathrm{T}} x_q}{\left\| x_i \right\|_2 \left\| x_q \right\|_2} \right) \end{cases} \tag{7.1.5}$$

图 7.1.2 中，向量之间的距离 $d(x_1, x_q) = d(x_2, x_q)$，而向量之间的夹角 $\beta(x_1, x_q) < \beta(x_2, x_q)$。也就是说，与 x_2 相比，向量 x_1 与 x_q 更相似。

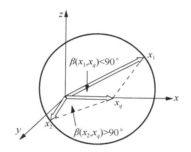

图 7.1.2　向量的作用方向示意图

基于定义 7.1.1，综合考虑数据信息 x_i 与 x_q 的距离与夹角关系，可将 k-VNN 方法的搜索策略总结如下：

（1）当 x_i 与 x_q 之间的夹角较大，即 $\cos \beta(x_i, x_q) < 0$ 时，认为此数据向量不利于系统当前时刻的局部建模，因此弃用此数据样本。

（2）当 $\cos \beta(x_i, x_q) \geqslant 0$ 时，定义如式（7.1.6）所示的数据向量间的相似度公式：

$$s(x_i, x_q) = \gamma \cdot \mathrm{e}^{-d(x_i, x_q)} + (1 - \gamma) \cdot \cos \beta(x_i, x_q) \tag{7.1.6}$$

式中，$\gamma \in [0, 1]$ 是权值参数，用于调节距离相似度 $\mathrm{e}^{-d(x_i, x_q)}$ 和角度相似度 $\cos \beta(x_i, x_q)$ 所占比重的大小。由于 $\mathrm{e}^{-d(x_i, x_q)} \in [0, 1]$ 且 $\cos \beta(x_i, x_q) \in [0, 1]$，故 $s(x_i, x_q) \in [0, 1]$。因此，$s(x_i, x_q)$ 越接近于 1，则表明 x_i 与 x_q 越相似。

7.1.2.2　数据窗口的确定

利用 k-VNN 方法构造工作点 x_q 的学习子集 Ω_k 时，定义的 $s(x_i, x_q)$ 值越大则信息向量越相似。因此将对应 $s(x_i, x_q)$ 最大的 k 个数据样本参与局部建模，式（7.1.3）可转化为如下形式：

$$\Omega_k \triangleq \{x_1, x_2, \cdots, x_k\} = \{x_i \big| s(x_i, x_q) > h_w\} \tag{7.1.7}$$

式中，数据窗口 h_w 是即时学习方法的关键因素，h_w 决定了 x_q 的邻域大小。由于工业过程的复杂非线性时变动态特性，全局的 h_w 值往往很难直接确定，因为不同的工作点对 h_w 值的大小要求不同。为了实现 h_w 的自适应调整，通常将数据窗口 h_w 的优化直接转化为 k 值的选择问题。预先定义输入向量 x_q 邻域大小 k 的变化范围，即 $k \in [k_m, k_M]$，通常 $k_m \geq n$（n 为输入向量的维数值）。利用 k-VNN 方法，以 $s(x_i, x_q)$ 为准则，从系统数据集中搜索 $s(x_i, x_q)$ 值最大的 k_M 组数据样本，按降序排列，构造 x_q 最大近邻学习集如下：

$$\Omega_{k_M} = \{(x_1, y_1), \cdots, (x_{k_M}, y_{k_M}) \big| s(x_1, x_q) > \cdots > s(x_{k_M}, x_q)\} \tag{7.1.8}$$

再次考虑式（7.1.4）中的优化问题，数据窗口 h_w 决定了权值 w_i 的大小，而相似度指标（7.1.6）直接反映了样本 x_i 对系统局部建模的"贡献"大小。若 x_i 越相似于 x_q，则 $s(x_i, x_q)$ 也就越大，故可以直接利用 $s(x_i, x_q)$ 计算权值，即

$$w_i = K(d(x_i, x_q), h_w) = \begin{cases} \sqrt{s(x_i, x_q)}, & s(x_i, x_q) > h_w \\ 0, & \text{其他} \end{cases} \tag{7.1.9}$$

这样，由于每个查询时刻的最佳近邻数 k^* 不同，因此对应的数据窗口 h_w 也不同。也就是说，h_w 由 k^* 确定，在每个查询时刻 $h_w = s(x_{k^*}, x_q)$，其中 x_{k^*} 表示与 x_q 最相似的第 k^* 个数据样本。k^* 对应最佳相似学习子集，同时也对应不同的局部候选模型。为了校验不同候选模型的优劣，自适应选择 k^*，通常采用留一法交叉验证方法对模型进行校验。

7.1.2.3 数据集更新策略

由于高炉炼铁等大多数工业过程中存在噪声干扰和时变特性，即使离线输入输出数据样本丰富也难以保证已有数据集可以覆盖系统的所有工况条件，因此仅基于离线数据进行学习的数据驱动算法的性能会受到限制。为了充分利用在线数据信息，使即时学习方法所构建的预测模型能够自适应地捕捉被控对象新的动态工作点和时变动态特性，采用下述方法更新数据集，以实时地更新数据集中的数据样本，同时避免系统数据的重叠[7]。

在利用 k-VNN 方法查询数据向量的同时，利用式（7.1.10）来计算 k_m 个最大的数据向量相似度 $[s(x_i, x_q)]_{i=1}^{k_m}$ 的平均值：

$$s_{k_m} = \frac{\sum\limits_{i=1}^{k_m} \max(s(x_i, x_q))}{k_m} \tag{7.1.10}$$

式中，若 $s_{k_m} < \rho$（ρ 为给定的阈值），则认为当前查询时刻数据可添加到数据集

中；否则，认为原有数据集中与当前工作点重叠的相似数据样本较多，此时不更新数据集。此外，新数据样本往往比旧数据样本更能反映系统当前的动态特性，因此根据预先固定的数据集大小，数据集中每新增数据样本的同时删除时间久远的数据样本。

7.2　基于线性即时学习的铁水硅含量自适应预测控制

即时学习（JITL）方法的局部模型选为线性模型时，可以采用线性控制理论来处理非线性被控对象[8]。这方面的成果较多，如 Kalmukale 等[9]提出一种基于分区 JITL 的内模控制方法；Zhang 等[10]提出一种基于 JITL 的潜空间广义预测控制方法；Kansha 等[11]提出一种基于 JITL 的自适应广义预测控制方法等。本节针对高炉铁水硅含量的控制问题，在现有算法的基础上提出一种基于线性即时学习的铁水硅含量自适应预测控制（JITL-adaptive predictive control，JITL-APC）方法。所提方法首先结合 JITL 局部线性化和预测控制滚动优化技术，实现高炉非线性系统的局部线性化预测控制；其次，针对高炉炼铁过程普遍存在的数据异常现象，提出一种 JITL 的异常数据处理机制，即当工作点处出现数据异常情况时，利用 JITL 的查询特性，通过忽略异常数据执行 JITL 算法的策略。该方法由 JITL 算法获得最佳局部线性模型参数和最佳学习子集，随后对最佳学习子集中的数据向量求平均值并使用对应平均数据项填补或替换异常数据项，从而消除异常数据干扰，提高控制系统性能。

7.2.1　控制算法

7.2.1.1　线性即时学习算法描述

考虑如下离散非线性多输入单输出系统：

$$y(t+1) = f\left(y(t),\cdots,y(t-n_y),u(t),\cdots,u(t-n_u)\right) \tag{7.2.1}$$

式中，t 为离散时间；$y(t) \in \mathbb{R}$ 为输出；$u(t) = [u_1(t),u_2(t),\cdots,u_d(t)]^{\mathrm{T}} \in \mathbb{R}^{d \times 1}$ 为输入；$f(\cdot)$ 为非线性映射；n_y 和 n_u 分别为系统的输出和输入阶次。针对式（7.2.1）所描述的系统，采用如下简单的自回归预测模型形式：

$$\hat{y}(t+1) = \hat{\theta}^{\mathrm{T}} x(t) \tag{7.2.2}$$

式中，$\hat{y}(t+1)$ 表示 $t+1$ 时刻模型的预测输出；$\hat{\theta} = [\alpha_0,\cdots,\alpha_{n_y},b_0^{\mathrm{T}},\cdots,b_{n_u}^{\mathrm{T}}]^{\mathrm{T}} \in \mathbb{R}^{(d(n_u+1)+n_y+1) \times 1}$ 是参数向量，且 $b_i = [b_i^1,\cdots,b_i^d]^{\mathrm{T}} \in \mathbb{R}^{d \times 1}$；$x(t) = [y(t),\cdots,y(t-n_y), u^{\mathrm{T}}(t),\cdots,u^{\mathrm{T}}(t-n_u)]^{\mathrm{T}} \in \mathbb{R}^{(d(n_u+1)+n_y+1) \times 1}$ 为 t 时刻回归向量。

在每个查询时刻构造工作点 $x_q = [y(t),\cdots,y(t-n_y),u^{\mathrm{T}}(t),\cdots,u^{\mathrm{T}}(t-n_u)]^{\mathrm{T}}$，采用

k-VNN 方法搜索 x_q 的最大近邻学习集 Ω_{k_M}。为了获得最佳线性模型参数 $\hat{\theta}$，根据预先设定的变化范围 $k \in [k_m, k_M]$，采用式（7.2.3）描述的 RLS 算法递推获得 $\hat{\theta}_{k+1}$，这里的 k 表示近邻个数，即建模样本数。

$$\begin{cases} P_{k+1} = V_k x_{k+1} \left(1 + x_{k+1}^{\mathrm{T}} V_k x_{k+1} \right)^{-1} \\ \hat{\theta}_{k+1} = \hat{\theta}_k + P_{k+1} \left[y_{k+1} - \hat{\theta}_k^{\mathrm{T}} x_{k+1} \right] \\ V_{k+1} = \left[I - P_{k+1} x_{k+1}^{\mathrm{T}} \right] V_k \end{cases} \tag{7.2.3}$$

式中，P_{k+1} 和 V_{k+1} 是中间变量；$I \in \mathbb{R}^{d(n_u+1)+n_y+1}$ 为单位矩阵。当 $k=0$ 时，$\hat{\theta}_0 = [0,0,\cdots,0]^{\mathrm{T}} \in \mathbb{R}^{(d(n_u+1)+n_y+1) \times 1}$，$V_0 \in \mathbb{R}^{d(n_u+1)+n_y+1}$。由于在不同查询时刻得到的合适建模样本数不一样，可利用 $\hat{\theta}_{k+1}$ 和 V_{k+1} 直接计算近邻 $k+1$ 的快速留一法交叉验证误差[12]，如下所示：

$$e_{\mathrm{loo}}^{(j,k+1)} = y_j - (\hat{\theta}_{k+1}^{-j})^{\mathrm{T}} x_j = \frac{y_j - \hat{\theta}_{k+1}^{\mathrm{T}} x_j}{1 - x_j^{\mathrm{T}} V_{k+1} x_j}, \quad j = 1, 2, \cdots, k+1 \tag{7.2.4}$$

式中，$\hat{\theta}_{k+1}^{-j}$ 表示在 $k+1$ 组数据中剔除第 j 个数据后所构建的局部模型的参数；$e_{\mathrm{loo}}^{(j,k+1)}$ 表示实际输出值 y_j 与利用模型 $\hat{\theta}_{k+1}^{-j}$ 得到的预测输出值之间的误差。结合式（7.2.3）和式（7.2.4）可获得快速留一法交叉验证的误差集 $\{e_{\mathrm{loo}}^{(j,k+1)}\}_{j=1}^{k+1}$，$k+1 \leqslant k_M$。在此基础上，利用如下公式计算全样本预报误差 $E_{\mathrm{loo}}(k+1)$：

$$E_{\mathrm{loo}}(k+1) = \sum_{j=1}^{k+1} w_j (e_{\mathrm{loo}}^{(j,k+1)})^2 \Big/ \sum_{j=1}^{k+1} w_j \tag{7.2.5}$$

式中，加权因子 w_j 的计算如式（7.1.9）所示，它反映样本 x_j 的留一法交叉验证误差对全样本预报误差 $E_{\mathrm{loo}}(k+1)$ "贡献"的大小，越靠近输入向量 x_q 的样本 x_i，其"贡献"越大，反之，贡献值就越小[7]。

7.2.1.2　工业异常数据处理机制

实际工业生产过程中，由于受检测仪表和变送器等装置的故障以及其他设备异常对测量数据的影响，输入输出测量数据采集时经常有数据异常现象，如数据缺失和数据离群点等。当测量输入输出数据出现异常时，若不对异常数据进行处理，就会使得数据驱动控制器产生很大的控制误差。针对这一问题，本节基于 JITL 的查询特性，提出一种利用相似数据样本处理异常数据的方法。该方法相当于数据滤波器，可对缺失数据进行填补，对不属于合理范围的数据进行替换。为了保证在数据缺失的情况下，控制系统依然能正常执行 JITL 算法，首先根据事先预定的数据阈值判断数据是否缺失，确定查询回归向量 x_q 中的异常数据项，并在采用 k-VNN 搜索策略时忽略该异常数据项。

假设当前 t 时刻的查询回归向量为 $x_q = [y(t), u_1(t-1), u_2(t-1), u_3(t-1), u_4(t-1)]^T$，$x_q$ 中包含当前时刻的输出 $y(t)$ 及上一时刻的输入 $u_i(t-1)$ 共 5 个查询属性。若 t 时刻 $y(t)$ 和 $u_2(t-1)$ 数据出现异常，则忽略 $y(t)$ 和 $u_2(t-1)$ 项，利用 x_q 中剩余 3 个属性查询数据集中的相似数据样本，并最终获得局部线性模型参数 $\hat{\theta}_{k_{best}}$ 和学习子集 $\{(x_1, y_1), (x_2, y_2), \cdots, (x_{k_{best}}, y_{k_{best}})\}$。由于之后控制律的计算需要用到异常数据对应的数据项，因此需要对异常数据项进行填补或替换。首先，由获得的学习子集利用式（7.2.6）计算平均数据向量 $\bar{x}$：

$$\bar{x} = \sum_{i=1}^{k^*} x_i \bigg/ k^* \tag{7.2.6}$$

然后，利用 $\bar{x}$ 对应项填补或替换异常数据项，且当前时刻不更新数据集，以保证控制系统的稳定运行。当数据集中包含丰富的工况数据信息时，即使在设定工作点变化时刻出现数据异常，该方法依然能有效消除数据异常的影响，并可抑制长时间的数据异常干扰。上述异常数据的处理步骤可总结如下。

步骤 1：确定当前查询时刻 t 回归向量 x_q 的异常数据项。

步骤 2：忽略 x_q 异常数据项，根据 x_q 中剩余属性执行 JITL 算法，获得学习子集。

步骤 3：根据学习子集的数据向量 $x_i, i = 1, 2, \cdots, k_{best}$，依据式（7.2.6）计算 $\bar{x}$。

步骤 4：由 $\bar{x}$ 对应项填补 x_q 中数据异常项，且不更新数据集，返回步骤 1。

7.2.1.3　线性即时学习自适应预测控制器设计

在当前工况下，由上述 7.2.1.1 节即时学习方法得到系统等效模型可以转化为如下形式：

$$A(z^{-1})y(t) = B(z^{-1})u(t-1) \tag{7.2.7}$$

式中，$A(z^{-1})$ 是关于 z^{-1} 的多项式，$B(z^{-1})$ 为 $1 \times d$ 维多项式矩阵，具体表示如下：

$$A(z^{-1}) = 1 - a_1 z^{-1} - a_2 z^{-2} - \cdots - a_{n_y} z^{-n_y} \tag{7.2.8}$$

$$B(z^{-1}) = \begin{bmatrix} b_0^1 + b_1^1 z^{-1} + b_2^1 z^{-2} + \cdots + b_{n_u}^1 z^{-n_u} \\ b_0^2 + b_1^2 z^{-1} + b_2^2 z^{-2} + \cdots + b_{n_u}^2 z^{-n_u} \\ \vdots \\ b_0^n + b_1^n z^{-1} + b_2^n z^{-2} + \cdots + b_{n_u}^n z^{-n_u} \end{bmatrix}^T \tag{7.2.9}$$

为了得到 $y(t+i/t)$ 第 i 步的超前预测，引入如下丢番图方程：

$$1 = A(z^{-1})E_i(z^{-1})\Delta + z^{-i}F_i(z^{-1}), \quad i = 1, 2, \cdots, N_p \tag{7.2.10}$$

$$E_i(z^{-1})B(z^{-1}) = G_i(z^{-1}) + z^{-i}H_i(z^{-1}), \quad i = 1, 2, \cdots, N_p \tag{7.2.11}$$

式中，N_p 为预测时域；Δ 为 z 域中的增量算子，即 $\Delta = (1 - z^{-1})$；且

$$E_i(z^{-1}) = 1 + e_1 z^{-1} + \cdots + e_{i-1} z^{-(i-1)} \tag{7.2.12}$$

$$F_i(z^{-1}) = f_{i,0} + f_{i,1} z^{-1} + \cdots + f_{i,n_y} z^{-n_y} \tag{7.2.13}$$

$$G_i(z^{-1}) = \begin{bmatrix} g_0^1 + g_1^1 z^{-1} + \cdots + g_{i-1}^1 z^{-(i-1)} \\ g_0^2 + g_1^2 z^{-1} + \cdots + g_{i-1}^2 z^{-(i-1)} \\ \vdots \\ g_0^n + g_1^n z^{-1} + \cdots + g_{i-1}^n z^{-(i-1)} \end{bmatrix}^{\mathrm{T}} \tag{7.2.14}$$

$$H_i(z^{-1}) = \begin{bmatrix} h_0^1 + h_1^1 z^{-1} + \cdots + h_{n_u-1}^1 z^{-(n_u-1)} \\ h_0^2 + h_1^2 z^{-1} + \cdots + h_{i-1}^2 z^{-(n_u-1)} \\ \vdots \\ h_0^n + h_1^n z^{-1} + \cdots + h_{i-1}^n z^{-(n_u-1)} \end{bmatrix}^{\mathrm{T}} \tag{7.2.15}$$

式中，$E_i(z^{-1})$ 和 $F_i(z^{-1})$ 是关于 z^{-1} 的多项式；$G_i(z^{-1})$ 和 $H_i(z^{-1})$ 是关于 z^{-1} 多项式矩阵。

将式（7.2.7）两边同时左乘 $E_i(z^{-1})z^i\Delta$ 得

$$E_i(z^{-1})A(z^{-1})\Delta y(t+i) = E_i(z^{-1})B(z^{-1})\Delta u(t+i-1) \tag{7.2.16}$$

将式（7.2.10）和式（7.2.11）代入式（7.2.16）可得如下多步输出预测方程：

$$\hat{y}(t+i) = G_i(z^{-1})\Delta u(t+i-1) + F_i(z^{-1})y(t) + H_i(z^{-1})\Delta u(t-1), \quad i=1,2,\cdots,N_p \tag{7.2.17}$$

根据多步输出预测方程，计算多步超前输出预测值，并对预测值进行在线校正，即

$$\begin{cases} e(t) = y(t) - \hat{y}(t) \\ \hat{y}_p(t+j) = \hat{y}(t+j) + h_c \cdot e(t), \quad j=1,2,\cdots,N_p \end{cases} \tag{7.2.18}$$

式中，$y(t)$ 为 t 时刻输出实际值；$\hat{y}(t)$ 为 t 时刻输出预测值；$e(t)$ 为 t 时刻局部预测模型的预测误差；$\hat{y}(t+j)$ 为校正前 $t+j$ 时刻被控量预测值；$\hat{y}_p(t+j)$ 为校正后 $t+j$ 时刻被控量预测值；$h_c(0<h_c<1)$ 为补偿系数。

经过反馈校正后，用于预测未来输出变量的式（7.2.18）可写成如下形式：

$$\begin{cases} \hat{y}_p(t+1) = g_0\Delta u(t) + F_1(z^{-1})y(t) + H_1(z^{-1})\Delta u(t-1) + h_c e(t) \\ \hat{y}_p(t+2) = g_1\Delta u(t) + g_0\Delta u(t+1) + F_2(z^{-1})y(t) + H_2(z^{-1})\Delta u(t-1) + h_c e(t) \\ \quad\vdots \\ \hat{y}_p(t+N_c) = g_{N_c-1}\Delta u(t) + \cdots + g_0\Delta u(t+N_c-1) + F_{N_c}(z^{-1})y(t) + H_{N_c}(z^{-1})\Delta u(t-1) + h_c e(t) \\ \quad\vdots \\ \hat{y}_p(t+N_p) = g_{N_p-1}\Delta u(t) + \cdots + g_{N_p-N_c}\Delta u(t+N_c-1) + F_{N_p}(z^{-1})y(t) + H_{N_p}(z^{-1})\Delta u(t-1) + h_c e(t) \end{cases} \tag{7.2.19}$$

式中， $g_i=[g_i^1,g_i^2,\cdots,g_i^n]^{\mathrm{T}}$ 是 $G_i(z^{-1})$ 对应 z^{-i} 的系数矩阵。进一步，将预测方程式（7.2.19）写成如下向量形式：

$$\hat{Y}=G\Delta U+F(z^{-1})y(t)+H(z^{-1})\Delta u(t-1)+h_c e(t) \tag{7.2.20}$$

式中，

$$\hat{Y}=\left[\hat{y}_p(t+1),\hat{y}_p(t+2),\cdots,\hat{y}_p(t+N_p)\right]^{\mathrm{T}} \tag{7.2.21}$$

$$\Delta U=\left[\Delta u^{\mathrm{T}}(t),\Delta u^{\mathrm{T}}(t+1),\cdots,\Delta u^{\mathrm{T}}(t+N_c-1)\right]^{\mathrm{T}} \tag{7.2.22}$$

$$F(z^{-1})=\left[F_1(z^{-1}),F_2(z^{-1}),\cdots,F_{N_p}(z^{-1})\right]^{\mathrm{T}} \tag{7.2.23}$$

$$H(z^{-1})=\left[H_1^{\mathrm{T}}(z^{-1}),H_2^{\mathrm{T}}(z^{-1}),\cdots,H_{N_p}^{\mathrm{T}}(z^{-1})\right]^{\mathrm{T}} \tag{7.2.24}$$

$$G=\begin{bmatrix} g_0 & 0 & \cdots & 0 \\ g_1 & g_0 & \cdots & 0 \\ \vdots & \vdots & \ddots & 0 \\ g_{N_c-1} & g_{N_c-2} & \cdots & g_0 \\ \vdots & \vdots & \ddots & \vdots \\ g_{N_p-1} & g_{N_p-2} & \cdots & g_{N_p-N_c} \end{bmatrix} \tag{7.2.25}$$

为了把输出 $y(t)$ 平滑引导到设定值 y_{sp}，将参考轨迹方程采用如下一阶平滑模型：

$$\begin{cases} y_r(t+j-1)=y(t+j-1) \\ y_r(t+j)=\eta y_r(t+j-1)+(1-\eta)y_{sp} \end{cases} \tag{7.2.26}$$

式中， $y_r(t+j)$ 为 $t+j$ 时刻被控量参考值； η 为柔化系数， $0<\eta<1$ 。

即时学习预测控制方法是在存在约束的情况下，找到最佳的未来控制输出，以驱动系统输出尽可能跟踪参考轨迹，因而控制性能要求可通过如下优化问题表示：

$$\min J(t)=\sum_{i=1}^{N_p}R_y(y_r(t+i)-\hat{y}_p(t+i))^2+\sum_{i=1}^{N_c}R_u\Delta u^{\mathrm{T}}(t+i-1)\Delta u(t+i-1) \tag{7.2.27}$$

$$\text{s.t.}\quad u_{\min}\leqslant u(t+i-1)\leqslant u_{\max}$$

式中， $\hat{y}_p(t+i)$ 是在预测时域 N_p 内 $t+i$ 时刻的预测输出向量； $\Delta u(t+i-1)\in\mathbb{R}^{n\times1}$ 是在控制时域 N_c 内 $t+i-1$ 时刻控制向量的增量； R_y 和 R_u 为权值因子； $u_{\max}$ 和 $u_{\min}$ 是控制量的上限和下限。这里采用二次规划方法[13]在线求解式（7.2.27）的约束优化问题。

7.2.1.4 控制算法实现步骤

综上，可将所提 JITL-APC 算法的实现步骤总结如下。

步骤 1：在当前时刻 t 构造系统的查询回归向量 x_q 。

步骤 2：若出现数据异常，则启用异常数据处理机制，采用 k-VNN 方法，获得当前工作点的最大近邻学习集。

步骤 3：结合式（7.2.3）～式（7.2.5）校验并辨识最佳局部线性模型式（7.2.7）。

步骤 4：引入丢番图方程式（7.2.10）和式（7.2.11）推导多步输出预测方程式（7.2.17）。

步骤 5：由式（7.2.18）校正输出预测值。

步骤 6：根据参考轨迹式（7.2.26）定义优化性能指标式（7.2.27）。

步骤 7：采用二次规划方法在线求解约束优化问题，得到最优控制量作用于系统。

步骤 8：更新数据集，返回步骤 1。

7.2.2 工业数据验证

采用某大型炼铁厂高炉炼铁过程实际生产数据对所提 JITL-APC 算法进行工业数据验证。这里采用文献[14]建立的数据模型来模拟高炉炼铁过程进行控制性能验证实验。选取的控制输入变量为冷风流量（u_1, $10km^3/h$）、热风温度（u_2, ℃）、富氧流量（u_3, $10km^3/h$）和喷煤量（u_4, t/h），而被控变量为铁水硅含量（[Si], %）。由于所提 JITL-APC 方法共包含 10 个重要参数需要合理设置，为此采用离线网格搜索（grid search, GS）法搜索这 10 个参数所有可能的取值，然后从中选取相应控制 RMSE 指标最小的一组参数作为最终的控制器参数取值。这些参数的具体含义、搜索范围及最终得到的最优参数设置如表 7.2.1 所示。此外，数据实验中为了直观地展示所提 JITL-APC 方法的控制性能，将所提方法与基于递推最小二乘的自适应预测控制（recursive least squares-APC, RLS-APC）方法[14,15]和基于离线一次性全局非线性预测建模的 NPC 方法[14-16]进行对比研究。

表 7.2.1 参数设置

参数	符号	范围	最优取值
近邻数下限	k_m	12	12
近邻数上限	k_{max}	(15, 16,···,30)	19
补偿系数	h_c	(0.1, 0.11,···,1)	0.56
相似度权值因子	γ	(0.1, 0.11,···,1)	0.84
更新阈值	ρ	(0.1, 0.11,···,1)	0.91
柔化系数	η	(0.1, 0.11,···,1)	0.22
预测时域	N_p	(1, 2,···,10)	6
控制时域	N_c	(1, 2,···,10)	3
输出权值	R_y	1	1
输入权值	R_u	(0.1, 0.11,···,1)	0.55

7.2.2.1　设定值跟踪控制性能测试

首先测试所提 JITL-APC 方法的设定值跟踪性能。实验中，铁水质量的初始设定值为[Si]=0.45%，之后设定值分别在炼铁 100 时刻和 200 时刻变化为 0.55%和 0.7%，得到不同控制方法的设定值跟踪控制性能曲线，如图 7.2.1 所示。可以看出，虽然 NPC 采用非线性预测控制方法，但是由于该方法基于离线数据一次性建立全局非线性预测模型，在模型失配时无法在线更新模型参数，因此预测误差较大，且存在被控输出持续偏离设定值的现象。RLS-APC 是一种基于递推最小二乘子空间预测建模的线性模型预测控制方法，其与所提 JITL-APC 方法的主要区别在于模型的更新方式。由于被控对象是非线性系统，因此在改变设定值时，采用线性模型的 RLS-APC 和 JITL-APC 均会出现模型失配现象，但是 RLS-APC 在每个更新模型时刻只采集一组数据在线调整模型参数，而 JITL-APC 则直接根据当前工况查询多组数据样本建模。因此 RLS-APC 通过在线修正模型参数虽然能够逐渐减小预测误差，但需要较长的时间调整模型参数才能将预测误差降低到较小范围。而所提 JITL-APC 方法在每个模型更新时刻查询多个相似数据样本以对局部模型参数进行修正，能够快速修正模型参数，在短时间内适应新的设定工作点，具有良好的设定值跟踪性能。

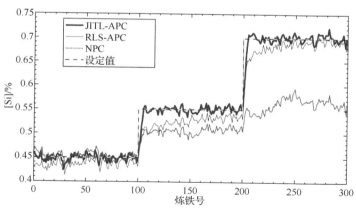

图 7.2.1　不同控制方法铁水[Si]设定值跟踪控制曲线

7.2.2.2　抗干扰性能测试

为了验证所提 JITL-APC 方法的干扰抑制性能，进行干扰下的铁水硅含量控制实验。实验中，在炼铁 50 时刻对输出[Si]含量施加较大幅度的脉冲干扰，同时在炼铁号为 200、250、300 和 350 时刻分别对控制输入冷风流量（u_1）、热风温度（u_2）、富氧流量（u_3）和喷煤量（u_4）加入大幅度的输入脉冲干扰，得到的控制效果如图 7.2.2 所示。可以看出，在抗脉冲干扰测试实验中，NPC 不能对脉冲干扰进行抑制，尤其在 300～350 时刻甚至无法完成对设定硅含量的跟踪控制。RLS-APC 算法在 300 和 350 时刻受干扰影响较为严重，产生了很大的控制偏差，只有所提 JITL-APC 方法虽然受干扰影响导致暂时的微小控制偏差，但是能够在短时间内通过修正预测模型参数，实现对过程输入输出脉冲干扰的有效抑制。

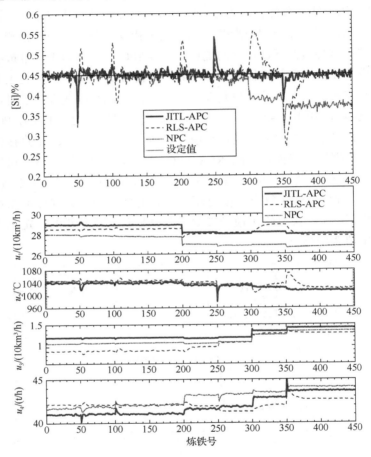

图 7.2.2 脉冲干扰下不同控制方法的铁水[Si]控制效果

图 7.2.3 是方波干扰下不同控制方法的干扰抑制曲线，数据实验中对被控对象输出端施加持续方波干扰信号，方波幅值为 0.05。可以看出所提 JITL-APC 方法能够对方波干扰进行有效抑制，控制偏差较小。而其他两种方法受方波影响较大，使得铁水[Si]输出产生了较大的控制偏差，严重偏离设定值。

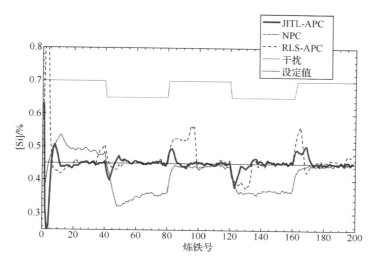

图 7.2.3　方波干扰下不同控制方法的铁水[Si]控制效果

7.2.2.3　数据异常下控制性能测试

最后，验证所提 JITL-APC 方法异常数据处理机制的有效性。为此，设置两组异常数据下的铁水[Si]控制实验：其中第 1 组实验的铁水[Si]设定值固定为 0.45%，而第 2 组实验的铁水[Si]设定值不定期改变。

数据异常下的第 1 组实验所得控制曲线如图 7.2.4 所示。实验过程中，在炼铁 100～200 时刻，持续缺失喷煤量输入数据（图中椭圆中数据曲线为数据真实值，数据异常控制时不采集该真实值，用 0 代替）。可以看出，常规 RLS-APC 受数据异常影响较大，不仅在数据异常时控制系统基本发散，而且当数据恢复正常时，仍需要较长时间才能将被控铁水[Si]再次控制在设定值附近。常规 NPC 采用一次性离线数据全局建模的方式，无法在线更新模型，因而 NPC 在数据异常时控制系统无法正常工作，且当数据恢复正常采集时依然存在实际铁水[Si]输出偏离设定值的情况。相比之下，所提 JITL-APC 方法由于采用了提出的异常数据处理机制，受输入数据异常影响小，即使长时间输入数据异常的情况下控制系统依然能够将被控[Si]输出控制在设定值附近。

数据异常下的第 2 组实验是进一步考察所提 JITL-APC 方法在数据缺失下设定值跟踪控制的性能。为此，在炼铁 100～200 时刻和炼铁 400～500 时刻，铁水[Si]输出和热风温度即 u_2 数据持续异常，同时分别在炼铁 150、300 和 450 时刻改变铁水[Si]设定值，所得实验结果如图 7.2.5 所示，其中虚线方框中粗虚线为采用所提异常数据处理机制后的补偿数据，当补偿数据与真实数据接近时控制器才能正常工作。可以看出，在炼铁 150～200 时刻，由于铁水[Si]采集不到真实数据，从而第一次改变铁水[Si]设定值时，导致补偿数据与实际数据差异较大，无法实现有效控制。然而所提方法经过在炼铁 200～400 时刻更新数据集，丰富了数据集中的数据信息，因此在第二次数据持续异常的情况下改变铁水[Si]设定值，使得铁水质量控制系统几乎不受数据缺失的影响，且补偿数据与真实数据值间的误差较小。

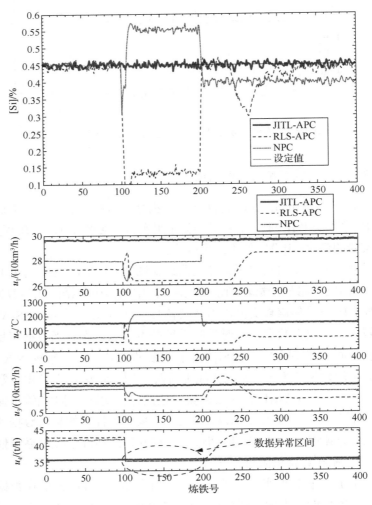

图 7.2.4   数据异常时铁水[Si]控制效果

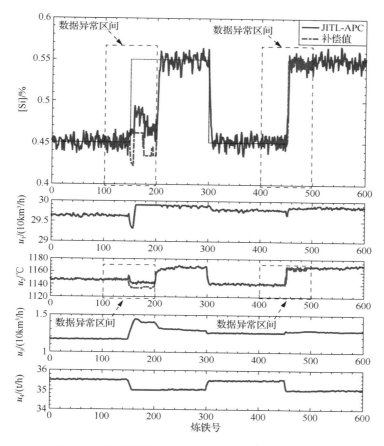

图 7.2.5　数据异常与设定值变化下铁水[Si]控制效果

7.3　基于快速 JITL-R-M-LSSVR 的铁水质量自适应预测控制

　　不同于传统的离线一次性全局建模和递推建模（全局建模）方法，本章所述基于 JITL 的建模方法具有局部模型的结构并且通过在线学习的方式构建模型，因而能够很好地捕捉当前过程的非线性动态特性，进而解决建模过程中的非线性问题。传统 JITL 方法都是通过与线性回归相结合的方法构建系统的局部线性模型，以实现工作点处非线性系统的局部线性化。近年来，为了进一步提高 JITL 模型的非线性拟合能力，已有部分学者开始将一些非线性建模的方法与 JITL 相结合。在众多的非线性智能建模方法中，基于统计学习理论与核方法的 SVR 和 LSSVR 凭借着在解决小样本、强非线性辨识中的优势，在回归分析中得到了广泛的应用。

例如，刘毅等[17]将即时学习方法融入 LSSVR 中，提出一种 LSSVR 即时学习建模方法，相对于传统 LSSVR 算法有更好的推广能力和适应性；同时，为了加快 LSSVR 即时学习的计算效率，进一步提出递推 LSSVR 即时学习方法[18]，该方法加快了模型校验过程。此外，崔乐远[19]提出一种基于 SVR 即时学习的广义预测控制方法，能够在线查询建模数据样本，在一定程度上提高了控制系统的自学能力。为了进一步提高 JILT 建模方法的自适应能力进而提升基于 JITL 的预测控制算法的控制性能，文献[20]在上述分析及 7.2 节介绍的内容的基础上，提出一种基于即时学习递推 LSSVR（JITL-R-LSSVR）的预测控制方法。该方法采用在线递推方式更新模型参数，相对于采用丢弃模型策略的传统即时学习方法，具有更好的预测稳定性。而且该方法可以自适应地添加对模型预测性能有较大影响的数据样本和删除对预测性能影响最小的建模数据样本，因而可以有效地控制建模样本的数量，降低计算成本。此外，该算法通过采用具有全局收敛性和超线性收敛速度的 SQP 算法[21]来设计控制器，可以快速有效地求解系统的最优控制律。但是，文献[20]提出的基于递推 LSSVR 即时学习的铁水硅含量非线性自适应预测控制方法仅适用于单输出回归建模。对于多输出非线性系统，比如高炉炼铁系统，文献[20]的方法只可以对多输出铁水质量系统的每一维输出建立回归模型，然后再进行简单的合成。由于该算法在建模过程中没有考虑输出变量之间的耦合关系，因此在多输出变量系统动态特性的预测及其控制过程中具有一定的局限性。

为此，本节针对高炉炼铁过程中铁水[Si]和铁水温度等多元铁水质量指标的控制问题，在 7.2 节基础上进一步提出一种新型的快速即时学习递推多输出 LSSVR（JITL-R-M-LSSVR）算法，用于多元铁水质量的多变量自适应预测控制。首先，基于多任务迁移学习[22]对传统单输出 LSSVR 进行多输出拓展，得到 M-LSSVR 算法；然后基于 M-LSSVR 推导出模型参数递推更新的 M-LSSVR 增量学习公式和 M-LSSVR 减量学习公式，即 R-M-LSSVR 算法，并得到用于 JITL 局部学习的递推 M-LSSVR 快速留一（fast leave one out, FLOO）交叉验证公式，即 M-LSSVR-FLOO；接着，将局部 JITL 技术与 R-M-LSSVR 算法相结合，构建新型的 JITL-R-M-LSSVR 算法，并采用所提 JITL-R-M-LSSVR 算法建立过程的在线预测模型。最后，提出基于 JITL-R-M-LSSVR 的非线性预测控制[(JITL-R-M-LSSVR)-NPC]方法。该方法可根据运行工况的变化，在线自适应地调整模型参数，从而有效克服工况时变对建模性能的影响，进一步提高基于即时学习预测控制的稳定性。

7.3.1　快速 JITL-R-M-LSSVR 策略

将 JITL 的在线局部学习与多任务迁移学习 M-LSSVR 的非线性、多输出、小样本建模能力相结合，提出具有快速非线性多输出局部学习能力的 JITL-R-M-LSSVR

方法，其实现策略如图 7.3.1 所示，主要包括样本查询、模型校验、局部模型参数递推更新以及模型剪枝等几个部分，具体如下。

（1）样本查询策略。首先，采用样本向量间的距离和角度相似性构建相似因子指标[23]作为样本相似度准则。然后，在每个查询时刻构造工作点 x_q，并根据给定的最大近邻数 k_M，采用 k-VNN 搜索策略[5-7]从数据库 Ω_N 中搜索并获得最大近邻学习集 Ω_{k_M}。

（2）模型校验策略。由于不同 k 值对应着不同的学习子集 Ω_{k_M}，为了从中选出最佳学习子集，需要对每个学习子集对应的 M-LSSVR 模型进行模型校验，即估计不同候选模型的泛化误差，选择泛化误差最小的模型。将 Ω_{k_M} 中数据样本按相似度从大到小排列，采用提出的 M-LSSVR-FLOO 计算每个学习子集的总预报误差 $E_{\mathrm{loo},k}$。

（3）局部模型参数递推更新策略。传统 JITL 算法在每个查询时刻构造新的局部模型，丢弃旧模型[2,12]。这种模型更新方式容易造成模型更新前后差异过大，导致局部模型不稳定。为了提高即时学习局部模型的稳定性，防止模型更新前后差异过大，本节方法在旧模型参数基础上逐个添加数据样本进行前向增量学习，从而以一种平缓的方式递推更新模型参数。

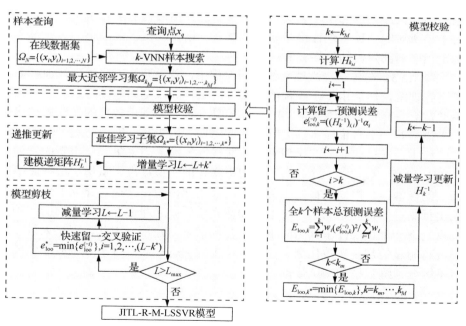

图 7.3.1　JITL-R-M-LSSVR 策略图

（4）模型剪枝策略。在模型参数递推更新时，采用增量学习方式不断加入的新样本数据会导致数据库中旧建模样本不断增加。当数据样本过大时，模型结构复杂，计算效率低。为了限制总建模数据样本的规模，当建模数据样本数超过上限值 L_{max} 时，采用减量学习算法并结合提出的 M-LSSVR-FLOO 算法对模型进行剪枝。此外，为了使旧模型能够过渡到新的工作点，模型剪枝时，只删除旧数据样本，并计算模型对每个样本的预报误差 $e_{loo}^{(-i)}, i=1,2,\cdots,L$，删除 $e_{loo}^{(-i)}$ 最小的结点，即删除对模型整体性能影响最小的支持向量，使修剪后的模型尽可能保留原有模型的泛化性能。确定需要淘汰的冗余结点后，采用减量学习更新参数矩阵，并最终获得基于 JITL-R-M-LSSVR 算法的预测模型。

注释 7.3.1：由图 7.3.1 可以看出，所提方法在模型校验时仅需要构造一次 M-LSSVR 建模矩阵 H_{k_M} 和一次矩阵逆运算 $H_{k_M}^{-1}$。此后，每删除一个数据样本后的矩阵 $H_{(k_M-1)}^{-1}$ 可通过对 $H_{k_M}^{-1}$ 的反向减量学习获得，并通过 M-LSSVR-FLOO 获取学习子集中相应样本对应的留一预报误差，从而可大大提升模型校验的计算效率。

注释 7.3.2：对于所提 JITL-R-M-LSSVR 算法，由于工作点的不同，局部建模样本也不相同，因此在线局部建模时应适当选择 k 的值。为此，首先采用网格搜索法离线确定 k 的上下限值，其中 k 的下限应大于建模输入变量的维数。然后，在每个查询时刻构造一个工作点，根据确定的最大近邻数，使用 k-VNN 算法从总数据集中搜索最大近邻学习子集。为了从中选择出最佳的学习子集，需要对每个学习子集所对应的模型进行模型验证。然后，选择泛化误差最小的对应模型，以此确定当前局部建模的最终 k 值。

注释 7.3.3：在传统一次性离线全局建模中，首先要用大量的离线训练数据对模型进行训练，然后用于在线预测。而且，这种离线全局建模方法在模型训练完成后通常会丢弃所有训练数据。JITL 建模是一种完全基于数据的在线局部建模方法，当需要对一个查询样本预测时，就使用现有历史数据库中与这个查询样本最相关的样本，通过建立局部模型来近似非线性系统。当采集到一组新的查询数据时，JITL 建模一般包括三个步骤：①根据指定的相似度准则从历史数据库中选择最相关的样本；②根据选择的相关样本构建局部模型；③通过建立的局部模型进行输出预测。值得注意的是，在本次预测完成后会立即丢弃所建立的局部预测模型，直到下一个查询样本到来时重新进行局部学习建模。因此，严格来讲，JITL 建模没有明显的常规参数化全局建模方法中的训练和测试阶段，相应的建模数据也可不区分训练数据和测试数据。

7.3.2 快速 JITL-R-M-LSSVR 算法

7.3.2.1 多输出 LSSVR（M-LSSVR）算法

正如前文第 3 章所述，传统 LSSVR 的多输出建模是通过训练多个单输出 LSSVR 后，进行简单的输出结合。然而，这种简单的维度拓展没有充分考虑不同输出间的耦合关系，因此会丢失输出间的潜在有用信息，难以有效处理多输出系统的建模问题。而且，由于要对预测输出的误差求矩阵范数，因而只要某个输出出现异常便会导致整个模型输出的异常。

在前文 3.3 节中，基于多任务迁移学习，提出了 M-LSSVR 算法[22]，实现了真正意义上的多变量系统的 M-LSSVR 建模。给定一组独立且同分布的 d 维输入和 m 维输出数据样本 $\{(x_i, y_i) | x_i \in \mathbb{R}^d, y_i \in \mathbb{R}^m, i = 1, 2, \cdots, n\}$，其中 n 为样本个数，多输出建模问题可以描述为学习一个从输入空间 $\mathbb{R}^d$ 到输出空间 $\mathbb{R}^m$ 的非线性映射关系。该 M-LSSVR 算法[22]需要求解私有特征矩阵 $V = [v_1, v_2, \cdots, v_m] \in \mathbb{R}^{n \times m}$、公共特征向量 $\omega_0 \in \mathbb{R}^n$ 和偏置向量 $b = [b_1, b_2, \cdots, b_m] \in \mathbb{R}^m$，进而最小化式（7.3.1）所示的风险函数，

$$\min_{w \in \mathbb{R}^n, V \in \mathbb{R}^{n \times m}} J(w, V) = \frac{1}{2}\left(w^{\mathrm{T}}w + \frac{\lambda}{m}\sum_{j=1}^{m}\sum_{i=1}^{n}\left\|v_{i,j}\right\|^2\right) + C\sum_{j=1}^{m}\sum_{i=1}^{n}(\xi_{i,j})^2 \tag{7.3.1}$$

$$\text{s.t.} \quad y_i = \varphi(x_i)^{\mathrm{T}}(w \otimes [1, 1, \cdots, 1]_{1 \times m} + V) + b_i \otimes [1, 1, \cdots, 1]_{1 \times m} + \xi_i$$

式中，$\xi_i = [\xi_{i,1}, \xi_{i,2}, \cdots, \xi_{i,m}] \in \mathbb{R}^{n \times m}$ 为预测残差矩阵；$\otimes$ 代表直积算子；$\lambda, C \in \mathbb{R}_+$ 为正则化因子。需要注意的是，M-LSSVR 的权值向量都被重写为私有特征向量和公共特征向量两部分，其中公共特征向量承载的是 M-LSSVR 不同输出间的公共信息，而私有特征向量承载的是不同输出间的特有信息。

对式（7.3.1）引入如下拉格朗日函数：

$$L(w, V, b, \xi, A) = J(w, V) - \sum_{i=1}^{n}\sum_{j=1}^{m}a_{i,j}(\varphi(x_i)^{\mathrm{T}}(w + v_j) + b_j + \xi_{i,j} - y_{i,j}) \tag{7.3.2}$$

式中，$A = [\alpha_{i,j}]_{n \times m} \in \mathbb{R}^{n \times m}$ 为拉格朗日乘子。由 KKT（Karush-Kuhn-Tucker）条件，可得如下方程组：

$$\begin{cases} \dfrac{\partial L(w, V, b, \xi, A)}{\partial w} = 0 \Rightarrow w = \sum_{j=1}^{m} Z a_{i,j} \\[2mm] \dfrac{\partial L(w, V, b, \xi, A)}{\partial b} = 0 \Rightarrow \sum_{i=1}^{n} a_{i,j} = 0, \quad j = 1, 2, \cdots, m \\[2mm] \dfrac{\partial L(w, V, b, \xi, A)}{\partial a_{i,j}} = 0 \Rightarrow y_{i,j} = \varphi(x_i)(w + v_j)^{\mathrm{T}} + b_j + \xi_{i,j} \\[2mm] \dfrac{\partial L(w, V, b, \xi, A)}{\partial \xi} = 0 \Rightarrow a_{i,j} = C\xi_{i,j} \\[2mm] \dfrac{\partial L(w, V, b, \xi, A)}{\partial V} = 0 \Rightarrow V = \dfrac{\lambda}{m} ZA \end{cases} \tag{7.3.3}$$

式中，$Z = [\varphi(x_1), \varphi(x_2), \cdots, \varphi(x_n)] \in \mathbb{R}^n$ 为 RBF 核的映射矩阵。

消除公共特征向量 w、私有特征矩阵 V 以及残差矩阵 ξ，得到如下线性方程：

$$\begin{bmatrix} K \otimes \text{ones}(m) + \dfrac{m}{\lambda} K \otimes I_m + \dfrac{1}{C} I_{mn} & 1_{n \times 1} \otimes I_m \\ (1_{n \times 1} \otimes I_m)^{\mathrm{T}} & 0_m \end{bmatrix} \times \begin{bmatrix} \alpha_{nm \times 1} \\ b_{m \times 1} \end{bmatrix} = \begin{bmatrix} Y_{nm \times 1} \\ 0_{m \times 1} \end{bmatrix} \qquad (7.3.4)$$

式中，I 为相应维数的单位矩阵；$\text{ones}(m)$ 为 $m \times m$ 维全 1 矩阵；0_m 是 $m \times m$ 维全 0 矩阵，$\alpha_{nm \times 1} = \left[\alpha_1^{\mathrm{T}}, \cdots, \alpha_n^{\mathrm{T}} \right]^{\mathrm{T}} \in \mathbb{R}^{nm \times 1}$；$1_{n \times 1} = [1, \cdots, 1]^{\mathrm{T}} \in \mathbb{R}^{n \times 1}$。此外，$\alpha_i = [\alpha_{i,1}, \cdots, \alpha_{i,m}]^{\mathrm{T}} \in \mathbb{R}^{m \times 1}$ 和 $b = [b_1, b_2, \cdots, b_m]^{\mathrm{T}} \in \mathbb{R}^{m \times 1}$ 为支持向量回归模型参数，$Y_{nm \times 1} = \left[y_1^{\mathrm{T}}, \cdots, y_n^{\mathrm{T}} \right] \in \mathbb{R}^{nm \times 1}$ 为输出向量且 $y_i = [y_{i,1}, y_{i,2}, \cdots, y_{i,m}]^{\mathrm{T}} \in \mathbb{R}^{m \times 1}$。

式（7.3.4）中，$K \in \mathbb{R}^{n \times n}$ 为如下的训练样本核矩阵：

$$K = \begin{bmatrix} k(x_1, x_1) & \cdots & k(x_1, x_n) \\ \vdots & \ddots & \vdots \\ k(x_n, x_1) & \cdots & k(x_n, x_n) \end{bmatrix} \qquad (7.3.5)$$

式中，$k(x_i, x_j)$ 为训练样本的 RBF 核函数。这里，通过式（7.3.4）求解权值向量 $\alpha_{nm \times 1}$ 和偏置项 $b_{m \times 1}$，那么 d 维输入、m 维输出的 M-LSSVR 预测模型可描述为如下形式：

$$\begin{aligned} \hat{y}(x) &= \left(w_0 \otimes [1, 1, \cdots, 1]_{1 \times n} + V \right)^{\mathrm{T}} \varphi(x) + b \\ &= \left(\sum_{j=1}^{m} \sum_{i=1}^{n} \alpha_{i,j} k(x, x_i) \right) \otimes 1_{1 \times n} + \frac{m}{\lambda} \sum_{i=1}^{n} \alpha_i k(x, x_i) + b \end{aligned} \qquad (7.3.6)$$

式中，$\hat{y}(x)$ 为模型预测输出，x 为模型输入。

7.3.2.2　局部 M-LSSVR 模型参数递推更新的增量学习算法

为了防止局部学习时 M-LSSVR 模型更新前后变化过大，所提 JITL-R-M-LSSVR 并不是丢弃旧模型重新生成新的模型，而是在旧模型基础上，采用不断增加新相似样本的增量学习方式在线递推更新模型参数。为此，本节在传统单输出 LSSVR 增量学习算法基础上，对 M-LSSVR 模型参数递推更新的增量学习算法进行推导。首先，定义如下矩阵：

$$\alpha_N = \begin{bmatrix} \alpha_{nm \times 1} & b_{m \times 1} \end{bmatrix}^{\mathrm{T}} \qquad (7.3.7)$$

$$Y_N = \begin{bmatrix} Y_{nm \times 1} & 0_{m \times 1} \end{bmatrix}^{\mathrm{T}} \qquad (7.3.8)$$

$$H_N = \begin{bmatrix} K \otimes \text{ones}(m) + \dfrac{m}{\lambda} K \otimes I_m + \dfrac{1}{C} I_{mn} & 1_{n \times 1} \otimes I_m \\ (1_{n \times 1} \otimes I_m)^{\mathrm{T}} & 0_m \end{bmatrix} = \begin{bmatrix} \kappa_{1,1} & \cdots & \kappa_{1,n} & I_m \\ \vdots & \ddots & \vdots & \vdots \\ \kappa_{n,1} & \cdots & \kappa_{n,n} & I_m \\ I_m & \cdots & I_m & 0_m \end{bmatrix} \qquad (7.3.9)$$

式中，

$$\kappa_{i,j} = \begin{bmatrix} k(x_i,x_j) + \dfrac{m}{\lambda}k(x_i,x_j) & \cdots & k(x_i,x_j) \\ \vdots & \ddots & \vdots \\ k(x_i,x_j) & \cdots & k(x_i,x_j) + \dfrac{m}{\lambda}k(x_i,x_j) \end{bmatrix}_{m \times m}, \quad i \neq j \quad （7.3.10）$$

$$\kappa_{i,i} = \begin{bmatrix} \dfrac{m}{\lambda}k(x_i,x_i) + k(x_i,x_i) + C^{-1} & \cdots & k(x_i,x_i) \\ \vdots & \ddots & \vdots \\ k(x_i,x_i) & \cdots & \dfrac{m}{\lambda}k(x_i,x_i) + k(x_i,x_i) + C^{-1} \end{bmatrix}_{m \times m} \quad （7.3.11）$$

那么，式（7.3.4）可以表示为

$$H_N \alpha_N = Y_N \Rightarrow \alpha_N = H_N^{-1} Y_N \quad （7.3.12）$$

这意味着，递推更新 M-LSSVR 模型参数关键在于求解逆矩阵 H_N^{-1}。

将新样本 (x_{N+1}, y_{N+1}) 加入到模型后，可得

$$H_{N+1} \alpha_{N+1} = Y_{N+1} \Rightarrow \alpha_{N+1} = H_{N+1}^{-1} Y_{N+1} \quad （7.3.13）$$

式中，$Y_{N+1} = [Y_{1 \times nm}, y_{n+1}^{\mathrm{T}}, 0_{1 \times m}]^{\mathrm{T}}$，令

$$A_{N+1} = \begin{bmatrix} H_N & B \\ B^{\mathrm{T}} & C \end{bmatrix} \quad （7.3.14）$$

这里，$B = [\kappa_{1,n+1}, \kappa_{2,n+1}, \cdots, \kappa_{n,n+1}, I^m]^{\mathrm{T}}$，$C = \kappa_{n+1,n+1} \in \mathbb{R}^{m \times m}$，而且有

$$H_{N+1} = E_{nm+1,m(n+1)+1} \cdots E_{m(n+1),m(n+2)} A_{N+1} E_{m(n+1),m(n+2)} \cdots E_{nm+1,m(n+1)+1} \quad （7.3.15）$$

式中，$E_{i,j}$ 是初等矩阵。左乘 $E_{i,j}$ 相当于交换第 i 行和第 j 行向量，右乘 $E_{i,j}$ 相当于交换第 i 列和第 j 列向量。所以 H_{N+1} 相当于 A_{N+1} 交换第 $nm+i$ 行和第 $(n+1)m+i$ 行向量，以及第 $nm+i$ 列和第 $(n+1)m+i$ 列向量，$i = 1, 2, \cdots, m$。对于任何初等矩阵，其逆矩阵等于它本身，因此有

$$\begin{aligned} H_{N+1}^{-1} &= (E_{nm+1,m(n+1)+1} \cdots E_{m(n+1),m(n+2)} A_{N+1} E_{m(n+1),m(n+2)} \cdots E_{nm+1,m(n+1)+1})^{-1} \\ &= E_{nm+1,m(n+1)+1}^{-1} \cdots E_{m(n+1),m(n+2)}^{-1} A_{N+1}^{-1} E_{m(n+1),m(n+2)}^{-1} \cdots E_{nm+1,m(n+1)+1}^{-1} \\ &= E_{nm+1,m(n+1)+1} \cdots E_{m(n+1),m(n+2)} A_{N+1}^{-1} E_{m(n+1),m(n+2)} \cdots E_{nm+1,m(n+1)+1} \end{aligned} \quad （7.3.16）$$

式（7.3.16）表明通过交换 A_{N+1}^{-1} 的第 $nm+i$ 行和第 $(n+1)m+i$ 行向量，以及第 $nm+i$ 列和第 $(n+1)m+i$ 列向量可以快速获得 H_{N+1}^{-1}。对于式（7.3.14），根据分块矩阵求逆定理可得

$$A_{N+1}^{-1} = \begin{bmatrix} H_N^{-1} + H_N^{-1}B(C - B^{\mathrm{T}}H_N^{-1}B)^{-1}B^{\mathrm{T}}H_N^{-1} & -H_N^{-1}B(C - B^{\mathrm{T}}H_N^{-1}B)^{-1} \\ -(C - B^{\mathrm{T}}H_N^{-1}B)^{-1}B^{\mathrm{T}}H_N^{-1} & (C - B^{\mathrm{T}}H_N^{-1}B)^{-1} \end{bmatrix}$$

$$= \begin{bmatrix} H_N^{-1} & 0_{m(n+1)\times m} \\ 0_{m\times m(n+1)}^{\mathrm{T}} & 0_{m\times m} \end{bmatrix} + \begin{bmatrix} H_N^{-1}B\Delta B^{\mathrm{T}}H_N^{-1} & -H_N^{-1}B(C - B^{\mathrm{T}}H_N^{-1}B)^{-1} \\ -(C - B^{\mathrm{T}}H_N^{-1}B)^{-1}B^{\mathrm{T}}H_N^{-1} & (C - B^{\mathrm{T}}H_N^{-1}B)^{-1} \end{bmatrix}$$

$$(7.3.17)$$

由式（7.3.17）可知矩阵 A_{N+1}^{-1} 可以通过 H_N^{-1} 递推获得，由式（7.3.16）同样可知 A_{N+1}^{-1} 经过一系列行列式变换可以得到 H_{N+1}^{-1}。因此，结合式（7.3.16）和式（7.3.17）可由 H_N^{-1} 递推得到 H_{N+1}^{-1}。

7.3.2.3　M-LSSVR 模型剪枝的减量学习算法

减量学习算法主要用于删除指定样本数据后，通过从原局部模型建模矩阵递推求解新模型的相应建模矩阵，即实现由 H_N^{-1} 递推获取 H_{N-1}^{-1}。假设从数据样本集 $\{x_i, y_i\}_{i=1}^n$ 删除第 i 个数据样本 (x_i, y_i)，获得新的数据集 $\{(x_1, y_1), \cdots, (x_{i-1}, y_{i-1}), (x_{i+1}, y_{i+1}), \cdots, (x_n, y_n)\}$。此时，新的模型参数求解如下：

$$\begin{bmatrix} \alpha_{N-1} \\ b_{N-1} \end{bmatrix} = H_{N-1}^{-1} \begin{bmatrix} Y_{N-1} \\ 0_{m\times 1} \end{bmatrix} \tag{7.3.18}$$

式中，$\alpha_{N-1} = [\alpha_1^{\mathrm{T}}, \cdots, \alpha_{i-1}^{\mathrm{T}}, \alpha_{i+1}^{\mathrm{T}}, \cdots, \alpha_n^{\mathrm{T}}]^{\mathrm{T}} \in \mathbb{R}^{m(n-1)\times 1}$；$Y_{N-1} = [y_1^{\mathrm{T}}, \cdots, y_{i-1}^{\mathrm{T}}, y_{i+1}^{\mathrm{T}}, \cdots, y_n^{\mathrm{T}}]^{\mathrm{T}} \in \mathbb{R}^{m(n-1)\times 1}$；且

$$H_{N-1} = \begin{bmatrix} \kappa_{1,1} & \cdots & \kappa_{1,i-1} & \kappa_{1,i+1} & \cdots & \kappa_{1,n} & I_m \\ \vdots & \ddots & \vdots & \vdots & \ddots & \vdots & \vdots \\ \kappa_{i-1,1} & \cdots & \kappa_{i-1,i-1} & \kappa_{i-1,i+1} & \cdots & \kappa_{i-1,n} & I_m \\ \kappa_{i+1,1} & \cdots & \kappa_{i+1,i-1} & \kappa_{i+1,i+1} & \cdots & \kappa_{i+1,n} & I_m \\ \vdots & \ddots & \vdots & \vdots & \ddots & \vdots & \vdots \\ \kappa_{n,1} & \cdots & \kappa_{n,i-1} & \kappa_{n,i+1} & \cdots & \kappa_{n,n} & I_m \\ I_m & \cdots & I_m & I_m & \cdots & I_m & 0_m \end{bmatrix}_{mn\times mn} \tag{7.3.19}$$

通过比较式（7.3.9）和式（7.3.19）可知，H_{N-1} 可由 H_N 去掉其第 $m(i-1)+1$ 行至第 mi 行和第 $m(i-1)+1$ 列至第 mi 列获得，且

$$A_N = \begin{bmatrix} H_{N-1} & v^{\mathrm{T}} \\ v & \kappa_{i,i} \end{bmatrix}, \quad i \in [1, n] \tag{7.3.20}$$

式中，$v = [\kappa_{1,i}, \cdots, \kappa_{i-1,i}, \kappa_{i+1,i}, \kappa_{n,i}, I^m]$；并且有

$$A_N = E_{mi,mi+1} \cdots E_{m(n+1)-1,m(n+1)} E_{mi-1,mi} \cdots E_{m(n+1)-2,m(n+1)-1} \cdots E_{m(i-1)+1,m(i-1)+2} \cdots$$
$$\cdot E_{mn,mn+1} H_N E_{mn,mn+1} \cdots E_{m(i-1)+1,m(i-1)+2} \cdots E_{m(n+1)-2,m(n+1)-1} \cdots$$
$$\cdot E_{mi-1,mi} E_{m(n+1)-1,m(n+1)} \cdots E_{mi,mi+1} \tag{7.3.21}$$

由式（7.3.21）可知 A_N 可以通过 H_N 进行一系列初等变换获得，因此有

$$A_N^{-1} = E_{mi,mi+1} \cdots E_{m(n+1)-1,m(n+1)} E_{mi-1,mi} \cdots E_{m(n+1)-2,m(n+1)-1} \cdots E_{m(i-1)+1,m(i-1)+2} \cdots$$
$$\cdot E_{mn,mn+1} H_N^{-1} E_{mn,mn+1} \cdots E_{m(i-1)+1,m(i-1)+2} \cdots E_{m(n+1)-2,m(n+1)-1} \cdots$$
$$\cdot E_{mi-1,mi} E_{m(n+1)-1,m(n+1)} \cdots E_{mi,mi+1} \tag{7.3.22}$$

式（7.3.22）表明 H_N^{-1} 经过初等变换可以获得 A_N^{-1}。

令 $A_N^{-1} = \begin{bmatrix} A_{11} & A_{12} \\ A_{21} & A_{22} \end{bmatrix}$，根据分块矩阵求逆定理，由式（7.3.20）可得

$$A_N^{-1} = \begin{bmatrix} A_{11} & A_{12} \\ A_{21} & A_{22} \end{bmatrix} = \begin{bmatrix} H_{N-1}^{-1} + H_{N-1}^{-1} v^{\mathrm{T}} (\kappa_{n,n} - v H_{N-1}^{-1} v^{\mathrm{T}})^{-1} v H_{N-1}^{-1} & -H_{N-1}^{-1} v^{\mathrm{T}} (\kappa_{n,n} - v H_{N-1}^{-1} v^{\mathrm{T}})^{-1} \\ -(\kappa_{n,n} - v H_{N-1}^{-1} v^{\mathrm{T}})^{-1} v H_{N-1}^{-1} & (\kappa_{n,n} - v H_{N-1}^{-1} v^{\mathrm{T}})^{-1} \end{bmatrix}$$
$$\tag{7.3.23}$$

根据式（7.3.23）可得如下一组等式方程：

$$\begin{cases} H_{N-1}^{-1} + H_{N-1}^{-1} v^{\mathrm{T}} (\kappa_{n,n} - v H_{N-1}^{-1} v^{\mathrm{T}})^{-1} v H_{N-1}^{-1} = A_{11} \\ -H_{N-1}^{-1} v^{\mathrm{T}} (\kappa_{n,n} - v H_{N-1}^{-1} v^{\mathrm{T}})^{-1} = A_{12} \\ -(\kappa_{n,n} - v H_{N-1}^{-1} v^{\mathrm{T}})^{-1} v H_{N-1}^{-1} = A_{21}, \quad (\kappa_{n,n} - v H_{N-1}^{-1} v^{\mathrm{T}})^{-1} = A_{22} \end{cases} \tag{7.3.24}$$

式中，$H_{N-1}^{-1} v^{\mathrm{T}} (\kappa_{n,n} - v H_{N-1}^{-1} v^{\mathrm{T}})^{-1} v H_{N-1}^{-1} = (-H_{N-1}^{-1} v^{\mathrm{T}} (\kappa_{n,n} - v H_{N-1}^{-1} v^{\mathrm{T}})^{-1})(\kappa_{n,n} - v H_{N-1}^{-1} v^{\mathrm{T}})^{-1-1}$ $(-\Delta v H_{N-1}^{-1})$。因此，消去 $-H_{N-1}^{-1} v^{\mathrm{T}} (\kappa_{n,n} - v H_{N-1}^{-1} v^{\mathrm{T}})^{-1}$，$-(\kappa_{n,n} - v H_{N-1}^{-1} v^{\mathrm{T}})^{-1} v H_{N-1}^{-1}$ 和 $(\kappa_{n,n} - v H_{N-1}^{-1} v^{\mathrm{T}})^{-1}$ 可以得到 H_{N-1}^{-1}：

$$H_{N-1}^{-1} = A_{11} - H_{N-1}^{-1} v^{\mathrm{T}} (\kappa_{n,n} - v H_{N-1}^{-1} v^{\mathrm{T}})^{-1} v H_{N-1}^{-1}$$
$$= A_{11} - (-H_{N-1}^{-1} v^{\mathrm{T}} (\kappa_{n,n} - v H_{N-1}^{-1} v^{\mathrm{T}})^{-1})(\kappa_{n,n} - v H_{N-1}^{-1} v^{\mathrm{T}})(-(\kappa_{n,n} - v H_{N-1}^{-1} v^{\mathrm{T}})^{-1} v H_{N-1}^{-1})$$
$$= A_{11} - A_{12} A_{22}^{-1} A_{21}$$
$$\tag{7.3.25}$$

最后，根据式（7.3.24），可以通过将 H_N^{-1} 经过一系列初等变换获得 A_N^{-1}，然后通过式（7.3.25）递推获得 H_{N-1}^{-1}。

7.3.2.4　模型校验的 M-LSSVR-FLOO 算法

为了提高常规留一法交叉验证在模型校验期间的计算效率，结合 M-LSSVR 算法，提出适用于 M-LSSVR 的快速留一法交叉验证算法，即 M-LSSVR-FLOO。首先，将式（7.3.4）改写成如下形式：

$$\begin{bmatrix} K \otimes \mathrm{ones}(m) + \dfrac{m}{\lambda} K \otimes I_m + \dfrac{1}{C} I_{mn} & 1_{n \times 1} \otimes I_m \\ (1_{n \times 1} \otimes I_m)^{\mathrm{T}} & 0_m \end{bmatrix} \times \begin{bmatrix} \alpha_{nm \times 1} \\ b_{m \times 1} \end{bmatrix}$$
$$= H_N \times \begin{bmatrix} \alpha_N \\ b_N \end{bmatrix} = \begin{bmatrix} Q_1 & Q_2^{\mathrm{T}} \\ Q_2 & Q_3 \end{bmatrix} \times \begin{bmatrix} \alpha_N \\ b_N \end{bmatrix} = \begin{bmatrix} Y_N \\ 0_{m \times 1} \end{bmatrix} \tag{7.3.26}$$

式中，$Q_1 \in \mathbb{R}^m$；$Q_2 \in \mathbb{R}^{mn \times m}$；$Q_3 \in \mathbb{R}^{mn}$；$Y_N = [y_1^\mathrm{T}, y_2^\mathrm{T}, \cdots, y_n^\mathrm{T}] \in \mathbb{R}^{nm \times 1}$。

可知方程（7.3.26）的解为 $[\alpha_N^\mathrm{T}, b_N^\mathrm{T}]^\mathrm{T} = H_N^{-1}[Y_N^\mathrm{T}, 0_{1 \times m}]^\mathrm{T}$，假设去掉第 i 个支持向量后得到的模型为 $M^{(-i)}$，其参数记为 $[(\alpha_N^{(-i)})^\mathrm{T}, (b_N^{(-i)})^\mathrm{T}]^\mathrm{T}$，则去掉第一个支持向量后，可得

$$\begin{bmatrix} \alpha_{N-1}^{(-1)} \\ b_{N-1}^{(-1)} \end{bmatrix} = Q_3^{-1}\left[y_2^\mathrm{T}, y_3^\mathrm{T}, \cdots, y_n^\mathrm{T}, 0_{1 \times m} \right]^\mathrm{T} \tag{7.3.27}$$

$M^{(-1)}$ 对第 1 个样本的预报值为

$$\hat{y}_1^{(-1)} = Q_2^\mathrm{T}\begin{bmatrix} \alpha_{N-1}^{(-1)} \\ b_{N-1}^{(-1)} \end{bmatrix} = Q_2^\mathrm{T} Q_3^{-1}\left[y_2^\mathrm{T}, y_3^\mathrm{T}, \cdots, y_n^\mathrm{T}, 0_{1 \times m} \right]^\mathrm{T} \tag{7.3.28}$$

由式（7.3.26）可得 $[Q_1 \quad Q_3][\alpha_1^\mathrm{T}, \alpha_2^\mathrm{T}, \cdots, \alpha_n^\mathrm{T}, b_N^\mathrm{T}]^\mathrm{T} = [y_2^\mathrm{T}, y_3^\mathrm{T}, \cdots, y_n^\mathrm{T}, 0_{1 \times m}]^\mathrm{T}$，结合式（7.3.28）进一步可得

$$\begin{aligned} \hat{y}_1^{(-1)} &= Q_2^\mathrm{T} Q_3^{-1}[y_2^\mathrm{T}, y_3^\mathrm{T}, \cdots, y_n^\mathrm{T}, 0_{1 \times m}]^\mathrm{T} \\ &= Q_2^\mathrm{T} Q_3^{-1}[Q_2 \quad Q_3][\alpha_1^\mathrm{T}, \alpha_2^\mathrm{T}, \cdots, \alpha_n^\mathrm{T}, b_N^\mathrm{T}]^\mathrm{T} \\ &= Q_2^\mathrm{T} Q_3^{-1} Q_2 \alpha_1 + Q_2^\mathrm{T}[\alpha_2^\mathrm{T}, \cdots, \alpha_n^\mathrm{T}, b_N^\mathrm{T}]^\mathrm{T} \end{aligned} \tag{7.3.29}$$

同样由式（7.3.26）也可得到 $y_1 = Q_1 \alpha_1 + Q_2^\mathrm{T}[\alpha_2^\mathrm{T}, \cdots, \alpha_n^\mathrm{T}, b_N^\mathrm{T}]^\mathrm{T}$，将其代入式（7.3.29）得到第 1 个样本的留一法交叉验证误差为

$$e_{\text{loo}}^{(-1)} = y_1 - \hat{y}_1^{(-1)} = Q_1 \alpha_1 - Q_2^\mathrm{T} Q_3^{-1} Q_2 \alpha_1 = (Q_1 - Q_2^\mathrm{T} Q_3^{-1} Q_2)\alpha_1 \tag{7.3.30}$$

根据 $H_N = \begin{bmatrix} Q_1 & Q_2^\mathrm{T} \\ Q_2 & Q_3 \end{bmatrix}$，由分块矩阵求逆定理可得

$$Q_1 - Q_2^\mathrm{T} Q_3^{-1} Q_2 = ((H_N^{-1})_{1,1})^{-1} \tag{7.3.31}$$

式中，$(H_N^{-1})_{i,i} \in \mathbb{R}^m$ 表示矩阵 H_N^{-1} 中第 $(i-1)m+1$ 行至第 im 行以及第 $(i-1)m+1$ 列至第 im 列范围内的元素组成的子块矩阵。将式（7.3.31）代入式（7.3.30）可得

$$e_{\text{loo}}^{(-1)} = (Q_1 - Q_2^\mathrm{T} Q_3^{-1} Q_2)\alpha_1 = ((H_N^{-1})_{1,1})^{-1} \alpha_1 \tag{7.3.32}$$

方程式（7.3.27）中，交换方程的次序并不改变方程的解。因此，可得 $M^{(-i)}$ 对第 i 个样本的预报误差为

$$e_{\text{loo}}^{(-i)} = ((H_N^{-1})_{i,i})^{-1} \alpha_i \tag{7.3.33}$$

最后，可得全样本的总留一预报误差为

$$E_{\text{loo},n} = \sum_{i=1}^{n} w_i (e_{\text{loo}}^{(-i)})^\mathrm{T} (e_{\text{loo}}^{(-i)}) \bigg/ \sum_{i=1}^{n} w_i \tag{7.3.34}$$

式中，加权因子 $w_i = \sqrt{s(x_i, x_q)}$ 直接反映每个数据样本 x_i 对 $E_{\text{loo},n}$ 的贡献大小，$s(x_i, x_q)$ 是 x_q 和 x_i 之间的相似因子，可通过 7.3.2.5 节中的式（7.3.35）来确定。

7.3.2.5　JITL 样本查询算法

如何定义一个合适的相似性准则是 JITL 中一个至关重要的问题。传统 JITL 使用简单欧几里得距离作为相似度准则，不能全面体现数据样本间的相似性。Cheng 等[23]综合数据向量间的距离和角度相似性，构建了一个更全面的相似因子，表现出更好的相似性度量能力。工作点 x_q 和数据集样本 x_i 之间的相似因子 $s(x_i, x_q)$ 定义为

$$s(x_i, x_q) = \gamma \cdot e^{-d(x_i, x_q)} + (1 - \gamma) \cdot \cos \beta(x_i, x_q) \tag{7.3.35}$$

式（7.3.35）的含义已在前文 7.1.1 节进行了专门介绍，这里不再重述。

同样，基于上述相似度准则，采用 k-VNN 搜索策略[6]在数据库中寻找 k 组最相似的数据，其中 k 远小于数据库样本数。当 $\cos \beta(x_i, x_q) < 0$ 时，则认为此 x_i 偏离当前工作点，不利于局部建模，从而丢弃此数据；否则根据式（7.3.35）计算 x_q 与数据库中 x_i 的相似度，选择 $s(x_i, x_q)$ 值最大的 k 组数据，按降序排列，构成如下学习子集：

$$\Omega_k = \{(y_1, x_1), (y_2, x_1), \cdots, (y_k, x_1)\}, \ s(x_1, x_q) > s(x_2, x_q) > \cdots > s(x_k, x_q) \tag{7.3.36}$$

基于该学习子集，进行非线性 M-LSSVR 建模，即可得到当前工况下的局部 M-LSSVR 模型。由于不同工作点符合工作点 x_q 的相似数据不一样，从而局部建模样本也不同，所以建模时 k 值应适当选取，这在前文 7.3.1 节的注释 7.3.2 中已经有过讨论。

7.3.3　基于快速 JITL-R-M-LSSVR 的非线性预测控制

基于快速 JITL-R-M-LSSVR 的非线性预测控制［(JITL-R-M-LSSVR)-NPC］方法如图 7.3.2 所示。由于(JITL-R-M-LSSVR)-NPC 可以在线自适应更新预测模型参数，能够快速捕捉过程的非线性时变动态，因而(JITL-R-M-LSSVR)-NPC 能够持续保持稳定可靠的控制性能。

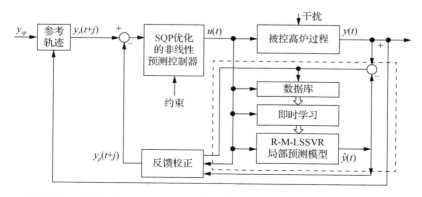

图 7.3.2　基于 JITL-R-M-LSSVR 的高炉炼铁过程非线性预测控制结构

考虑如下 d 维输入、m 维输出离散非线性系统：

$$y_i(t+1) = f_i(u(t),\cdots,u(t-n_u),y(t),\cdots,y(t-n_y)), \quad i=1,2,\cdots,m \quad (7.3.37)$$

式中，$y(t) = [y_1(t),y_2(t),\cdots,y_m(t)]^{\mathrm{T}} \in \mathbb{R}^m$ 为系统输出；$u(t) = [u_1(t),u_2(t),\cdots,u_d(t)]^{\mathrm{T}} \in \mathbb{R}^d$ 为输入；$f_i(\cdot)$ 为非线性映射函数；n_u 和 n_y 为系统阶次。

首先基于所提 JITL-R-M-LSSVR 算法，设计式（7.3.37）所示非线性系统的多步向前预测模型。假设预测建模的学习子集为 $\{(y_i,x_i)\}_{i=1}^{k^*}$，对应的输出数据集为 y_i，输入数据集为 $x_i = \{u_i(t),u_i(t-1),\cdots,u_i(t-n_u),y_i(t),\cdots,y_i(t-n_y)\}$。在每个采样时刻 t，基于 JITL-R-M-LSSVR 算法的预测模型的 N_p 步向前预测输出为

$$
\begin{cases}
\hat{y}(t+1) = \left(\sum_{j=1}^{m}\sum_{i=1}^{k^*}\alpha_{i,j}k(x_t,x_i)\right)\otimes 1_{1\times n} + \dfrac{m}{\lambda}\sum_{i=1}^{k^*}\alpha_i k(x_t,x_i) + b \\[2mm]
\hat{y}(t+2) = \left(\sum_{j=1}^{m}\sum_{i=1}^{k^*}\alpha_{i,j}k(x_{t+1},x_i)\right)\otimes 1_{1\times n} + \dfrac{m}{\lambda}\sum_{i=1}^{k^*}\alpha_i k(x_{t+1},x_i) + b \\[2mm]
\quad\vdots \\[2mm]
\hat{y}(t+N_p) = \left(\sum_{j=1}^{m}\sum_{i=1}^{k^*}\alpha_{i,j}k(x_{t+N_p-1},x_i)\right)\otimes 1_{1\times n} + \dfrac{m}{\lambda}\sum_{i=1}^{k^*}\alpha_i k(x_{t+N_p-1},x_i) + b
\end{cases} \quad (7.3.38)
$$

为了防止预测模型失配对预测控制器的影响，对预测误差进行如下反馈校正：

$$
\begin{cases}
e(t) = y(t) - \hat{y}(t) \\
\hat{y}_p(t+j) = y(t+j) + h_c e(t), \quad j=1,2,\cdots,N_p
\end{cases} \quad (7.3.39)
$$

式中，$\hat{y}_p$ 反馈校正后预测输出；$h_c \in (0,1)$ 为补偿系数。反馈校正后，预测优化性能函数为

$$
\min J(t) = \sum_{i=1}^{N_p} R_y \left\| y_r(t+i) - y(t+i) - h_c y(t) + h_c \hat{y}(t) \right\|^2
$$
$$
+ \sum_{i=1}^{N_c} R_u \Delta u^{\mathrm{T}}(t+i-1)\Delta u(t+i-1) \quad (7.3.40)
$$

$$\text{s.t.} \quad u_{\min} \leqslant u(t+i-1) \leqslant u_{\max}$$

式中，y_r 是期望输出；$\Delta u \in \mathbb{R}^{n\times 1}$ 是控制增量；R_y 和 R_u 是权值因子；$u_{\max}$ 和 $u_{\min}$ 是控制量的上下限值。

由于基于 JITL-R-M-LSSVR 预测建模的非线性预测控制是一个复杂的非线性非凸优化问题，采用传统智能优化算法，求解速度十分缓慢。因而采用具有全局收敛性和超线性收敛速度的 SQP 算法[21]求解式（7.3.40）所示的预测优化问题。

7.3.4　工业数据验证

基于实际高炉炼铁过程的工业数据，将 7.3.2 节所提 JITL-R-M-LSSVR 算法和 7.3.3 节所提(JITL-R-M-LSSVR)-NPC 算法用于高炉炼铁过程多元铁水质量

（MIQ）的自适应预测控制。这里需要控制的高炉输出质量指标为铁水硅含量（[Si]）和铁水温度（MIT）。根据工艺机理和变量可控性和可测性分析，确定影响铁水质量的主要控制输入变量为冷风流量（u_1, $10km^3/h$）、热风温度（u_2, ℃）、富氧流量（u_3, $10km^3/h$）和喷煤量（u_4, t/h）。而影响铁水质量指标的主要干扰因素是原燃料组成与粒度大小的变化、空气湿度和煤粉质量等的波动。图 7.3.3 给出铁水质量建模与控制用的部分实际工业高炉输入输出数据，可以看出数据波动较大且非线性强。

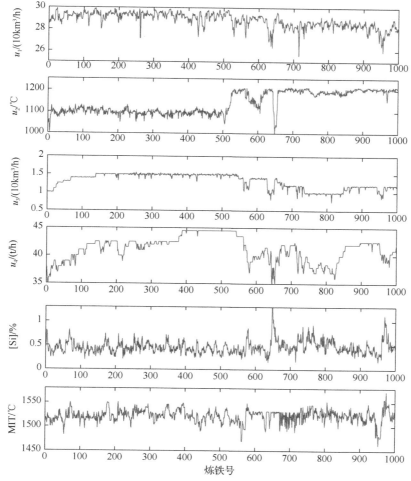

图 7.3.3　高炉铁水质量建模的部分输入输出数据

所提建模与控制方法包含 14 个可调参数需要合理确定，这些待定参数如表 7.3.1 所示。由于所提算法是一种在线自适应局部学习建模算法，因而这些参数对预测模型的性能影响比较有限。本节基于实际的高炉工业数据，采用离线网格搜索的方法来大致确定这 14 个可调参数，各参数的搜索范围及最终得到的参数设置如表 7.3.1 所示。

表 7.3.1　算法参数设置

参数	符号	范围	取值
建模样本数量	L_{max}	$(12, 13, \cdots, 50)$	30
正则化因子	C	$(0.02, 0.04, \cdots, 1)$	0.5
正则化因子	λ	$(0.1, 0.2, \cdots, 2)$	0.2
相似性影响因子	σ	$(0.01, 0.02, \cdots, 1)$	0.23
近邻数下限	k_m	12	12
近邻数上限	k_{max}	$(15, 16, \cdots, 30)$	19
补偿系数	h_c	$(0.1, 0.11, \cdots, 1)$	0.3
相似度权值因子	γ	$(0.1, 0.11, \cdots, 1)$	0.65
更新阈值	ρ	$(0.1, 0.11, \cdots, 1)$	0.96
柔化系数	η	$(0.1, 0.11, \cdots, 1)$	0.11
预测时域	N_p	$(1, 2, \cdots, 10)$	6
控制时域	N_c	$(1, 2, \cdots, 10)$	4
输出权值	R_y	1	1
输入权值	R_u	$(0.1, 0.11, \cdots, 1)$	0.44

7.3.4.1　铁水质量预测建模效果

（1）JITL-R-M-LSSVR 算法模型验证的快速性测试实验。首先，为了验证所提 JITL-R-M-LSSVR 算法模型验证的快速性和有效性，将所提算法与基于传统 LOO 交叉验证的非递推 JITL-M-LSSVR 算法进行比较。需要注意的是，所提 JITL-R-M-LSSVR 算法只需要进行一次建模矩阵 H_k 及其逆矩阵 H_k^{-1} 运算。之后，每当一个样本从总数据集中被删除，逆矩阵 H_{k-1}^{-1} 可通过对 H_k^{-1} 的反向减量学习求解，并使用 M-LSSVR-FLOO 算法快速计算学习子集中相应样本的 LOO 预测误差。而传统非递推 JITL-M-LSSVR 算法需要对不同的学习子集进行多次构造复杂的建模矩阵 H_k 并计算 H_k^{-1}，因此计算成本较高。

图 7.3.4 为两种模型检验方法的计算时间随近邻数上限 k_{max} 变化的曲线。由图可知所提 JITL-R-M-LSSVR 所需计算时间明显少于常规 JITL-M-LSSVR 的计算时间。随着近邻数上限 k_{max} 的不断增大，所提方法模型校验所需计算时间只是缓慢增加，几乎无明显变化。而传统模型校验方法的计算时间随着 k_{max} 的增大大幅度上升。由此可知所提 JITL-R-M-LSSVR 方法的模型校验计算效率明显优于非递推 JITL-M-LSSVR 方法模型校验的计算效率，即所提 JITL-R-M-LSSVR 具有快速性和实效性优点。

（2）铁水质量预测实验 I。接下来考察所提 JITL-R-M-LSSVR 方法铁水质量建模的预测效果。为此，首先将所提方法与基于传统多输出 LSSVR 的 JITL-LSSVR 进行比较。传统多输出 LSSVR 通过训练多个单输出 LSSVR 而对多输出系统进行简单的维度拓展。图 7.3.5 表示两种方法对多元铁水质量的预测曲线和散点图，图 7.3.6 表示两种方法建立的铁水质量预测模型在局部非线性学习时模型参数 [式（7.3.6）参数 b] 或参数（参数向量 α）维数的学习曲线。可以看出，所提方法对铁水质量的预测精度与预测趋势要明显好于传统 JITL-LSSVR 方法，所提方法的两个铁水质量指标的预测趋势基本能够跟随各自实际值的变化，因而预测值在实际炼铁生产中具有很好的指导意义。而传统 JITL-LSSVR 方法由于只通过训练多个单输出 LSSVR 模型对多输出系统进行简单的维度拓展，没有考虑不同输出间的耦合关系，丢失了输出间潜在的有用信息，因而预测建模精度较低，不能满足实际铁水质量预测建模的精度与趋势要求。此外，图 7.3.6 还表明由于所提方式是在原模型的基础上通过增量学习递推更新模型参数，其参数更新的频度和幅度比常规 JITL-LSSVR 方法要小很多，因而计算效率与快速性明显要更好。

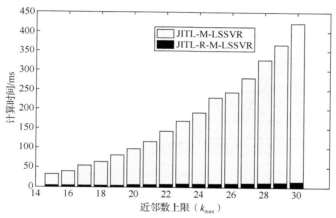

图 7.3.4　所提 JITL-R-M-LSSVR 和常规 JITL-M-LSSVR 模型验证算法的计算效率对比

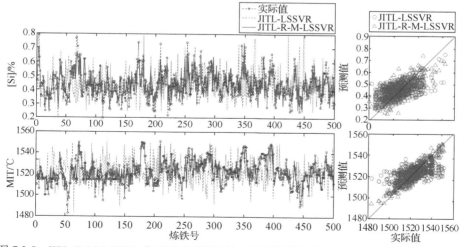

图 7.3.5　JITL-R-M-LSSVR 和 JITL-LSSVR 铁水质量预测曲线（左）和预测散点图（右）

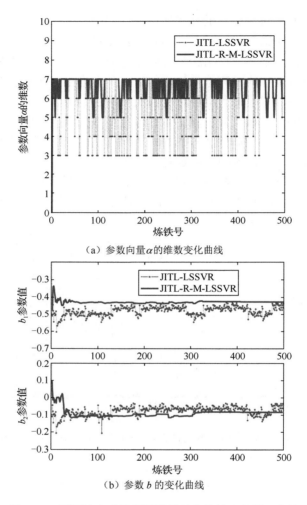

（a）参数向量α的维数变化曲线

（b）参数b的变化曲线

图 7.3.6　不同铁水质量预测模型的非线性局部学习曲线

（3）铁水质量预测实验 II。将提出的 JITL-R-M-LSSVR 算法与使用全局学习方法进行一次离线建模的 M-LSSVR 算法进行比较。最终得到不同算法的铁水质量预测曲线如图 7.3.7 所示，相关算法的非线性局部学习曲线如图 7.3.8 所示。可以看出，由于所提算法采用在线局部学习策略，可以根据实时工况的变化在线更新预测模型，使得每时每刻的预测模型能够更好地描述高炉炼铁的最新工况。因此，所提算法对铁水质量指标的预测精度明显优于基于一次离线学习建模的 M-LSSVR 算法。例如，所提方法的两个铁水质量指标的预测趋势可以很好地跟随各自实际值的变化。此外，常规 M-LSSVR 算法的铁水质量指标预测趋势性较差且存在较大的预测误差。

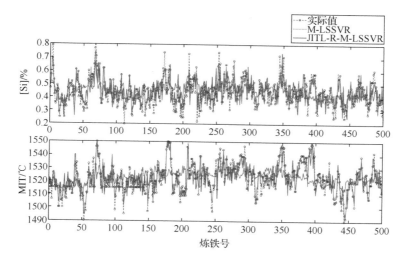

图 7.3.7　JITL-R-M-LSSVR 和 M-LSSVR 算法的铁水质量预测曲线

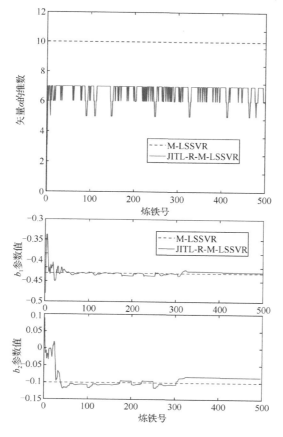

图 7.3.8　JITL-R-M-LSSVR 和 M-LSSVR 算法的非线性局部学习曲线

7.3.4.2   铁水质量预测控制效果

（1）设定值跟踪控制实验。在铁水质量预测控制实验中，以文献[14]、[15]中采用非线性子空间辨识算法建立的高炉数据模型为虚拟被控对象。首先将所提(JITL-R-M-LSSVR)-NPC 与常规基于即时学习 LSSVR 的非线性预测控制，即(JITL-LSSVR)-NPC 进行比较。这里 JITL-LSSVR 仍采用训练多个单输出 LSSVR 的传统多输出 LSSVR 建模方式。通过设定值的阶跃变化，得到的铁水质量控制效果及非线性预测模型局部学习效果如图 7.3.9 所示。可以看出，所提(JITL-R-M-LSSVR)-NPC 方法具有良好的设定值跟踪性能，两个铁水质量输出能够快速、稳定地跟随各自设定值的变化，解耦良好，波动较小，并且控制量变化曲线也比较平缓，均在约束范围内。由于常规(JITL-LSSVR)-NPC 方法的预测模型只是对多输出系统进行简单的维度拓展，没有考虑不同输出间的耦合关系，因而解耦控制能力较弱。当铁水质量设定值变化时，该方法产生了较大的耦合抖动，也造成了 4 个控制量在约束范围内的持续波动。此外，由图 7.3.9 可知，所提方式参数更新的频度和幅度比常规(JITL-LSSVR)-NPC 方法要小很多，控制输出曲线也更加稳定，因而计算和控制的代价较低。

（2）抗干扰控制实验。为了进行所提方法的干扰抑制实验，数据实验时在被控对象的每个输出端加入周期性的方波干扰信号，得到铁水质量控制效果及非线性预测模型局部学习曲线，如图 7.3.10 所示。这里将所提方法与一次离线全局预测建模的常规(M-LSSVR)-NPC 方法进行比较。由于常规(M-LSSVR)-NPC 采用一次离线全局预测建模，因而预测模型参数在控制实验时保持不变。由图 7.3.10 可知，当工况变化时，该方法的预测模型会出现模型失配现象，不能对外部干扰进行有效抑制，使得控制系统铁水质量输出持续偏离工作点。得益于所提 JITL-R-M-LSSVR 算法快速、高效的非线性在线局部学习能力，其在设定值变化和外部干扰进入时，仅通过短时间的模型更新与修正，就可对外部干扰进行快速、准确地抑制，相应控制量调节曲线也比较平缓。这种良好的控制效果也可以从图 7.3.11 正弦干扰下的控制实验得到充分体现。注意到，有别于图 7.3.10 中的阶跃、跳变式干扰，具有正弦干扰的高炉炼铁过程呈现缓慢、持续的动态时变特性。但是，不管哪种干扰，所提控制方法均能够较好地抑制外部干扰。然而，这种缓慢、持续的正弦干扰却对常规(M-LSSVR)-NPC 控制方法造成较大影响，使得铁水质量输出发生了较大的设定值偏离。显然两种方法预测与控制性能方面的差异主要原因还是在于高炉炼铁过程是一个极其复杂的非线性动态时变系统，用一次离线学习的全局建模方法不能很好地捕捉时变系统的非线性动态，导致控制效果不理想。而所提控制方法由于可以根据运行工况的变化进行快速局部学习，对模型参

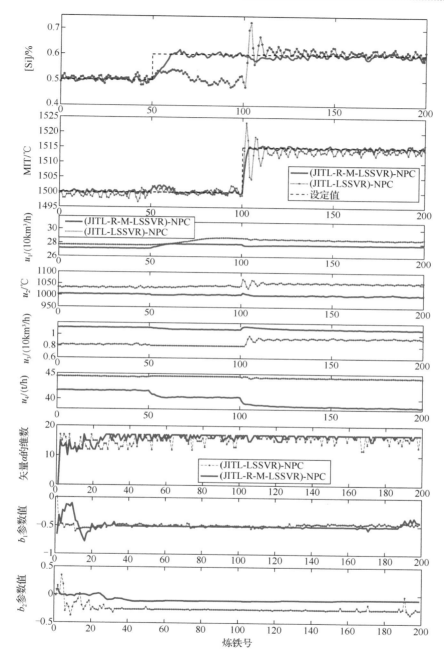

图 7.3.9　设定值变化时铁水质量控制结果及非线性预测建模局部学习曲线

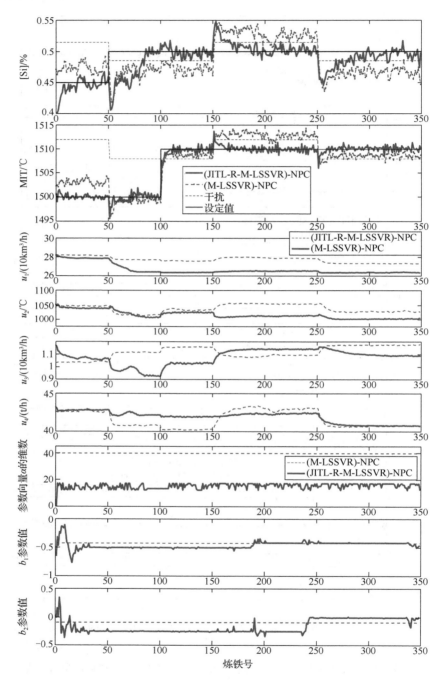

图 7.3.10 方波干扰下铁水质量控制结果及非线性预测建模的局部学习曲线

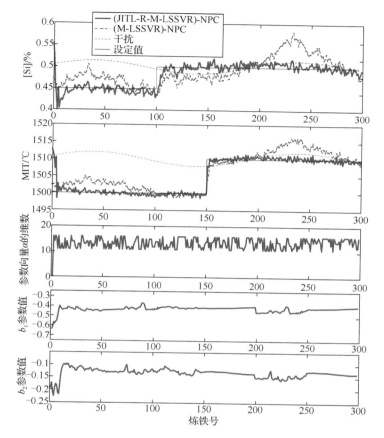

图 7.3.11　正弦干扰下铁水质量控制结果及预测建模局部学习曲线

数进行在线更新（如图 7.3.10 和图 7.3.11 中的参数学习曲线所示），因而能够取得持续稳定的铁水质量控制性能。表 7.3.2 显示了不同方法下铁水质量控制的绝对误差积分（integral absolute error, IAE）值和平方误差积分（integral square error, ISE）值。可以看到，无论哪种控制场景，本节提出的(JITL-R-M-LSSVR)-NPC 控制方法在所有对比方法中都取得了最好的控制性能。例如，在图 7.3.11 中，所提出的控制方法的铁水[Si]的 ISE 值为 0.1312，铁水温度的 ISE 值为 0.1341，都远小于传统(M-LSSVR)-NPC 控制方法的相应指标 ISE 值。

表 7.3.2　不同算法 MIQ 控制的 IAE 和 ISE 指标

控制方法	[Si]_IAE	MIT_IAE	[Si]_ISE	MIT_ISE
(JITL-LSSVR)-NPC　（图 7.3.9）	1.2549	1.5339	0.1876	0.2092
(M-LSSVR)-NPC　（图 7.3.10）	1.8522	1.7983	0.2568	0.2940
(M-LSSVR)-NPC　（图 7.3.11）	1.9627	2.0152	0.2792	0.3069

续表

控制方法	[Si]_IAE	MIT_IAE	[Si]_ISE	MIT_ISE
(JITL-R-M-LSSVR)-NPC　（图 7.3.9）	1.0057	1.0082	0.0752	0.0864
(JITL-R-M-LSSVR)-NPC　（图 7.3.10）	1.0873	1.1164	0.0975	0.1036
(JITL-R-M-LSSVR)-NPC　（图 7.3.11）	1.1213	1.1340	0.1312	0.1341

参 考 文 献

[1] Bontempi G. Local learning techniques for modeling, prediction and control[D]. Belgium: IRIDIA-Université Libre de Bruxelles, 1999.

[2] Bontempi G, Birattari M, Bersini H. Lazy learning for local modelling and control design[J]. International Journal of Control, 1999, 72(7-8): 643-658.

[3] Birattari M, Bontempi G, Bersini H. Lazy learning meets the recursive least squares algorithm[C]. Advances in Neural Information Processing Systems, 1999: 375-381.

[4] 侯忠生, 许建新. 数据驱动控制理论及方法的回顾和展望[J]. 自动化学报, 2009, 35(6): 650-667.

[5] 潘天红. 基于局部学习策略的非线性系统多模型建模与控制[D]. 上海: 上海交通大学, 2007.

[6] 潘天红, 李少远, 王昕. 基于即时学习的非线性系统多模型建模方法[C]. 第二十四届中国控制会议论文集, 2005: 268-273.

[7] 潘天红, 李少远. 基于即时学习的非线性系统优化控制[J]. 控制与决策, 2007, 22(1): 25-29.

[8] Bontempi G, Birattari M. From linearization to lazy learning: A survey of divide-and-conquer techniques for nonlinear control[J]. International Journal of Computational Cognition, 2005, 3(1): 56-73.

[9] Kalmukale A G, Chiu M S, Wang Q G. Partitioned model-based IMC design using JITL modeling technique[J]. Journal of Process Control, 2007, 17(10): 757-769.

[10] Zhang R W, Tian X M, Wang P. Adaptive generalized predictive control based on just-in-time learning in latent space[C]. International Conference on Computational Intelligence and Communication Networks, 2016: 471-475.

[11] Kansha Y, Chiu M S. Adaptive generalized predictive control based on JITL technique[J]. Journal of Process Control, 2009, 19(7): 1067-1072.

[12] Schaal S, Atkeson C G. Robot juggling: Implementation of memory-based learning[J]. IEEE Control Systems Magazine, 1994, 14(1): 57-71.

[13] Zeng J S, Gao C H, Su H Y. Data-driven predictive control for blast furnace ironmaking process[J]. Computers and Chemical Engineering, 2010, 34(11): 1854-1862.

[14] 宋贺达. 高炉炼铁过程多元铁水质量参数子空间建模与预测控制[D]. 沈阳: 东北大学, 2016.

[15] 戴鹏. 高炉铁水质量双线性子空间建模及非线性预测控制[D]. 沈阳: 东北大学, 2018.

[16] Zhou P, Song H D, Wang H, et al. Data-driven nonlinear subspace modeling for prediction and control of molten iron quality indices in blast furnace ironmaking[J]. IEEE Transactions on Control Systems Technology, 2017, 25(5): 1761-1774.

[17] 刘毅, 王海清, 李平. 局部最小二乘支持向量机回归在线建模方法及其在间歇过程的应用[J]. 化工学报, 2007, 11: 2846-2851.

[18] Liu Y, Gao Z L, Li P, et al. Just-in-time kernel learning with adaptive parameter selection for soft sensor modeling of batch processes[J]. Industrial and Engineering Chemistry Research, 2012, 51(11): 4313-4327.

[19] 崔乐远. 一种基于 SVR 即时学习的广义预测控制器设计方法及应用[D]. 广州: 广东工业大学, 2012.

[20] 易诚明. 基于即时学习的高炉铁水质量自适应预测控制[D]. 沈阳: 东北大学, 2019.

[21] Ghaemi R, Sun J, Kolmanovsky I V. An integrated perturbation analysis and sequential quadratic programming approach for model predictive control[J]. Automatica, 2009, 45(10): 2412-2418.

[22] Zhou P, Guo D W, Wang H, et al. Data-driven robust M-LS-SVR-based NARX modeling for estimation and control of molten iron quality indices in blast furnace ironmaking[J]. IEEE Transactions on Neural Networks and Learning Systems, 2018, 29 (9): 4007-4021.

[23] Cheng C, Chiu M S. A new data-based methodology for nonlinear process modeling[J]. Chemical Engineering Science, 2004, 59(13): 2801-2810.

第8章 高炉铁水质量无模型自适应控制

高炉炼铁生产的主要目的是持续、稳定、高效与低成本地生产出满足工艺需求的高温液态铁水，为后续转炉炼钢等下游工序提供优质生铁原料。因此，对整个高炉炼铁过程的操作优化与自动控制通常可简单归结为最终高炉铁水质量的控制。高炉炼铁是一个多相、多场严重耦合的强非线性动态时变黑箱系统，长期以来过程机理不清、数学模型难以建立，或者建立的模型由于假设条件太多而难以实际应用，或者应用效果不理想。因此，传统基于模型的控制器设计方法很难应用于高炉铁水质量的控制，因而不需要过多过程机理知识而仅依靠输入输出数据的数据驱动方法就显得尤为重要。通过学者和工程实践者们近 20 年的研究和努力，面向铁水质量的数据驱动控制方法取得了长足进步，并且有了不少研究成果，例如前文第 6 章介绍的数据驱动预测控制，第 7 章介绍的即时学习自适应预测控制，以及本书第 1 章文献综述中介绍的其他铁水质量数据驱动控制方法等。这些控制方法虽然都是数据驱动或者基于数据的，但是都需要首先建立铁水质量的数据驱动模型，然后再采用不同方法进行控制器的设计，因此这些方法本质上是间接的数据驱动控制。这些间接数据驱动控制方法规避了高炉炼铁过程复杂的机理研究，但仍受到过程模型的制约，数据模型的性能好坏直接影响着整个控制系统的性能，不准确的模型无法保证控制器的有效性和稳定性。而且，实际工业过程的数据驱动建模本身仍有较多需要解决的问题及难点，如非固定采样时刻带来的潜在未建模动态、动态工况下数据模型的准确性和泛化能力不足等。

区别于间接数据驱动控制，在数据驱动控制的发展中还衍生出一类直接数据驱动控制方法，这类方法与间接数据驱动控制方法的主要区别是控制器设计不显含被控过程的数学模型信息，仅利用被控系统的在线或离线输入输出数据及经过处理得到的知识来设计控制器。目前，人工智能与大数据技术飞速发展，直接数据驱动控制受到学术界和控制工程界越来越广泛的关注和重视，发展了多种方法或技术，例如无模型自适应控制（model free adaptive control, MFAC）[1]、懒惰学习控制（lazy learning control, LLC）[2]、虚拟参考反馈整定（virtual reference feedback tuning, VRFT）[3]、迭代反馈整定（iterative feedback tuning, IFT）[4]、去伪控制（unfalsified control, UC）[5]等。这些直接数据驱动方法又大体可分为两类。第一类是控制器结构确定，控制器参数利用输入输出测量数据离线整定的数据驱动控制方法，比如 VRFT 和 UC 等。高炉内部严酷的冶炼环境决定了基于工业高炉炼铁系统的数据实验难以实现，而高炉炼铁过程复杂的动态特性又使得很难从理论上确定一个合适的控制器结构。因此，第一类直接数据驱动控制方法并不适用于高炉多元铁水质量的控制。另一类直接数据驱动控制方法则假设控制器结构不确定，这种控制方法的一个典型代表就是 MFAC。该方法由侯忠生教授在文献[6]中针对单输入单输出离散时间非线性系统首次提出，其后在文献[7]中扩展到了多输入多输出动态系统。该方法针对离散时间非线性系统使用了一种新的动态线性化方法及一个称为伪偏导数的新概念，在闭环系统的每个动态工作点处建立一个等价的动态线性化数据模型，然后基于此等价的虚拟数据模型设计控制器[8]。因此，鉴于高炉炼铁系统机理模型难以建立，数据驱动模型还无法较为全面地反映高炉炼铁过程中非线性特性和时变动态特性，可将 MFAC 方法作为高炉炼铁过程铁水质量控制的一种有效和值得期待的控制方法与思路。为此，作者近几年也积极开展了基于 MFAC 的高炉铁水质量数据驱动控制的研究。

本章将系统性地介绍作者所做的两种有代表性的高炉铁水质量 MFAC 方法，即 8.2 节基于多参数灵敏度分析与遗传算法参数优化的铁水质量 MFAC 方法和 8.3 节高炉铁水质量鲁棒无模型自适应预测控制方法。此外，在介绍这两种改进 MFAC 方法之前，作者首先对几种基本 MFAC 算法进行介绍，并对其在高炉铁水质量控制中存在的问题进行分析。

8.1　基本 MFAC 算法及其在高炉铁水质量控制的问题分析

MFAC 方法是一种针对非线性控制系统的设计方法，其主要思想可简单描述为：针对离散时间非线性系统，通过使用动态线性化技术和伪偏导数（pseudo partial derivative, PPD）或伪雅可比矩阵（pseudo Jacobian matrix, PJM）的概念，在被控系统的每个动态工作点处建立一个等价动态线性化数据模型，利用被控对象的输入输出数据在线估计 PPD 或 PJM 参数，然后基于此虚拟数据模型设计控制器并进行控制系统的理论分析，进而实现对非线性系统的无模型自适应控制。不同于传统的控制方法，该方法不依靠系统的输出预测，采用由系统输入输出数据推导系统状态，由系统状态推导控制量来对被控系统实行控制，摆脱了对于系统模型信息的依赖，可有效避免未建模动态问题。

根据 MFAC 理论[6-8]，MFAC 依赖于动态线性化理论，其动态线性化方法在形式上可分为紧格式动态线性化（compact form dynamic linearization, CFDL）、偏格式动态线性化（partial form dynamic linearization, PFDL）和全格式动态线性化（full form dynamic linearization, FFDL）三种。三种线性化下的 MFAC 方法的控制量求解均依赖于投影算法或者最小二乘算法，而三者的区别在于关于当前系统输出与过去时刻的系统输入输出变量的相关性上。紧格式动态线性化建立在当前系统输出仅与当前时刻输入有关而与过去系统输入输出无明显关联的假设下，偏格式动态线性化建立在当前时刻系统输出与一个固定长度滑动时间窗口内的所有系统输入有明显关联的假设下，而全格式动态线性化建立在当前时刻系统输出与一个固定长度滑动时间窗口内的所有系统输入输出均有明显关联的假设下。

在介绍基本 MFAC 算法之前，首先以如下具有一般性的多输入多输出（multiple input multiple output，MIMO）离散时间非线性方程（8.1.1）来描述高炉炼铁生产过程，该非线性离散方程也将作为整个第 8 章高炉炼铁生产过程的描述方程式。

$$Y(k+1) = f(Y(k), \cdots, Y(k-n_y), U(k), \cdots, U(k-n_u)) \tag{8.1.1}$$

式中，$U(k) \in \mathbb{R}^m$，$Y(k) \in \mathbb{R}^n$ 分别表示 k 时刻系统的 m 维控制输入和 n 维多元铁水质量输出；n_u 与 n_y 为表征系统阶次的未知正整数；$f(\cdot) = [f_1(\cdot), \cdots, f_m(\cdot)]^T$ 为未知的非线性向量函数。在这里，n 维多元铁水质量输出指铁水 Si 含量（[Si]）和铁水温度（MIT）两个铁水质量指标，m 维控制输入指从高炉主体参数中选出的对多元铁水质量输出影响最大的几个控制输入变量。

下面结合高炉炼铁过程铁水质量控制问题，式（8.1.1）为被控系统详细介绍以 CFDL、PFDL 和 FFDL 三种动态线性化技术为基础的基本 MFAC 设计方法，并对基本 MFAC 方法应用在高炉铁水质量控制存在的问题进行分析和总结。

8.1.1 基于紧格式动态线性化的铁水质量 MFAC 设计算法

8.1.1.1 紧格式动态线性化（CFDL）

在设计高炉铁水质量的紧格式无模型自适应控制（CFDL-MFAC）律之前，首先要在系统每个动态运行工作点建立一个等价的紧格式动态线性化模型。而根据无模型自适应控制理论[6-8]，此等价线性化模型的建立需要系统满足如下两个假设条件。

假设 8.1.1[7,8]：系统对应的非线性映射函数 $f(\cdot)$ 对系统当前时刻控制量 $U(k)$ 的每个分量存在连续偏导数。

假设 8.1.2[7,8]：系统满足广义 Lipschitz 条件，即在任意两个时刻 k_1, k_2（$k_1, k_2 \geq 0$ 且 $k_1 \neq k_2$），当 $U(k_1) \neq U(k_2)$ 时，系统输入与系统输出之间满足

$$\|Y(k_1+1) - Y(k_2+1)\| \leq b\|U(k_1) - U(k_2)\| \tag{8.1.2}$$

式中，$b > 0$ 是一个常数。

注释 8.1.1：上述假设仅是对于一般非线性系统的典型约束，由于多元铁水质量控制系统亦满足能量守恒，有界输入定会产生有界输出。具体来说，铁水[Si]存在一个确定的上界 100% 和下界 0%，在煤粉、焦炭及热风的供应量范围内，MIT

也不会无限升高。所以，在任意两个时刻，一定能够通过计算获得[Si]和 MIT 变化量与高炉本体主要控制参数变化量之间的有界系数。因此可认为高炉炼铁系统满足假设 8.1.1 和假设 8.1.2，由此可给出如下引理 8.1.1。

引理 8.1.1[7,8]：任意时刻 k，若有 $\|\Delta U(k)\| = \|U(k) - U(k-1)\| \neq 0$，则一定能够找到一个时变参数矩阵 $\Phi_c(k) \in \mathbb{R}^{n \times m}$，使得系统（8.1.1）可转化为如下 CFDL 模型：

$$\Delta Y(k+1) = \Phi_c(k)\Delta U(k) \tag{8.1.3}$$

且对任意时刻，$\Phi_c(k)$ 是有界的，称 $\Phi_c(k)$ 为伪雅可比矩阵或者伪梯度（pseudo gradient，PG）。这里，$\Delta Y(k+1) = Y(k+1) - Y(k)$ 表示 $k+1$ 时刻输出的控制增量。

为了保证后续 MIMO 无模型自适应控制系统的稳定性，依据文献[7]、[8]对 PJM 即 $\Phi_c(k)$ 给出如下假设。

假设 8.1.3：被控系统的伪雅可比矩阵 $\Phi_c(k)$ 满足对角占优条件，即 $|\phi_{ij}(k)| \leqslant b_1$，$b_2 \leqslant |\phi_{ii}(k)| \leqslant \alpha b_2$，$i=1,2,\cdots,n$；$j=1,2,\cdots,m$；$i \neq j$，$\alpha \geqslant 1$，$b_2 > b_1(2\alpha+1)$ $(m-1)$，而且 $\Phi_c(k)$ 中所有元素的符号保持不变。

注释 8.1.2：系统对角占优条件实际上是对被控系统输入输出变量之间耦合性的一个要求，即对任何一个输出变量，都存在与之对应的一个起主要作用的输入变量，使得该输入变量对该输出变量的影响要大于其他输入变量。对高炉炼铁系统而言，可通过变量之间相关性分析，选择合适的控制变量和输出变量，合理调整输入和输出变量的对应关系，使其满足对角占优条件。高炉炼铁系统对角占优条件的适配将在后续节介绍。关于 $\Phi_c(k)$ 中元素符号的假设，对于大多数自适应控制方法，"控制增益是符号已知的常数"是一个比较合理的假设。当系统输入输出数据数量充足时，以上假设可以得到验证，因此假设 8.1.3 是合理的。

8.1.1.2　控制量求解

针对上述线性化后的高炉炼铁系统模型，采用改进投影算法[8,9]来求解控制量，具体控制输入准则函数如下：

$$J(U(k)) = \|Y^*(k+1) - Y(k+1)\|^2 + \lambda\|U(k) - U(k-1)\|^2 \tag{8.1.4}$$

式中，等号右边第 1 项的引入是为了使多元铁水质量输出能够跟踪设定值，其中 $Y^*(k+1)$ 是 $k+1$ 时刻期望输出值；第 2 项的引入是考虑到高炉本体控制参数喷煤量、富氧流量等的变化均需要过渡时间，不能突变，过大的控制量变化难以短时间实现且容易破坏控制系统本身，为此惩罚过大控制增量变化，以减轻执行机构负担，$\lambda > 0$ 是控制增量惩罚项的权值因子。

将式（8.1.3）代入式（8.1.4），并对 $U(k)$ 求偏导，令其为零，得

$$U(k) = U(k-1) + (\lambda I + \Phi_c^T(k)\Phi_c(k))^{-1}\Phi_c^T(k)(Y^*(k+1) - Y(k)) \tag{8.1.5}$$

由于算法（8.1.5）中包含矩阵求逆运算，当系统输入输出维度较大时，求逆运算

非常耗时，不利于实际工程应用，因此将式（8.1.5）中求逆部分用范数和常量代替，取其近似解，如下所示：

$$U(k) = U(k-1) + \frac{\rho \Phi_c^{\mathrm{T}}(k)(Y^*(k+1) - Y(k))}{\lambda + \|\Phi_c(k)\|^2} \tag{8.1.6}$$

式中，$\rho \in (0,1]$ 为步长因子。

8.1.1.3   伪雅可比矩阵（PJM）估计

由引理 8.1.1 可知，满足假设 8.1.1 和假设 8.1.2 的高炉炼铁过程可由带有时变 PJM 参数的 CFDL 模型（8.1.3）来表示。基于模型（8.1.3）可设计高炉铁水质量的控制方法（8.1.6），而要实现该控制方法，则需要得到 PJM 参数的值。由于多元铁水质量控制系统模型未知，因此，式（8.1.6）中 PJM 参数矩阵 $\Phi_c(k)$ 无法得知，需要利用高炉炼铁系统输入输出数据对其进行在线估计。考虑如下估计准则函数：

$$J(\hat{\Phi}_c(k)) = \|\Delta Y(k) - \Phi_c(k)\Delta U(k-1)\|^2 + \mu\|\Phi_c(k) - \hat{\Phi}_c(k-1)\|^2 \tag{8.1.7}$$

式中，$\mu > 0$ 是权值因子；$\hat{\Phi}_c(k-1)$ 为 $\Phi_c(k-1)$ 的估计值。极小化准则函数，可得 PJM 的估计算法如下：

$$\hat{\Phi}_c(k) = \hat{\Phi}_c(k-1) + (\Delta Y(k) - \hat{\Phi}_c(k-1)\Delta U(k-1))\Delta U^{\mathrm{T}}(k-1)$$
$$\times (\mu I + \Delta U(k-1)\Delta U^{\mathrm{T}}(k-1))^{-1} \tag{8.1.8}$$

同样，由于算法中含有求逆运算，所以采用与求解控制量相同的方法将式（8.1.8）转化成如下不含矩阵求逆运算的 PJM 估计算法：

$$\hat{\Phi}_c(k) = \hat{\Phi}_c(k-1) + \frac{\eta(\Delta Y(k) - \hat{\Phi}_c(k-1)\Delta U(k-1))\Delta U^{\mathrm{T}}(k-1)}{\mu + \|\Delta U(k-1)\|^2} \tag{8.1.9}$$

式中，$\eta \in (0,2]$ 是步长因子。

8.1.1.4   PJM 参数重置机制

由于高炉炼铁过程工况时变，为了使 PJM 估计算法能够更好地对时变工况进行跟踪，引入如下算法重置机制：

$$\begin{cases} \hat{\phi}_{ii}(k) = \hat{\phi}_{ii}(1), & \text{若 } \mathrm{sgn}(\hat{\phi}_{ii}(k)) \neq \mathrm{sgn}(\hat{\phi}_{ii}(1)) \text{ 或 } |\hat{\phi}_{ii}(k)| < b_2 \text{ 或 } |\hat{\phi}_{ii}(k)| > \alpha b_2 \\ \hat{\phi}_{ij}(k) = \hat{\phi}_{ij}(1), & \text{若 } \mathrm{sgn}(\hat{\phi}_{ij}(k)) \neq \mathrm{sgn}(\hat{\phi}_{ij}(1)) \text{ 或 } |\hat{\phi}_{ij}(k)| > b_1 \end{cases} \tag{8.1.10}$$

式中，$\hat{\phi}_{ii}(k)$ 和 $\hat{\phi}_{ij}(k)$ $(i=1,2,\cdots,m; j=1,2,\cdots,n; i \neq j)$ 分别是 $\hat{\Phi}_c(k)$ 的主对角线元素和其他非主对角线元素；$\hat{\phi}_{ii}(1)$ 和 $\hat{\phi}_{ij}(1)$ 分别为 $\hat{\phi}_{ii}(k)$ 和 $\hat{\phi}_{ij}(k)$ 的初值；而 α, b_1, b_2 是给定的常数，且需满足 $\alpha \geq 1$，$b_2 > b_1(2\alpha+1)(m-1)$。

综合 PJM 参数估计式（8.1.9）、控制式（8.1.6）和参数重置机制式（8.1.10），即可实现高炉炼铁过程的 CFDL-MFAC。

8.1.2　基于偏格式动态线性化的铁水质量 MFAC 设计算法

8.1.2.1　偏格式动态线性化（PFDL）

前述 CFDL 方法仅考虑了系统下一时刻的输出变化量与当前时刻的输入变化量之间的动态关系。而系统下一时刻的输出变化量可能还与之前时刻的控制变化量有关。因此，在紧格式动态线性化基础上，可假设系统下一时刻输出不仅与当前时刻的系统输入有关，而是当前时刻一个固定长度滑动窗口内的所有控制量叠加影响的结果，依据这个思想可得到偏格式动态线性化（PFDL）方法，动态线性化模型的形式也将有所改变。

定义一个包含滑动时间窗口 $[k-L+1,k]$ 内的控制量矩阵 $\bar{U}_L(k) \in \mathbb{R}^L$ 如下：

$$\bar{U}_L(k) = [U^{\mathrm{T}}(k),\cdots,U^{\mathrm{T}}(k-L+1)]^{\mathrm{T}} \tag{8.1.11}$$

式中，$k \leqslant 0$ 时，$\bar{U}_L(k)$ 不具备实际意义，用零矩阵 0_{mL} 来代替，即 $\bar{U}_L(k) = 0_{mL}, k \leqslant 0$，$L$ 为控制输入线性化常数。

对于式（8.1.1）所描述的高炉炼铁系统，可将假设 8.1.1 和假设 8.1.2 自然地拓展为如下类似的假设 8.1.4 和假设 8.1.5。

假设 8.1.4[8,9]：被控系统对应的非线性映射函数 $f_i(\cdot), i = 1,\cdots,m$ 关于系统控制量在系统控制输入线性化长度 L 内所有时刻的控制变量的每一个分量分别存在连续偏导数。

假设 8.1.5[8,9]：满足广义 Lipschitz 条件，即对任意两个时刻 $k_1 \neq k_2, k_1, k_2 \geqslant 0$ 有

$$\|Y(k_1+1) - Y(k_2+1)\| \leqslant b\|\bar{U}_L(k_1) - \bar{U}_L(k_2)\| \tag{8.1.12}$$

且满足 $\bar{U}_L(k_1) - \bar{U}_L(k_2) \neq 0$，式中 $b > 0$ 是一个常数。

记 $\Delta\bar{U}_L(k) = \bar{U}_L(k) - \bar{U}_L(k-1) = [\Delta U^{\mathrm{T}}(k),\cdots,\Delta U^{\mathrm{T}}(k-L+1)]^{\mathrm{T}}$，则依据文献[9]和注释 8.1.1 的分析可知，式（8.1.1）所示的高炉炼铁系统符合如下引理 8.1.2。

引理 8.1.2[8,9]：在满足假设 8.1.4 及假设 8.1.5 的前提下，给定控制输入线性化常数 L，若 $\Delta\bar{U}_L(k) \neq 0$，则一定存在一个时变参数矩阵 $\Phi_{p,L}(k)$，使得高炉炼铁系统（8.1.1）可转化为如下 PFDL 模型：

$$\Delta Y(k+1) = \Phi_{p,L}(k)\Delta\bar{U}_L(k) \tag{8.1.13}$$

且对于任意时刻 k，$\Phi_{p,L}(k) = [\Phi_1(k),\cdots,\Phi_L(k)]$ 是有界的，其被称作伪分块雅可比矩阵（pseudo partitioned Jacobian matrix, PPJM），式中 $\Phi_i(k) \in \mathbb{R}^{n \times m}$ 为 $\Phi_{p,L}(k)$ 的子矩阵，其形式结构如下：

$$\Phi_i(k) = \begin{bmatrix} \phi_{11i}(k) & \phi_{12i}(k) & \cdots & \phi_{1mi}(k) \\ \phi_{21i}(k) & \phi_{22i}(k) & \cdots & \phi_{2mi}(k) \\ \vdots & \vdots & \ddots & \vdots \\ \phi_{m1i}(k) & \phi_{m2i}(k) & \cdots & \phi_{mmi}(k) \end{bmatrix} \in \mathbb{R}^{n \times m}, \quad i = 1, 2, \cdots, L$$

注释 8.1.3：$\Phi_{p,L}(k)$ 其实是 8.1.1 节中所述 PJM 参数 $\Phi_c(k)$ 的推广。$\Phi_i(k) \in \mathbb{R}^{n \times m}$ 作为 $\Phi_{p,L}(k)$ 的子矩阵，分别与输入增量 $\Delta \bar{U}_L(k)$ 中的分量 $\Delta U(k-i+1)$ 一一对应，这便是称其为伪分块雅可比矩阵的原因。

同样，为了保证控制系统运行的稳定性，$\Phi_{p,L}(k)$ 还需满足如下假设。

假设 8.1.6[8,9]：系统 $\Phi_{p,L}(k)$ 中的第一个子矩阵块 $\Phi_1(k)$ 满足对角占优条件，即 $|\phi_{ij1}(k)| \leq b_1$，$b_2 \leq |\phi_{ii1}(k)| \leq \alpha b_2$，$i = 1, 2, \cdots, n; j = 1, 2, \cdots, m; i \neq j$，$\alpha \geq 1$，$b_2 > b_1$ $(2\alpha + 1)(m-1)$，且 $\Phi_1(k)$ 中所有元素的符号保持不变。

8.1.2.2　控制量求解

仍然采用式（8.1.4）作为偏格式下控制量求解的准则函数，将式（8.1.13）代入准则函数（8.1.4）中，求取令 $U(k)$ 的偏导数为 0 的解，可得

$$U(k) = U(k-1) + (\lambda I + \Phi_1^{\mathrm{T}}(k)\Phi_1(k))^{-1}\Phi_1^{\mathrm{T}}(k)$$
$$\times \left((Y^*(k+1) - Y(k)) - \sum_{i=2}^{L} \Phi_i(k)\Delta U(k-i+1) \right) \tag{8.1.14}$$

类似于 8.1.1 节中关于控制量表达式（8.1.5）的讨论，可进一步给出不含矩阵求逆运算的控制算法如下：

$$U(k) = U(k-1) + \frac{\Phi_1^{\mathrm{T}}(k)\left(\rho_1(Y^*(k+1) - Y(k)) - \sum_{i=2}^{L} \rho_i \Phi_i(k)\Delta U(k-i+1) \right)}{\lambda + \|\Phi_1(k)\|^2} \tag{8.1.15}$$

式中，ρ_i 是步长因子，该参数决定了控制量的增幅，对系统的超调量和响应速度都有一定的影响，可针对不同控制需求做动态的调节。

8.1.2.3　PPJM 估计算法

类似于 8.1.1 节 CFDL-MFAC 方法 PJM 估计算法的推导过程，对式（8.1.15）中参数矩阵 PPJM 的估计，引入如下准则函数：

$$J(\Phi_{p,L}(k)) = \|\Delta Y(k) - \Phi_{p,L}(k)\Delta \bar{U}_L(k-1)\|^2 + \mu \|\Phi_{p,L}(k) - \hat{\Phi}_{p,L}(k-1)\|^2 \tag{8.1.16}$$

式中，μ 是大于零的权值因子。

对准则函数（8.1.16）求关于 $\Phi_{p,L}(k)$ 的极小值，可得其在线递推算法如下：

$$\hat{\boldsymbol{\Phi}}_{p,L}(k) = \hat{\boldsymbol{\Phi}}_{p,L}(k-1) + (\Delta Y(k) - \hat{\boldsymbol{\Phi}}_{p,L}(k-1)\Delta \bar{U}_L(k-1))\Delta \bar{U}_L^{\mathrm{T}}(k-1)$$
$$\times (\mu I + \Delta \bar{U}_L(k-1)\Delta \bar{U}_L^{\mathrm{T}}(k-1))^{-1} \tag{8.1.17}$$

类似上节，进一步将式（8.1.17）转化为不含矩阵求逆运算的 PPJM 递推更新式：

$$\hat{\boldsymbol{\Phi}}_{p,L}(k) = \hat{\boldsymbol{\Phi}}_{p,L}(k-1) + \frac{\eta(\Delta Y(k) - \hat{\boldsymbol{\Phi}}_{p,L}(k-1)\Delta \bar{U}_L(k-1))\Delta \bar{U}_L^{\mathrm{T}}(k-1)}{\mu + \left\| \Delta \bar{U}_L(k-1) \right\|^2} \tag{8.1.18}$$

式中，η 为前文提到的步长因子，$\hat{\boldsymbol{\Phi}}_{p,L}(k) = [\hat{\boldsymbol{\Phi}}_1(k), \cdots, \hat{\boldsymbol{\Phi}}_L(k)] \in \mathbb{R}^{n \times mL}$ 是 $\boldsymbol{\Phi}_{p,L}(k)$ 的估计值。

在本节中，由于对控制量进行了拓展，因此通常情况下输出与输入维度不相匹配，导致 PPJM 非方阵，所以不可逆，只能用广义逆来代替，这样会使算法中包含一定的不确定性，而转化后可以消除这种不确定性的存在。

8.1.2.4　PPJM 参数重置机制

这里给出引入算法重置机制的另一种解释，由于控制量可等价于由最小二乘方法求解而得，而 $\boldsymbol{\Phi}_{p,L}(k)$ 对应最小二乘方法中的协方差矩阵，在迭代几次之后，$\boldsymbol{\Phi}_{p,L}(k)$ 的范数就会衰减，使得控制量的增益快速减小，算法的更新能力下降。为了防止这一现象，使 PPJM 估计算法能够更好地对时变参数进行跟踪，引入算法重置机制。而针对 PFDL 下的算法重置机制中因为有了过去输入的变量，其表述形式也会发生变化，但可依据当前时刻的伪偏导数进行算法终止，如下所示：

$$\begin{cases} \hat{\phi}_{ii1}(k) = \hat{\phi}_{ii1}(1), & 若 \operatorname{sgn}(\hat{\phi}_{ii1}(k)) \neq \operatorname{sgn}(\hat{\phi}_{ii1}(1)) 或 |\hat{\phi}_{ii1}(k)| < b_2 或 |\hat{\phi}_{ii1}(k)| > \alpha b_2 \\ \hat{\phi}_{ij1}(k) = \hat{\phi}_{ij1}(1), & 若 \operatorname{gn}(\hat{\phi}_{ij1}(k)) \neq \operatorname{sgn}(\hat{\phi}_{ij1}(1)) 或 |\hat{\phi}_{ij1}(k)| > b_1 \end{cases} \tag{8.1.19}$$

式中，$\hat{\phi}_{ii1}(k)$ 和 $\hat{\phi}_{ij1}(k)$ $(i = 1, 2, \cdots, m; j = 1, 2, \cdots, n; i \neq j)$ 分别是 $\hat{\boldsymbol{\Phi}}_1(k)$ 的主对角线元素和其他非主对角线元素；$\hat{\phi}_{ii1}(1)$ 和 $\hat{\phi}_{ij1}(1)$ 分别为 $\hat{\phi}_{ii}(k)$ 和 $\hat{\phi}_{ij}(k)$ 的初值；而 α, b_1, b_2 是给定的常数，其具体意义和满足的条件如前文 8.1.1 节中所述。

结合 $\boldsymbol{\Phi}_{p,L}(1)$ 估计算法（8.1.18）、控制算法（8.1.15）和 PPJM 重置算法（8.1.19），即可实现高炉炼铁过程的偏格式动态线性化无模型自适应控制（PFDL-MFAC）。

8.1.3　基于全格式动态线性化的铁水质量 MFAC 设计算法

8.1.3.1　全格式动态线性化（FFDL）

在 PFDL 方法的基础上，假设系统输出不仅与当前时刻的系统输入、过去时刻的系统输入有关，还受到当前与过去时刻的系统输出影响。基于这种思想，可以给出全格式动态线性化方法。定义一个包含 L_u 个时刻的滑动窗口控制量和 L_y 个时刻的滑动窗口系统输出量的矩阵 $\bar{H}_{L_y,L_u}(k)$，如下所示：

$$\bar{H}_{L_y,L_u}(k)=[Y^{\mathrm{T}}(k),\cdots,Y^{\mathrm{T}}(k-L_y+1),U^{\mathrm{T}}(k),\cdots,U^{\mathrm{T}}(k-L_u+1)]^{\mathrm{T}} \qquad (8.1.20)$$

式中，$k\leqslant 0$ 时的 $\bar{H}_{L_y,L_u}(k)$ 没有实际意义，用零矩阵 $0_{mL_y+mL_u}$ 来代替。L_y（$0<L_y<n_y$）和 L_u（$0\leqslant L_u\leqslant n_u$）分别代表系统输出线性化窗口长度常数和系统输入的线性化窗口长度常数。

对式（8.1.1）所描述的高炉炼铁系统，将假设 8.1.4 和假设 8.1.5 自然拓展为如下假设 8.1.7 和假设 8.1.8。

假设 8.1.7[8,9]：系统对应的非线性映射函数 $f(\cdot)$ 对系统控制量在系统控制输入线性化长度 L_u 内所有时刻的控制量及系统输出线性化长度 L_y 内的所有时刻的系统输出的每一个分量分别存在连续偏导数。

假设 8.1.8[8,9]：系统广义 Lipschitz 条件变为对任意两个时刻 $k_1\neq k_2,k_1,k_2\geqslant 0$ 有

$$\left\|Y(k_1+1)-Y(k_2+1)\right\|\leqslant b\left\|\bar{H}_{L_y,L_u}(k_1)-\bar{H}_{L_y,L_u}(k_2)\right\|$$

式中，b 是一个非负常数；$\bar{H}_{L_y,L_u}(k_1),\bar{H}_{L_y,L_u}(k_2)$ 是两个不等的动态工作点线性化模型矩阵。

注释 8.1.4： 由于高炉炼铁是一个连续变化的非线性系统，系统输出呈现某种未知连续的非线性关系，依据高炉历史数据来看，并不存在输出变化量无界的情况，且变化幅度稳定在一定范围内，因此对高炉系统做出假设 8.1.7 和假设 8.1.8 较为合理。依据文献[9]可知，高炉炼铁系统（8.1.1）可通过如下引理进行全格式动态线性化。

引理 8.1.3[8,9]：在满足假设 8.1.7 和假设 8.1.8 的前提下，当 $\left\|\Delta\bar{H}_{L_y,L_u}(k)\right\|\neq 0$ 时，一定存在一个时变参数矩阵 $\Phi_{f,L_y,L_u}(k)$ 使得系统（8.1.1）在每个动态工作点可以线性化为如下 FFDL 等价形式：

$$\Delta Y(k+1)=\Phi_{f,L_y,L_u}(k)\Delta\bar{H}_{L_y,L_u}(k) \qquad (8.1.21)$$

且满足 $\Phi_{f,L_y,L_u}(k)=[\Phi_1(k),\cdots,\Phi_{L_y+L_u}(k)]$ 在任意时刻有界，其中 $\Phi_i(k)$ 是 $\Phi_{f,L_y,L_u}(k)$ 的子矩阵，形式如下：

$$\Phi_i(k)=\begin{bmatrix} \phi_{11i}(k) & \phi_{12i}(k) & \cdots & \phi_{1mi}(k) \\ \phi_{21i}(k) & \phi_{22i}(k) & \cdots & \phi_{2mi}(k) \\ \vdots & \vdots & \ddots & \vdots \\ \phi_{m1i}(k) & \phi_{m2i}(k) & \cdots & \phi_{mmi}(k) \end{bmatrix}\in\mathbb{R}^{n\times m}, \quad i=1,2,\cdots,L_y+L_u$$

此外，

$$\Delta \overline{H}_{L_y,L_u}(k_1) = \overline{H}_{L_y,L_u}(k_1) - \overline{H}_{L_y,L_u}(k_1-1)$$

$$= [\Delta Y^{\mathrm{T}}(k),\cdots,\Delta Y^{\mathrm{T}}(k-L_y+1),\Delta U^{\mathrm{T}}(k),\cdots,\Delta U^{\mathrm{T}}(k-L_u+1)]^{\mathrm{T}}$$

为拓展输入输出增量矩阵。

8.1.3.2　控制量求解

控制量求解的准则函数依然如式（8.1.4）所示，将式（8.1.21）代入准则函数（8.1.4）中，求取 $U(k)$ 的偏导数，并令其为零，可得如下控制量递推更新公式：

$$U(k) = U(k-1) + (\lambda I + \Phi_{L_y+1}^{\mathrm{T}}(k)\Phi_{L_y+1}(k))^{-1}\Phi_{L_y+1}^{\mathrm{T}}(k)$$

$$\times ((Y^*(k+1) - Y(k)) - \sum_{i=1}^{L_y}\hat{\Phi}_i(k)\Delta Y(k-i+1)$$

$$- \sum_{i=L_y+2}^{L_y+L_u}\hat{\Phi}_i(k)\Delta U(k-i+1)) \qquad (8.1.22)$$

类似前文 8.1.1 节中关于控制量更新公式的讨论，可进一步将式（8.1.22）转化为不含矩阵求逆运算的控制量递推更新算法，如下所示：

$$U(k) = U(k-1) + \frac{\Phi_{L_y+1}^{\mathrm{T}}(k)(\rho_{L_y+1}(Y^*(k+1) - Y(k)))}{\lambda + \left\|\hat{\Phi}_{L_y+1}(k)\right\|^2}$$

$$- \frac{\Phi_{L_y+1}^{\mathrm{T}}(k)(\sum_{i=1}^{L_y}\rho_i\hat{\Phi}_i(k)\Delta Y(k-i+1) - \sum_{i=L_y+2}^{L_y+L_u}\rho_i\hat{\Phi}_i(k)\Delta U(k-i+1))}{\lambda + \left\|\Phi_{L_y+1}(k)\right\|^2} \qquad (8.1.23)$$

式中，$0 \leqslant \rho_i \leqslant 1 (i = 1,2,\cdots,L_y+L_u)$，是引入的步长因子，用于调节控制量更新的幅度。

8.1.3.3　PPJM 估计算法

为了估计式（8.1.23）中的 PPJM，即 $\Phi_{f,L_y,L_u}(k)$，引入如下准则函数：

$$J(\Phi_{f,L_y,L_u}(k)) = \left\|\Delta Y(k) - \Phi_{f,L_y,L_u}(k)\Delta \overline{H}_{L_y,L_u}(k-1)\right\|^2 + \mu \left\|\Phi_{f,L_y,L_u}(k) - \hat{\Phi}_{f,L_y,L_u}(k-1)\right\|^2$$

$$(8.1.24)$$

式中，μ 是大于 0 的权值因子。对准则函数（8.1.24）求关于 PPJM，即 $\Phi_{f,L_y,L_u}(k)$ 的极小值，可得其在线递推算法如下：

$$\hat{\Phi}_{f,L_y,L_u}(k) = \hat{\Phi}_{f,L_y,L_u}(k-1) + (\Delta Y(k) - \hat{\Phi}_{f,L_y,L_u}(k-1)\Delta \overline{H}_{L_y,L_u}(k-1))\Delta \overline{H}_{L_y,L_u}^{\mathrm{T}}(k-1)$$

$$\times (\mu + \Delta \overline{H}_{L_y,L_u}(k-1)\Delta \overline{H}_{L_y,L_u}^{\mathrm{T}}(k-1))^{-1} \qquad (8.1.25)$$

类似 8.1.1 节关于 PJM 估计算法的讨论，可给出转化矩阵求逆运算后的 PPJM

在线估计算法如下：

$$\hat{\Phi}_{f,L_y,L_u}(k) = \hat{\Phi}_{f,L_y,L_u}(k-1) + \frac{\eta(\Delta Y(k) - \hat{\Phi}_{f,L_y,L_u}(k-1)\Delta \bar{H}_{L_y,L_u}(k-1))\Delta \bar{H}_{L_y,L_u}^{\mathrm{T}}(k-1)}{\mu + \left\| \Delta \bar{H}_{L_y,L_u}(k-1) \right\|^2}$$

（8.1.26）

式中，$\eta \in (0,2]$ 是步长因子；$\hat{\Phi}_{f,L_y,L_u}(k) = [\hat{\Phi}_1(k),\cdots,\hat{\Phi}_{L_y+L_u}(k)]$ 是 $\Phi_{f,L_y,L_u}(k)$ 的估计值。

8.1.3.4　PPJM 参数重置机制

类似于 8.1.1 节，可给出 FFDL 下的 PPJM 算法重置机制如下：

$$\begin{cases} \hat{\phi}_{ii(L_y+1)}(k) = \hat{\phi}_{ii(L_y+1)}(1), & \text{若} \operatorname{sgn}(\hat{\phi}_{ii(L_y+1)}(k)) \neq \operatorname{sgn}(\hat{\phi}_{ii(L_y+1)}(1)) \\ & \text{或} |\hat{\phi}_{ii(L_y+1)}(k)| < b_2 \text{ 或 } |\hat{\phi}_{ii(L_y+1)}(k)| > \alpha b_2 \\ \hat{\phi}_{ij(L_y+1)}(k) = \hat{\phi}_{ij(L_y+1)}(1), & \text{若} \operatorname{sgn}(\hat{\phi}_{ij(L_y+1)}(k)) \neq \operatorname{sgn}(\hat{\phi}_{ij(L_y+1)}(1)) \\ & \text{或} |\hat{\phi}_{ij(L_y+1)}(k)| > b_1 \end{cases}$$

（8.1.27）

式中，$i = 1,2,\cdots,m; j = 1,2,\cdots,n; i \neq j$；$\hat{\phi}_{ii(L_y+1)}(k)$ 和 $\hat{\phi}_{ij(L_y+1)}(k)$ 分别是 $\hat{\Phi}_{L_y+1}(k)$ 的主对角线元素和其他非主对角线元素；$\hat{\phi}_{ii(L_y+1)}(1)$ 和 $\hat{\phi}_{ij(L_y+1)}(1)$ 分别为 $\hat{\phi}_{ii(L_y+1)}(k)$ 和 $\hat{\phi}_{ij(L_y+1)}(k)$ 的初值；α, b_1, b_2 是前文提到的给定的常数，其具体定义和满足条件已在前文 8.1.1 节中介绍。

8.1.4　基本 MFAC 算法的铁水质量控制效果及问题分析

本节以高炉炼铁系统为被控对象，基于高炉炼铁过程实际工业数据，采用前述 3 种基本 MFAC 算法，分别设计多元铁水质量的基本 MFAC 控制器，即 CFDL-MFAC、PFDL-MFAC 和 FFDL-MFAC，以期望对高炉多元铁水质量进行直接数据驱动控制。同时，对不同方法的控制结果进行比较分析，并对相关问题进行探讨。

8.1.4.1　虚拟高炉炼铁系统

由于实际工业高炉进行闭环控制实验代价较大且实现困难，本节选择两个结构简单、可在线更新参数且易于实验的子空间辨识模型作为高炉虚拟系统进行铁水质量的闭环控制实验。这两个模型分别为采用前文 4.3 节方法建立的高炉铁水质量递推子空间辨识模型（recursive subspace identification model, RSIM）和 4.4 节方法建立的高炉铁水质量递推双线性子空间辨识模型（recursive bilinear subspace identification model, RBSIM）。本节仅以 RSIM 表示的高炉虚拟系统为例，来测试三种基本 MFAC 算法对铁水质量的控制效果。

RSIM 的结构如式（8.1.28）所示：

$$Y(k+1) = L_w(k)\begin{bmatrix} Y(k) \\ U(k-1) \end{bmatrix} + L_u(k)U(k) \tag{8.1.28}$$

式中，$Y(k) = [y_1(k), y_2(k)]^T$ 表示被控铁水质量输出变量，即铁水[Si] 和 MIT；$U(k) = [u_1(k), u_2(k)]^T$ 为控制输入变量喷煤量和压差；此外，$L_w \in \mathbb{R}^{2\times4}$ 和 $L_u \in \mathbb{R}^{2\times2}$ 是两个时变参数矩阵。在进行仿真实验时，可在前文 4.3 节训练好的模型基础上，利用高炉数据通过如下的递推最小二乘算法对参数矩阵 L_w 和 L_u 进行在线更新，相应的递推更新公式如下：

$$L(k) = L(k-1) + K_1(k)(Y_m^T(k) - \varphi_1^T(k)L(k-1)) \tag{8.1.29}$$
$$K_1(k) = P_1(k-1)\varphi_1(k)(\lambda + \varphi_1^T(k)P_1(k-1)) \tag{8.1.30}$$
$$P_1(k) = \lambda_1^{-1}(I - K(k)\varphi^T(k))P_1(k-1) \tag{8.1.31}$$

式中，$L(k) = [L_w(k), L_u(k)]^T$；$\varphi^T(k) = [Y^T(k-1), U^T(k-1), U^T(k)]$。

RBSIM 的结构如式（8.1.32）所示：

$$Y(k+1) = A_{n\times(n+m)}\begin{bmatrix} Y(k) \\ U(k) \end{bmatrix} + N_{n\times(nm+mm)}\begin{bmatrix} U(k) \otimes Y(k) \\ U(k) \otimes Y(k) \end{bmatrix} + B_{n\times m}U(k) + W(k) \tag{8.1.32}$$

式中，$U(k) = [u_1(k), u_2(k), u_3(k), u_4(k)]^T$ 表示控制变量，即喷煤量、压差、富氧流量和冷风流量；而 $Y(k) = [y_1(k), y_2(k)]^T$ 表示铁水质量输出变量，即[Si] 和 MIT；此外，$A \in \mathbb{R}^{2\times6}$, $B \in \mathbb{R}^{2\times4}$, $N \in \mathbb{R}^{2\times24}$ 是系统的三个参数矩阵，其具体值如式（8.1.33）所示，$W(k)$ 是一个时变干扰向量。

$$A = \begin{bmatrix} 0.3022 & 0.0414 & 0.2732 & -0.0080 & -0.0935 & -0.2016 \\ 0.1845 & 0.2804 & -0.1472 & 0.0031 & 0.1226 & -0.0611 \end{bmatrix}$$

$$B = \begin{bmatrix} 0.0644 & 0.1246 & 0.0784 & -0.2805 \\ 0.0888 & 0.1621 & -0.0331 & 0.1620 \end{bmatrix} \tag{8.1.33}$$

$$N = \begin{bmatrix} 0.1236 & -0.2428 & 0.2263 & \cdots & 0.1379 & 0.2134 \\ 0.1136 & -0.1783 & 0.0596 & \cdots & -0.0025 & -0.1416 \end{bmatrix}$$

式（8.1.32）中的模型参数也可通过类似于式（8.1.29）～式（8.1.31）的递推方法进行在线更新。

注释 8.1.5： 为保证控制系统的稳定性，满足系统对角占优条件，上述高炉 RSIM 和 RBSIM 中的 $U(k)$ 均为通过相关性分析、Lightgbm 特征排序[10]和对角占优适配之后得到的控制变量。其中，$y_1(k)$ 在两个模型中均为[Si]，$y_2(k)$ 在两个模型中均为 MIT；在 RSIM 中 $u_1(k)$ 和 $u_2(k)$ 分别为喷煤量和压差，在 RBSIM 中 $u_1(k), u_2(k), u_3(k)$ 和 $u_4(k)$ 分别表示喷煤量、压差、富氧流量和冷风流量。通过这种控制变量与被控变量的对应关系可确保动态线性化后的系统参数矩阵满足对角占优条件。

注释 8.1.6：为了保证 PJM 或 PPJM 为严格对角占优矩阵，通过灰度关联分析的方法对控制量与输出量之间的对应关系进行适配。以两输入两输出场景为例（假如两个输入分别为压差和喷煤量），要满足对角占优，即需要保证第一个控制量 u_1 与第一个铁水质量指标[Si]的相关性以及第二个控制量 u_2 与第二个铁水质量 MIT 的相关性要强于 u_1 与 MIT、u_2 与[Si]之间的相关性。通过灰度关联分析得出压差与 MIT 的关联性相对更高，喷煤量与[Si]的关联性相对更高，为此将喷煤量作为 u_1，将压差作为 u_2，从而满足对角占优适配。

8.1.4.2 铁水质量 MFAC 控制器参数设计

数据实验中，铁水[Si]和 MIT 的期望输出轨迹设置如下：

$$Y^*(k) = \begin{cases} y_1^*(k) = \begin{cases} 0.45, & 0 \leqslant k < 60 \\ 0.5, & 60 \leqslant k < 130 \\ 0.55, & 130 \leqslant k < 210 \\ 0.45, & 210 \leqslant k < 250 \end{cases} \\ y_2^*(k) = \begin{cases} 1500, & 0 \leqslant k < 90 \\ 1505, & 90 \leqslant k < 170 \\ 1510, & 170 \leqslant k < 250 \end{cases} \end{cases} \quad (8.1.34)$$

CFDL-MFAC 控制器参数取值：$\eta = 1, \lambda = 3, \mu = 1, \rho = 1, b_1 = 0.52, b_2 = 0.8$，$a = 1.5$，而伪偏导数初值取值为

$$\Phi_c(0) = \begin{bmatrix} -0.5 & 0.5 \\ 0.5 & 0.5 \end{bmatrix}$$

PFDL-MFAC 控制器参数取值：控制输入线性化常数 $L = 3$，参数取值为 $\eta = 1, \lambda = 3, \mu = 1, \rho_1 = 0.8, \rho_2 = 0.8, \rho_3 = 0.8, b_1 = 0.52, b_2 = 0.8, a = 1.5$，分块伪雅可比矩阵初值取值为

$$\Phi_{p,L}(0) = [\Phi_1(0), \Phi_2(0), \Phi_3(0)] = [\Phi_c(0), \Phi_c(0), \Phi_c(0)]$$

FFDL-MFAC 控制器参数取值：控制输入线性化常数 $L_u = 3$，控制输出线性化常数为 $L_y = 2$，控制器参数取值分别为 $\eta = 1, \lambda = 3, \mu = 1, \rho_1 = 0.8, \rho_2 = 0.8, \rho_3 = 0.8, \rho_4 = 0.8, \rho_5 = 0.8, b_1 = 0.52, b_2 = 0.8, a = 1.5$，伪偏导数初值取值为

$$\Phi_{f,L_y,L_u}(0) = [\Phi_1(0), \Phi_2(0), \Phi_3(0), \Phi_4(0), \Phi_5(0)] = [\Phi_c(0), \Phi_c(0), \Phi_c(0), \Phi_c(0), \Phi_c(0)]$$

8.1.4.3 铁水质量 MFAC 控制效果及分析讨论

为了更加直观地展示三种基本 MFAC 设计方法性能的差异,同时进一步验证 MFAC 方法的有效性,分别将 CFDL-MFAC、PFDL-MFAC 和 FFDL-MFAC 控制器应用于虚拟高炉炼铁系统(8.1.28),并将三种方法的实验结果均与数据驱动预测控制(RSIM-MPC)方法进行对比,得到数据实验结果如图 8.1.1 所示。

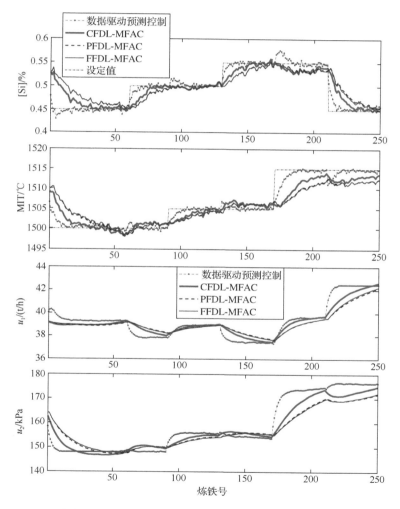

图 8.1.1 不同基本 MFAC 算法的铁水质量控制效果

由图 8.1.1 可以看出,虽然三种方法在总体趋势上均可实现对系统参考轨迹也即铁水质量设定值的跟踪控制,但是在相同参数设置下,CFDL-MFAC 方法对多元铁水质量设定值的跟踪效果更优，而偏格式和全格式下的 MFAC 跟踪效果较为接近，但均不如相同参数条件下的紧格式算法。这可能是因为 MFAC 控制器待调参数较多，通过手动调节得到的控制器参数无法确保控制性能的充分发挥，因此仿真案例中控制器响应速度较慢，控制性能不太理想。同时偏格式、全格式没有表现出对控制性能的明显提高，而带来的大量参数反而使得控制器参数调整更加烦琐，系统更不易获得较好的控制性能，因此可认为紧格式线性化方法更适用于高炉炼铁系统的铁水质量控制。

上述数据实验结果表明，基础无模型自适应控制器在高炉炼铁系统中的跟踪效果并不理想，其性能有待提升，其原因可能为依靠经验调节控制器参数导致的参数取值不当，从而限制了 MFAC 控制器性能的充分发挥。下面进一步通过分析控制器参数空间分布的角度来验证并总结基础 MFAC 方法在高炉多元铁水质量控制中存在的问题及相应的解决方法。

MFAC 控制器中存在大量的参数，其与控制系统性能会有关联关系。但由于参数较多，超过三维的参数空间无法进行可视化，为此以 CFDL-MFAC 控制器为例，绘制了设定值跟踪误差在部分参数子空间上的分布，并为了更好地可视化及分析，截取了各个子参数空间跟踪误差可接受范围内的片段，并对超限值进行截断。如图 8.1.2 为经验取值附近的参数子空间分布情况，图 8.1.3 为相应的参数子空间在遗传算法对跟踪误差优化后的某局部最优点附近的分布情况，其对应两种情况下铁水质量设定值跟踪的 RMSE 如表 8.1.1 所示。从图 8.1.2 及图 8.1.3 中容易看出，大部分参数空间都有跟踪误差较为优良的区域及跟踪误差较为不良的区域，因此参数的整定及优化对 MFAC 控制器的性能影响较大，应对其进行系统的参数优化整定。

同时，综合观察图 8.1.2、图 8.1.3 及表 8.1.1 可知，在经验值附近，控制性能不是很好的区域，其参数子空间较平滑，呈现为近似的凸空间，优化过程易于获得更优的参数值。但在局部最优点附近，很多参数子空间开始变得粗糙、陡峭、多峰，如 $\phi_{11}(0)$-$\phi_{12}(0)$ 子空间、$\phi_{11}(0)$-$\phi_{21}(0)$ 子空间、$\phi_{12}(0)$-$\phi_{21}(0)$ 子空间、λ-μ 子空间等，在这部分参数子空间中不易获得全局最优解，而其他参数子空间依然呈现为近似平滑。为此可以认为该参数优化问题是一个集中于局部参数的子空间寻优问题，没有必要在全空间进行全局搜索。因此应当采取经济、高效的控制器参数子空间寻优方法，对一些影响控制系统性能的重要控制参数进行优化而不是对所有参数进行整体优化，具体方法将在 8.2 节进行介绍。

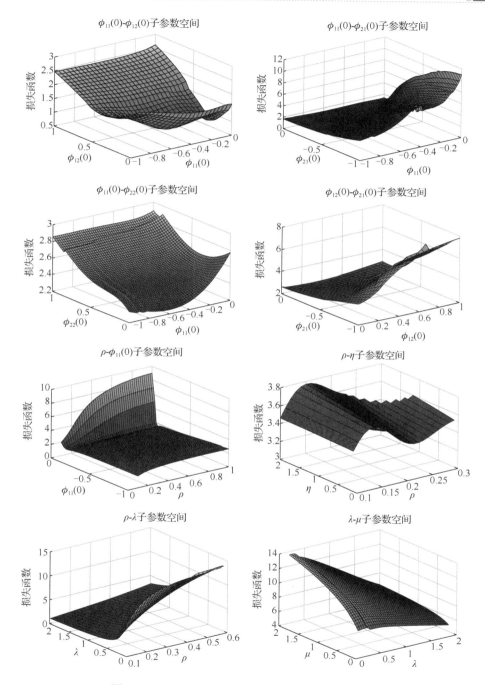

图 8.1.2　经验取值下部分子参数空间跟踪误差分布

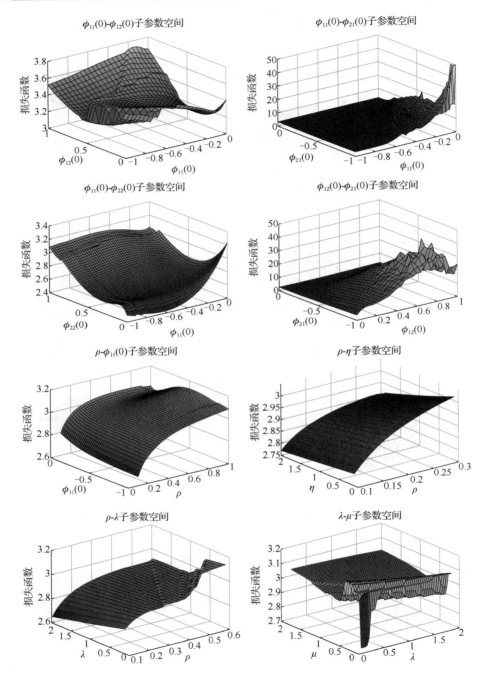

图 8.1.3　遗传算法参数优化下某局部最优解附近部分子参数空间跟踪误差分布

表 8.1.1　控制器跟踪误差

被控铁水质量	设定值跟踪 RMSE	
	参数经验取值	参数遗传优化
铁水[Si]/%	0.0104	0.0088
铁水温度/℃	1.7615	1.6852

8.2　基于多参数灵敏度分析与遗传算法参数优化的铁水质量 MFAC 方法

　　高炉炼铁过程等很多工业系统均为多输入多输出系统，如高炉炼铁过程需要同时控制铁水温度、铁水[Si]等多个指标。基础 MFAC 算法的伪偏导数个数为(输入维度×L_u)×(输出维度×L_y)，因此其控制器参数随着系统输入输出维度的增加而成倍增长。较多的控制参数赋予了控制算法灵活性和普适性，但同时也导致了基础 MFAC 算法控制性能的下降，在实际工业系统控制中可能无法满足工艺需求，这在前文 8.1 节的基础 MFAC 算法的铁水质量控制实验及分析部分也得到了验证和分析。实际上，理论和实践均表明，MFAC 算法的初值对控制器的性能具有重要影响，而初值的数量众多，手动调节工作量繁重且当输入输出维度较高时基本无法手动或经验调节。此外，由于面对的是机理不清的复杂工业系统，通过严格的数学推理来获得较为准确的控制器参数值难以实现。因此，针对这种情况，通过离线迭代整定的启发式优化算法来完成参数整定从实践角度具有可行性和必要性。但由于参数空间为高维甚至超高维的向量空间，搜索域过于庞大，启发式算法的效率及精度都会大打折扣，甚至无法达到控制器参数优化整定的效果。

　　针对上述问题以及前文 8.1 节关于基础 MFAC 算法铁水质量控制的分析和验证，本节提出一种基于多参数灵敏度分析（multi-parameter sensitivity analysis，MPSA）和 GA 的改进无模型自适应控制方法，用于高炉铁水质量的直接数据驱动控制。首先，利用实际工业高炉炼铁过程历史数据建立离线整定所需的高炉虚拟参考模型，然后基于该虚拟参考模型进行蒙特卡罗（Monte Carlo）控制实验，统计分析控制器参数及各个伪偏导数初值的灵敏度，将高维参数空间降维到低维的灵敏参数空间。最后，固定非灵敏参数，对灵敏参数进行遗传优化。此外，针对传统遗传算法在无模型自适应控制器参数优化过程中存在收敛慢、容易陷入局部最优解的问题，提出精英局部搜索及大规模变异遗传操作。用优化后的 MFAC 控制器进行高炉炼铁过程多元铁水质量的控制实验，取得令人满意的控制效果，验证了所提方法的有效性和实用性。

8.2.1　多参数灵敏度分析与遗传算法参数优化简述

8.2.1.1　多参数灵敏度分析简述

在参数优化中引入多参数灵敏度分析可以理解为对参数空间的一种降维处理。本节除了采用多参数灵敏度分析挖掘控制器参数与控制器性能的关联性还需要考虑如何进行实验能够得到有效的样本。此外，这里降维的目的也不是将参数空间压缩至最小有效的参数空间或是辨识某种可控的相关关系，而是需要去衡量哪些参数的变化会使控制器性能产生较为敏感的变化。常用于参数灵敏度分析的方法有直接求导法、因子干扰法等。直接求导法的思路是根据灵敏度的含义，直接对系统参数进行求导[11,12]，这种方法适用于能给出明确表达式的系统，对高炉铁水质量控制系统并不适用。因子干扰法[12]的思路是只变化一个参数的数值，其他参数保持不变，以输出变量与输入变量的比值为指标，单独分析每个参数的灵敏度，然后综合所有分析结果。显然，这种方法忽略了参数之间的相关性，只是一种局部的分析方法。

针对这些问题，本节将采用基于 Monte Carlo 控制实验的多参数灵敏度分析方法[12]来分析 MFAC 控制器参数的灵敏度。Monte Carlo 控制实验是以概率统计理论为基础，依据大数定律（样本均值替代总体均值），利用计算机数字模拟技术，解决一些很难直接用数学运算求解或用其他方法不能解决的复杂问题的一种近似计算方法[13]。Monte Carlo 控制实验同时变化所有参数的取值，多次运行 MFAC 控制器，相比于因子干扰法中只改变单个参数的取值，能够更真实、全面地模拟实际物理过程，包含了参数之间的相关性。多参数灵敏度分析综合考虑多次运行结果，同时给出所有参数的灵敏度。注意，灵敏度不是由输出变化值与参数变化值的比值来描述，而是依据定义的目标函数，将多次运行结果按给定指标进行分类，分别绘制累计频率分布曲线，依据统计学的原理来判断[14]。

MFAC 控制器的多参数灵敏度分析的流程如图 8.2.1 所示，其核心思路可以概括为 Monte Carlo 控制实验和统计评价两个过程。Monte Carlo 控制实验的最重要步骤是随机参数组的生成，进行 Monte Carlo 过程一般是为了更好地模拟现实系统的状态，从而生成一组接近于真实系统输入输出分布的数据，也可以理解为是对系统基于实验的近似采样。

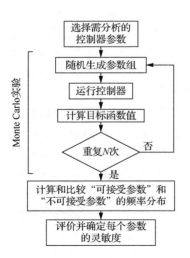

图 8.2.1　控制器多参数灵敏度
分析基本流程

因此，在进行 Monte Carlo 控制实验时，需要对系统的输入分布做一个理想假设，依据假设的分布进行采样，将得到的伪随机数作为实验的输入参数组。这其中比较常用的采样方法有 Metropolis-Hastings 采样法和吉布斯采样法等。但针对 MFAC 控制器参数优化场景，由于参数设定值为人为设定，没有分布的限制和需求，因此直接采用均匀分布下的采样即可。统计评价过程最主要的因素为使用什么样的统计评价指标，本节采用文献[12]中的累计频率分布曲线来进行统计灵敏度的分析，具体算法及计算过程将在后文 8.2.3.2 节给出。

8.2.1.2　遗传算法参数优化简述

由前文 8.1 节分析可知，高炉炼铁过程铁水质量无模型自适应控制器的参数优化问题是一个高维、最优值附近非凸的问题，而且依据 MFAC 方法的稳定性参数条件，该优化问题还是一个包含线性约束、非线性约束的混合约束优化问题。针对这样的问题，依据传统优化理论建模和求解过程复杂且很难求得理论解，因此启发式优化方法在该场景下更加适用。在启发式算法中，最成熟最常见的算法便是遗传算法。该算法是一种仿生优化算法，由美国 Holland 教授提出[15-18]，其本质是一个模拟生物进化过程自然选择和适者生存法则的计算模型[16]。遗传算法的基本优化思想如下。

遗传算法将参数优化过程和基因遗传过程对应起来，把模型或者控制器当作是一个生物物种，特定物种中的每个生物个体的身体结构是相同的，但基因会有细微的差别，这里的基因就对应着控制器或模型的各个参数，每一个参数对一个模型或者控制器来说等价于一个基因或者基因片段，所有参数放在一起构成一个染色体，每个个体就用这样的染色体来表示。生物进化的主要手段是繁衍变异，优秀的子代获得父母双方的优点并通过基因突变获得更适应于当前环境的基因段，以此得到进化和升级。但并非所有子代都会表现出优良特性，也有"残次品"存在，因此生物进化都是基于群体，在一个足够大的种群内，每一代总会出现表现优异的个体，而这里的种群在参数优化过程中便等价于由数值不同的参数组构成的集合，繁殖和变异就是指参数组之间的数字交换和改变。从生物进化的角度来看，在特定环境下，生物的某些特征越突出，就越容易在这种环境下生存，用优化的指标值来对应显性遗传的生物特征表象，称其为适应度，适应度值越接近我们的期望值，那么该个体的生存能力就越强，则寻找最优参数的过程就变成了通过种群的一代又一代的繁衍来寻找适应度极值对应的染色体的过程。图 8.2.2 给出了遗传算法求解参数优化问题的基本流程，其具体实现和针对铁水质量控制场景下的修改与适配将在 8.2.3 节中进行详细介绍。

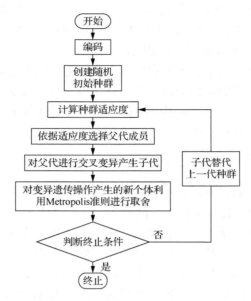

图 8.2.2   遗传算法参数优化基本流程

8.2.2   改进 MFAC 控制策略与算法

为了便于读者更好地理解基于多参数灵敏度分析及遗传算法参数优化的铁水质量无模型自适应控制方法，本节给出该算法的总体控制策略框图，如图 8.2.3 所示，并对其控制过程进行描述。本节改进 CFDL-MFAC 控制方法与常规 MIMO 形式 CFDL-MFAC 基本相同，不同之处在于 MFAC 控制参数的优化整顿部分。这也是针对前文 8.1.4 节所述问题开展的一个具有实际意义的工作。具体的基于多参数灵敏度分析与遗传算法参数优化的 MFAC 控制器参数优化将在后文 8.2.3 节进行介绍。本节结合图 8.2.3 控制策略对所提改进控制方法的控制过程进行简要描述。

步骤 1：采用典型相关分析等方法筛选出控制输入变量，并采用灰色关联分析方法对控制量与铁水质量指标之间的主要对应关系进行匹配，具体算法可参考文献[19]。

步骤 2：采用基于遗忘因子的递推子空间辨识算法建立铁水质量动态模型，并依据此模型建立参数整定所需的优化模型，具体过程参见前文第 4 章。

步骤 3：依据前文 8.1.1 节所述 CFDL-MFAC 方法建立多元铁水质量的数据驱动控制器，并用此数据驱动控制器来控制建立的递推子空间数据模型，从而进行针对控制参数的 Monte Carlo 控制实验。

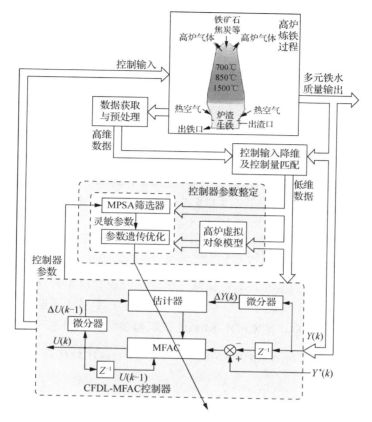

图 8.2.3　多元铁水质量的改进 CFDL-MFAC 控制策略

步骤 4：针对所提数据驱动控制器，根据 Monte Carlo 控制实验结果，采用多参数灵敏度分析方法分析各个控制器参数的灵敏度，选出灵敏参数。

步骤 5：以递推子空间数据模型为指标，依据遗传算法参数优化的思想整定灵敏参数，以此提高控制器的控制性能。

步骤 6：用参数整定后的 CFDL-MFAC 控制器在线控制高炉铁水质量，以此适应高炉炼铁过程的时变特性，使高炉顺行和铁水输出质量稳定。

8.2.3　基于多参数灵敏度分析和遗传算法参数优化的 MFAC 控制器参数整定方法

由前文 8.1 节可知，CFDL-MFAC 控制器有 7 个固定控制参数（$\lambda, \mu, \rho, \eta, \alpha, b_1, b_2$）和 $m \times n$ 个伪偏导数初值。若假定控制器输入输出维度均为 2 维（即 $m = n = 2$），则 CFDL-MFAC 控制器将包含 4 个伪偏导数初值（$\phi_{11}, \phi_{12}, \phi_{21}, \phi_{22}$），共 11 个可调

变量。这些控制参数以及伪偏导数初值会严重影响控制器的控制性能。因此，需要引入优化算法来对控制器参数进行整定。但由于参数较多，全部优化相当于在一个 11 维的高维参数空间中寻找一个全局最优解，时间成本较大，且通过实验发现部分参数的取值对控制结果的影响较小甚至可以忽略不计。本节将详细介绍基于 MPSA 技术和 GA 的 MFAC 控制器参数优化整定方法。具体是基于 Monte Carlo 控制实验，对各个控制器参数进行灵敏度分析，然后根据分析结果对灵敏参数进行优化整定，对不灵敏参数进行手动调整，以提高控制参数优化调整的效率，从而提升 MFAC 的控制性能。MFAC 控制方案以 8.1 节估计算法式（8.1.9）、控制算法式（8.1.6）和参数重置机制式（8.1.10）组成的 CFDL-MFAC 方案为例，参数优化过程中所采用的高炉动态模型如 8.1 节式（8.1.28）所示，其输入为压差和喷煤量，输出为铁水[Si]和 MIT，具体形式此处不再赘述。

8.2.3.1 控制器参数优化问题描述

控制器参数整定的主要目的是获取一组较优的控制器参数以最大限度地提高控制器性能。若以控制前述多元铁水质量动态模型 T_s 个采样周期的累计均方误差为控制器性能衡量指标，则 CFDL-MFAC 控制器参数优化问题可描述如下：

$$\min \quad \text{fit}(\lambda, \mu, \eta, \rho, b_1, b_2, \alpha, \phi_{ij}(0), \phi_{ii}(0)) = \sum_{k=1}^{T_s} (\tilde{Y}(k) - r_f(k))^{\text{T}} (\tilde{Y}(k) - r_f(k))$$

$$\text{s.t.} \quad \begin{cases} (1) & \lambda > 0 \\ (2) & \mu > 0 \\ (3) & 0 < \eta < 2 \\ (4) & 0 < \rho < 1 \\ (5) & b_2 > b_1(2\alpha + 1)(m - 1) \\ (6) & |\phi_{ij}(0)| \leqslant b_1 \\ (7) & b_2 \leqslant |\phi_{ii}(0)| \leqslant \alpha b_2 \end{cases} \qquad (8.2.1)$$

式中，$i = 1, 2, \cdots, m; j = 1, 2, \cdots, n; i \neq j$；约束（5）～（7）的引入是为了保证伪偏导数初值满足严格对角占优条件；$\tilde{Y}(k)$ 为 k 时刻在控制器输出控制量 $U(k)$ 作用下多元铁水质量动态模型的输出向量，可由式（8.1.28）计算得到；r_f 为输出参考曲线，因为真实高炉系统的铁水质量输出期望值的变化通常为阶跃变化，因此将其定义为一个多次跳变的分段函数，以此使得优化后的参数对控制系统跳变设定值具有较好的适应性。

由式（8.2.1）可知，该参数优化问题为一个含有非线性不等式约束的混合约束优化问题，为了便于优化算法的设计，采用惩罚法来松弛式中的各项约束。当参数集不满足任意一项约束时，为目标函数值加上高额惩罚，使该参数集无法成为最优参数集，由此将原混合约束优化问题转化为如下的无约束优化问题：

$$
\begin{aligned}
\min_{\mathrm{para},\phi_{ij}(0),\phi_{ii}(0)} \mathrm{fit}(\mathrm{para},\phi_{ij}(0),\phi_{ii}(0)) = & \sum_{k=1}^{T_s}(\tilde{Y}(k)-r_f(k))^{\mathrm{T}}(\tilde{Y}(k)-r_f(k)) \\
& + \kappa_1\left(\sum_{d=1}^{4}g(p_d)+g(2-p_3)+g(1-p_4)\right) \\
& + \kappa_2 g\left(p_6-p_5(2p_7+1)(m-1)\right) \\
& + \kappa_3\sum_{i=1}^{m}\left(g\left(|\phi_{ii}(0)|-p_6\right)+g\left(p_6p_7-|\phi_{ii}(0)|\right)+\sum_{\substack{j=1\\i\neq j}}^{n}g\left(p_5-|\phi_{ij}(0)|\right)\right)
\end{aligned}
$$
$$(8.2.2)$$

式中，$\mathrm{para}=[p_1,\cdots,p_7]=[\lambda,\mu,\eta,\rho,b_1,b_2,\alpha]$ 为控制参数向量；κ_1、κ_2 和 κ_3 分别为对应约束（1）～（4）、（5）、（6）和（7）的惩罚因子，一般选取为一个相对正常适应度值较大的数值；$g(\cdot)$ 为如式（8.2.3）的分段函数。

$$
g(x_i)=\begin{cases}1, & x_i\leqslant 0\\ 0, & x_i>0\end{cases}
$$
$$(8.2.3)$$

8.2.3.2　基于 Monte Carlo 实验的控制器多参数灵敏度分析

可以根据实际操作经验，在满足式（8.2.1）约束条件下设置各个控制参数的取值范围。在各参数限定的取值范围内，生成 N 个服从均匀分布的独立随机数，构成 N 组随机分布的参数集。应用生成的 N 个参数集，分别运行 MFAC 控制器，根据下式计算损失函数值：

$$
\mathrm{fit}(\lambda,\mu,\eta,\rho,b_1,b_2,\alpha,\phi_{ij}(0),\phi_{ii}(0))=\sum_{k=1}^{T_s}(\tilde{Y}(k)-r_f(k))^{\mathrm{T}}(\tilde{Y}(k)-r_f(k)) \quad(8.2.4)
$$

依据损失函数值的大小，将 N 个参数集分为两组：损失函数值"可接受"参数集和损失函数值"不可接受"参数集。分类准则是依据制定的"主观指标"，即将 N 个损失函数值按大小排序，选取后 50%分位点处的损失函数值作为"主观指标"。如果损失函数值大于"主观指标"，那么该参数组被分类为"不可接受"参数组；反之，如果损失函数值小于"主观指标"，那么对应的参数组被分类为"可接受"参数组。

对每个参数，比较"可接受"的参数集和"不可接受"的参数集两组中参数值的分布情况。如果两组分布形式相同，则表明该参数不灵敏；反之，则表明该参数较灵敏。若一组参数中不同数值的个数为 N_v，则其中第 $j(1\leqslant j\leqslant N_v)$ 个参数值对应的累计频率 Cf_j 的计算方法如式（8.2.5）所示：

$$
Cf_j=\sum_{i=1,i\leqslant j}^{j}\frac{v_i}{N} \quad(8.2.5)
$$

式中，v_i 为第 i 个数值出现的频次。

对每个参数，绘制累计频率曲线，并根据式（8.2.6）计算累计频率曲线的分离程度（degree of separation, DS）：

$$DS = 1 - \frac{\sum_{i=1}^{N}(\breve{y}_i - y_i)^2}{\sum_{i=1}^{N}(y_i - \bar{y})^2} \tag{8.2.6}$$

式中，$\breve{y}_i$ 和 y_i 分别是相应参数"可接受"和"不可接受"参数组对应累计频率数值；$\bar{y}$ 是相应参数"可接受"参数组对应累计频率数值的平均值。

式（8.2.6）所示分离程度的取值范围介于 0 和 1 之间。模型参数越灵敏，则其对应式（8.2.6）所示的分离程度越接近于 1；反之，模型参数越不灵敏，分离程度越接近于 0。根据计算的分离程度数值，筛选出累计频率曲线分离程度较大的 s 个灵敏参数 $x_1, x_2, \cdots, x_s$。另外，为每个判定为不灵敏的参数在其约束范围内人工选取一个合理值，一般取为取值范围的中位数或 0。

8.2.3.3　基于大规模变异与精英局部搜索的灵敏参数遗传优化

以全部灵敏参数 $x_1, x_2, \cdots, x_s$ 作为"问题变量"进行参数染色体的编码，鉴于经 MPSA 筛选后的灵敏参数较少，计算压力较轻，可以选择精度更高、能使遗传算法收敛速度更快的实数编码方式来对问题变量进行编码[17,18]。因此，每条染色体由 s 个浮点数作为基因串联组成，用 $c = [x_1, x_2, \cdots, x_s]$ 表示，种群为 r 条染色体构成的基因组 $\text{Popu} = [c_1^{\text{T}}, c_2^{\text{T}}, \cdots, c_r^{\text{T}}]^{\text{T}}$。

（1）基因重组与基因变异。采用单点交叉方式对基因进行重组，交叉方式为从父代基因种群中无放回地随机抽取一对染色体，以一定概率 g_j 决定是否对该染色体从 s 处截断，若结果判定为真，则随机产生一个截断的位置 $\text{loc} \in [1, s]$，交换 $[\text{loc}, s]$ 部分的基因，从而产生一对子代染色体，重复该项操作直至父代种群中所有个体均被遍历为止。该项操作可以等价为将父代种群两两配对进行交配，因此要求父代种群规模 r 为一个偶数。对基因重组后产生的每个子代以一个很小的概率 g_b 判定是否进行变异操作，若判定结果为真，则随机选取该染色体的某一位基因 x_b 进行变异，变异算子采用文献[20]中的实值变异算子，变异运算如式（8.2.7）所示：

$$x_b = x_b + 0.5 L_b \sum_{i=0}^{m_b} (-1)^{\text{rand}_i} \frac{a_b(i)}{2^i} \tag{8.2.7}$$

式中，L_b 为对应 x_b 灵敏参数的取值范围；rand_i 为随机产生的任意正整数；m_b 为变异算子二进制意义下的精度，且 $a_b(i)$ 以 $1/m_b$ 的概率取值为 1，否则取值为 0。

（2）大规模变异。考虑到控制器参数优化问题是一个局部最优解较多的问题，为了增强算法的搜索能力，提出大规模变异的遗传操作。对种群最优个体适应度进行监控,若经过 30 代优化后,种群最优适应度没有较为明显的改进,且未达到系统控制精度要求,则将父代和进行基因重组与变异后的子代集中到一起,以一个较大的概率值 g_s 对新种群中的每个个体判定是否变异,若某个染色体对应的判定结果为真,则在 1 至 s 范围内随机产生若干个地址,对每个地址对应的基因进行变异操作。可见,由于变异概率很大,该项遗传操作在一定程度上退化为随机搜索,并在很大程度上脱离了父代基因的束缚,提高搜索能力。大规模变异算法伪代码如算法 8.2.1 所示,该算法时间复杂度为 $O(r+r_a)$。

算法 8.2.1　大规模变异算法伪代码

开始

If $k > 30$　//k 为当前遗传代数

　　If $(\mathrm{fit}(k) - \mathrm{fit}(k-30)) < 0.002$　//fit 为每一代最优值存储向量

　　　　初始化 r_a: $r_a \leftarrow A$ 中染色体数量

　　　　　　　　//A 为对 Popu 进行基本遗传变异操作产生的子代种群

　　　　初始化 B: $B \leftarrow$ Popu 和 A 合并　//B 为大规模变异产生的子代种群

　　　　For $i := 1$ to $r+r_a$ do

　　　　　　初始化 rand　//rand 为 0 至 1 之间的随机数

　　　　　　If rand $< g_s$ then

　　　　　　　　a. 随机产生变异地址 j

　　　　　　　　b. 使用式(8.2.7)对 $B(i)$ 染色体中的 x_j 进行变异

　　　　　　Else

　　　　　　　　a. 删除 $B(i)$ 染色体

　　　　　　End if

　　　　End for

　　End if

End if

结束

---

(3)精英局部搜索。考虑到最优个体附近必然存在局部最优解,为了提高算法搜索到局部最优解的速度,提出精英局部搜索操作,即对适应度值最小的染色体的每一个基因以变异算子绝对值的幅度进行加减操作,生成 $2s$ 个子代并入种群。精英局部搜索算法的伪代码如算法 8.2.2 所示,该算法时间复杂度为 $O(s)$。

算法 8.2.2　精英局部搜索算法伪代码

开始

$C \leftarrow [\,]$　//C 为精英局部搜索算法产生的子代种群

For $i := 1$ to s do

a. 对 best 中的 x_i 进行下式操作生成一对新个体 c_e 和 c_f //best 为当前最优个体

$$x_i = x_i \pm 0.5 L_b \sum_{i=0}^{m_b} a_b(i) / 2^i$$

b. 将 c_e 和 c_f 存入 C

End for
结束

（4）子代筛选。对产生的各个子代染色体进行反归一化并用式（8.2.4）计算适应度值，与父代放在一起进行比较，筛选出新一代种群。同样考虑到该优化问题易陷入局部最优解，子代筛选机制可以采用 Metropolis 准则[20]，但所有子代种群个体均用 Metropolis 准则筛选会严重降低计算效率。为此，取一个折中方案，仅子代中的半数个体采用 Metropolis 准则筛选。具体筛选机制为：直接将种群所有个体中适应度值最小的 $r/2$ 个个体选出归入新一代种群，再从剩余的个体中每次无放回地随机抽取两个个体，对其利用 Metropolis 准则判别选择哪个个体进入新一代，直至选够 $r/2$ 个个体。子代筛选算法的伪代码如算法 8.2.3 所示，该算法时间复杂度为 $O(r_n \times T)$。

算法 8.2.3　子代筛选算法伪代码

开始
newPopu←Popu、A、B、C 合并
初始化 r_n: r_n←newPopu 中染色体数量
For i:=1 to r_n do
　　a. 用式（8.2.4）计算 newPopu(i)染色体的适应度
End for
初始化 Popu
对 newPopu 中染色体按适应度从小到大的顺序排序
Popu←前 $r/2$ 个染色体
For i:= $r/2+1$ to r do
　　a. 从 newPopu 剩余染色体中无放回地抽取两个染色体 c_g 和 c_h
　　b. 初始化 rand
　　c. If rand>min(1, $e^{(\mathrm{fit}(c_g) - \mathrm{fit}(c_h))/T}$)then
　　　　将 c_g 并入 Popu
　　Else
　　　　将 c_h 并入 Popu
　　End if
　　d. $T = T \times \alpha_T$
End for
结束

重复上述操作直至算法收敛或控制精度满足要求或达到最大遗传代数 g_e。所提控制器参数优化整定算法的伪代码如算法 8.2.4 所示。由于进化过程中临时种群的染色体个数 r_n 要远小于最大遗传代数及 Monte Carlo 控制实验次数，并且因为提前终止条件的存在，一般不会达到最大遗传代数，因此该算法时间复杂度主要取决于 Monte Carlo 控制实验次数的设定值。当设定的 Monte Carlo 控制实验次数远大于遗传算法最大遗传代数时，该算法的时间复杂度为 $O(N \times T)$。而在一般情况下，该算法的时间复杂度介于 $O((N + r_n) \times T)$ 与 $O((N + g_e \times r_n) \times T)$ 之间，仅在第一轮遗传即满足控制精度要求的条件下算法时间复杂度为 $O((N + r_n) \times T)$。

算法 8.2.4　基于 MPSA 与改进 GA 的 CFDL-MFAC 参数优化整定算法伪代码

开始

初始化 LB, UB　//LB 和 UB 分别为设定的控制器可调参数的取值下限向量及上限向量

步骤 1: Monte Carlo 控制实验

  1. 在[LB, UB]范围内生成 N 组随机分布参数值

  2. For k:=1 to N do

      代入每组参数，计算式（8.2.4）中的损失函数值

    End for

结束步骤 1

步骤 2: 统计评价参数灵敏度

步骤 3: 设定不灵敏参数数值

步骤 4: 整定灵敏参数

  1. 初始化 $g_e, r, g_b, g_s, g_j, m_b, T_s, \alpha_T$, Popu, fit $\in R^{1 \times g_e}$ 和 best

  2. 对 Popu 进行归一化

  3. For k:=1 to g_e do

      a. 对 Popu 中的染色体进行基本交叉变异操作生成子代种群 A

      b. 采用算法 8.2.1 对 Popu 及 A 中染色体进行大规模变异操作产生子代种群 B

      c. 采用算法 8.2.2 进行精英局部搜索操作产生子代种群 C

      d. 采用算法 8.2.3 对子代及父代进行筛选生成新一代的 Popu

      e. 判断终止条件

  End for

结束步骤 4

结束

8.2.4　工业数据验证

首先以式（8.1.28）为高炉铁水质量动态系统虚拟对象模型，按照 8.2.3 节所述步骤对 MFAC 参数进行基于 Monte Carlo 控制实验的多参数灵敏度分析和灵敏

参数遗传优化整定实验，然后将参数优化整定的结果用于 MFAC 控制器，控制高炉多元铁水质量，以验证本节基于 MPSA-GA 参数优化整定的改进 MFAC 控制方法的有效性和先进性。

8.2.4.1 控制器参数灵敏度分析及灵敏参数遗传优化整定实验

高炉炼铁过程铁水质量 CFDL-MFAC 数据驱动控制器需要进行灵敏度分析的控制器参数及含义如表 8.2.1 中第 1、2 列所示，各参数取值范围如第 3、4 列所示。Monte Carlo 模拟运行次数设定为 $N=5000$，各参数的累计频率分布曲线对比如表 8.2.1 中第 7 列所示，其中虚线累计频率分布曲线代表"不可接受"的情况，实线累计频率分布曲线表示"可接受"的情况，两条曲线的分离程度越大，表示该参数的灵敏度越大。用式（8.2.6）计算"可接受"情形的累计频率曲线与"不可接受"情形的累计频率曲线的分离程度 DS，如表 8.2.1 第 5 列所示。可以看出，$\lambda, \mu, \eta, \alpha, b_1$ 和 b_2 的 DS 值均大于 0.9，为不灵敏参数，因此舍弃，只优化相对灵敏的参数 ρ 和 4 个伪偏导数初值 $\phi_{11}, \phi_{12}, \phi_{21}$ 和 ϕ_{22}。

表 8.2.1 改进 CFDL-MFAC 控制器参数及多参数灵敏度分析结果

参数	含义	取值下限	取值上限	DS	取值	累计频率分布曲线
λ	控制输入权值因子	0	20	0.9987	0.5	
μ	PJM 权值因子	0	20	0.9899	0.5	
η	伪偏导数步长因子	0	2	0.9981	0.5	

续表

参数	含义	取值下限	取值上限	DS	取值	累计频率分布曲线
ρ	控制输入步长因子	0	1	0.6172	0.9999	
α	伪偏导数限定参数	1	20	0.9993	1.5	
b_1	伪偏导数限定参数	0	20	0.9994	0.52	
b_2	伪偏导数限定参数	0	1000	0.9990	0.8	
ϕ_{11}	伪偏导数初值	−20	20	0.4975	0.5143	
ϕ_{12}	伪偏导数初值	−20	20	0.4840	−1.1435	

续表

参数	含义	取值下限	取值上限	DS	取值	累计频率分布曲线
ϕ_{21}	伪偏导数初值	-20	20	0.0795	1.1436	
ϕ_{22}	伪偏导数初值	-20	20	0.7548	0.5144	

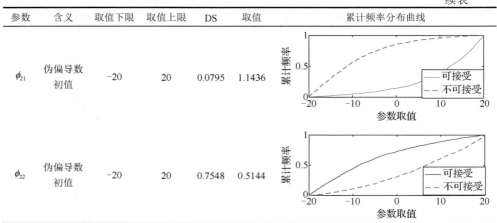

采用所提改进遗传算法进行灵敏参数优化时，惩罚因子 κ_1，κ_2 和 κ_3 均设定为 20，遗传算法的参数设定如表 8.2.2 所示，而遗传算法参数优化的最优个体收敛过程及最优个体来源统计如图 8.2.4 所示，最终控制器参数设置如表 8.2.1 中第 6 列所示。为了使图像较为清晰，在图 8.2.4 中仅绘制改进遗传算法的收敛代数，基础遗传操作只有交叉变异操作，改进遗传算法在基础遗传算法的基础上增加了大规模变异操作和精英局部搜索操作。可以看出，所提改进算法在进化了 157 代后收敛至 1.4877 并退出循环，而基础遗传算法在达到最大遗传代数时仍未收敛，适应度值为 1.6249。将改进算法 157 代中每一代最优个体的来源通过 4 种不同的符号进行标记，并对 4 种来源进行统计分析，绘制如图 8.2.4 右上角所示的饼状图，其中 69 次迭代的最优个体来源于父代成员是因为在此次进化中 3 种遗传操作均未找到更优的个体。由图 8.2.4 中饼状图可以看出，新引入的大规模变异及精英局部搜索操作为算法收敛提供了很大占比的最优个体，加快了算法的收敛过程，提高了算法的搜索能力。因此该两项遗传改进操作的提出具有一定的理论意义及应用价值。

表 8.2.2　GA 参数设定

控制器参数	参数含义	取值
g_e	最大遗传代数	300
r	种群规模	50
g_b	染色体变异概率	0.0125
g_s	大规模变异概率	0.25
g_j	染色体交叉概率	0.7
m_b	变异算子精度	20
T_s	Metropolis 准则温度参数	1
α_T	Metropolis 准则温度衰减系数	0.5

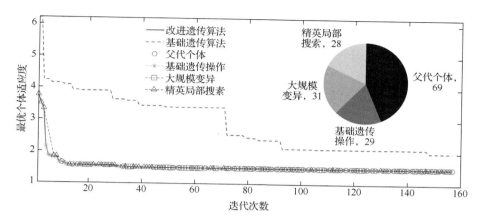

图 8.2.4　遗传算法参数优化的最优个体收敛过程及最优个体来源统计图

8.2.4.2　铁水质量控制效果

CFDL-MFAC 数据驱动控制器参数优化整定后，进行多元铁水质量的两组在线控制实验，一组为方波干扰下的设定值跟踪控制实验，另一组为正弦干扰下的设定值跟踪控制实验。为了更加直观地展示所提控制方法的控制效果，两组实验均与数据驱动预测控制进行对比。

控制实验中，给定铁水硅含量 y_1 的初始设定值为 0.45，铁水温度 y_2 的初始设定值为 1490℃。然后，在炼铁 $k = 60$ 时刻给 y_1 设定值+0.2%的阶跃跳变信号，而在炼铁 $k = 90$ 时刻给 y_2 设定值+30℃的阶跃跳变信号。此外，为了观察所提方法的抗干扰控制性能，分别进行方波干扰和正弦干扰下的两组抗干扰控制实验，得到的铁水质量控制结果及相应控制器伪偏导数变化曲线分别如图 8.2.5 和图 8.2.6 所示。由于过程干扰一般与被控输出铁水质量的数值幅度不相同，为了能够较为清晰、直观地反映出过程外部干扰下铁水质量设定值跟踪曲线的变化趋势，将外部干扰曲线的数值加上被控量历史数据的均值。即对于方波干扰，给铁水[Si]的输出干扰曲线数值加上 0.53%，而铁水温度的输出干扰曲线数值加上 1510℃，并与设定值跟踪曲线绘制在同一张图上。

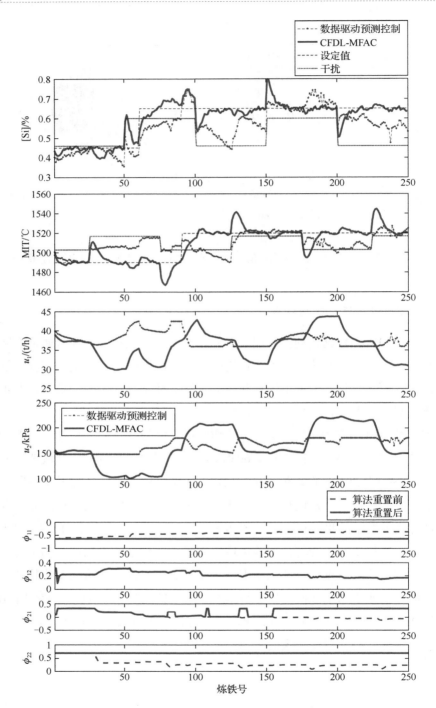

图 8.2.5 方波干扰下高炉铁水质量控制曲线及控制器伪偏导数变化曲线

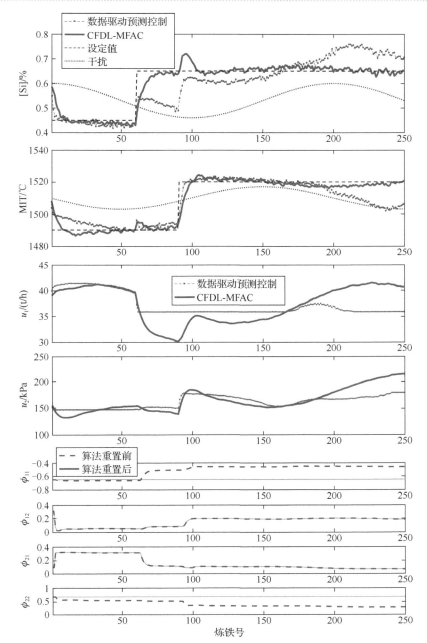

图 8.2.6　正弦干扰下高炉铁水质量控制曲线及控制器伪偏导数变化曲线

从图 8.2.5 和图 8.2.6 可以看出，数据驱动预测控制方法控制下的两个铁水质量指标在方波干扰下始终在各自设定值附近反复波动，且波动幅值较大，不能很好地收敛到各自的设定值。而在正弦干扰下，数据驱动预测控制方法已基本不能使得实际铁水质量输出跟踪各自的设定值，一直存在较大的铁水质量控制偏差。可以看到，所提基于 MPSA 以及改进遗传算法参数优化的 CFDL-MFAC 方法，虽然其两个铁水质量指标在方波干扰切换的瞬间会有较大幅度的跟踪误差，但是通过基于实时输入输出数据进行控制量的快速、有效调节，使得被控铁水质量的控制误差逐渐收敛，即两个被控输出能够跟随设定值的变化趋势。此外，图 8.2.6 表明所提控制方法受低频正弦干扰的影响也很小，能够使得铁水质量控制始终保持着稳定跟踪和良好抗干扰性能。此外，表 8.2.3 给出了两种控制方法更新一次控制量的平均运行时间和两类外部干扰下的铁水质量设定值跟踪的 RMSE。从表中可以看出，所提改进 CFDL-MFAC 方法不仅设定值跟踪误差要比数据驱动预测控制方法小很多，计算速度也要快出 3 个数量级。即所提方法具有快速、准确和稳定的铁水质量控制性能。

表 8.2.3   控制器性能对比

性能指标	CFDL-MFAC	数据驱动预测控制
测试样本数	250	250
平均控制量更新时间/s	0.000019	0.0513
方波干扰下[Si]控制的 RMSE/%	0.0364	0.0792
方波干扰下 MIT 控制的 RMSE/℃	6.3768	9.6553
正弦干扰下[Si]控制的 RMSE/%	0.0229	0.0524
正弦干扰下 MIT 控制的 RMSE/℃	3.0290	5.3546

8.3   高炉铁水质量鲁棒无模型自适应预测控制方法

高炉炼铁是一个强非线性动态系统，MFAC 方法基于动态线性化理论，在系统采样频率足够高的情况下能够较好地完成强非线性动态系统的控制任务，但是在低频采样情况时由于两个采样点之间存在较复杂的非线性动态，因而线性化带来的信息损失较大，动态工作点辨识会产生较大误差，最终导致控制系统的不稳定。实际上，这也是 MFAC 方法在实际工业控制中的一个致命问题。

为此，本节转向于 MFAC 的另一类方法，即无模型自适应预测控制（model free adaptive predictive control, MFAPC）来解决高炉铁水质量控制的上述难题。MFAPC 方法为 MFAC 方法与传统模型预测控制方法结合的产物，通过采用多层递阶预报对未来工作点进行预测，从而得到一个由多个线性动态工作点组成的跨越多个时域的弱非线性动态工作点，由此推导出的控制器会对动态工作点的非线性关系具有较好适应性。本节结合多元铁水质量控制的问题，首先在常规单输入单输出（single input single output，SISO）形式 MFAPC 算法基础上推导出其 MIMO 形式，从而提出扩展的 MFAPC 方法，并证明了其有界输入有界输出（bounded-input bounded-output, BIBO）稳定性。此外，考虑到高炉炼铁过程中存在的测量噪声、数据缺失等不确定性问题，被控输出的测量值有时难以获取或其中包含较多噪声，这会导致控制器的失真甚至失稳。为此，引入 Kalman 滤波技术，基于紧格式动态线性化模型设计了 Kalman 滤波器，并且针对数据缺失问题设计了相应的补偿机制，从而提出鲁棒无模型自适应预测控制方法，即鲁棒 MFAPC 方法。基于实际工业数据的系列数据实验验证了所提控制方法的正确性和有效性，以及在高炉炼铁过程中多元铁水质量控制的实用性。

8.3.1　高炉铁水质量扩展 MFAPC 方法

8.3.1.1　控制量求解

由前文 8.1.1 节可知，在系统满足假设 8.1.1 和假设 8.1.2 的条件下，式（8.1.1）所描述的高炉炼铁系统在每个动态工作点可转化为如式（8.1.3）所示的等价动态线性化模型。基于该等价模型，在控制量求解时引入预测控制中预测时域和控制时域的概念，将未来时刻的控制系统跟踪误差和控制增量变化考虑进来，从而最小化如下准则函数：

$$J = \sum_{i=1}^{N_p} (Y(k+i) - Y^*(k+i))^{\mathrm{T}} (Y(k+i) - Y^*(k+i)) + \lambda \sum_{j=0}^{N_u-1} \Delta U^{\mathrm{T}}(k+j) \Delta U(k+j)$$

（8.3.1）

式中，N_p 和 N_u 分别为预测时域和控制时域，二者应该满足 $N_u \leqslant N_p$；$Y^*(k+i)$ 是未来时刻的输出设定值；$Y(k+i)$ 和 $\Delta U(k+j)$ 分别为 $k+i$ 时刻的系统输出和 $k+j$ 时刻的控制量增量；λ 是控制量权值因子，满足 $\lambda > 0$。

基于紧格式动态线性化模型（8.1.3），式（8.3.1）的输出 $Y(k+i)$ 可以依据时间递推预测如下：

$$\begin{cases} Y(k+1) = Y(k) + \Phi_c(k) \Delta U(k) \\ Y(k+2) = Y(k) + \Phi_c(k) \Delta U(k) + \Phi_c(k+1) \Delta U(k+1) \\ \quad \vdots \\ Y(k+N_u) = Y(k) + \Phi_c(k) \Delta U(k) + \cdots + \Phi_c(k+N_u-1) \Delta U(k+N_u-1) \\ \quad \vdots \\ Y(k+N_p) = Y(k) + \Phi_c(k) \Delta U(k) + \cdots + \Phi_c(k+N_p-1) \Delta U(k+N_p-1) \end{cases}$$

（8.3.2）

定义如下矩阵：

$$\begin{cases} \Delta U_p(k) = [\Delta U^{\mathrm{T}}(k), \Delta U^{\mathrm{T}}(k+1), \cdots, \Delta U^{\mathrm{T}}(k+N_p-1)]_{N_p m \times 1}^{\mathrm{T}} \\ Y_p(k+1) = [Y^{\mathrm{T}}(k+1), \cdots, Y^{\mathrm{T}}(k+N_p)]^{\mathrm{T}} \\ E(k) = [1, \cdots, 1]_{N_p \times 1}^{\mathrm{T}} \end{cases}$$

（8.3.3）

那么，式（8.3.3）可以整理成如下形式：

$$Y_p(k+1) = E(k) \otimes Y(k) + A_0(k)\Delta U_p(k) \qquad (8.3.4)$$

式中，$\otimes$ 表示 Kronecker 乘积；而 $A_0(k) \in R^{N_p l \times N_p m}$ 构造如下：

$$A_0(k) = \begin{bmatrix} \Phi_c(k) & 0_{l \times m} & 0_{l \times m} & \cdots & 0_{l \times m} & 0_{l \times m} \\ \Phi_c(k) & \Phi_c(k+1) & 0_{l \times m} & \cdots & 0_{l \times m} & 0_{l \times m} \\ \vdots & \vdots & \ddots & \ddots & \ddots & \vdots \\ \Phi_c(k) & \Phi_c(k+1) & \cdots & \Phi_c(k+N_u-1) & 0_{l \times m} & 0_{l \times m} \\ \vdots & \vdots & \ddots & \vdots & \ddots & \vdots \\ \Phi_c(k) & \Phi_c(k+1) & \cdots & \Phi_c(k+N_u-1) & \cdots & \Phi_c(k+N_p-1) \end{bmatrix} \qquad (8.3.5)$$

若 $\Delta U(k+i) = 0, i > N_u - 1$，则式（8.3.5）可以进一步改写为

$$Y_p(k+1) = E(k) \otimes Y(k) + A(k)\Delta U_{N_u}(k) \qquad (8.3.6)$$

式中，$A(k) \in \mathbb{R}^{N_p l \times N_u m}$ 和 $\Delta U_{N_u}(k) \in \mathbb{R}^{N_u m \times 1}$ 分别定义如式（8.3.7）式（8.3.8）所示：

$$A(k) = \begin{bmatrix} \Phi_c(k) & 0_{l \times m} & 0_{l \times m} & 0_{l \times m} \\ \Phi_c(k) & \Phi_c(k+1) & 0_{l \times m} & 0_{l \times m} \\ \vdots & \vdots & \ddots & \vdots \\ \Phi_c(k) & \Phi_c(k+1) & \cdots & \Phi_c(k+N_u-1) \\ \vdots & \vdots & \cdots & \vdots \\ \Phi_c(k) & \Phi_c(k+1) & \cdots & \Phi_c(k+N_u-1) \end{bmatrix} \qquad (8.3.7)$$

$$\Delta U_{N_u}(k) = [\Delta U^{\mathrm{T}}(k), \cdots, \Delta U^{\mathrm{T}}(k+N_u-1)]^{\mathrm{T}}_{N_u m \times 1} \qquad (8.3.8)$$

式中，$0_{l \times m}$ 为 l 行 m 列的零矩阵。

将式（8.3.6）代入式（8.3.1），并令 $\partial J / \partial \Delta U_{N_u}(k) = 0$，得

$$\Delta U_{N_u}(k) = [A^{\mathrm{T}}(k)A(k) + \lambda I]^{-1} \times A^{\mathrm{T}}(k) \times [Y_p^*(k+1) - E(k) \otimes Y_p(k)] \qquad (8.3.9)$$

式中，$Y_p^*(k+1) = [Y^{*\mathrm{T}}(k+1), \cdots, Y^{*\mathrm{T}}(k+N_p)]^{\mathrm{T}}$。

同样，考虑到在系统输入输出维度较大时矩阵求逆运算会十分耗时，将式（8.3.9）转化为如下形式：

$$\Delta U_{N_u}(k) = \frac{\rho A^{\mathrm{T}}(k)[Y_p^*(k+1) - E(k) \otimes Y(k)]}{\lambda + \|A(k)\|^2} \qquad (8.3.10)$$

定义：

$$g = [I_m, 0_{m \times m}, \cdots, 0_{m \times m}]^{\mathrm{T}}_{N_u m \times m} \qquad (8.3.11)$$

式中，I_m 是 m 阶单位阵；$0_{m \times m}$ 是 m 阶零矩阵。

因此，当前时刻的控制量可由如下方程从 $\Delta U_{N_u}(k)$ 中提取：

$$U(k) = U(k-1) + g^{\mathrm{T}}\Delta U_{N_u}(k) \qquad (8.3.12)$$

8.3.1.2　伪偏导数估计和预测

由式（8.3.10）和式（8.3.7）可知，控制量的求解依赖于 A 矩阵中当前时刻及未来时刻系统动态工作点伪偏导数矩阵 $\Phi_c(k+i),i=0,1,\cdots,N_u-1$ 的估计及预测。这里仍然采用修正投影算法来估计当前时刻的伪偏导数矩阵，定义损失函数如下：

$$J(\hat{\Phi}_c(k)) = \left\| Y(k) - Y(k-1) - \hat{\Phi}_c(k)\Delta U(k-1) \right\|^2 + \mu \left\| \hat{\Phi}_c(k) - \hat{\Phi}_c(k-1) \right\|^2 \quad (8.3.13)$$

式中，$\mu > 0$ 是伪偏导数矩阵增量的惩罚因子；$\hat{\Phi}_c(k)$ 是 $\Phi_c(k)$ 的估计值。

对式（8.3.13）求最小化可得

$$\begin{aligned}
\hat{\Phi}_c(k) = &\hat{\Phi}_c(k-1) + (\Delta Y(k) - \hat{\Phi}_c(k-1)\Delta U(k-1))\Delta U^{\mathrm{T}}(k-1) \\
&\times (\mu I + \Delta U(k-1)\Delta U^{\mathrm{T}}(k-1))^{-1}
\end{aligned} \quad (8.3.14)$$

为避免求逆运算，依旧对含有矩阵求逆的部分进行等价变换如下：

$$\hat{\Phi}_c(k) = \hat{\Phi}_c(k-1) + \frac{\eta(\Delta Y(k) - \hat{\Phi}_c(k-1)\Delta U(k-1))\Delta U^{\mathrm{T}}(k-1)}{\mu + \| \Delta U(k-1) \|^2} \quad (8.3.15)$$

式中，$\eta \in (0,2]$ 是为了使算法更具一般性而引入的步长因子。

为了使伪偏导数估计算法能够更好地跟踪时变参数，引入重置机制如下：

$$\begin{cases}
\hat{\phi}_{ii}(k) = \hat{\phi}_{ii}(1), & \text{若 } \mathrm{sgn}(\hat{\phi}_{ii}(k)) \neq \mathrm{sgn}(\hat{\phi}_{ii}(1)) \text{ 或 } |\hat{\phi}_{ii}(k)| < b_2 \text{ 或 } |\hat{\phi}_{ii}(k)| > \alpha b_2 \\
\hat{\phi}_{ij}(k) = \hat{\phi}_{ij}(1), & \text{若 } \mathrm{sgn}(\hat{\phi}_{ij}(k)) \neq \mathrm{sgn}(\hat{\phi}_{ij}(1)) \text{ 或 } |\hat{\phi}_{ij}(k)| > b_1
\end{cases} \quad (8.3.16)$$

式中，$i=1,2,\cdots,l;\quad j=1,2,\cdots,m;\quad i \neq j$；$\hat{\phi}_{ii}(k)$ 和 $\hat{\phi}_{ij}(k)$ 分别为 $\hat{\Phi}_c(k)$ 的主对角线元素和其他元素；$\hat{\phi}_{ii}(1)$ 和 $\hat{\phi}_{ij}(1)$ 分别为 $\hat{\phi}_{ii}(k)$ 和 $\hat{\phi}_{ij}(k)$ 的初值；α,b_1,b_2 为给定常数且满足 $\alpha \geqslant 1$ 和 $b_2 > b_1(2\alpha+1)(m-1)$。

假设在时刻 k，已经通过式（8.3.15）计算得到了前 k 个时刻的伪偏导数矩阵估计值 $\hat{\Phi}_c(1),\hat{\Phi}_c(2),\cdots,\hat{\Phi}_c(k)$，那么 $\Phi_c(k+i),i=1,2,\cdots,N_u$ 可以通过如下自回归模型来求得：

$$\begin{cases}
\hat{\Phi}_c(k+1) = \theta_1(k)\hat{\Phi}_c(k) + \theta_2(k)\hat{\Phi}_c(k-1) + \cdots + \theta_{n_p}(k)\hat{\Phi}_c(k-n_p+1) \\
\qquad\vdots \\
\hat{\Phi}_c(k+j) = \theta_1(k)\hat{\Phi}_c(k+j-1) + \theta_2(k)\hat{\Phi}_c(k+j-2) + \cdots + \theta_{n_p}(k)\hat{\Phi}_c(k+j-n_p) \\
\qquad\vdots \\
\hat{\Phi}_c(k+N_u) = \theta_1(k)\hat{\Phi}_c(k+N_u-1) + \theta_2(k)\hat{\Phi}_c(k+N_u-2) \\
\qquad\qquad\qquad + \cdots + \theta_{n_p}(k)\hat{\Phi}_c(k+N_u-n_p)
\end{cases}$$

$$(8.3.17)$$

式中，n_p 是自回归模型的阶次。

定义 $\theta(k)=[\theta_1(k),\cdots,\theta_{n_p}(k)]^{\mathrm{T}}$，那么 $\theta(k)$ 由下式更新：

$$\theta(k)=\theta(k-1)+\frac{\hat{\varphi}(k-1)(\|\hat{\boldsymbol{\Phi}}_c(k)\|^2-\hat{\varphi}^{\mathrm{T}}(k-1)\theta(k-1))}{\delta+\|\hat{\varphi}(k-1)\|^2} \quad (8.3.18)$$

式中，$\hat{\varphi}(k-1)$ 定义如下：

$$\hat{\varphi}(k-1)=\left[\|\hat{\boldsymbol{\Phi}}_c(k-1)\|^2 \quad \cdots \quad \|\hat{\boldsymbol{\Phi}}_c(k-n_p)\|^2\right]^{\mathrm{T}} \quad (8.3.19)$$

而 $\delta>0$ 是一个给定的正常数。

8.3.1.3　扩展 MFAPC 算法的实施步骤

为了便于读者更好地理解面向多输入多输出系统的扩展无模型自适应预测控制方法，本节给出其控制器结构框图和算法伪代码。扩展 MFAPC 的计算方案可以总结为如算法 8.3.1 所示的伪代码，其对应的控制策略及结构如图 8.3.1 所示。

算法 8.3.1　扩展 MFAPC 伪代码

开始

初始化 g, A

For k:=1 to end, do

　　步骤 1: 读取 $Y(k)$

　　步骤 2: 用式（8.3.15）更新 $\hat{\boldsymbol{\Phi}}_c(k)$

　　步骤 3: 采用式（8.3.16）重置算法

　　步骤 4: 用式（8.3.19）计算 $\hat{\varphi}(k-1)$

　　步骤 5: 用式（8.3.18）更新 $\theta(k)$

　　步骤 6: 用零矩阵初始化 $\hat{\boldsymbol{\Phi}}_c(k+j)$

　　步骤 7: For j:=1 to N_u

　　　　　利用式（8.3.17）计算 $\hat{\boldsymbol{\Phi}}_c(k+j)$

　　　　结束 For 循环

　　步骤 8: 依据式（8.3.7）构造 $A(k)$ 阵

　　步骤 9: 用式（8.3.6）预测 $Y(k+i)$

　　步骤 10: 用式（8.3.10）计算控制量增量

　　步骤 11: 用式（8.3.12）更新控制量

End For

结束

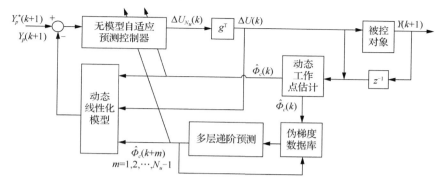

图 8.3.1　扩展 MFAPC 控制策略图

8.3.1.4　扩展 MFAPC 算法的稳定性分析

本节就所提扩展 MFAPC 算法的 BIBO 稳定性进行分析，首先引入如下引理。

引理 8.3.1[7]：当式（8.1.1）所示高炉非线性系统满足假设 8.1.1～假设 8.1.3 时，如果伪偏导数矩阵 $\hat{\boldsymbol{\Phi}}_c(k)$ 有界并且 $\{S(k)\}$ 是有界序列，那么一定存在一个大于 0 的常数 $\lambda_{\min}$，当 $\lambda \geqslant \lambda_{\min}$ 时，如下不等式成立：

$$\left\| I - \frac{\rho \boldsymbol{\Phi}_c(k) \hat{\boldsymbol{\Phi}}_c^{\mathrm{T}}(k)}{\lambda + \left\| S(k) \right\|^2} \right\|_v \leqslant 1 - \rho M_1 + \varepsilon < 1 \tag{8.3.20}$$

式中，M_1 和 ε 是正的常值并且满足 $0 < M_1 < 1$。

注释 8.3.1：引理 8.3.1 可由文献[7]推理得到。由文献[7]中的推导可以看出，分母 $\lambda + \| \hat{\boldsymbol{\Phi}}(k) \|$ 保持不变。因此，用一个有界的序列来替代分母中的 $\hat{\boldsymbol{\Phi}}(k)$ 并不会影响有效性。对于要求系统满足假设 8.1.1～假设 8.1.3，这在注释 8.1.1 和注释 8.1.2 中已经进行了分析。

定理 8.3.1：如果铁水质量输出期望值 $Y^*(k+1)$ 是一个不变的常值 Y^* 并且高炉炼铁系统满足假设 8.1.1～假设 8.1.3，那么一定存在一个大于 0 的常数 $\lambda_{\min}$，当 $\lambda \geqslant \lambda_{\min}$ 时，所提扩展 MFAPC 算法有：

（1）$\lim\limits_{k \to \infty} \| |Y(k+1) - Y^*| \|_v = 0$，式中 $\| \cdot \|_v$ 是 v 阶矩阵范数。

（2）$Y(k)$ 和 $U(k)$ 在任意时刻有界。

证明：证明过程为 3 步，即首先证明伪偏导数矩阵的有界性，然后证明预测时域内伪偏导数预测值的有界性，最后在前两步的基础上证明扩展 MFAPC 算法的稳定性。

（1）第 1 步。将伪偏导数矩阵分解成 $\hat{\boldsymbol{\Phi}}_c(k) = [\hat{\boldsymbol{\phi}}_1^{\mathrm{T}}(k), \cdots, \hat{\boldsymbol{\phi}}_m^{\mathrm{T}}(k)]^{\mathrm{T}}$，其中 $\hat{\boldsymbol{\phi}}_i(k) =$

$[\hat{\phi}_{i1}(k),\cdots,\hat{\phi}_{il}(k)]$，$i=1,2,\cdots,l$。那么伪偏导数矩阵估计计算法可以重写为

$$\hat{\phi}_i(k)=\hat{\phi}_i(k-1)+\frac{\eta(\Delta Y_i(k)-\hat{\phi}_i(k-1)\Delta U(k-1))\Delta U^{\mathrm{T}}(k-1)}{\mu+\left\|\Delta U(k-1)\right\|^2} \quad (8.3.21)$$

式中，$\Delta Y_i(k)=\phi_i(k-1)\Delta U(k-1)$。

令 $\tilde{\phi}_i(k)=\hat{\phi}_i(k)-\phi_i(k)$，式（8.3.21）两边同时减去 $\phi_i(k)$ 得到

$$\tilde{\phi}_i(k)=\tilde{\phi}_i(k-1)-\frac{\eta\tilde{\phi}_i(k-1)\Delta U(k-1)\Delta U^{\mathrm{T}}(k-1)}{\mu+\left\|\Delta U(k-1)\right\|^2}+\phi_i(k-1)-\phi_i(k) \quad (8.3.22)$$

从引理 8.1.1 可以推导出一定存在一个正的常数 $\bar{b}$ 满足 $\left\|\varPhi_c(k)\right\|\leqslant\bar{b}$，由此可以进一步推导出 $\left\|\tilde{\phi}_i(k-1)-\tilde{\phi}_i(k)\right\|\leqslant 2\bar{b}$。对式（8.3.22）两边取模有

$$\left\|\tilde{\phi}_i(k)\right\|\leqslant\left\|\tilde{\phi}_i(k-1)\left(I-\frac{\eta\Delta U(k-1)\Delta U^{\mathrm{T}}(k-1)}{\mu+\left\|\Delta U(k-1)\right\|^2}\right)\right\|+\left\|\phi_i(k-1)-\phi_i(k)\right\|$$

$$\leqslant\left\|\tilde{\phi}_i(k-1)\left(I-\frac{\eta\Delta U(k-1)\Delta U^{\mathrm{T}}(k-1)}{\mu+\left\|\Delta U(k-1)\right\|^2}\right)\right\|+2\bar{b} \quad (8.3.23)$$

对式（8.3.23）右边第 1 项取平方可得

$$\left\|\tilde{\phi}_i(k-1)\left(I-\frac{\eta\Delta U(k-1)\Delta U^{\mathrm{T}}(k-1)}{\mu+\left\|\Delta U(k-1)\right\|^2}\right)\right\|^2$$

$$=\left\|\tilde{\phi}_i(k-1)\right\|^2+\left(-2+\frac{\eta\left\|\Delta U(k-1)\right\|^2}{\mu+\left\|\Delta U(k-1)\right\|^2}\right)\frac{\eta\left\|\tilde{\phi}_i(k-1)\Delta U(k-1)\right\|^2}{\mu+\left\|\Delta U(k-1)\right\|^2} \quad (8.3.24)$$

容易得到当 $0<\eta\leqslant 2$，$\mu>0$ 时，下面不等式成立：

$$-2+\frac{\eta\left\|\Delta U(k-1)\right\|^2}{\mu+\left\|\Delta U(k-1)\right\|^2}<0 \quad (8.3.25)$$

则可进一步由式（8.3.23）和式（8.3.24）推导出，当存在 $0<d_1\leqslant 1$ 时，有

$$\left\|\tilde{\phi}_i(k-1)\left(I-\frac{\eta\Delta U(k-1)\Delta U^{\mathrm{T}}(k-1)}{\mu+\left\|\Delta U(k-1)\right\|^2}\right)\right\|\leqslant d_1\left\|\tilde{\phi}_i(k-1)\right\| \quad (8.3.26)$$

将式（8.3.26）代入式（8.3.23）有

$$\left\|\tilde{\phi}_i(k)\right\|\leqslant d_1\left\|\tilde{\phi}_i(k-1)\right\|+2\bar{b}\leqslant\cdots\leqslant d_1^{k-1}\left\|\tilde{\phi}_i(1)\right\|+\frac{2\bar{b}(1-d_1^{k-1})}{1-d_1} \quad (8.3.27)$$

因为从式（8.3.27）可得知 $\tilde{\phi}_i(k)$ 有界，由引理 8.1.1 可知 $\left\|\varPhi_c(k)\right\|\leqslant\bar{b}$，则 $\hat{\phi}_i(k)$ 和 $\hat{\varPhi}_c(k)$ 有界。

（2）第 2 步。从式（8.3.18）可以推导出：

$$
\begin{aligned}
\theta(k) &= \theta(k-1) + \frac{\hat{\varphi}(k-1)\left(\left\|\hat{\boldsymbol{\Phi}}_c(k)\right\|^2 - \hat{\varphi}^{\mathrm{T}}(k-1)\theta(k-1)\right)}{\delta + \left\|\hat{\varphi}(k-1)\right\|^2} \\
&= \left(1 - \frac{\hat{\varphi}(k-1)\hat{\varphi}^{\mathrm{T}}(k-1)}{\delta + \left\|\hat{\varphi}(k-1)\right\|^2}\right)\theta(k-1) + \frac{\hat{\varphi}(k-1)\left\|\hat{\boldsymbol{\Phi}}_c(k)\right\|^2}{\delta + \left\|\hat{\varphi}(k-1)\right\|^2}
\end{aligned} \tag{8.3.28}
$$

因为 $\hat{\boldsymbol{\Phi}}_c(k),\cdots,\hat{\boldsymbol{\Phi}}_c(k-n_p)$ 的有界性已经被证明，易知式（8.3.28）中的第 2 项也有界。因此，一定存在一个正的常数 p 满足：

$$
\left\|\frac{\hat{\varphi}(k-1)\left\|\hat{\boldsymbol{\Phi}}_c(k)\right\|^2}{\delta + \left\|\hat{\varphi}(k-1)\right\|^2}\right\| \leqslant p \tag{8.3.29}
$$

在式（8.3.28）两端取模有

$$
\begin{aligned}
\|\theta(k)\| &\leqslant \left\|\left(1 - \frac{\hat{\varphi}(k-1)\hat{\varphi}^{\mathrm{T}}(k-1)}{\delta + \left\|\hat{\varphi}(k-1)\right\|^2}\right)\theta(k-1)\right\| + \left\|\frac{\hat{\varphi}(k-1)\left\|\hat{\boldsymbol{\Phi}}_c(k)\right\|^2}{\delta + \left\|\hat{\varphi}(k-1)\right\|^2}\right\| \\
&\leqslant \left\|\left(1 - \frac{\hat{\varphi}(k-1)\hat{\varphi}^{\mathrm{T}}(k-1)}{\delta + \left\|\hat{\varphi}(k-1)\right\|^2}\right)\theta(k-1)\right\| + p
\end{aligned} \tag{8.3.30}
$$

对式（8.3.30）右端第一项取平方有

$$
\begin{aligned}
\left\|\left(1 - \frac{\hat{\varphi}(k-1)\hat{\varphi}^{\mathrm{T}}(k-1)}{\delta + \left\|\hat{\varphi}(k-1)\right\|^2}\right)\theta(k-1)\right\|^2 &= \left\|\theta(k-1)\right\|^2 \\
&+ \hat{\varphi}(k-1)\hat{\varphi}^{\mathrm{T}}(k-1) \times \frac{\theta^{\mathrm{T}}(k-1)\theta(k-1)\hat{\varphi}(k-1)\hat{\varphi}^{\mathrm{T}}(k-1)}{\left(\delta + \left\|\hat{\varphi}(k-1)\right\|^2\right)^2} \\
&- 2\frac{\theta^{\mathrm{T}}(k-1)\theta(k-1)\hat{\varphi}(k-1)\hat{\varphi}^{\mathrm{T}}(k-1)}{\delta + \left\|\hat{\varphi}(k-1)\right\|^2} \\
&= \left\|\theta(k-1)\right\|^2 + \left(\frac{\left\|\hat{\varphi}(k-1)\right\|^2}{\delta + \left\|\hat{\varphi}(k-1)\right\|^2} - 2\right)\frac{\left\|\hat{\varphi}^{\mathrm{T}}(k-1)\theta(k-1)\right\|^2}{\delta + \left\|\hat{\varphi}(k-1)\right\|^2}
\end{aligned}
$$
$$\tag{8.3.31}$$

易知，当不等式

$$
\frac{\left\|\hat{\varphi}(k-1)\right\|^2}{\delta + \left\|\hat{\varphi}(k-1)\right\|^2} - 2 < 0 \tag{8.3.32}
$$

成立时，一定存在一个常数 $0 < d_2 < 1$ 使得下式成立：

$$\left\| \left(1 - \frac{\hat{\varphi}(k-1)\hat{\varphi}^{\mathrm{T}}(k-1)}{\delta + \|\hat{\varphi}(k-1)\|^2} \right) \theta(k-1) \right\| \leqslant d_2 \|\theta(k-1)\| \qquad (8.3.33)$$

将式（8.3.33）代入式（8.3.30），可得

$$\|\theta(k)\| \leqslant d_2 \|\theta(k-1)\| + p \leqslant \cdots \leqslant d_2^{k-1} \|\theta(1)\| + \frac{p(1-d_2^{k-1})}{1-d_2} \qquad (8.3.34)$$

可知 $\theta(k)$ 有界。同理，$\theta_1(k), \cdots, \theta_{n_p}(k)$ 有界。进一步，从式（8.3.17）可以推导出 $\hat{\Phi}_c(k+1), \cdots, \hat{\Phi}_c(k+N_u)$ 也有界。

为了确保式（8.3.32）成立，常数 δ 应该满足：

$$\delta > -0.5 \|\hat{\varphi}(k-1)\|^2 \qquad (8.3.35)$$

由于 $\|\hat{\varphi}(k-1)\|^2 > 0$，因此当 $\delta > 0$ 时，$\hat{\Phi}_c(k+1), \cdots, \hat{\Phi}_c(k+N_u)$ 有界。

（3）第 3 步。定义系统跟踪误差为

$$e(k) = Y^* - Y(k) \qquad (8.3.36)$$

将式（8.1.3）、式（8.3.10）和式（8.3.12）代入式（8.3.36），可得

$$e(k+1) = Y^* - Y(k+1) = Y^* - Y(k) - \Phi_c(k)g^{\mathrm{T}}\Delta U_{N_u}(k)$$

$$= e(k) - \frac{\rho \Phi_c(k)g^{\mathrm{T}}A^{\mathrm{T}}(k)[Y_p^* - E(k)\otimes Y(k)]}{\lambda + \|A(k)\|^2}$$

$$= e(k) - \frac{\rho \Phi_c(k)g^{\mathrm{T}}A^{\mathrm{T}}(k)[E(k)\otimes e(k)]}{\lambda + \|A(k)\|^2}$$

$$= e(k) - \frac{\rho \Phi_c(k)\Phi_c^{\mathrm{T}}(k)e(k)}{\lambda + \|A(k)\|^2} = \left(I - \frac{\rho \Phi_c(k)\Phi_c^{\mathrm{T}}(k)}{\lambda + \|A(k)\|^2} \right) e(k) \qquad (8.3.37)$$

由此可以得到

$$\|A(k)\|^2 = N_p \|\Phi_c(k)\|^2 + (N_p-1)\|\hat{\Phi}_c(k+1)\|^2 + \cdots + (N_p - N_u + 1)\|\hat{\Phi}_c(k+N_u-1)\|^2 \qquad (8.3.38)$$

因为已证明伪偏导数初值 $\hat{\Phi}_c(k+1), \cdots, \hat{\Phi}_c(k+N_u-1)$ 有界，且 $\Phi_c(k)$ 有界，所以 $\|A(k)\|^2$ 同样有界，并且有 $\|A(k)\|^2 > \|\Phi_c(k)\|^2$。因此，依据引理 8.3.1 可以推导出：

$$\left\| I - \frac{\rho N_p \Phi_c(k)\hat{\Phi}_c^{\mathrm{T}}(k)}{\lambda + \|A(k)\|^2} \right\|_v \leqslant 1 - \rho M_1 + \varepsilon < 1$$

对式（8.3.37）两边同时取范数，并令 $d_3 = 1 - \rho M_1 + \varepsilon$ ，可得

$$\|e(k+1)\|_v \leqslant \left\| I - \frac{\rho N_p \Phi_c(k)\Phi_c^{\mathrm{T}}(k)}{\lambda + \|A(k)\|^2} \right\|_v \|e(k)\|_v \leqslant d_3 \|e(k)\|_v \leqslant \cdots \leqslant d_3^k \|e(1)\|_v \quad (8.3.39)$$

因此，$\|e(k+1)\|_v$ 的极限为零，这等价于定理 8.3.1 中的结论（1）。

因为 Y^* 是一个常值并且 $e(k)$ 有界，因此 $Y(k)$ 也有界。由 $\hat{\Phi}_c(k)$ 的有界性可以得到

$$\left\| \frac{\rho N_p \Phi_c^{\mathrm{T}}(k)}{\lambda + \|A(k)\|^2} \right\|_v \leqslant M_2 \quad (8.3.40)$$

综合式（8.3.10）、式（8.3.12）和式（8.3.40），有

$$\|U(k)-U(k-1)\|_v = \|g^{\mathrm{T}}\Delta U_{N_u}(k)\|_v = \left\| \frac{\rho g^{\mathrm{T}} A^{\mathrm{T}}(k)[Y_p^* - E(k)\otimes Y(k)]}{\lambda + \|A(k)\|^2} \right\|_v$$

$$= \left\| \frac{\rho \Phi_c^{\mathrm{T}}(k)e(k)}{\lambda + \|A(k)\|^2} \right\|_v \leqslant \left\| \frac{\rho \Phi_c^{\mathrm{T}}(k)}{\lambda + \|A(k)\|^2} \right\|_v \|e(k)\|_v \leqslant M_2 \|e(k)\|_v \quad (8.3.41)$$

结合式（8.3.39）和式（8.3.41）有

$$\begin{aligned}
\|U(k)\|_v &= \|U(k)-U(k-1)+U(k-1)\|_v \\
&\leqslant \|U(k)-U(k-1)\|_v + \|U(k-1)\|_v \\
&\leqslant \|U(k)-U(k-1)\|_v + \|U(k-1)-U(k-2)\|_v \\
&\quad + \cdots + \|U(1)-U(0)\|_v + \|U(0)\|_v \\
&\leqslant M_2(\|e(k)\|_v + \cdots + \|e(0)\|_v) + \|U(0)\|_v \\
&\leqslant M_2(d_3^{k-1} + \cdots + d_3)\|e(1)\|_v + \|U(0)\|_v \\
&< M_2 \frac{1}{1-d_3}\|e(1)\|_v + \|U(0)\|_v \quad (8.3.42)
\end{aligned}$$

由此，定理 8.3.1 的结论（2）得证。

8.3.2   高炉铁水质量鲁棒 MFAPC 方法

8.3.2.1   铁水质量控制中的鲁棒问题分析

高炉炼铁过程常伴有浓烟、粉尘、高温、噪声等问题，这些问题会导致检测设备容易损坏，在设备检修、替换时都会发生数据缺失现象。同时，高炉炼铁过程的众多设备都需要定期维护检修，检修时会长时间无出铁信息，但炉况却会随着时间有潜在的变化，在恢复控制时，动态工作点的潜在迁移极有可能影响到控制器的稳健性。此外，严酷的炼铁环境会导致测量输出包含严重的测量干扰和噪声，这些干扰和噪声会在测量数据中体现，具体表现为一个时变的测量误差，可以用下式表示：

$$Y_m(k) = Y(k) + W(k) \tag{8.3.43}$$

式中，$Y_m(k)$ 表示铁水质量测量输出；$W(k)$ 表示测量干扰向量。

定义

$$\Delta Y_m(k) = Y_m(k) - Y_m(k-1) = \Delta Y(k) + \Delta W(k) \tag{8.3.44}$$

式中，$\Delta W(k) = W(k) - W(k-1)$ 表示干扰向量 $W(k)$ 的增量。

参考前文 8.3.1 节中 PG 估计方法，可得到存在测量噪声时的系统伪偏导数估计算法，如下所示：

$$
\begin{aligned}
\hat{\Phi}_c(k) &= \hat{\Phi}_c(k-1) + \frac{\eta(\Delta Y_m(k) - \hat{\Phi}_c(k-1)\Delta U(k-1))\Delta U^{\mathrm{T}}(k-1)}{\mu + \|\Delta U(k-1)\|^2} \\
&= \Phi_c(k) + \Delta \Phi_E(k)
\end{aligned}
\tag{8.3.45}
$$

式中，

$$\Delta \Phi_E(k) = \frac{\eta(\Delta W(k) - \hat{\Phi}_c(k-1)\Delta U(k-1))\Delta U^{\mathrm{T}}(k-1)}{\mu + \|\Delta U(k-1)\|^2} \tag{8.3.46}$$

是伪偏导数 $\hat{\Phi}_c(k)$ 的一部分，对应由输出测量干扰引起的时变参数矩阵。

注释 8.3.2： 由系统（8.1.1）可知，$Y(k)$ 是系统的真实输出，所以在真实输出 $Y(k)$ 可用的情况下，8.3.1 节中的稳定性证明是可行的。但是，当系统测量反馈输出中含有测量误差时，8.3.1 节中的系统稳定性证明不再可行。此外，从式（8.3.45）和式（8.3.46）中可知测量噪声使得伪偏导数估计算法中出现了一个特定的时变误差。这个时变误差会在伪偏导数矩阵的预测中随着时间累积，最终会导致控制变量的计算失真。如果在数据缺失过程中，直接将数据丢失前最后获得的一组测量输出作为每个时刻的反馈值更新控制器，那么误差会长时间累积，这将严重影响控制器的性能，甚至会导致系统不稳。因此，前文 8.3.1 节所述高炉炼铁过程的 MFAPC 控制最主要的鲁棒问题可以归结为要获得真实的系统输出值，即对系统真实输出 $Y(k)$ 的估计是主要问题。

8.3.2.2　鲁棒 MFAPC 算法

由动态线性化模型（8.1.3）可知，系统当前时刻输出可以由之前时刻信息及伪偏导数矩阵推导获得：

$$\hat{Y}(k) = Y(k-1) + \Phi_c(k-1)\Delta U(k-1) \qquad (8.3.47)$$

一般情况下，当前时刻的伪偏导数矩阵由式（8.3.15）计算，考虑到测量噪声的存在，上式 $Y(k-1)$ 和 $\Phi_c(k-1)$ 不可得。因此，用 $Y_m(k-1)$ 代替 $Y(k-1)$，用 $\hat{\Phi}_c(k-1)$ 来代替 $\Phi_c(k-1)$，那么，式（8.3.47）转化为如下形式：

$$
\begin{aligned}
\hat{Y}(k) &= Y_m(k-1) + \hat{\Phi}_c(k-1)\Delta U(k-1) \\
&= Y(k-1) + W(k-1) + (\Phi_c(k-1) + \Delta\Phi_E(k-1))\Delta U(k-1) \\
&= Y(k) + \hat{E}_p(k)
\end{aligned}
\qquad (8.3.48)
$$

式中，$\hat{E}_p(k) = W(k-1) + \Delta\Phi_E(k-1)\Delta U(k-1)$ 是由测量噪声引起的预测误差。

为了补偿 $\hat{E}_p(k)$，引入了 Kalman 滤波技术。铁水质量输出的 Kalman 估计值如下：

$$\hat{Y}(k) = \hat{Y}(k) + K(\hat{Y}(k) - Y_m) \qquad (8.3.49)$$

式中，K 是 Kalman 增益矩阵。

那么高炉炼铁过程紧格式动态线性化状态空间预测模型可以描述为

$$
\begin{cases}
X_s(k) = X_s(k-1) + \Phi_c(k-1)U(k-1) + KW(k-1) \\
Y_s(k) = X_s(k) + W(k)
\end{cases}
\qquad (8.3.50)
$$

式中，$X_s(k)$ 为系统状态，表示系统实际输出；$Y_s(k)$ 为测量输出。

由文献[21]和[22]可以推知基于递推最小二乘算法的 K 的自适应更新律为

$$P^-(k) = P(k) + Q \qquad (8.3.51)$$

$$K(k) = P^-(k)(P^-(k) + R)^{-1} \qquad (8.3.52)$$

$$P(k) = \lambda_k^{-1}(I_n - K)P^-(k) \qquad (8.3.53)$$

式中，$\lambda_k \in (0,1]$ 是引入的遗忘因子；Q 和 R 分别为 $K(k-1)$ 和 $W(k-1)$ 的协方差矩阵。由于噪声不可测，所以这两个矩阵参数无法获知，需要作为参数手动调节。

最终，在每个采样时刻用 $\hat{Y}(k)$ 来代替 $Y_m(k)$ 并将其反馈至控制器输入端进行控制量更新。

注释 8.3.3：Kalman 滤波鲁棒机制中的遗忘因子 λ_k 对控制器性能有很大影响。研究表明，λ_k 越接近 1，控制输出的波动就越小。当设定值发生变化时，λ_k 越接近 1，过程输出跟踪设定值所花的时间就越长。一般来说，遗忘因子与控制器的抗干扰能力成正比，与设定值跟踪的响应速度成反比。因此，λ_k 的大小应根据具体操作情况适当调整。

式（8.3.48）可看作一步超前输出预测器，当 $Y(k)$ 存在数据缺失时，可用估计值 $\hat{Y}(k)$ 来更新控制器参数。但由于预测算法（8.3.48）中存在时变误差 $\hat{E}_p(k)$，长时间数据缺失会使得误差累积，易造成控制系统发散。为此，引入数据丢失下的鲁棒机制。在数据缺失的起始时刻，用上一时刻 Kalman 滤波估计值来预测当前系统输出，并且在长时间数据缺失中，后续输出预测采用将前一时刻 CFDL 模型（8.1.3）的预测值作为测量值来递推预测，具体算法如下：

$$\begin{cases} \bar{Y}(d) = \hat{Y}(d-1) + \hat{\Phi}_c(d-1)\Delta U(d-1) \\ \bar{Y}(d+i) = \bar{Y}(d+i-1) + \hat{\Phi}_c(d+i-1)\Delta U(d+i-1) \end{cases}, \quad i = 1,2,\cdots,s \quad (8.3.54)$$

式中，d 为数据缺失起始时刻；s 为数据缺失持续的时间长度；$\hat{\Phi}_c(d-1)$ 和 $\bar{\Phi}_c(d+i-1)$ 的计算方法如下：

$$\hat{\Phi}_c(d-1) = \hat{\Phi}_c(d-2) + \frac{\eta(\Delta\hat{Y}(d-1) - \hat{\Phi}_c(d-2)\Delta U(d-2))\Delta U^\mathrm{T}(d-2)}{\mu + \|\Delta U(d-2)\|^2} \quad (8.3.55)$$

$$\bar{\Phi}_c(d+i-1) = \hat{\Phi}_c(d+i-2) + \left[\frac{\eta\Delta\bar{Y}(d+i-1)}{\mu + \|\Delta U(d+i-2)\|^2} - \frac{\eta\hat{\Phi}_c(d+i-2)\Delta U(d+i-2)}{\mu + \|\Delta U(d+i-2)\|^2} \right] \times \Delta U^\mathrm{T}(d+i-2) \quad (8.3.56)$$

式中，$\Delta\hat{Y}(d-1)$ 和 $\Delta\bar{Y}(d+i-1)$ 分别为 $\hat{Y}(k)$ 和 $\bar{Y}(k)$ 在特定时刻的输出增量。

注释 8.3.4： 本节 MFAPC 控制系统的参数包括可调参数 $\eta, \mu, \rho, \lambda, b_1, b_2, N_p, N_u, n_p, \delta, \alpha$ 和伪偏导数 PG 初始值 $\phi_{ij}(0)$，PG 初始值的个数为 $m \times l$。与 8.1.1 节基础 MFAC 算法相比，增加了 N_p, N_u, n_p, δ 这 4 个新的控制器参数。这些高维控制器参数的大小在很大程度上决定了参数调整更加烦琐复杂，因此本节 MFAPC 及鲁棒 MFAPC 算法的控制参数及伪偏导数初值均采用 8.2.3 节所述的基于 MPSA 技术和改进 GA 的优化整定方法调节。

8.3.2.3 鲁棒 MFAPC 实现及稳定性问题

（1）实现问题。所提鲁棒 MFAPC 算法的实现步骤可以总结为算法 8.3.2 所示的伪代码，其控制器结构如图 8.3.2 所示。为了减少测量噪声及数据缺失对控制系统的影响，增强控制系统鲁棒性，在前面给出的扩展 MFAPC 算法的后端增加了 Kalman 输出补偿流程。没有数据缺失时，算法会将滤波后的系统输出传入后续计算流程，当一定时间内没有得到输出反馈时，滤波操作无意义，此时将动态线性化模型预测输出传入，这两项会抵消掉，自动将滤波器的作用置零，控制器进入开环自更新状态。

算法 8.3.2　鲁棒 MFAPC 算法伪代码

开始

初始化 g, A, Q, R, P, d

从 $k:=1$ 到循环结束，开始循环

    步骤 1: 如果 $Y_m(k)$ 存在:

        获得 $Y_m(k)$

      否则:

        1. 利用式（8.3.54）预测 $Y_m(k)$

        2. 若 $d > 0$，则 $Y_m(k) = \bar{Y}(d)$

        3. 否则，则 $Y_m(k) = \bar{Y}(d+i)$

        结束判断

      $d=d+1$

      结束判断

    步骤 2: 由式（8.3.51）更新 $P^-(k)$

    步骤 3: 由式（8.3.52）更新 $K(k)$

    步骤 4: 由式（8.3.48）计算 $\hat{Y}(k)$

    步骤 5: 由式（8.3.49）预测 $Y(k)$

    步骤 6: 由式（8.3.53）更新 $P(k)$

    步骤 7: 由算法 8.3.1 更新控制变量和 PG

结束循环

结束

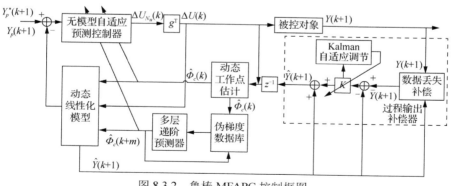

图 8.3.2　鲁棒 MFAPC 控制框图

（2）稳定性问题。所提鲁棒 MFAPC 算法只是在扩展 MFAPC 的基础上增加了测量值修正环节，控制部分的稳定性及稳定条件不会受到影响，而滤波部分收敛性已在文献[22]中给出。

注释 8.3.5：需要注意的是，式（8.347）和式（8.3.48）中的系统实际输出 $Y(k-1)$ 和 $Y(k)$ 在 Kalman 滤波器的设计过程中并不参与实际运算，它们仅用于推导由测量噪声引起的预测误差。也就是说，当包含噪声的测量输出被作为系统真实输出并用于更新模型（8.3.47）时，会导致预测误差，那么基于虚拟数据模型（8.3.47）的控制器设计也会变得不再准确。因此，有必要系统地消除测量噪声，以提高控制性能。依据式（8.3.48），新的预测输出 $\hat{Y}(k)$ 可以通过可用的测量输出 $Y_m(k-1)$ 来计算。在此基础上，可建立基于 $\hat{Y}(k)$ 和 $Y_m(k)$ 的 Kalman 滤波器（8.3.49）来滤除噪声。因此，由 Kalman 滤波器（8.3.49）来补偿由测量噪声引起的预测误差的方案是可行和合理的。此外，由于 Kalman 滤波器（8.3.49）的可行性，式（8.3.54）～式（8.3.56）中基于 Kalman 滤波器的数据丢失补偿鲁棒机制也是合理可行的。这也意味着，由于设计了基于 Kalman 滤波的鲁棒机制，所提出的鲁棒 MFAPC 算法在本质上优于不含鲁棒机制的常规 MFAC 算法，特别是在实际工业控制中经常发生测量噪声和数据丢失的情况下，这种优势更加明显。

注释 8.3.6：在实际工业过程中不可避免的过程干扰和不确定性动态会导致过程工况条件的显著变化，并最终反映在过程的实时数据变化中。本节所提鲁棒 MFAPC 方法直接基于过程数据进行设计，因此所建立的控制系统能够更好地实时捕捉和反映过程运行条件的变化。此外，在实际工业过程控制中，常见的测量噪声和数据丢失不可避免地会导致动态线性化数据模型（8.1.3）与真实模型的不匹配，并进一步导致由其建立的数据驱动控制器的不可靠，而本节所介绍的基于 Kalman 滤波技术的鲁棒机制恰恰可以从数据出发解决此类问题。因此，所提出的基于 Kalman 滤波的鲁棒 MFAPC 方法可以解决测量噪声和数据丢失等不确定性问题，确保所设计的控制系统的鲁棒性和可靠性。

8.3.3 工业数据验证

本节基于某炼铁厂实际高炉生产数据进行两组工业实验，分别验证所提扩展 MFAPC 方法和鲁棒 MFAPC 方法在高炉多元铁水质量控制中的有效性和实用性。本节实验采用 8.1.4 节所述的两种子空间辨识数据模型，即 RSIM［式（8.1.28）所示］和 RBSIM［式（8.1.32）所示］作为虚拟被控高炉系统进行算法验证实验。实验主要包含扩展 MFAPC 算法的性能验证实验及鲁棒 MFAPC 算法的性能验证实验。其中扩展 MFAPC 算法的性能验证实验包含两组实验，一组是基于 RSIM 的数据实验，另外一组是基于 RBSIM 的数据实验。鲁棒 MFAPC 算法的性能验证则全部基于 RBSIM 进行，包括测量噪声下 Kalman 滤波自适应调节机制的性能验证实验和数据丢失下多阶段补偿机制的性能验证实验。

8.3.3.1　扩展 MFAPC 方法的铁水质量控制效果

（1）首先以 RSIM 模型为虚拟高炉被控系统进行铁水质量的设定值跟踪控制实验,控制变量为压差和喷煤量。实验中,设定铁水硅含量 y_1 的初始设定值为 0.45,铁水温度 y_2 的初始设定值为 1500℃,并分别在炼铁 60 时刻、130 时刻和 210 时刻给 y_1 设定值+0.05%、+0.05%、-0.1%的阶跃跳变信号,在炼铁 90 时刻和 170 时刻给 y_2 设定值+5℃和+10℃的阶跃跳变信号。为了模拟受扰高炉炼铁系统,在动态模型预测基础上人为加入均值为 0、方差为 0.02 的伪随机数来模拟传感器信号采集时混入的高斯白噪声。此外,在炼铁 130 时刻给铁水[Si]的输出测量端及炼铁 170 时刻给 MIT 的输出测量端加入大小为输出变化量幅值 40%的测量干扰。控制器参数和伪偏导数初值的设置均采用前文 8.2.4 节的参数优化整定方法,优化后的控制器参数取值如表 8.3.1 所示,伪偏导数初值的取值如表 8.3.2 所示。

表 8.3.1　控制器参数

控制器参数	取值	控制器参数	取值
η	0.5	N_p	4
μ	0.5	N_u	3
ρ	0.9996	n_p	3
λ	0.95	δ	0.5
b_1	0.04	α	2
b_2	0.3	—	—

表 8.3.2　伪偏导数初值

参数	优化值
$\phi_{11}(0)$	0.5143
$\phi_{12}(0)$	-1.1435
$\phi_{21}(0)$	1.1436
$\phi_{22}(0)$	0.5144

首先考察控制器多参数灵敏度分析和优化对 MFAPC 控制的重要性和必要性。为此,在保持其他控制器灵敏和非灵敏参数不变的情况下,比较选取不同 PG 初值 $\phi_{11}(0)$ 的扩展 MFAPC 控制器的铁水质量控制性能,如图 8.3.3 所示。可以看出,当 MFAPC 控制器的 PG 初值 $\phi_{11}(0)$ 选取所提优化方法获得的优化值 0.5143 时可以获得最好的铁水质量控制性能,而当 $\phi_{11}(0)$ 选取其他非优值参数时,却不能对铁水质量进行稳定控制,产生了很大的铁水质量控制偏差。如当 $\phi_{11}(0) = -0.1$ 和 1 时,扩展 MFAPC 已经不能对铁水质量进行设定值跟踪控制,失去了控制的意义。

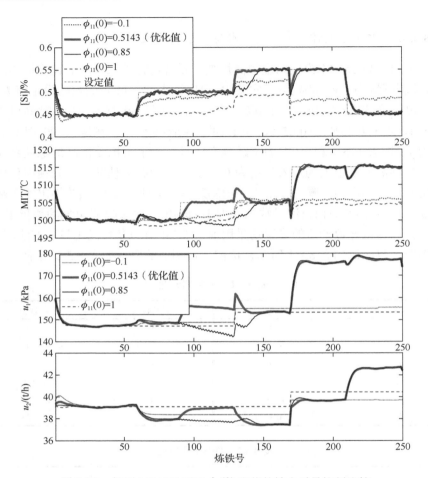

图 8.3.3　扩展 MFAPC 不同 $\phi_{11}(0)$ 取值的铁水质量控制比较

然后，为了更加清晰地展示 MFAPC 算法的控制性能，在同等控制条件下，将所提扩展 MFAPC 算法与 8.2 节参数优化后的 MFAC 算法和数据驱动预测控制算法进行比较分析。同时，为了保证实验的一致性，3 种算法的共同参数部分保持一致，最终得到铁水质量控制结果如图 8.3.4 所示。可以看出，在以描述弱非线性动态特性的 RSIM 模型为被控对象时，所有方法均能在一定程度上较好地控制高炉炼铁过程，使得铁水质量跟踪期望设定值。此外，与数据驱动预测控制相比，所提扩展 MFAPC 算法和参数优化后的基本 MFAC 算法在跟踪性能、抗干扰性能及多变量解耦方面都略胜一筹，但扩展 MFAPC 算法相对于传统 MFAC 算法并没有表现出明显优势。

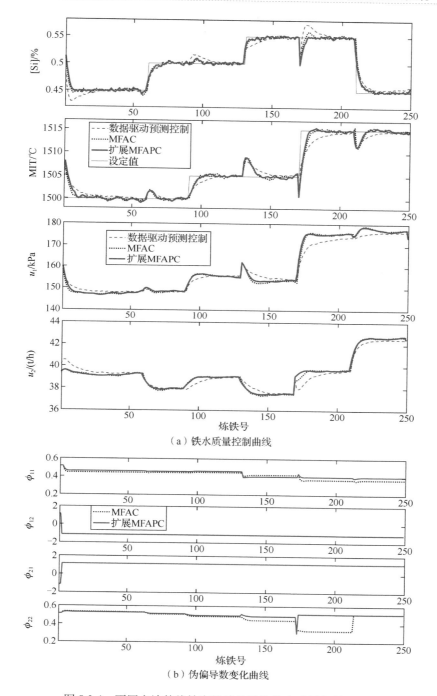

（a）铁水质量控制曲线

（b）伪偏导数变化曲线

图 8.3.4　不同方法的线性高炉炼铁系统铁水质量控制效果

注释 **8.3.7**：注意到，上述控制实验中仅使用了压差和喷煤量两个控制变量来控制高炉铁水质量，而不是所有 4 个控制变量，这主要出于如下考虑。经过 MFAPC 控制器的多参数灵敏度分析发现，在以 RSIM 模型为虚拟高炉被控对象时，与冷风流量和富氧流量对应的伪偏导数 PG 的初始值对系统输出均不敏感，并且当舍弃这两个控制变量时，所设计的控制器性能没有发生明显变化。因此，前述控制实验中只选取压差和喷煤量两个控制输入。

（2）控制实验 2 以前文 8.1 节所述的 RBSIM 模型为虚拟高炉被控系统进行铁水质量的控制实验，选取的控制变量为冷风流量、压差、富氧流量和喷煤量。依旧将扩展 MFAPC 方法与前文 8.2 节参数优化后的 MFAC 及数据驱动预测控制算法进行比较分析。控制器的伪偏导数初值设定如表 8.3.3 所示，控制器其他参数取值与表 8.3.1 相同。不同方法控制下的高炉铁水质量控制曲线及伪偏导数变化曲线如图 8.3.5 所示。可以看出，由于 RBSIM 表现出了较强的非线性动态特性，此时传统 MFAC 方法已经无法完成对输出设定值的跟踪任务，误差较大且系统输出在设定值附近有明显抖动。此外，数据驱动预测控制方法在炼铁 130 时刻到 170 时刻之间的两个铁水质量输出均出现了明显跟踪误差。比较而言，只有所提扩展 MFAPC 方法能够快速、平稳地完成对铁水质量设定值的跟踪任务。

表 8.3.3   伪偏导数初值（RBSIM）

参数	取值
ϕ_{11}	0.2665
ϕ_{12}	0.1493
ϕ_{13}	0.1877
ϕ_{14}	−0.3703
ϕ_{21}	−0.0078
ϕ_{22}	0.3013
ϕ_{23}	0.1016
ϕ_{24}	−0.0372

上述实验也表明：所提扩展 MFAPC、常规 MFAC 算法以及数据驱动预测控制方法在控制弱非线性对象时都能表现出良好控制性能。但是，对于具有强非线性动态特性的高炉炼铁过程，则只有所提扩展 MFAPC 方法才能获得令人满意的控制性能。

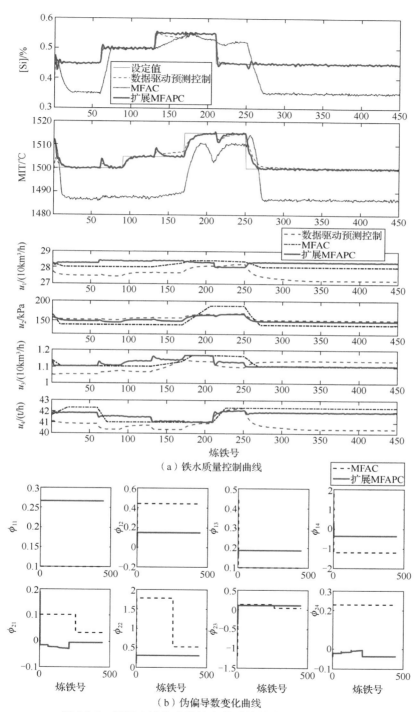

（a）铁水质量控制曲线

（b）伪偏导数变化曲线

图 8.3.5　不同方法的非线性高炉系统铁水质量控制效果

8.3.3.2　鲁棒 MFAPC 方法的铁水质量控制效果

本节对鲁棒 MFAPC 方法的有效性和实用性进行验证。选取的控制变量为冷风流量、压差、富氧流量和喷煤量，控制器参数与表 8.3.1 相同，伪偏导数初值与表 8.3.3 相同。数据实验中，测量噪声以 0 均值、方差为 0.02 的正态分布伪随机数来模拟，协方差矩阵 Q 和 R 分别设定为 $Q = 0.01 \times I_{2\times2}$ 和 $R = 0_{2\times2}$。

（1）测量噪声干扰下的铁水质量控制效果。实验中，λ_k 取值为 0.78，对比方法为扩展 MFAPC、鲁棒 MFAPC 和数据驱动预测控制。得到的铁水质量控制效果如图 8.3.6 所示。可以观察到，扩展 MFAPC 方法和数据驱动预测控制方法的铁水质量输出受测量噪声的影响较大，其铁水质量输出在设定值附近有相当大的振幅

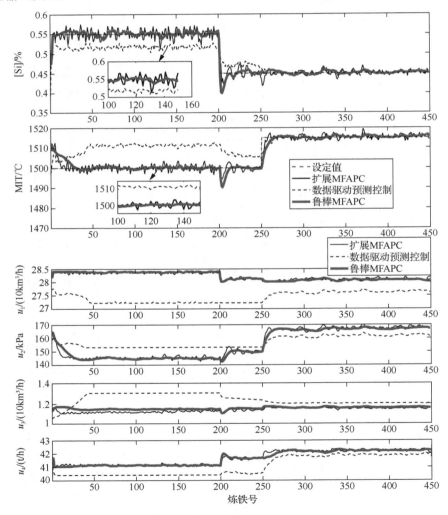

图 8.3.6　测量噪声下铁水质量控制效果

波动。尤其是数据驱动预测控制方法，其在炼铁 250 时刻前甚至无法实现对铁水质量设定值的稳定跟踪控制。而所提鲁棒 MFAPC 算法的铁水质量输出则较为稳定，可使得被控铁水质量波动较小。此外，由图 8.3.6 还可观察到扩展 MFAPC 和数据驱动预测控制的控制变量曲线呈现较重的毛刺形状，即控制变量的波动较大且频率较高。显然，这种现象会加重控制系统执行器的磨损，在实际工业控制中不宜采用。相比之下，所提鲁棒 MFAPC 方法的控制量曲线则平滑和平缓。

（2）测量数据丢失下的铁水质量控制效果。这里针对测量数据丢失情况下的鲁棒 MFAPC 进行控制性能测试。在上述测量噪声干扰下分别在炼铁 120 时刻至 140 时刻设置 20 个时刻的数据缺失，在炼铁 195 时刻至 210 时刻设置 15 个时刻的数据缺失，以及在炼铁 245 时刻至 260 时刻设置 15 个时刻的数据缺失。注意到，第 1 时间段的数据丢失处于控制过程的稳态，这是为了测试在数据丢失状态下，控制器在测量噪声干扰下是否能够稳定在系统平衡点。第 2 和第 3 时间段的数据丢失处于设定值的变化过程，是为了测试在数据缺失情况下控制器能否实现对阶跃设定值变化信号的跟踪控制。铁水质量控制的实验结果如图 8.3.7 所示，图中 3 个存在数据缺失的时间段均用虚线进行了标注。

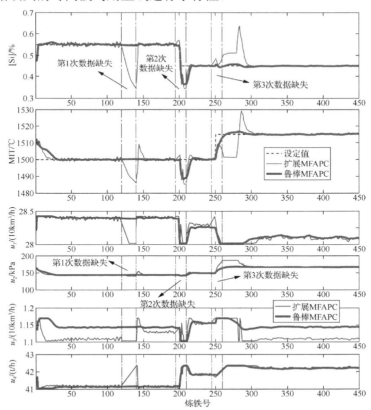

图 8.3.7　数据缺失与测量噪声下铁水质量控制效果

从图 8.3.7 中第 1 次数据缺失时间段可以看出，扩展 MFAPC 算法在数据缺失时，控制性能受影响比较大，对测量噪声比较敏感，动态工作点的辨识出现了较大偏差，导致在没有输出反馈的情况下控制量计算不合理，系统输出偏差持续增大，无法完成对铁水质量的有效控制。鲁棒 MFAPC 方法由于引入了 Kalman 滤波器和数据缺失补偿机制，对数据缺失起始点的动态工作点估计相对准确，因此其控制系统输出在数据丢失和测量噪声的影响下依然能够准确地跟踪铁水质量设定值的变化。从图 8.3.7 中的第 2 和第 3 次数据缺失时间段可以看出，虽然在数据缺失情况下，控制系统产生较大的超调，但鲁棒 MFAPC 总体上能够完成对铁水质量期望设定值的跟踪控制。尤其是在第 3 个数据缺失时间段，过渡过程十分平缓，而常规的扩展 MFAPC 则在第 3 个数据缺失时间段呈现发散趋势。

参 考 文 献

[1] Hou Z S, Huang W. The model-free learning adaptive control of a class of SISO nonlinear systems[C]. IEEE American Control Conference, 1997: 343-344.

[2] Hou Z S, Wang Z. From model-based control to data-driven control: Survey, classification and perspective[J]. Information Sciences, 2013, 235: 3-35.

[3] Sala A. Integrating virtual reference feedback tuning into a unified closed-loop identification framework[J]. Automatica, 2007, 43(1): 178-183.

[4] Hjalmarsson H. From experiment design to closed-loop control[J]. Automatica, 2005, 41(3): 393-438.

[5] Safonov M G, Tsao T C. The unfalsified control concept: A direct path from experiment to controller[M]// Feedback Control, Nonlinear Systems, and Complexity. Berlin, Heidelberg: Springer, 1995: 196-214.

[6] 侯忠生. 非线性系统参数辨识自适应控制及无模型学习自适应控制[D]. 沈阳: 东北大学, 1994.

[7] Hou Z S, Jin S T, Data-driven model-free adaptive control for a class of MIMO nonlinear discrete-time systems[J]. IEEE Transactions on Neural Networks, 2011, 22(12): 2173-2188.

[8] 侯忠生, 金尚泰. 无模型自适应控制: 理论与应用[M]. 北京: 科学出版社, 2013: 34-135.

[9] 侯忠生. 非参数模型及其自适应控制理论[M]. 北京: 科学出版社, 1999: 30-135.

[10] Liu S F, Cai H, Cao Y, et al. Advance in grey incidence analysis modelling[C]. IEEE International Conference on Systems, Man and Cybernetics, 2011: 1886-1890.

[11] Fox R L, Kapoor M P. Rates of change of eigenvalues and eigenvectors[J]. AIAA Journal, 1968, 6(12): 2426-2429.

[12] van Belle H. Theory of adjoint structures[J]. AIAA Journal, 1976, 14(7): 977-979.

[13] 曲双石, 王会娟. Monte Carlo 方法及其应用[J]. 统计教育, 2009(1): 45-55.

[14] 王纲胜, 夏军, 陈军锋. 模型多参数灵敏度与不确定性分析[J]. 地理研究, 2010, 29(2): 263-270.

[15] Holland J H. Adaptation in Natural and Artificial System[M]. Michigan: The University of Michigan Press, 1975.

[16] Ferreira C. Automatically defined functions in gene expression programming[J]. Genetic Systems Programming: Theory and Experiences, 2006, 13: 21-56.

[17] Baskar S, Subbaraj P, Rao M V C, et al. Genetic algorithms solution to generator maintenance scheduling with modified genetic operators[J]. IET Generation, Transmission and Distribution, 2003, 150(1): 56-60.

[18] Goldberg D E. Real-coded genetic algorithms, virtual alphabets, and blocking[J]. Complex Systems, 1995, 5(2): 139-167.

[19] Zhou P, Zhang S, Wen L, et al. Kalman filter based data-driven robust model-free adaptive predictive control of a complicated industrial process[J]. IEEE Transactions on Automation Sciences and Engineering, 2022, 19(2): 788-803.

[20] 王小平, 曹立明. 遗传算法: 理论、应用与软件实现[M]. 西安: 西安交通大学出版社, 2002.

[21] Crassidis J L. Sigma-point Kalman filtering for integrated GPS and inertial navigation[J]. IEEE Transactions on Aerospace and Electronic Systems, 2006, 42(2): 750-756.

[22] Fitzgerald R J. Divergence of the Kalman filter[J]. IEEE Transactions on Automatic Control, 1971, 16(6): 736-747.

第9章 集成PCA-ICA的高炉炼铁 过程异常工况监测

现代钢铁工业已经迈入高质量发展阶段，保证高炉炼铁长期稳定顺行和优质生产是钢铁工业高质量可持续发展的前提条件。由于日常操作不当，以及天气、炉料质量等不确定因素的影响，高炉炼铁过程往往出现管道行程、塌料、悬料、休风等异常工况或者炉况。高炉异常工况会造成钢铁制造经济损失，严重危及生命财产的安全。因此，及时发现异常工况，辨识出异常原因是保证高炉炼铁过程安全稳定运行不可或缺的部分。实际上，高炉异常工况监测是高炉炼铁过程长期稳定顺行和优质低耗生产的保障。高炉炼铁过程监测需要对出现的异常炉况进行检测和诊断，给出定性与定量的分析结果，帮助操作人员及时了解过程运行工况，并采取调剂手段和措施以消除过程的异常波动[1]。高炉炼铁是一个多变量、强耦合的复杂动态时变系统，机理模型很难准确完备地描述其动态机理和变化过程[2]。随着计算机和高炉传感监测设备的发展与不断完善，基于数据驱动的高炉炼铁过程监测得到广泛关注和应用[3]。常见的数据驱动高炉监测方法有机器学习类方法、信号处理类方法以及多元统计分析类方法等。这其中，应用和研究最为广泛的是基于多元统计分析的监测方法[4]。

多元统计分析中多元表示过程的多变量，对多变量的分析即对多变量数据集的内部结构进行解析和描述。主成分分析（PCA）、独立主元分析（independent component analysis, ICA）、偏最小二乘（PLS）是多元统计分析常用的几类方法。自PCA被用于过程监测后，ICA和PLS以及针对不同过程特点做出的扩展应用也相继被提出来。从过程数据分布特点来看，PCA主要用于高斯分布数据，而ICA主要用于非高斯分布数据。从监测对象来看，PCA和ICA主要用于整个过程运行工况监测，PLS主要用于与质量参数有关的过程监测。针对不同的过程特点比如非线性、工况多变、大规模多尺度、间歇、多模态多时段以及混合特性等问题，基于PCA、ICA、PLS的过程监测算法都有相应扩展，比如非线性的核主成分分析（kernel principal component analysis，KPCA）、KPLS、核独立成分分析（kernel independent component analysis, KICA）以及动态KPCA（DKPCA）、多向核PCA、多块PCA等算法。

PCA和ICA是非因果关系模型，其中PCA主要依据过程变量数据集的方差信息提取少量主元，该少量主元能够描述绝大部分过程数据的方差信息，主元向量即为原数据集方差变化的方向。ICA 考虑了数据四阶统计特性，即数据的空间信息，假设原始数据集中的信息可由少量独立的、非高斯分布的主元表示。PCA 主元之间是正交关系，即去除了原始数据集中的线性相关性，ICA 主元则更进一步，是独立的，即主元不具有任何相关性，包括线性和非线性相关性。从这一层面来看，PCA 和 ICA 都是对过程数据内部结构的表示，只是侧重点不同。因此，与 PCA、ICA 相关的过程监测算法多用于对整个过程运行工况进行监测。

PLS 是因果关系模型，对一个有输入和输出的模型而言，输入即为因，输出即为果。对过程监测来说，因可由过程中操作变量和状态变量组成，而过程的性能指标或质量变量即为果。PLS 集成了主元分析、CCA 等算法的特点，依据数据集的方差信息对过程数据和质量数据集分别提取主元，在该过程中质量变量的主元会影响过程变量数据主元的提取，使得过程变量数据集中提取的主元与质量变量数据集的主元相关性最大。因此，与 PLS 相关或类似的算法多用于质量相关过程监测。

过程监测除了监测异常发出报警之外，在有需要的时候还会进行故障辨识，即异常发生时辨识异常源。基于多元统计分析的过程监测算法都会构造一个监测指标，例如 T^2 统计量或者平方预测误差（squared prediction error，SPE）统计量，并给出在一定置信区间的统计控制限。当监测指标超出控制限时发出报警，通过故障辨识方法找出故障源所在。当先验故障未知时，可用基于贡献图的辨识算法；而当先验故障已知时，可用基于传感器重构的辨识算法等。

本章及后续第 10～12 章为本书第三部分，将陆续介绍几种数据驱动高炉炼铁过程监测方法。其中本章为集成 PCA-ICA 的高炉炼铁过程异常工况监测方法，第 10 章为基于 KPLS 鲁棒重构误差的高炉燃料比监测方法，第 11 章为基于自适应阈值 KPLS 的铁水质量异常检测方法，而第 12 章为基于改进贡献率 KPLS 的高炉铁水质量监测与异常识别方法。下面具体介绍集成 PCA-ICA 的高炉异常工况监测方法。

9.1　集成 PCA-ICA 的高炉炼铁过程异常工况监测策略

在过去几十年里，PCA 和 ICA 被广泛用于过程监测[5]。Wise 等[6]最早将 PCA 方法用于过程监测，其基本思想就是从数据二阶特性出发提取数据方差变化较大的方向，所提主元尽可能包含原始数据的方差变化信息。方差表示数据偏离均值的程度，如果过程中数据变化超出正常范围又或者该变化的幅值过大或过小，都在一定程度表示该变量偏离了正常轨迹而存在异常的迹象。Kano 等[7]提出了基于 ICA 的过程监测方法，ICA 关注数据的高阶统计特性，并假设数据的内部结构是非高斯独立的，所提取的独立主元不仅正交而且不相关。由中心极限定理可知，多个非高斯分布的加权累计和比累加项中任何一个非高斯分布更加趋于高斯分布，因此 ICA 特别适合对非高斯分布数据进行抽象描述。

实际上，PCA 和 ICA 都是对原始数据隐藏的内部结构的一种抽象描述，只是各自关注的侧重点不同。实际复杂工业过程例如高炉炼铁过程，由于工况调整以及随机动态干扰的存在，监测变量数据往往呈现非高斯分布特性。图 9.1.1 是高炉炼铁过程部分过程变量的 Q-Q 图。可以看出，高炉炼铁过程的透气性、南探雷达、热风压力等变量呈现高斯分布特性，而冷风流量、喷煤量和理论燃烧温度等变量呈现非高斯分布特性。对于高斯和非高斯混合的复杂工业过程，使用单个 PCA 进行过程监测往往会丢失原始数据中关键数据的结构信息。针对此问题，很多学者将 ICA 应用到过程监测中并取得了较好的监测效果[8-10]。然而单一 ICA 方法过分强调数据的结构信息，弱化数据方差幅值及方向信息，因而对复杂工业过程监测来说同样存在漏报和误报现象。针对 ICA 和 PCA 方法应用受限于工业过程数据是服从高斯分布还是非高斯分布的问题，很多学者提出了集成 PCA 和 ICA 的组合方法。如文献[10]提出的 PCA-ICA 过程监测方法，取得了比传统多元统计监测方法更少的漏报率。文献[11]在此基础上提出了基于 ICA-PCA 两步信息提取策略的过程监测方法。然而，文献[10]和[11]提出的故障识别方法实质上是一种故障模式匹配方法，而故障模式匹配的前提是要建立一个完整的故障模式库，即事先得到已知故障的模型。在实际工业过程中，例如高炉炼铁过程，由于缺乏故障样本数据而难以建立完整的故障模式库。

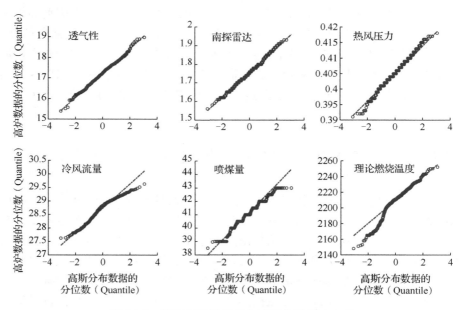

图 9.1.1　高炉炼铁过程部分过程变量的 Q-Q 图

　　针对上述问题，本章综合考虑 PCA 和 ICA 两类方法的优缺点和高炉炼铁过程高斯数据与非高斯数据混合的数据特征，提出一种集成 PCA-ICA 的高炉炼铁过程异常工况监测方法，如图 9.1.2 所示。首先基于实际工业数据分别建立 PCA 和 ICA 监测模型，并基于数据模型对过程进行监测，从而得到高炉炼铁过程新样本变量对 T^2 统计量和 SPE 统计量的贡献值。然后，通过归一化和引入权值参数将两种不同监测模型统计量的贡献图进行统一和综合，采用集成 PCA-ICA 的统一贡献图辨识算法辨识异常工况的故障源。同时，将非高斯量化指标峰值引入权值参数，从而充分提取高炉炼铁过程的数据信息，使诊断结果更为准确。最后，将提出的集成 PCA-ICA 高炉炼铁过程异常监测与故障诊断算法对实际工业高炉过程进行验证分析。注意到所提图 9.1.2 所示集成监测与诊断策略具有如下特征：

　　（1）当 ICA 统计量监测到异常工况而 PCA 统计量未监测到异常时，提出的统一贡献图辨识指标退化成基于 ICA 的贡献图辨识算法来辨识故障源。

　　（2）当 PCA 统计量监测到异常工况而 ICA 统计量未监测到异常时，统一贡献图辨识指标退化成基于 PCA 的贡献图辨识算法辨识故障源。

　　（3）当 PCA 和 ICA 同时监测到异常时，利用集成 PCA-ICA 的统一贡献图辨识算法辨识故障源，以此达到兼顾数据方差和独立非高斯分布的特性，从而充分挖掘数据的内部结构信息。

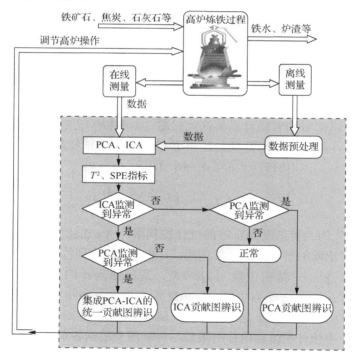

图 9.1.2　集成 PCA-ICA 的高炉炼铁过程异常工况监测与诊断策略

9.2 过程监测算法

9.2.1 基于 PCA 的高炉炼铁过程监测算法

PCA 算法本质是一种数据降维技术，它将原始过程变量空间分解为主元子空间和残差子空间。选取高炉过程变量作为输入矩阵 $X \in \mathbb{R}^{n \times m}$，则 PCA 的分解投影算法如下所示：

$$
\begin{cases}
X = \hat{X} + E \\
\hat{X} = TP^{\mathrm{T}} \\
T = XP \\
E = X - \hat{X} = X(I - PP^{\mathrm{T}})
\end{cases} \tag{9.2.1}
$$

式中，$P \in \mathbb{R}^{m \times a}$ 为载荷矩阵；$T \in \mathbb{R}^{n \times a}$ 为得分矩阵；E 表示残差子空间；$\hat{X}$ 表示主元子空间。当得到一个新的高炉运行过程采样样本 $x_{\text{new}} = [x_1, x_2, \cdots, x_m]^{\mathrm{T}}$ 时，由 PCA 分解模型可得新样本得分向量 t_{new} 和残差向量 e，分别如下所示：

$$
\begin{cases}
t_{\text{new}} = P^{\mathrm{T}} x_{\text{new}} \\
e = (I - PP^{\mathrm{T}}) x_{\text{new}}
\end{cases} \tag{9.2.2}
$$

PCA 算法在过程监测中通常采用残差的 SPE 统计量和霍特林（Hotelling）T^2 统计量来监测过程是否发生异常。T^2 统计量度量 PCA 得分空间，而 SPE 统计量考虑 PCA 的残差空间。载荷矩阵 P 包含了大量的方差变化信息。由于 T^2 统计量是基于与大奇异值相关联的载荷矩阵 P 建模的，而对较低奇异值的不准确性过于敏感，因此可以使用 SPE 统计量解决此问题[12]。类似于文献[5]中的方法，对于新采样样本 x_{new}，新样本的 SPE 统计量和 T^2 统计量的计算公式如下：

$$
\begin{cases}
\mathrm{SPE} = e^{\mathrm{T}} e \leqslant \delta_\alpha^2 = (S/2\mu)\chi_{2\mu^2/S,\alpha}^2 \\
T^2 = t_{\text{new}}^{\mathrm{T}} \Lambda^{-1} t_{\text{new}} \leqslant T_\alpha^2 = \dfrac{a(n^2-1)}{n(n-a)} F_{a,n-a;\alpha}
\end{cases} \tag{9.2.3}
$$

式中，δ_α^2 和 T_α^2 均为置信度为 α 时的统计控制限；$\Lambda = \mathrm{diag}\{\lambda_1, \lambda_2, \cdots, \lambda_a\}$ 由过程变量 X 的协方差矩阵的前 a 个特征值构成；μ 和 S 分别为训练集样本 SPE 统计量的均值和方差；$\chi_{2\mu^2/S,\alpha}^2$ 是自由度为 $2\mu^2/S$、置信度为 α 的卡方分布的临界值；$F_{a,n-a;\alpha}$ 是带有 a 和 $n-a$ 个自由度、置信度为 α 的 F 分布临界值[5]。

基于贡献图的故障诊断是一种有效、简单且广泛应用于工业过程监测的故障辨识方法[13]。当统计量值超出控制限后，贡献图会根据各个过程变量对统计量的贡献值来辨识故障源所在。对于 PCA 模型，第 i 个高炉炼铁过程变量 x_i 对 T^2 统计

量和 SPE 统计量的贡献值分别计算为

$$
\begin{cases}
\text{Count}_{T^2,i} = t_{\text{new}}^{\text{T}} \varLambda^{-1}((P^{\text{T}}P)^{-1} p_i^{\text{T}} x_i) \\
\text{Count}_{\text{spe},i} = e_{\text{pca},i}^2 = \left\| x_i - \hat{x}_{\text{pca},i} \right\|^2
\end{cases}
\tag{9.2.4}
$$

为了确定故障变量，T_α^2 贡献图和 SPE 贡献图的相应控制极限由 3σ 准则确定，即高炉炼铁过程正常运行数据变量贡献向量的平均值 $m_{\text{pca},i}$ 与标准偏差 $\sigma_{\text{pca},i}$ 的 3 倍相加而得到，具体公式如下所示：

$$
\xi_{\text{pca}}(i) = m_{\text{pca},i} + 3\sigma_{\text{pca},i}
\tag{9.2.5}
$$

9.2.2　基于 ICA 的高炉炼铁过程监测算法

ICA 是按照某种统计独立原则，将过程变量分解为若干独立成分。设高炉运行数据为 $x = [x_1, x_2, \cdots, x_m]^{\text{T}}$，独立主元为 $s = [s_1, s_2, \cdots, s_l]^{\text{T}}$，$l \leqslant m$，则其 ICA 模型可表示为

$$
\begin{cases}
x = As \\
\hat{s} = Wx
\end{cases}
\tag{9.2.6}
$$

式中，$\hat{s}$ 是由解混矩阵得到的 s 的估计值；混合矩阵为 $A \in \mathbb{R}^{m \times l}$；解混矩阵为 $W \in \mathbb{R}^{l \times m}$。

获得解混矩阵 W 后，对于新的高炉采样样本数据 $x_{\text{new}} = [x_1, x_2, \cdots, x_m]^{\text{T}}$，由 ICA 算法可得独立成分 $\hat{s}_{\text{new}}$ 及估计值 $\hat{x}_{\text{new}}$ 如下所示：

$$
\begin{cases}
\hat{s}_{\text{new}} = Wx_{\text{new}} \\
\hat{x}_{\text{new}} = As_{\text{new}}
\end{cases}
\tag{9.2.7}
$$

类似于基于 PCA 的过程监测，基于 ICA 的过程监测也是通过构造 T^2 统计量和 SPE 统计量来监测过程是否正常。基于 ICA 的过程监测利用求解的独立主元 $\hat{s}_{\text{new}}$ 来定义 T^2 统计量，如下所示：

$$
T^2 = \hat{s}_{\text{new}}^{\text{T}} D_{\text{new}}^{-1} \hat{s}_{\text{new}}
\tag{9.2.8}
$$

式中，$D_{\text{new}} = \text{diag}\{\lambda_1, \lambda_2, \cdots, \lambda_A\}$ 是由独立主元估计值 $\hat{s}_{\text{new}}$ 的协方差矩阵的前 A 个特征值构成的矩阵，A 为独立主元个数。由于 ICA 算法估计的独立主元不完全服从高斯分布，因此 T^2 统计量的监测控制限不能采用 F 分布来确定，为此使用非参数核密度估计的方法来确定 ICA 的 T^2 统计量控制限[14]，如下所示：

$$
\alpha = \int_{-\infty}^{T_{\text{ica},\alpha}^2} \frac{1}{nh_{\text{ica}}} \varphi\left(\frac{x - x_i}{h_{\text{ica}}}\right) \mathrm{d}x
\tag{9.2.9}
$$

式中，α 是控制限的置信度；而 $T_{\text{ica},\alpha}^2$ 是 T^2 统计量的控制限；$x_i \in \mathbb{R}^n$ 是一组独立且分布均匀的随机变量；此外，$\varphi(\cdot)$ 是具有给定正平滑参数 h_{ica} 的高斯核函数。

基于 ICA 的过程监测 SPE 统计量是 ICA 建模误差的平方和，定义如下：

$$\mathrm{SPE} = e^{\mathrm{T}}e = \left(x_{\mathrm{new}} - \hat{x}_{\mathrm{new}}\right)^{\mathrm{T}}\left(x_{\mathrm{new}} - \hat{x}_{\mathrm{new}}\right) \tag{9.2.10}$$

假设 ICA 模型能够将原始数据中的独立非高斯分布信息全部提取，则模型残差应服从高斯分布，因此 SPE 统计量可用卡方分布来确定统计控制限。对于 ICA 模型，可计算第 i 个高炉炼铁过程变量 x_i 对 T^2 统计量和 SPE 统计量的贡献值分别为

$$\begin{cases} \mathrm{Count}_{T^2,i} = \hat{s}_{\mathrm{new}} D_{\mathrm{new}}^{-1} w_i x_i \\ \mathrm{Count}_{\mathrm{spe},i} = e_{\mathrm{ica},i}^2 = \left(x_i - \hat{x}_{\mathrm{ica},i}\right)^2 \end{cases} \tag{9.2.11}$$

同样，可根据 3σ 准则设计 T^2 贡献图和 SPE 贡献图的相应控制限。

9.2.3 高炉炼铁过程集成 PCA-ICA 的统一贡献图辨识算法

为了将上述 9.2.1 节和 9.2.2 节中所述两种不同模型的相应统计量的贡献图结合，集成算法首先考虑到不同算法得出的不同变量对统计量的贡献值（绝对值）大小量纲不同，将变量贡献值进行归一化处理，即异常时刻的每个变量贡献值除以该时刻所有变量贡献值的和。其次，考虑到不同模型的异常报警时间不同，统一贡献图考虑模型发出报警时的变量贡献图。最后，通过加权 PCA 和 ICA 变量贡献值，从而计算出统一贡献值。本章集成 PCA-ICA 的统计量变量贡献值通过如下公式计算：

$$\begin{aligned} \mathrm{Count}_{\mathrm{unify},T^2,i} = {} & \lambda_{\mathrm{ica}} \frac{\hat{s}_{\mathrm{new}}^{\mathrm{T}} D_{\mathrm{new}}^{-1} w_i x_i}{\hat{s}_{\mathrm{new}}^{\mathrm{T}} D_{\mathrm{new}}^{-1} W x_{\mathrm{new}}} \mathrm{sgn}\left(T_{\mathrm{ica}}^2 - T_{\mathrm{ica},\alpha}^2\right) \\ & + \lambda_{\mathrm{pca}} \frac{t^{\mathrm{T}} \Lambda^{-1}((P^{\mathrm{T}}P)^{-1} p_i^{\mathrm{T}} x_i)}{t^{\mathrm{T}} \Lambda^{-1}((P^{\mathrm{T}}P)^{-1} P^{\mathrm{T}} x_{\mathrm{new}})} \mathrm{sgn}\left(T_{\mathrm{pca}}^2 - T_{\mathrm{pca},\alpha}^2\right) \end{aligned} \tag{9.2.12}$$

式中，

$$\mathrm{sgn}(x) = \begin{cases} 1, & x > 0 \\ 0, & x \leqslant 0 \end{cases}$$

此外，集成 PCA-ICA 的 SPE 统计量变量贡献值为

$$\mathrm{Count}_{\mathrm{unify},\mathrm{spe},i} = \lambda_{\mathrm{ica}} \frac{e_{\mathrm{ica},i}^2}{\sum\limits_{j=1}^{m} e_{\mathrm{ica},j}^2} \mathrm{sgn}\left(\mathrm{SPE}_{\mathrm{ica}} - \delta_{\mathrm{ica},\alpha}^2\right) + \lambda_{\mathrm{pca}} \frac{e_{\mathrm{pca},i}^2}{\sum\limits_{j=1}^{m} e_{\mathrm{pca},j}^2} \mathrm{sgn}\left(\mathrm{SPE}_{\mathrm{pca}} - \delta_{\mathrm{pca},\alpha}^2\right)$$

$$\tag{9.2.13}$$

式（9.2.12）和式（9.2.13）中，λ_{ica} 和 λ_{pca} 为权值参数，$\mathrm{sgn}(x)$ 表示当相应的模型发出异常报警时，贡献图才会考虑集成 PCA-ICA 方法。权值计算使用高炉正常运行时的数据，噪声和异常值可以忽略，因此权值参数 λ_{ica} 和 λ_{pca} 由非高斯量化指标峰值进行计算[15]。此外，采集的数据会进行零均值和单位方差的预处理，因此峰值计算公式采用如下形式：

$$\text{kurt}_{x_i} = E\{x_i^4\} - 3 \tag{9.2.14}$$

为了保持集成 PCA-ICA 方法中统一贡献图变量指标值与 PCA 和 ICA 变量贡献值的一致性，需满足 $\lambda_{\text{ica}} + \lambda_{\text{pca}} = 1$。为此，以高斯分布为基准，采用峰度计算过程数据非高斯分布的距离，这里权值参数 λ_{ica} 和 λ_{pca} 的计算公式为

$$\lambda_{\text{pca}} = \frac{3}{\left|\text{kurt}_{x_i}\right| + 3}, \quad \lambda_{\text{ica}} = \frac{\left|\text{kurt}_{x_i}\right|}{\left|\text{kurt}_{x_i}\right| + 3} \tag{9.2.15}$$

注释 9.2.1：峰度（kurtosis）又称峰态系数[16]，表征随机变量概率密度分布曲线在平均值处峰值高低的特征数。直观看来，峰度反映了峰部的尖度。样本的峰度是和正态分布相比较而言的统计量，如果峰度大于 3，峰的形状比较尖，比正态分布峰要陡峭，反之亦然。此外，峰度越大，意味着由于峰偏差而产生的方差就越多，这与普通的中等大小的偏差相反[16]。因此，峰度是高斯和非高斯特征并存的高炉炼铁过程故障检测的良好指标。基于此考虑，权值 λ_{ica} 和 λ_{pca} 由观测样本的峰度确定。由于高斯分布数据的 $\left|\text{kurt}_{x_i}\right|$ 为 0，于是确定 λ_{pca} 的分子为 3，而 λ_{ica} 的分子为 $\left|\text{kurt}_{x_i}\right|$，从而使 $\lambda_{\text{pca}} = 1$ 和 $\lambda_{\text{ica}} = 0$。这意味着对于高斯分布数据，所提出的集成 PCA-ICA 算法就简化为单个 PCA 的监测算法。

针对结合后的 PCA 和 ICA 贡献图如何判断故障变量的问题，所提集成 PCA-ICA 统一辨识过程变量贡献值的控制限根据过程监测领域中的 3σ 准则，利用高炉正常运行数据的变量贡献向量的均值与 3 倍标准差的和来计算，如下所示：

$$\xi_{\text{pca-ica}}(i) = m_{\text{pca-ica},\,i} + 3\sigma_{\text{pca-ica},\,i} \tag{9.2.16}$$

式中，$m_{\text{pca-ica},\,i}$ 和 $\sigma_{\text{pca-ica},\,i}$ 分别为第 i 个过程变量对应集成 PCA-ICA 的统一贡献值的均值与方差。

注释 9.2.2：应该指出的是，所提集成方法和文献[10]中的方法是两种不同的 PCA-ICA 集成方法。文献[10]中方法的核心思想是如何使用 PCA-ICA 两步信息提取策略分解过程数据以进行故障检测，以及如何测量故障数据集之间的相似性以进行故障识别。本章提出的方法的核心思想是：如何通过 PCA 和 ICA 并行统一和综合来自两个不同高炉监测模型的统计数据的贡献图，以及如何确定 PCA 和 ICA 组合中的故障变量贡献图。实际上，这也是本章要解决的两个关键问题。

（1）对于第 1 个问题，所提集成 PCA-ICA 故障识别指标利用过程变量对不同投影空间的影响来处理不同投影空间中的过程数据分布，并使用 sgn 函数来处理不同模型的不同警报时间。此外，考虑到非高斯高炉过程数据中同时存在超高斯分布和次高斯分布的复杂性，增加加权参数 λ_{pca} 和 λ_{ica} 来衡量过程数据分布与高斯分布之间的距离，并最终完成统一贡献图识别指标的设计。

（2）关于第 2 个问题，通过每个变量贡献向量与高炉炼铁过程变量正常数值的平均值和标准偏差的 3 倍之和，计算出与每个过程变量相对应的集成

PCA-ICA 算法的统一贡献值的控制限。该方法简单实用，在实践中显示了良好的统计效果。

9.3　工业数据验证

本章所用测试数据来源于实际的工业高炉炼铁过程，包含两类异常炉况，分别为休风和管道行程。

（1）休风分为正常休风和异常休风，正常休风包括设备检修和更换等，异常休风是突然停水、停电、鼓风机失灵造成的停风等[17]。

（2）管道行程是高炉内某一局部的煤气流异常发展的表现。管道行程的产生原因有很多，常见的原因包括：原燃料如焦炭煤粉品质较差、风量的调剂与高炉内部的料柱透气性不相适应、高炉内部炉温波动太大、高炉亏料线运行、高炉上部布料调节不合理、高炉下部风口进风不均匀以及炉型不规则等[2,3]。

在本章中，休风条件的测试数据是由待罐、检修而造成的正常短期休风运行数据。请注意，休风的操作要点是将高炉与供气系统和燃气管网安全分开。因此，在正常的休风期间，必须停止热风炉的运行，并且还必须停止氧气的补充、燃料的喷射和充气。本章所用测试数据集中的休风为正常的休风待罐、检修，由于建模时使用的正常运行数据不包含休风，因此对于这种非正常运行工况也会报警。但由于故障监测主要针对非预见性的异常工况，因此本章主要就管道行程时的异常工况监测和辨识结果进行分析。

9.3.1　所提方法过程变量权值参数分配

对高炉炼铁过程监测需要尽可能多地包含能够真实反映整个炼铁过程运行状况的参数信息，即高炉炼铁的操作变量、状态变量等参数。本章选取某大型炼铁厂 2 号高炉炼铁过程的实际生产数据进行工业试验，共 37 个运行变量参数。将正常工况运行数据作为训练集，包含休风和管道行程的异常工况运行数据作为测试集。将变量参数按照操作变量和状态变量以及所在高炉本体的位置划分，并将其编号，如表 9.3.1 所示。此外，在表 9.3.1 中，根据 9.2.3 节的权值参数计算公式对不同过程变量的权值进行了分配。

表 9.3.1　高炉主要过程变量名称、类别以及对应的权值分布

序号	变量	变量类别	λ_{pca}	λ_{ica}
1	南探	SV	0.29	0.71
2	南探雷达	SV	0.86	0.14
3	焦批	OV	0.73	0.27

续表

序号	变量	变量类别	λ_{pca}	λ_{ica}
4	矿批	OV	0.57	0.43
5	焦炭负荷	SV	0.08	0.92
6	焦炭	OV	0.76	0.24
7	焦丁	OV	0.96	0.04
8	溶剂	OV	0.63	0.37
9	块矿	OV	0.46	0.54
10	球团	OV	1.00	0.00
11	烧结	OV	1.00	0.00
12	烧结比	SV	1.00	0.00
13	球团比	SV	1.00	0.00
14	块矿比	SV	0.49	0.51
15	冷风流量	OV	1.00	0.00
16	送风比	SV	1.00	0.00
17	热风压力	SV	0.94	0.06
18	炉顶压力	SV	1.00	0.00
19	压差	SV	0.96	0.04
20	顶压风量比	SV	1.00	0.00
21	透气性	SV	0.92	0.08
22	阻力系数	SV	1.00	0.00
23	热风温度	OV	1.00	0.00
24	富氧流量	OV	1.00	0.00
25	富氧率	SV	1.00	0.00
26	喷煤量	SV	1.00	0.00
27	鼓风温度	OV	0.81	0.19
28	理论燃烧温度	SV	0.91	0.09
29	标准风速	SV	1.00	0.00
30	实际风速	SV	1.00	0.00
31	鼓风动能	SV	1.00	0.00
32	炉腹煤气量	SV	1.00	0.00
33	炉腹煤气指数	SV	1.00	0.00
34	顶温东北	SV	1.00	0.00
35	顶温西南	SV	1.00	0.00
36	顶温西北	SV	1.00	0.00
37	顶温东南	SV	1.00	0.00

注：SV 表示状态变量，OV 表示操作变量

9.3.2 高炉炼铁过程异常监测与辨识效果

采用所提方法,得到测试数据集的高炉炼铁过程监测效果如图 9.3.1 和图 9.3.2 所示。可以看出 PCA 和 ICA 均能监测出异常工况的发生,从 T^2 统计量监测图中

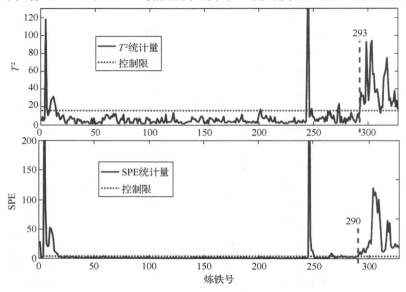

图 9.3.1　基于 PCA 的高炉异常监测效果图

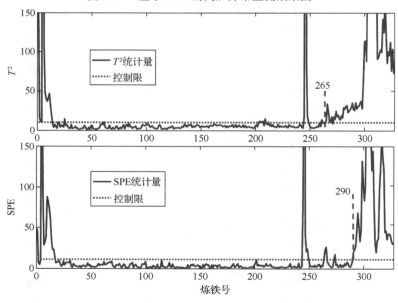

图 9.3.2　基于 ICA 的高炉炼铁过程监测效果图

可以看出，ICA 方法在异常工况发生初期（265 时刻）就能发出报警，相比 PCA 以及 SPE 统计量监测提前了一天。高炉炼铁交班记录文档显示，在 1 月 29 日白班 08:00～16:00 出现高炉炉温上行快，30 号晚班 00:00～08:00 炉温下行。这段时间（对应监测图 265～289 时刻）炉温波动大即管道行程异常工况的征兆已经出现，因此针对这种情况 ICA 方法更能及时监测出异常工况。

　　针对这种异常工况的故障辨识，所提集成 PCA-ICA 算法退化成基于 ICA 的贡献图辨识算法，辨识效果如图 9.3.3 所示。可以看出，T^2 统计量的变量贡献图显示异常变量为：15-冷风流量，20-顶压风量比，21-透气性，24-富氧流量，26-喷煤量，30-实际风速，31-鼓风动能，32-炉腹煤气量以及 33-炉腹煤气指数。而 SPE 统计量的变量贡献图显示异常变量为：15-冷风流量，16-送风比，18-炉顶压力，20-顶压风量比，21-透气性，22-阻力系数，24-富氧流量，25-富氧率，29-标准风速，30-实际风速，31-鼓风动能，32-炉腹煤气量以及 33-炉腹煤气指数。从 T^2 统计量和 SPE 统计量的变量贡献图中可以看出操作变量冷风流量、富氧流量的变化超出正常范围，且该变化也影响到了高炉异常工况的走势，状态变量中标准风速、实际风速、鼓风动能、炉腹煤气量、炉腹煤气指数等都与这两个操作变量有关，也表现出了异常。T^2 统计量的变量贡献图也显示了喷煤量的异常。喷煤量是调节炉温的一个重要手段，喷煤量与调风、调氧都是高炉操作人员稳定炉温常用的调节方式。结合交班记录可以发现，冷风流量以及富氧流量的异常加上煤粉质量变差造成高炉炉温的波动较大，从而出现高炉管道行程异常工况的征兆。这些结果表明，现场操作员可以根据所提方法的监测与辨识结果，结合高炉操作手册与相关操作制度，对生产过程进行预见性的调节，从而有效避免异常工况的发生或进一步恶化。

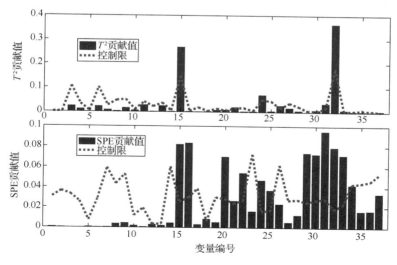

图 9.3.3　第 265 时刻 ICA 贡献图辨识效果图

　　在图 9.3.1 和图 9.3.2 中，可以看出在第 293 时刻前后，即对应 1 月 30 日白班（8:00～16:00），ICA 和 PCA 监测模型都发出异常报警，为此利用集成 PCA-ICA 方法中统一辨识指标进行辨识，辨识结果如图 9.3.4 所示。作为对比，同时给出传统 ICA 和 PCA 单一方法的过程变量贡献图辨识结果，分别如图 9.3.5 和图 9.3.6 所示。上述故障辨识图中的横坐标表示选取的高炉过程变量编号（对应变量名参见表 9.3.1）。通过与高炉实际操作交班记录进行对比，将所提集成 PCA-ICA 统一指标辨识结果、常规单一 PCA 辨识结果以及常规单一 ICA 辨识结果中的对应操作变量进行整理，如表 9.3.2 所示。从图 9.3.3～图 9.3.5 及表 9.3.2 中可以看出：单一 PCA 监测模型辨识结果漏报焦炭负荷，而单一 ICA 监测模型辨识结果漏报焦批、矿批以及焦炭、焦丁。只有本章所提集成 PCA-ICA 方法辨识结果能较全面地辨识出所有异常操作变量，取得较好的辨识效果。基于上述试验结果，对比 PCA、ICA 和集成 PCA-ICA 方法，可以发现所提集成 PCA-ICA 方法具有以下性质：

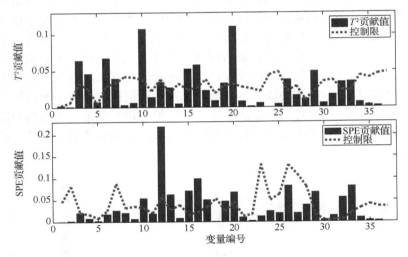

图 9.3.4　第 293 时刻所提集成 PCA-ICA 贡献图辨识效果图

　　（1）当变量对 PCA 和 ICA 统计量贡献都超出控制限时，集成 PCA-ICA 也会显示该变量为异常变量。

　　（2）当变量对 PCA 或 ICA 统计量贡献超出控制限时，集成 PCA-ICA 也辨识出具有较强贡献值的异常变量。

　　（3）当变量对 PCA 和 ICA 统计量贡献都未超出控制限时，集成 PCA-ICA 显示该变量为正常变量。

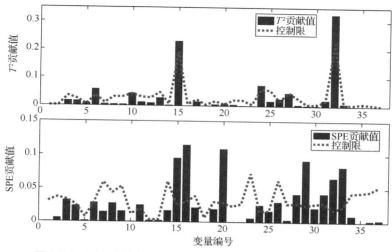

图 9.3.5　第 293 时刻基于 ICA 贡献图的高炉异常辨识效果图

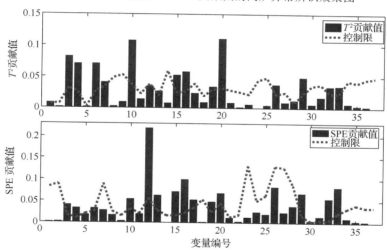

图 9.3.6　第 293 时刻基于 PCA 贡献图的高炉异常辨识效果图

表 9.3.2　不同监测算法操作变量故障辨识结果

真实故障变量		PCA 贡献图辨识结果		ICA 贡献图辨识结果		集成 PCA-ICA 贡献图辨识结果	
序号	变量	序号	变量	序号	变量	序号	变量
3	焦批	3	焦批	5	焦炭负荷	3	焦批
4	矿批	4	矿批	10	球团	4	矿批
5	焦炭负荷	6	焦炭	15	冷风流量	5	焦炭负荷
6	焦炭	7	焦丁	26	喷煤量	6	焦炭
7	焦丁	10	球团			7	焦丁
10	球团	15	冷风流量			10	球团
15	冷风流量	26	喷煤量			15	冷风流量
26	喷煤量					26	喷煤量

通过查询高炉实际操作交班记录，发现 1 月 30 日中班（16:00～00:00，第 310 采样时刻）出现管道行程异常工况。这是由于连续的炉温大幅度波动、高炉煤气流不稳、边缘过分发展、渣皮不稳，因而出现管道行程现象。监测模型均发出异常报警，利用统一故障辨识指标进行第 310 时刻的故障辨识，结果如图 9.3.7 所示。从图中可以看出管道行程后期，高炉炉顶 4 个方向的顶温出现异常，这是由于管道行程前期操作调整不及时，高炉煤气集中发展穿透了炉料使得高炉 4 个方向上的顶温发生异常，造成较为严重的管道行程异常工况。综上，所提集成 PCA-ICA 方法相较于单一 PCA 和 ICA 方法能够较全面地辨识出异常操作变量，从而可促使操作员有针对性地调节高炉操作制度，使高炉尽快恢复稳定顺行。

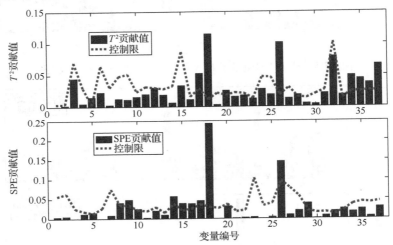

图 9.3.7 第 310 时刻所提集成 PCA-ICA 的高炉异常辨识效果图

参 考 文 献

[1] Zhou P, Song H D, Wang H, et al. Data-driven nonlinear subspace modeling for prediction and control of molten iron quality indices in blast furnace ironmaking[J]. IEEE Transactions on Control Systems Technology, 2017, 25(5): 1761-1774.

[2] Zhou P, Zhang R Y, Xie J, et al. Data-driven monitoring and diagnosing of abnormal furnace conditions in blast furnace ironmaking: An integrated PCA-ICA method[J]. IEEE Transactions on Industrial Electronics, 2021, 68(1): 622-631.

[3] Zhou P, Zhang R Y, Liang M Y, et al. Fault identification for quality monitoring of molten iron in blast furnace ironmaking based on KPLS with improved contribution rate[J]. Control Engineering Practice, 2020, 97:104354. DOI: 10.1016/j.conengprac.2020.104354.

[4] Zhou B, Ye H, Zhang H F, et al. Process monitoring of iron-making process in a blast furnace with PCA-based methods[J]. Control Engineering Practice, 2016, 47: 1-14.

[5] Zhao C H, Sun Y X. Multispace total projection to latent structures and its application to online process monitoring[J].

IEEE Transactions on Control Systems Technology, 2014, 22(3): 868-883.

[6] Wise B M, Ricker N L, Veltkamp D F, et al. A theoretical basis for the use of principal component models for monitoring multivariate processes[J]. Process Control and Quality, 1990, 1(1): 41-51.

[7] Kano M, Tanaka S, Hasebe S, et al. Monitoring independent components for fault detection[J]. American Institute Chemical Engineers Journal, 2003, 49(4): 969-976.

[8] Hyvaarinen A. Survey on independent component analysis[J]. Neural Comput Surveys, 1999, 2: 94-128.

[9] 刘记平. 基于多元统计分析的高炉炼铁过程监测研究[D]. 沈阳: 东北大学, 2018.

[10] Ge Z Q, Song Z H. Process monitoring based on independent component analysis-principal component analysis (ICA-PCA) and similarity factors[J]. Industrial and Engineering Chemistry Research, 2007, 46(7): 2054-2063.

[11] Ge Z Q, Song Z H. Batch process monitoring based on multilevel ICA-PCA[J]. Journal of Zhejiang University(Science A: an International Applied Physics and Engineering Journal), 2008, 9(8): 1061-1069.

[12] Roweis S T. EM Algorithms for PCA and SPCA[J]. Advances in Neural Information Processing Systems, 1997, 10: 626-632.

[13] Miller P, Swanson R E, Heckler C E. Contribution plots: A missing link in multivariate quality control[J]. Applied Mathematics and Computer Science, 1998, 8(4): 775-792.

[14] Martin E B, Morris A J. Non-parametric confidence bounds for process performance monitoring charts[J]. Journal of Process Control, 1996, 6(6): 349-358.

[15] Dwyer R. Detection of non-Gaussian signals by frequency domain Kurtosis estimation[C]. IEEE International Conference on Acoustics, Speech, and Signal Processing, 1983.

[16] Joanes D N , Gill C A. Comparing measures of sample skewness and kurtosis[J]. Journal of the Royal Statistical Society, 1998, 47(1): 183-189.

[17] Gupta S, French D, Sakurovs R, et al. Minerals and iron-making reactions in blast furnaces[J]. Progress in Energy and Combustion Science, 2008, 34(2): 155-197.

第 10 章　基于 KPLS 鲁棒重构误差的
高炉燃料比监测方法

钢铁制造是最典型的耗能密集型工业,其能耗占全国总能耗的 11%左右。此外,据不完全统计,我国的吨钢能耗比国际先进水平高出约 20%,因此我国钢铁工业的能耗和节能潜力都很大。高炉炼铁是钢铁工业最典型的高能耗、低效率生产过程,其工序能耗占整个钢铁企业能耗的 50%左右。因此,降低高炉炼铁能耗对钢铁行业的节能减排与可持续高质量发展以及"双碳"目标的实现都具有重要意义[1]。

图 10.0.1 为高炉炼铁过程能耗示意图,其中焦炭和煤粉等燃料消耗占高炉炼铁总能耗的 80%左右,因此降低高炉燃料消耗是高炉炼铁节能降耗的重中之重[2]。高炉燃料消耗影响因素众多,例如热风温度、富氧量等高炉操作变量和过程变量,都能直接或间接地影响高炉燃料消耗。高炉燃料比(即生产 1t 铁所消耗的焦炭、焦丁、煤粉燃料量)作为反映高炉燃料消耗的最主要指标,对操作人员执行高炉操作制度具有重要指导作用。随着节能减排的推进,倡导绿色生产以及降低成本的高质量发展需求日益迫切,对高炉节能减排的学术研究与工程实践也越来越多。文献[3]和[4]基于物流平衡与能量平衡原理建立高炉能耗模型,并从工艺角度进行节能分析与优化。文献[5]和[6]分别采用支持向量机、神经网络等智能建模技术建立了高炉能耗模型,实现了能耗的在线估计。文献[7]和[8]提出基于专家系统、神经网络的过程监测方法,并将其应用于高炉炼铁过程。但是这些方法没有对高炉能耗异常工况进行识别,因而不能提供减少能耗及其波动的操作指导,实际工程意义不大。另外,上述方法需要大量带有故障标签的数据去训练模型,而高炉实际运行中很难获取大量带标签的故障数据。因此,针对能耗异常先验知识少的高炉炼铁过程,需要研究如何利用高炉运行操作变量和状态变量数据与监测变量燃料比的关系,对高炉燃料比进行监测,并尽可能早地识别影响燃料比异常波动的关键因素及其低能耗调节的有效方法,这对高炉炼铁过程的节能降耗具有重要意义。

近年来,随着新型传感技术与计算机技术的快速发展和广泛应用,工业生产能够获得比以往更多的生产过程运行数据。因此,如何从海量数据中进行有效数据挖掘,使其服务于生产安全监测与诊断,成为现代工业工程的热点问题。文献[9]和[10]利用系统在正常和故障情况下的历史数据训练神经网络或者支持向量机等机器学习算法用于故障诊断，但诊断精度与故障样本的完备性和代表性有很大关系，因此难以用于无法获得大量故障数据的复杂工业过程。文献[11]针对线性相异分析在监测非线性过程时存在的不足，引入核相异指数来定量评价非线性数据分布结构之间的差异，从而反映非线性过程的相关性和操作条件的变化，取得较好的非线性过程监测效果。类似方法还有基于主成分分析（PCA）的监测方法，PCA 通过降维方式提取高维变量数据的主要信息，从而对过程运行状况与故障进行分析。

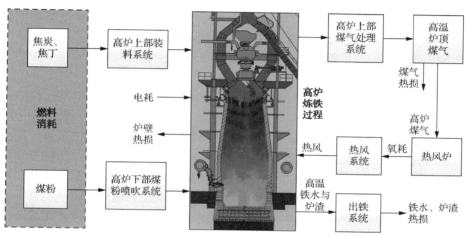

图 10.0.1　高炉炼铁过程能耗示意图

作为数据驱动多变量统计过程监测（multivariate statistical process monitoring, MSPM）的主流技术，偏最小二乘（PLS）监测方法更注重过程变量与监测变量（如高炉燃料比、铁水质量等）之间的关系以及影响监测变量的故障或异常工况[12-15]。PLS 的主要优点是可以建立过程变量与监测变量之间的关系模型，能够有效解决多变量系统的相关性、数据样本和故障先验知识少的问题。然而，常规 PLS 是线性降维投影方法，很难捕捉实际工业生产过程的非线性特性[13]。为解决该问题，可通过两种方法来对常规线性 PLS 进行扩展，其一是调整 PLS 内部模型，其二是调整 PLS 外部模型。如 Wold 等[14]和 Qin 等[15]分别基于二次函数和神经网络模型建立 PLS 的非线性内模型，即过程变量得分主元和监测变量得分主元之间的非线性模型，从而解释生产过程的非线性关系；而 Rosipa 等[13]和 Baffi 等[16]分别利用核函数和带有权值更新的神经网络模型建立 PLS 的非线性外模型，即通过将过程输入变量变换到高维空间，并在此空间执行线性 PLS 方法，从而实现非线性过程监测。

基于核函数的 KPLS 又称为核函数潜投影结构。与其他非线性 PLS 方法相比，KPLS 的优点在于可以避免非线性优化，因而成为较为流行的过程监测与诊断方法。但是，基于 KPLS 的过程诊断方法在很多情况下难以找到特征空间到原始过程变量空间的逆映射函数，从而增加了故障识别的难度。为此，Shao 等[17]通过计算当前时刻变量对统计量的一阶偏导数来确定故障变量，并认为异常时刻有最大偏导数的过程变量为故障变量。但是这种方法难以适用于 KPLS，因为基于核的非线性映射是不可微函数，并且在很多情况下不是显式的形式。针对基于核函数的非线性过程故障识别问题，文献[18]和[19]提出一种基于重构误差的故障指标，即利用两种平方误差的比值，一种是 SPE 统计量即 Q 统计量，另一种是基于变量相关性，用其他变量去估计过程变量中的一个，并用此变量的估值和剩余变量来计算 Q 统计量。这种方法的核心思想是当重构的变量是故障变量时，此变量的故障指标会比非故障变量的指标值小。目前，该方法在连续搅拌釜式反应器的模拟实验中获得较好的诊断效果。

本章针对先验故障知识少的非线性高炉炼铁过程燃料比检测和故障识别问题，基于文献[18]和[19]的思想，提出一种基于 KPLS 鲁棒重构误差的新型故障识别方法。所提方法通过分析 Gram 矩阵和高维特征空间映射矩阵的关系，重构原始过程变量，以原始过程变量的重构误差构造故障识别指标并给出指标控制限。同时，所提方法引入迭代去噪算法以减少异常数据对原始空间正常估值的影响，从而增强算法的鲁棒性。数值仿真及工业高炉数据试验表明所提方法能够准确识别引起高炉燃料比异常变化的影响因素，从而给出高炉的调节方向，指导高炉操作人员调节高炉操作制度，使高炉在顺行的前提下，朝着降低能耗的方向运行。此外，基于 KPLS 鲁棒重构误差的新型故障识别方法不仅可以监测出正常工况下影响燃料比异常变化的潜在影响因素，还可以监测出异常工况下影响燃料比异常变化的关键因素。

10.1 基于 KPLS 的非线性过程检测方法

基本 PLS 是一个线性降维投影方法，无法描述过程的非线性特性。Dunia 等[18]提出利用核函数将原始数据投影到高维空间，并在高维空间运行 PLS 方法，以此来描述过程的非线性。其基本思想是：如果核函数满足 Mercer 条件，则 KPLS 只需利用核技术在原始过程数据空间进行点积运算，不需要具体的非线性映射函数，即可实现非线性 PLS。

设非线性高炉炼铁系统的过程变量为 $X = [x_1, x_2, \cdots, x_n]^T \in \mathbb{R}^{n \times m}$，待监测变量（如燃料比、铁水质量等）为 $Y = [y_1, y_2, \cdots, y_n]^T \in \mathbb{R}^{n \times p}$，其中 n 为数据样本数，m 为过程变量数，p 为监测变量数。定义 ϕ 为非线性映射，用于将过程变量从原始空间映射到特征空间 F。KPLS 利用核函数将原始输入数据映射到特征空间 $F : x \to \phi(x) \in F$，并在特征空间执行线性 PLS 方法。设映射矩阵 $\Phi = [\phi(x_1),$

$\phi(x_2),\cdots,\phi(x_n)]^{\mathrm{T}} \in \mathbb{R}^{n \times f}$，为简化计算，令 $\sum\limits_{i=1}^{n}\phi(x_i)=0$，即输入变量映射到特征空间的均值为零。定义 Gram 矩阵 $K=\boldsymbol{\Phi}\boldsymbol{\Phi}^{\mathrm{T}} \in \mathbb{R}^{n \times n}$，$K_{i,j}=k(x_i,x_j)=\langle\phi(x_i),\phi(x_j)\rangle$，通过核映射和内积运算，即 $(\phi(x_i))^{\mathrm{T}}\phi(x_j)=k(x_i,x_j)$，避免计算原始输入空间到特征空间的非线性映射矩阵 $\boldsymbol{\Phi}$，直接得到 Gram 矩阵 K。另外，基于非线性迭代的 KPLS 可以避免求解 Gram 矩阵的特征值，通过迭代的方式直接求得 Gram 矩阵的特征向量和得分向量。

此外，为满足假设 $\sum\limits_{i=1}^{n}\phi(x_i)=0$，需要对 $\boldsymbol{\Phi}$ 进行中心化处理，即 $\boldsymbol{\Phi}_0=\boldsymbol{\Phi}-1_n\boldsymbol{\Phi}_{\mathrm{mean}}$，$\boldsymbol{\Phi}_{\mathrm{mean}}$ 为映射矩阵的均值向量，1_n 为 n 维全 1 列向量，$\boldsymbol{\Phi}_0$ 为中心化处理的 $\boldsymbol{\Phi}$。则 Gram 矩阵 K 的中心化处理可按下式计算：

$$\begin{aligned}
K_0 &= \boldsymbol{\Phi}_0\boldsymbol{\Phi}_0^{\mathrm{T}}\\
&= (\boldsymbol{\Phi}-1_n\boldsymbol{\Phi}_{\mathrm{mean}})(\boldsymbol{\Phi}-1_n\boldsymbol{\Phi}_{\mathrm{mean}})^{\mathrm{T}}\\
&= \boldsymbol{\Phi}\boldsymbol{\Phi}^{\mathrm{T}}-1_n\boldsymbol{\Phi}_{\mathrm{mean}}\boldsymbol{\Phi}^{\mathrm{T}}-\boldsymbol{\Phi}\boldsymbol{\Phi}_{\mathrm{mean}}^{\mathrm{T}}1_n^{\mathrm{T}}+1_n\boldsymbol{\Phi}_{\mathrm{mean}}\boldsymbol{\Phi}_{\mathrm{mean}}^{\mathrm{T}}1_n^{\mathrm{T}}\\
&= \boldsymbol{\Phi}\boldsymbol{\Phi}^{\mathrm{T}}-\frac{1}{n}1_n1_n^{\mathrm{T}}\boldsymbol{\Phi}\boldsymbol{\Phi}^{\mathrm{T}}-\frac{1}{n}\boldsymbol{\Phi}\boldsymbol{\Phi}^{\mathrm{T}}1_n1_n^{\mathrm{T}}+\frac{1}{n^2}1_n1_n^{\mathrm{T}}\boldsymbol{\Phi}\boldsymbol{\Phi}^{\mathrm{T}}1_n1_n^{\mathrm{T}}\\
&= \left(E_n-\frac{1}{n}1_n1_n^{\mathrm{T}}\right)K\left(I_n-\frac{1}{n}1_n1_n^{\mathrm{T}}\right)
\end{aligned}\tag{10.1.1}$$

式中，K_0 为中心化后的 K；I_n 为 $n\times n$ 的单位矩阵。对于新数据 $x_k^{\mathrm{new}} \in \mathbb{R}^m$，$k=1,2,\cdots,N$，对应映射向量为 $\phi(x_k^{\mathrm{new}}) \in \mathbb{R}^f$，当炼铁号为 N 时，对应特征向量为 $\boldsymbol{\Phi}^{\mathrm{new}}$，从而对 $\boldsymbol{\Phi}^{\mathrm{new}}$ 中心化得 $\boldsymbol{\Phi}_0^{\mathrm{new}}=\boldsymbol{\Phi}^{\mathrm{new}}-1_N\boldsymbol{\Phi}_{\mathrm{mean}}$，其中 $\boldsymbol{\Phi}_{\mathrm{mean}}$ 为训练集特征矩阵的均值，1_N 为 N 维全 1 列向量，$\boldsymbol{\Phi}_0^{\mathrm{new}}$ 为中心化后的新样本特征向量，新样本的 Gram 矩阵 K^{new} 中心化可按下式计算：

$$\begin{aligned}
K_0^{\mathrm{new}} &= \boldsymbol{\Phi}_0^{\mathrm{new}}\boldsymbol{\Phi}_0^{\mathrm{T}}\\
&= (\boldsymbol{\Phi}^{\mathrm{new}}-1_N\boldsymbol{\Phi}_{\mathrm{mean}})(\boldsymbol{\Phi}-1_n\boldsymbol{\Phi}_{\mathrm{mean}})^{\mathrm{T}}\\
&= \boldsymbol{\Phi}^{\mathrm{new}}\boldsymbol{\Phi}^{\mathrm{T}}-1_N\boldsymbol{\Phi}_{\mathrm{mean}}\boldsymbol{\Phi}^{\mathrm{T}}-\boldsymbol{\Phi}^{\mathrm{new}}\boldsymbol{\Phi}_{\mathrm{mean}}^{\mathrm{T}}1_n^{\mathrm{T}}+1_N\boldsymbol{\Phi}_{\mathrm{mean}}\boldsymbol{\Phi}_{\mathrm{mean}}^{\mathrm{T}}1_n^{\mathrm{T}}\\
&= \boldsymbol{\Phi}^{\mathrm{new}}\boldsymbol{\Phi}^{\mathrm{T}}-\frac{1}{n}1_N1_n^{\mathrm{T}}\boldsymbol{\Phi}\boldsymbol{\Phi}^{\mathrm{T}}-\frac{1}{n}\boldsymbol{\Phi}^{\mathrm{new}}\boldsymbol{\Phi}^{\mathrm{T}}1_n1_n^{\mathrm{T}}+\frac{1}{n^2}1_N1_n^{\mathrm{T}}\boldsymbol{\Phi}\boldsymbol{\Phi}^{\mathrm{T}}1_n1_n^{\mathrm{T}}\\
&= \left(K^{\mathrm{new}}-\frac{1}{n}1_N1_n^{\mathrm{T}}K\right)\left(I_n-\frac{1}{n}1_n1_n^{\mathrm{T}}\right)
\end{aligned}\tag{10.1.2}$$

在高维特征空间，KPLS 模型如下所示：

$$\begin{cases}
\boldsymbol{\Phi}=\widehat{\boldsymbol{\Phi}}+\boldsymbol{\Phi}_r=T\overline{P}^{\mathrm{T}}+\boldsymbol{\Phi}_r\\
Y=\widehat{Y}+Y_r=TQ^{\mathrm{T}}+Y_r
\end{cases}\tag{10.1.3}$$

引入核技术，上述模型可变换成如下形式：

$$\begin{cases} K = \widehat{K} + K_r = TP^{\mathrm{T}} + K_r \\ Y = \widehat{Y} + Y_r = TQ^{\mathrm{T}} + Y_r \end{cases} \tag{10.1.4}$$

基于 KPLS 方法的 T^2 统计量和 SPE 统计量计算公式如下所示：

$$\begin{cases} T^2 = t_{\mathrm{new}}^{\mathrm{T}} \varLambda^{-1} t_{\mathrm{new}} < T_{\mathrm{lim}}^2 = \dfrac{A(n^2-1)}{n(n-A)} F_{A,n-A,\alpha} \\ \mathrm{SPE} = \left\| \phi_r(x_{\mathrm{new}}) \right\|^2 < Q_{\mathrm{lim}} = g_1 \chi_{h_1,\alpha}^2 \end{cases} \tag{10.1.5}$$

式中，A 为 KPLS 主元个数，由交叉验证得到；t_{new} 为新采样数据分向量，计算公式如下：

$$t_{\mathrm{new}} = R^{\mathrm{T}} \phi(x_{\mathrm{new}}) = (U^{\mathrm{T}} K T)^{-1} U^{\mathrm{T}} K^{\mathrm{new}} \in \mathbb{R}^A \tag{10.1.6}$$

其中，$R = \varPhi^{\mathrm{T}} U (T^{\mathrm{T}} K U)^{-1}$，$T = \varPhi R$，$\varLambda^{-1} = (1/n-1) T^{\mathrm{T}} T$，$T$ 为 KPLS 训练集得分矩阵。

此外，式（10.1.5）中，T_{lim}^2 和 Q_{lim} 分别为 T^2 统计量和 SPE 统计量的控制限[15]；α 为控制限置信水平，$F_{A,n-A,\alpha}$ 为在置信区间为 $(\alpha-1, 1-\alpha)$、自由度为 A 和 $n-A$ 的 F 分布临界值；$g_1 \cdot h_1 = \mathrm{mean}(Q)$ 以及 $2g_1^2 \cdot h_1 = \mathrm{var}(Q)$。由于 $\phi_r(x_{\mathrm{new}})$ 不能显式计算，需要利用核技术计算 Gram 矩阵，则 SPE 统计量可按如下公式计算：

$$\begin{aligned} Q &= \left\| \bar{\phi}_r(x_{\mathrm{new}}) \right\|^2 \\ &= (\bar{\phi}(x_{\mathrm{new}}) - t_{\mathrm{new}} P^{\mathrm{T}})(\bar{\phi}(x_{\mathrm{new}}) - t_{\mathrm{new}} P^{\mathrm{T}})^{\mathrm{T}} \\ &= (\bar{\phi}(x_{\mathrm{new}}) - t_{\mathrm{new}} T^{\mathrm{T}} \varPhi)(\bar{\phi}(x_{\mathrm{new}}) - t_{\mathrm{new}} T^{\mathrm{T}} \varPhi)^{\mathrm{T}} \\ &= \bar{\phi}(x_{\mathrm{new}})(\bar{\phi}(x_{\mathrm{new}}))^{\mathrm{T}} - \phi(x_{\mathrm{new}}) \varPhi^{\mathrm{T}} (T(t_{\mathrm{new}}))^{\mathrm{T}} - t_{\mathrm{new}} T^{\mathrm{T}} \varPhi (\bar{\phi}(x_{\mathrm{new}}))^{\mathrm{T}} + t_{\mathrm{new}} T^{\mathrm{T}} \varPhi \varPhi^{\mathrm{T}} (T(t_{\mathrm{new}}))^{\mathrm{T}} \\ &= \bar{k}(x_{\mathrm{new}}, x_{\mathrm{new}}) - 2 t_{\mathrm{new}} T^{\mathrm{T}} K^{\mathrm{new}} + t_{\mathrm{new}} T^{\mathrm{T}} K (T(t_{\mathrm{new}}))^{\mathrm{T}} \end{aligned}$$

$$\tag{10.1.7}$$

式中，$\bar{\phi}(x_{\mathrm{new}})$ 为中心化后的 $\phi(x_{\mathrm{new}})$；$\bar{k}(x_{\mathrm{new}}, x_{\mathrm{new}})$ 为中心化后的 $k(x_{\mathrm{new}}, x_{\mathrm{new}})$，即

$$\begin{aligned} \bar{k}(x_{\mathrm{new}}, x_{\mathrm{new}}) &= (\phi(x_{\mathrm{new}}) - \varPhi_{\mathrm{mean}})(\phi(x_{\mathrm{new}}) - \varPhi_{\mathrm{mean}})^{\mathrm{T}} \\ &= \phi(x_{\mathrm{new}})(\phi(x_{\mathrm{new}}))^{\mathrm{T}} - \frac{2}{n} \phi(x_{\mathrm{new}}) \varPhi 1_n + \frac{1}{n^2} 1_n^{\mathrm{T}} K 1_n \\ &= k(x_{\mathrm{new}}, x_{\mathrm{new}}) - \frac{2}{n} \sum_{i=1}^{n} k(x_{\mathrm{new}}, x_i) + \frac{1}{n^2} \sum_{i=1}^{n} \sum_{j=1}^{n} k(x_i, x_j) \\ &= 1 - \frac{2}{n} \sum_{i=1}^{n} k(x_{\mathrm{new}}, x_i) + \frac{1}{n^2} \sum_{i=1}^{n} \sum_{j=1}^{n} k(x_i, x_j) \end{aligned} \tag{10.1.8}$$

其中，x_i, x_j 为训练集数据。

10.2　基于 KPLS 鲁棒重构误差的故障识别方法

实际工业过程监测的重要目的就是根据监测结果指导生产的操作与调控。当监测到高炉燃料比异常时，需要识别过程变量中造成燃料比异常的关键变量，从而指导操作人员有针对性地调整高炉操作制度，减少异常工况造成的损失。基于 KPLS 的故障识别是非线性过程监测中的一个难题，至今还没有一个有效的理论体系对非线性故障变量进行识别。基于 PLS 的质量监测可以通过贡献图的方法对故障进行识别[19,20]，即对 T^2 统计量或 SPE 统计量的贡献值较大的变量为故障变量。而基于核函数的非线性过程监测通过非线性映射改变原始过程变量之间的关系，在很多情况下很难找到特征空间到原始过程变量空间的逆映射函数[21]，加大了非线性故障识别的难度。针对这些问题，Sang 等[19]提出基于 KPCA 误差重构的故障识别方法，并在连续搅拌釜反应器进行仿真实验验证，取得较好效果。本章针对基于 KPLS 的非线性过程监测故障识别难题，将鲁棒重构误差计算方法应用于基于 KPLS 的燃料比故障识别，提出基于 KPLS 鲁棒重构误差的非线性系统故障识别方法，具体如下。

10.2.1　故障识别算法

鲁棒重构误差估计方法是迭代去噪估计的扩展[22,23]。基于 KPLS 的鲁棒重构误差方法首先建立过程的 KPLS 模型，并在原始输入空间而不是特征空间重构输入变量，输入变量重构值为正常时刻的估计值。设 $X = [x_1, x_2, \cdots, x_m]^T \in \mathbb{R}^{m \times n}$ 为过程变量集，$Y = [y_1, y_2, \cdots, y_p]^T \in \mathbb{R}^{p \times n}$ 为监测变量集（如高炉燃料比、铁水质量等），m, p 分别为过程变量个数和监测变量个数。KPLS 首先通过非线性函数将数据映射到特征空间 $F : x \to \phi(x) \in F$，然后建立特征与监测变量的 PLS 模型。定义特征空间数据矩阵为 $\Phi(X) = \Phi^T = [\phi(x_1), \phi(x_2), \cdots, \phi(x_n)] \in \mathbb{R}^{f \times n}$，且 $\sum_{i=1}^{n} \phi(x_i) = 0$，则过程变量在特征空间的方差矩阵 C 以及 Gram 矩阵 K 可表示成

$$\begin{cases} C = \dfrac{1}{n} \sum_{i=1}^{n} \phi(x_i)(\phi(x_i))^T = \dfrac{1}{n} \Phi(X)(\Phi(X))^T \\ K = \dfrac{1}{n} \sum_{i=1}^{n} (\phi(x_i))^T \phi(x_i) = \dfrac{1}{n} (\Phi(X))^T \Phi(X) \end{cases} \quad (10.2.1)$$

式中，$K_{i,j} = \langle \phi(x_i), \phi(x_j) \rangle = k(x_i, x_j) = \exp(-\mathrm{norm}(x_i - x_j)^2 / c)$。对 Gram 矩阵进行特征分解得

$$\begin{bmatrix} p_1 & p_2 & \cdots & p_A \end{bmatrix} \begin{bmatrix} \lambda_1 & & & \\ & \lambda_2 & & \\ & & \ddots & \\ & & & \lambda_A \end{bmatrix} = K \begin{bmatrix} p_1 & p_2 & \cdots & p_A \end{bmatrix} \qquad (10.2.2)$$

式中，$P = [p_1, p_2, \cdots, p_A] \in \mathbb{R}^{n \times A}$ 为 K 的特征向量；λ_i 为对应特征值；A 为 KPLS 的主元个数。对上式两边同时乘以 $\varPhi(X)$ 有下式成立：

$$\varPhi(X) \begin{bmatrix} p_1 & p_2 & \cdots & p_A \end{bmatrix} \begin{bmatrix} \lambda_1 & & & \\ & \lambda_2 & & \\ & & \ddots & \\ & & & \lambda_A \end{bmatrix} = \varPhi(X) K \begin{bmatrix} p_1 & p_2 & \cdots & p_A \end{bmatrix}$$

$$= \frac{1}{n} \varPhi(X) (\varPhi(X))^{\mathrm{T}} \varPhi(X) \begin{bmatrix} p_1 & p_2 & \cdots & p_A \end{bmatrix}$$

$$= C \varPhi(X) \begin{bmatrix} p_1 & p_2 & \cdots & p_A \end{bmatrix}$$

$$(10.2.3)$$

设 $V = [v_1, v_2, \cdots, v_A] \in \mathbb{R}^{m \times A}$ 为过程变量的方差矩阵 C 的特征向量矩阵，则下式成立：

$$V = \varPhi(X) P \qquad (10.2.4)$$

设新观测到的过程数据为 $x_{\mathrm{new}} \in \mathbb{R}^m$，在高维特征空间的非线性映射值为 $\phi(x_{\mathrm{new}})$，则 $\phi(x_{\mathrm{new}})$ 在 V 坐标系上的得分向量为

$$h = \left(\phi(x_{\mathrm{new}})\right)^{\mathrm{T}} V = \left(\phi(x_{\mathrm{new}})\right)^{\mathrm{T}} \varPhi(X) P = k(x_{\mathrm{new}}, X) P = k_{\mathrm{new}} P \qquad (10.2.5)$$

式中，k_{new} 为新观测的数据在高维特征空间的 Gram 矩阵。

注释 10.2.1：式（10.2.5）处的得分向量 h 与前文得分向量 t 不同。得分向量 h 是由新观测数据的高维映射 $\phi(x_{\mathrm{new}})$ 在 V 坐标系上投影得到，表示投影关系；得分向量 t 是由新观测数据的高维映射 $\phi(x_{\mathrm{new}})$ 根据 KPLS 模型求得的主元。

由于 $\phi(x_{\mathrm{new}})$ 的估计值 $\hat{\phi}(x_{\mathrm{new}}) = V h^{\mathrm{T}}$，设存在投影矩阵 P_H 使得 $P_H \phi(x_{\mathrm{new}}) = \hat{\phi}(x_{\mathrm{new}}) = V h^{\mathrm{T}}$ 成立，为了能够在原始数据空间识别故障变量，需要在原始过程变量空间而不是在特征空间重构数据。如存在向量 $z \in \mathbb{R}^m$ 满足 $\phi(z) = P_H \phi(x_{\mathrm{new}})$，则可将 z 作为 x_{new} 的一组重构数据。因此重构 x_{new} 可转化为求解如下优化问题：

$$\min \rho(z) = \left\| \phi(z) - P_H \phi(x_{\mathrm{new}}) \right\|^2 \qquad (10.2.6)$$

式中，

$$\rho(z) = \left\| \phi(z) - P_H \phi(x_{\mathrm{new}}) \right\|^2 = (\phi(z) - P_H \phi(x_{\mathrm{new}}))^{\mathrm{T}} (\phi(z) - P_H \phi(x_{\mathrm{new}}))$$

$$= (\phi(z))^{\mathrm{T}} \phi(z) - 2(\phi(z))^{\mathrm{T}} P_H \phi(x_{\mathrm{new}}) + (\phi(x_{\mathrm{new}}))^{\mathrm{T}} P_H^{\mathrm{T}} P_H \phi(x_{\mathrm{new}})$$

$$= -2(\phi(z))^{\mathrm{T}} P_H \phi(x_{\mathrm{new}}) + \varOmega \qquad (10.2.7)$$

其中，Ω 为确定常数项，又因为 $P_H \phi(x_{\text{new}}) = \hat{\phi}(x_{\text{new}}) = Vh^{\text{T}}$，$V = \Phi(X)P$，则上述优化问题转化为

$$\max(\phi(z))^{\text{T}} \Phi(X)Ph^{\text{T}} \qquad （10.2.8）$$

即

$$\max k(z, X)Ph^{\text{T}} \qquad （10.2.9）$$

应用梯度下降求解上述优化问题：

$$\begin{cases} \nabla_z \rho(z) = \sum_{i=1}^{n} \gamma_i k'(\|z - x_i\|^2)(z - x_i) = 0 \\ \gamma_i = \sum_{k=1}^{A} P_{i,k} h_k \end{cases} \qquad （10.2.10）$$

式中，$\nabla_z \rho(z)$ 表示 $\rho(z)$ 关于 z 的梯度运算。对于高斯核函数 $k(x, y) = \exp(-\|x - y\|^2 / c)$，所得最优解为

$$z = \frac{\sum_{i=1}^{n} \gamma_i \exp(-\|z - x_i\|^2 / c)x_i}{\sum_{i=1}^{n} \gamma_i \exp(-\|z - x_i\|^2 / c)} \qquad （10.2.11）$$

为了简化计算，采用迭代方式求解 z：

$$z_t = \frac{\sum_{i=1}^{n} \gamma_i \exp(-\|z_{t-1} - x_i\|^2 / c)x_i}{\sum_{i=1}^{n} \gamma_i \exp(-\|z_{t-1} - x_i\|^2 / c)} \qquad （10.2.12）$$

由于主元变量对过程变量中的异常值敏感，会影响对过程数据重构值的精度，为此进一步采用 Takahashi 等[23]提出的改进鲁棒重构方法，即在更新重构值的同时更新得分向量 h：

$$\begin{cases} h(t) = \sum_{i=1}^{n} P_i^{\text{T}} k(z_t, x_i) \\ \gamma_i = \sum_{k=1}^{A} P_{i,k} h(t)_k \\ z_t = \begin{cases} x_{\text{new}}, & t = 0 \\ z_{t-1}, & \text{其他} \end{cases} \end{cases} \qquad （10.2.13）$$

为了解决迭代不收敛问题，设 $x_{\text{new},i}$ 为新观测数据的第 i 个变量，$i = 1, 2, \cdots, m$，定义数据的确定性指标为 $\beta_i \in \mathbb{R}$ 以及确定性指标矩阵为 $B(t) = \text{diag}(\beta_1, \beta_2, \cdots, \beta_m) \in \mathbb{R}^{m \times m}$。采用新观测数据和重构数据的差值来估计数据的确定性：当差值较大时，认为新观测数据是正常数据的可能性小，因此减少此数据的确定性 β_i；当差值较小时，

认为新观测的数据是正常数据的可能性大，并以此来修改第 $t-1$ 次迭代的观测数据重构值，使原始观测数据在下一时刻重构值中占比较大，从而减少迭代次数，使迭代估计尽快收敛。当 $t>0$ 时，重构数据的迭代可由下式替代：

$$\tilde{z}_{t-1} = B(t)x_{\text{new}} + (I - B(t))z_{t-1} \tag{10.2.14}$$

这里，前述定义的数据确定性指标可按下式计算：

$$\begin{cases} \beta_i = \exp(-(x_{\text{new},i} - z_i(t-1))^2 / 2\sigma_i^2) \\ \sigma_i^2 = (1.4826(1 + 5/(n-1))E\left\langle \left| x_{\text{new},i} - x_{j,i} \right| \right\rangle_d)^2 \end{cases}, \quad i = 1, 2, \cdots, m; \quad j = 1, 2, \cdots, n \tag{10.2.15}$$

式中，$E\left\langle \left| x_{\text{new},i} - x_{j,i} \right| \right\rangle_d$ 表示前 d 个新观测数据与训练数据差值最小值的均值。因此原始数据 t 次迭代重构值可按下式计算：

$$z_t = \frac{\sum_{i=1}^{n} \gamma_i \exp(-\left\| \tilde{z}_{t-1} - x_i \right\|^2 / c)x_i}{\sum_{i=1}^{n} \gamma_i \exp(-\left\| \tilde{z}_{t-1} - x_i \right\|^2 / c)} \tag{10.2.16}$$

最后，所提基于 KPLS 鲁棒重构误差的故障识别算法实现步骤总结如下。

步骤 1：给定重构数据的初值 $z_0 = x_{\text{new}}$。

步骤 2：根据式（10.2.15）计算数据的确定性矩阵 β_i。

步骤 3：根据式（10.2.14）修改上次迭代重构值 $\tilde{z}_{t-1}$。

步骤 4：根据式（10.2.13）更新观测数据得分向量 h 及 γ_i。

步骤 5：根据式（10.2.16）计算当次迭代重构值 z_t。

步骤 6：若 $\left\| z_t - z_{t-1} \right\| < 10^{-5}$，则输出新观测数据的重构值，反之令 $z_{t-1} = z_t$，返回步骤 2。

10.2.2　故障识别指标

Sang 等[19]基于 KPCA 提出了鲁棒重构误差的故障辨识方法，对应的故障指标如下所示：

$$\xi_i = \frac{\left\| \tilde{x}^i - \hat{\tilde{x}}^i \right\|^2}{\left\| x - \hat{x} \right\|^2}$$

式中，$x \in \mathbb{R}^m$ 为原始过程变量，m 为变量个数；$\hat{x} \in \mathbb{R}^m$ 为基于鲁棒重构误差方法 x 的估计值；$\tilde{x}^i \in \mathbb{R}^{m-1}$ 为除去第 i 个变量的原始过程变量观测数据；$\hat{\tilde{x}}^i \in \mathbb{R}^{m-1}$ 为 $\hat{x}$ 除去第 i 个变量的原始过程变量估计数据。其核心思想是：故障变量的重构误差会在所有过程变量的重构误差中占有很大比例，因此故障变量的指标值会比正常变量的指标值小很多。由于此种故障指标是由两种 SPE 统计量的比值构成。当过程处于正常运行状态，且所有变量的重构误差均在可接受范围内，如果存在某些变量的重构误差相对其他变量较大，将会出现误报。针对上述问题，本章调整了故障指标，利用 KPLS 鲁棒重构误差识别算法得出的变量正常估值与真值的误差，同时考虑识别算法对不同变量估值精度来构造故障识别指标，如下所示：

$$\xi_i = \frac{\|x_i - \hat{x}_i\|^2 - \min\left(\|X_i - \hat{X}_i\|^2\right)}{\max\left(\|X_i - \hat{X}_i\|^2\right) - \min\left(\|X_i - \hat{X}_i\|^2\right)}$$（10.2.17）

式中，X_i 表示第 i 个变量的所有采样数据；$\hat{X}_i$ 为第 i 个变量的鲁棒重构估计值；x_i 为第 i 个变量新的采样值，$\hat{x}_i$ 表示相应的重构估计值。

所提式（10.2.17）所示指标利用过程变量训练精度来处理新采样数据的故障辨识指标，以减少由于过程变量估计精度不同对故障辨识精度的影响。不同变量的估计精度不一样，因此为了统一误差贡献值，需要对每个变量的故障指标值进行归一化处理。当第 i 个变量发生故障时，故障指标值会大幅度增加，未发生故障的指标值不会增加太多。从而只需比较所有变量的指标值的大小就可以识别出异常变量。式（10.2.17）所示故障识别指标的本质是原始特征变量的重构误差，与 SPE 统计量类似，因此故障识别指标的控制上限可按下式计算：

$$\xi \leqslant \xi_{\lim} = g_2 \chi^2_{h_2,\alpha}$$（10.2.18）

式中，$g_2 = s/2\mu$，$h_2 = 2\mu^2/s$，μ 为 $\sum_{i=1}^m \xi_i$ 的均值，s 为 $\sum_{i=1}^m \xi_i$ 的方差；α 为控制限的置信水平。在实际工业过程中，可以用训练数据集中所有变量的故障识别指标和均值加 3 倍方差的均值计算该控制限。

10.3　数值仿真

为了验证所提监测方法的有效性，首先进行数值仿真。为此，考虑文献[24]研究的非线性系统，该系统包括 18 个输入变量 $X = [x_1, x_2, \cdots, x_m] \in \mathbb{R}^{n \times m} (m = 18)$ 和 1 个输出变量。输入变量中，$[x_1, x_2, \cdots, x_{10}] \sim U(-1,1)$，$x_1, x_2, x_3$ 与输出变量呈非线性关系，x_4, x_5 与输出变量呈线性关系，$x_6, x_7, x_8, x_9, x_{10}$ 是独立于输出变量的噪声变量，另外增加 4 个与 x_1, x_2, x_3, x_4 呈线性关系的变量 $x_{11}, x_{12}, x_{13}, x_{14}$，两个呈非线性关系的变量 x_{15}, x_{16}，以及与独立噪声变量呈非线性关系的变量 x_{17}, x_{18}。因此，输入变量可分为两类，一类是与输出变量相关的 x_1, x_2, x_3, x_4, x_5，另一类是看作不同来源的噪声 e，这里 $e \sim N(0,0.1)$。综上该系统可用下式表示：

$$y = 10\exp(x_1 x_2) + 20x_3^2 + 10x_4 + 5x_5 + e$$（10.3.1）

数值仿真时，首先产生 200 组数据作为正常的训练样本，之后产生 400 组数据作为测试样本，在测试样本中前 200 组数据为正常样本，从第 201 个样本开始加入如下 3 类故障。

（1）故障 1：对变量 3 加入幅值为 $0.5(k-200)$ 的漂移变化，即 $x_3 = x_3^* + 0.5k$。

（2）故障 2：对变量 4 加入幅值为 5 的阶跃干扰，即 $x_4 = x_4^* + 5$。

（3）故障 3：对变量 4 和 15 分别加入幅值为 8 和 5 的阶跃干扰，即 $x_4 = x_4^* + 8$ 和 $x_{15} = x_{15}^* + 5$，对变量 14 和 17 分别加入幅值为 0.1 和 0.05 且故障时刻为 200 到 300 采样点的漂移变化，即 $x_{14} = x_{14}^* + 0.1k$ 和 $x_{17} = x_{17}^* + 0.05k$。

故障 1 和故障 2 用于验证故障识别方法对不同类型故障的识别能力，故障 3 用于验证本章所提故障方法对多变量故障的识别能力。

所提方法参数设置如下：高斯核函数宽度设置为 165，交叉验证选取主元个数为 5。T^2 统计量根据 Mahalanobis 距离定义，能够对 KPLS 得分进行监测，SPE 统计量由欧几里得距离定义，对 KPLS 残差进行监控。一般来说，只有当 T^2 统计量和 SPE 统计量都处于控制限以下时表示过程正常运行，当 T^2 统计量或 SPE 统计量至少有一个在控制限以上时表示过程发生异常。针对上述 3 类故障，所提方法的监测效果和故障变量识别图如图 10.3.1～图 10.3.6 所示。从图 10.3.1、图 10.3.3、图 10.3.5 中可以看出故障发生时所提方法能够及时有效地监测出上述 3 类故障。图 10.3.2、图 10.3.4、图 10.3.6 显示了所提故障方法在两种故障指标下均能有效识别故障，即系统运行正常时，每个过程变量的故障指标均在控制限以下。而当故障发生时，所提方法能够快速显示故障源所在，说明基于所提鲁棒重构误差的故障识别方法能够有效识别出系统中不同类型的故障以及多变量故障。

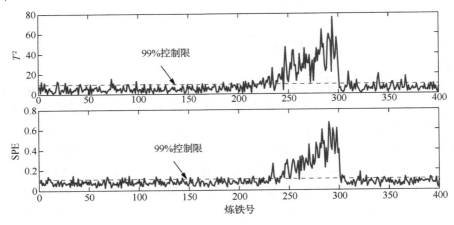

图 10.3.1　故障 1 的 KPLS 监测图

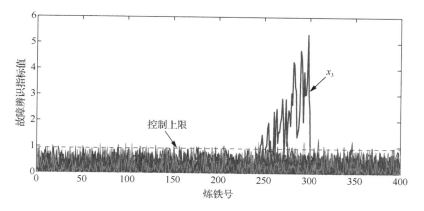

图 10.3.2　故障 1 的故障变量识别图

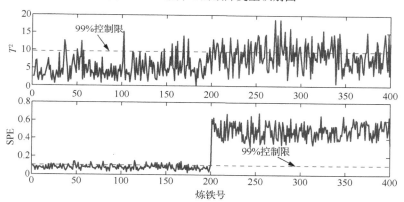

图 10.3.3　故障 2 的 KPLS 监测图

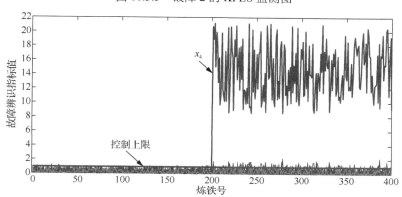

图 10.3.4　故障 2 的故障变量识别图

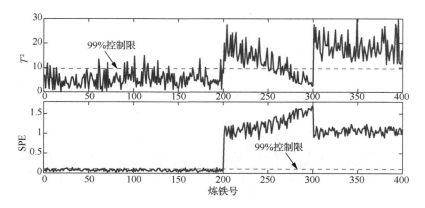

图 10.3.5   故障 3 的 KPLS 监测图

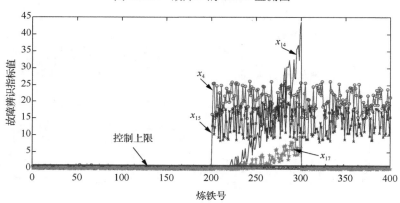

图 10.3.6   故障 3 的故障变量识别图

10.4   工业数据验证

10.4.1   高炉燃料比检测效果

选取某炼铁厂 2 号高炉的实际工业运行数据对所提方法进行数据测试。根据工艺机理,确定影响燃料比的主要过程变量多达 37 个,主要包括:矿批、焦批、焦丁、溶剂、块矿比等高炉上部调剂变量,冷风流量、热风流量、富氧流量、热风温度、喷煤量、鼓风湿度等高炉下部调剂变量,另外还有透气性、理论燃烧温度、炉腹煤气量、鼓风动能、阻力系数等状态变量。由于过程变量为 37 个,根据经验原则,选取高斯核函数宽度为 185,通过交叉验证确定 KPLS 主元个数为 8。

图 10.4.1 为基于实际工业数据的高炉燃料比监测曲线,图中可以看出 T^2 统计量监测曲线共出现 5 次报警,其中第 1 次报警为鼓风湿度波动异常,第 2 次报警

与第 4 次报警均为休风检修，第 3 次报警为休风下料，第 5 次报警为管道行程（channeling）异常工况。高炉燃料比监测的重要意义是及时发现和识别过程中引起燃料比异常波动的潜在故障源。通常，初步监测与识别的故障源不一定会影响高炉顺行和燃料比，例如图 10.4.1 和图 10.4.2 监测的第一次报警。可以发现，第一次报警出现时，燃料比的休哈特控制曲线仅仅在 30 和 50 时刻显示异常，因而图 10.4.1 高炉燃料比监测报警实际上并未引起燃料比的异常波动。详细原因还需做进一步的故障识别分析，即下节内容。

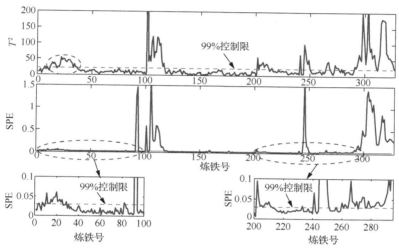

图 10.4.1　高炉燃料比监测曲线

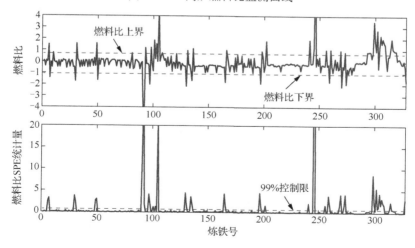

图 10.4.2　高炉燃料比休哈特控制图及残差图

10.4.2   基于KPLS鲁棒重构误差的燃料比异常识别效果

图 10.4.1 和图 10.4.2 所示高炉燃料比第一次异常报警时燃料比参数仍然在休哈特控制图的正常范围内，为此进一步利用提出的 KPLS 鲁棒重构误差识别算法进行异常识别，结果如图 10.4.3 所示。图 10.4.3 上部是采用所提故障指标的燃料比异常识别曲线，而图 10.4.3 下部是故障指标分解图。为了说明问题，图 10.4.3 下部分解图包含全部异常变量和部分正常变量，并给出变量的分组。可以看出，所提识别算法给出的异常变量为鼓风湿度。通过查阅交班记录及相关数据可知，炼铁 1~50 采样时刻所对应的时间段,炼铁现场大气湿度波动大即鼓风湿度异常,因此所提方法能够正确识别故障源。

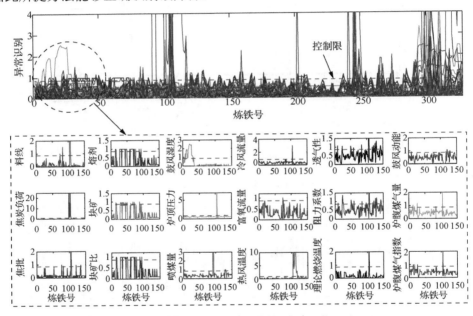

图 10.4.3   鼓风湿度异常时高炉燃料比异常识别曲线

鼓风湿度的波动会影响风口理论燃烧温度，即燃料燃烧的火焰温度。通常，鼓风湿度变化 10g/m^3 时，会引起风口理论燃烧温度 $60\sim70℃$ 的变化以及吨铁炉腹煤气量 1% 的变化，从而影响炉缸热状态以及煤气初始分布。由于水蒸气分解时需要消耗热量，在相同情况下，鼓风湿度的增加会显著增加高炉各种燃料的消耗。因此，根据图 10.4.4 所示高炉操作变量对高炉工况影响的传播作用流程，在鼓风湿度异常时，为了稳定炉况以及低燃料比运行，应当适当调节热风温度、喷煤量、富氧流量等操作变量。另外，从图 10.4.3 所示燃料比异常识别曲线可以看出，理论燃烧温度、炉腹煤气量、炉腹煤气指数仍然处于正常范围内。结合交班记录可知，鼓风湿度异常时，及时调节热风温度、喷煤量、富氧流量等操作变量，使得燃料比恢复正常。从图 10.4.2 燃料比的休哈特控制图和残差图也可看出燃料比未发生异常。因此，在炉况波动时，由于操作人员的及时调整，并未破坏高炉顺行，因此验证了所提方法可以监测出正常工况下影响燃料比异常变化的潜在影响因素。

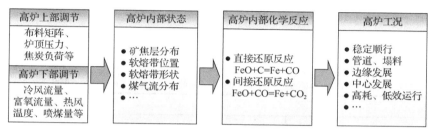

图 10.4.4　高炉操作调节关联图

　　图 10.4.1 和图 10.4.2 监测的管道行程异常工况会直接影响高炉燃料比指标。通常，管道行程异常工况发生时必须先稳定炉况，并在炉况顺行的前提下，通过燃料比监测结果来调控高炉以达到稳定燃料比的目的。此外，由于高炉燃料比与高炉透气性等相关性能指标以及热风温度、富氧流量等操作变量具有重要关系，是高炉运行状况的一个量化描述，能够表示高炉运行的健康状态，因此高炉燃料比监测不仅能够监测燃料比，也能间接反映高炉的运行状况。表 10.4.1 为部分高炉过程变量故障识别控制限减去故障识别值的差，当差为负时表明过程变量为异常。从表 10.4.1 和图 10.4.5 的故障识别数据与图可以看出：在管道异常工况出现前，高炉顶压风量比首先出现异常，随后高炉透气性、鼓风动能、炉腹煤气量以及炉腹煤气指数都出现较大波动且部分时刻超出正常控制限，之后高炉上下部调节参数中的块矿、烧结比、冷风流量、喷煤量也出现较大波动。根据高炉交班记录可知，由于顶压风量比的设置不当，高炉透气性、阻力系数等关键运行性能指标波动较大，而之后的高炉上下部调节参数波动幅度较大，使得高炉炉温波动异常，进而使得高炉燃料比出现较大波动。由此可知，所提基于 KPLS 鲁棒重构误差的高炉燃料比监测方法不仅可以监测出正常工况下影响燃料比异常变化的潜在影响因素，还可以监测出异常工况下影响燃料比异常变化的关键因素。但是，由于所提方法在判断异常时需要确定置信度，该置信度目前只能凭经验来确定，因而具有一定的主观性。

表 10.4.1　部分过程变量控制限与故障指标值的差值

过程变量	时间										
	T290	T291	T292	T293	T294	T295	T296	T297	T298	T299	T300
焦炭负荷	0.618	0.692	0.692	0.692	0.095	-0.394	-0.306	-0.397	-18.397	-0.676	-5.217
球团	0.847	0.847	0.847	0.880	-0.533	-0.577	-0.581	-0.245	-0.611	-1.366	-0.552
烧结比	1.025	1.025	1.024	1.024	-1.464	-1.545	-1.557	-1.556	-1.599	-1.508	-1.504
球团比	0.869	0.871	0.870	0.870	-0.730	-0.793	-0.798	-0.801	-0.837	-0.768	-0.758
顶压风量比	0.372	-0.744	-0.744	-0.744	-1.818	-2.467	-1.816	-0.286	-0.722	-3.198	-0.731
标准风速	0.027	-0.654	-0.502	-0.654	0.861	0.790	0.861	0.909	0.909	0.184	0.068
鼓风动能	0.087	-0.569	0.156	-0.217	0.906	0.901	0.906	0.902	0.906	0.638	0.673
炉腹煤气指数	0.080	-0.771	-0.309	-0.771	0.933	0.929	0.933	0.864	0.932	0.694	0.690

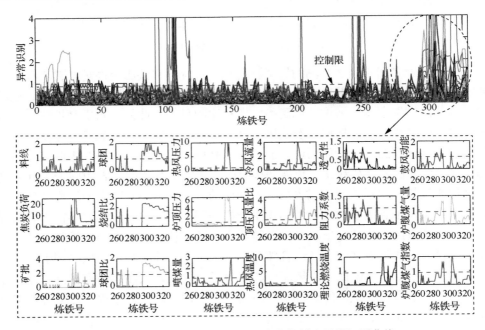

图 10.4.5　管道行程异常工况时高炉燃料比异常识别曲线

参 考 文 献

[1] Zhou P, Song H D, Wang H, et al. Data-driven nonlinear subspace modeling for prediction and control of molten iron quality indices in blast furnace ironmaking[J]. IEEE Transactions on Control Systems Technology, 2017, 25(5): 1761-1774.

[2] Xu W R, Zhu R L, Zhang L L, et al. Reason and control practice of hearth sidewall erosion of No.2 BF at Baosteel[J]. Iron and Steel, 2007, 42(1):8-12.

[3] Gao J J, Zhang Y Y, Qi Y H, et al. Energy consumption analysis on blast furnace ironmaking process using

pre-reduced burden[J]. Iron and Steel, 2014, 49(7): 61-65.

[4] Liu X, Chen L G, Qin X Y, et al. Exergy loss minimization for a blast furnace with comparative analyses for energy flows and exergy flows[J]. Energy, 2015, 93(1): 10-19.

[5] Zhang Y Y, Zhang X L, Tang L X. Energy consumption prediction in ironmaking process using hybrid algorithm of SVM and PSO[C]. International Conference on Advances in Neural Networks, 2012: 594-600.

[6] Wei N, Li L, Zhu J, et al. Iron and steel process energy consumption prediction model based on selective ensemble[C]. International Conference on Advanced Mechatronic Systems, 2013: 203-207.

[7] Naito M, Takeda K, Matsui Y. Ironmaking technology for the last 100 years: Deployment to advanced technologies from introduction of technological know-how, and evolution to next-generation process[J]. ISIJ International, 2015, 55(1): 7-35.

[8] Lin Z L, Yue Y J, Zhao H, et al. Judging the states of blast furnace by ART2 neural network[J]. International Symposium on Neural Networks, 2009, 56: 857-864.

[9] Rajakarunakaran S, Venkumar P, Devaraj D, et al. Artificial neural network approach for fault detection in rotary system[J]. Applied Soft Computing, 2008, 8(1): 740-748.

[10] Dong L X, Xiao D M, Liang Y S, et al. Rough set and fuzzy wavelet neural network integrated with least square weighted fusion algorithm based fault diagnosis research for power transformers[J]. Electric Power Systems Research, 2008, 78(1): 129-136.

[11] Zhao C H, Wang F L, Zhang Y W. Nonlinear process monitoring based on kernel dissimilarity analysis[J]. Control Engineering Practice, 2009, 17(1): 221-230.

[12] Zhao C H, Gao F R. Fault-relevant principal component analysis (FPCA)method for multivariate statistical modeling and process monitoring[J]. Chemometrics and Intelligent Laboratory Systems, 2014, 133: 1-16.

[13] Rosipal R, Trejo L J. Kernel partial least squares regression in reproducing kernel Hilbert space[J]. Journal of Machine Learning Research, 2002, 2(2): 97-123.

[14] Wold S, Kettaneh-Wold N, Skagerberg B. Nonlinear PLS modeling[J]. Chemometrics and Intelligent Laboratory Systems, 1989, 7(1-2): 53-65.

[15] Qin S J, Mcavoy T J. Nonlinear PLS modeling using neural networks[J]. Computers and Chemical Engineering, 1992, 16(4): 379-391.

[16] Baffi G, Martin E B, Morris A J. Non-linear projection to latent structures revisited (the neural network PLS algorithm)[J]. Computers and Chemical Engineering, 1999, 23(9): 1293-1307.

[17] Shao R, Jia F, Martin E B, et al. Wavelets and non-linear principal components analysis for process monitoring[J]. Control Engineering Practice, 1997, 7(7): 865-879.

[18] Dunia R, Qin S J, Edgar T F, et al. Identification of faulty sensors using principal component analysis[J]. AIChE Journal, 2010, 42(10): 2797-2812.

[19] Choi S W, Lee C, Lee J M, et al. Fault detection and identification of nonlinear processes based on kernel PCA[J]. Chemometrics and Intelligent Laboratory Systems, 2005, 75(1): 55-67.

[20] Miller P, Swanson R E, Heckler C E. Contribution plots: A missing link in multivariate quality control[J]. Applied Mathematics and Computer Science, 1998, 8(4): 775-792.

[21] Struc V, Pavesic N. Gabor-based kernel partial-least-squares discrimination features for face recognition[J]. Informatica, 2009, 20(1): 115-138.

[22] Mika S, Scholkopf B, Smola A, et al. Kernel PCA and de-noising in feature spaces[J]. Advances in Neural Information Processing Systems, 1999, 11: 536-542.

[23] Takahashi T, Kurita T. Robust de-noising by kernel PCA[J]. International Conference on Artificial Neural Networks, 2002, 2415: 739-744.

[24] Koc E K, Bozdogan H. Model selection in multivariate adaptive regression spines (MARS)using information complexity as the fitness function[J]. Machine Learning, 2015, 101(1-3): 35-58.

第 11 章 基于自适应阈值 KPLS 的
高炉铁水质量异常检测方法

    故障检测是多元统计过程监控的第一步。通常，任何监测系统都不可能实现完全正确地检测出实际工业系统运行中存在的故障。因此，提高故障检测效果，即降低监控过程中故障的误报率和漏报率、提高故障检测率，始终是过程监测领域的研究重点。基于 KPLS 的质量监测技术通常采用 T^2 统计量和 SPE 统计量进行生产过程的故障检测。T^2 统计量监测与质量相关的故障，而 SPE 统计量监测与质量无关的故障，其检测指标的控制限通常采用固定数值的形式，若任一统计量指标超出相应的控制限，指示过程运行故障发生。固定控制限通常是基于一定经验分布定义，是在同时权衡误报率与漏报率之间一定程度关系的基础上得到。因此，在故障检测过程中误报与漏报情况不可避免。为了减少误报，只有当几个连续的统计值超出控制限时才认定为故障发生。例如，Russell 等[1]在田纳西-伊斯曼（Tennessee Eastman, TE）过程实验中，认为当六个连续统计值超出控制限时为异常。然而，这种规则将使检测时间延迟五个样本数，极大地降低了故障检测率。因此，基于固定控制限的方法增加了故障误报率或漏报率，在实际工业过程中的监测效果并不理想。与固定控制限相比，Kouadri 等[2]通过测量信号的均值和方差，提出故障检测技术的自适应阈值估计方案，为工业水泥回转窑实时过程监测提供了可靠依据。Dey 等[3]设计了自适应阈值生成器来抑制建模不确定性的影响，诊断了锂离子电池热故障的发生。Bakdi 等[4,5]基于 PCA 和自适应阈值策略，构造了一种新的监测方案，并在 TE 过程和水泥生产装置的故障检测与诊断中实现了良好的监测效果。但基于 PCA 的故障检测是针对生产过程中的所有异常变化进行监测，如果用于推断质量相关故障，则会增加误报情况。

    针对高炉炼铁过程的非线性复杂动态特性，为改善高炉铁水质量异常检测效果，减少故障误报与漏报情况，本章将改进指数加权移动平均（exponentially weighted moving average, EWMA）控制图与 KPLS 监测技术相结合，提出一种基于自适应阈值的 KPLS 故障检测方法。所提方法将自适应阈值引入质量监测策略中，对 T^2 和 SPE 统计量进行监测，并采用 TE 过程数据仿真实验验证所提方法在故障误报率与故障检测率性能指标方面的有效性。最后，将所提方法应用在高炉炼铁过程的铁水质量异常检测，取得了良好效果。

11.1　基于自适应阈值的 KPLS 异常检测算法

传统过程监测方法故障检测指标采用的固定控制限是在故障误报率与漏报率之间的折中选择，很难准确提取工业过程中多变量数据的所有统计特性。因此，基于固定控制限的故障检测技术增加了故障误报和漏报情况，降低了故障检测的准确性，制约了过程监测的可靠性。同时，现有很多方法通过更新模型的方式，以捕获运行过程变化，来实现在线监测的自适应[6-8]，然而，这种自适应技术会导致复杂计算，且容易造成自适应过程本身故障情况的发生。因此，为避免更新数据矩阵与更新 KPLS 模型产生的复杂计算，同时为了克服基于 KPLS 的质量监测采用传统固定控制限方法的不足，提高故障检测性能，本章提出一种基于 KPLS 方法的 T^2 和 SPE 统计量的自适应阈值技术，将 KPLS 监测模型和改进的 EWMA 控制图特点相结合，推导自适应阈值，进而进行可靠的质量监测。

11.1.1　基于 EWMA 的自适应阈值

EWMA 最初是由 Roberts 提出的一个单变量统计方法，仅限于质量控制或监控过程的单变量分析，因此需要扩展到多变量系统的分析。EWMA 控制图通过对历史数据进行加权操作，结合了来自部分历史时刻观测值的信息，能够及时监测特性值的微小变化。许多关于 EWMA 控制图的方法已经被用来监测不同类型的故障。Fan 等[9]采用 EWMA 算法对基于 KICA-PCA 的监测指标进行滤波，以提高监测性能。葛志强等[10]提出将多变量 EWMA 与基于 PCA 的过程监测技术相结合，提高了对微小故障的检测性能。Harrou 等[11]结合单变量 EWMA 检测微小故障和 PLS 方法处理高度相关过程变量的优点，提高了过程的监测性能。本章所提基于自适应阈值的监测方法将 EWMA 控制图的特点与基于 KPLS 的监测技术相结合，建立自适应阈值监测策略，实现基于 KPLS 的非线性过程质量监测。

指数加权移动平均的基本思想是赋予历史数据指数式递减加权值后的移动平均操作，权值呈指数递减，对时间越近期的数据赋予越大的权值。基于 EWMA 思想，在基于 KPLS 的质量监测中，假设获取的序列新样本数据的 T^2 统计量值为 $T^2 = [t_1, t_2, \cdots, t_i]^T$，根据一定窗口长度的样本以及每个样本的 T^2 统计量数值，并对越近期的新数据赋予更大的权值，可以得到任意时刻的 T^2 统计量 t_i 的指数加权移动平均值 t_i'，如下所示：

$$t_i' = \frac{\sum_{j=1}^{h} \lambda^j t_{i-h+j}}{\sum_{j=1}^{h} \lambda^j} = \frac{\lambda t_{i-h+1} + \lambda^2 t_{i-h+2} + \cdots + \lambda^h t_i}{\sum_{j=1}^{h} \lambda^j} \tag{11.1.1}$$

式中，参数 λ 表示权值参数，满足 $\lambda > 1$，其数值大小决定了指数加权平均值计算中历史数据进入 t_i' 的计算速率，λ 越小，则历史数据的加权越小，反之亦然。此外，式（11.1.1）中，h 表示窗口长度，是参与每个时刻的 T^2 统计量指数加权移动平均值计算的样本数。

由于式（11.1.1）的计算形式是向后对 h 个样本数据的指数加权平均，会产生一定程度的滞后现象，容易造成一定的检测延时，不利于间歇性故障的检测。针对这一问题，为了提高故障检测性能和时效性，将式（11.1.1）与基于 KPLS 的故障检测策略相结合，保持序列的统计值并引入相应监测指标的控制限，即当 $t_i' > T_\alpha^2$ 时，表明故障发生，式（11.1.1）可转换为

$$t_i > \frac{T_\alpha^2 \sum_{j=1}^{h} \lambda^j - \sum_{j=1}^{h-1} \lambda^j t_{i-h+j}}{\lambda^h} \ \text{或} \ t_i > T_{\text{ada}}^2[i] \qquad (11.1.2)$$

上述不等式右侧将被作为 i 时刻样本 T^2 统计量指标的自适应阈值，它可以分为两部分解释：一部分表示在一定置信水平下控制限 T_α^2 的加权和，另一部分表示 i 时刻之前的 $h-1$ 时刻的样本统计量按照一定权值的累加。因此，自适应阈值不仅包含 t_i 相对于固定控制限 T_α^2 的变化，还包含了一定历史窗口长度的样本统计量所产生的偏差。但是，当窗口长度内的历史时刻含有报警样本时，自适应阈值会受到故障样本影响产生累积效应，得到非常小的值，甚至为负值，在故障检测中可能会增加故障误报现象。基于此，赋予自适应阈值一个最低参考值，得到最终的 T^2 统计量自适应阈值表达式：

$$T_{\text{ada}}^2[i] = \max\left\{\frac{T_\alpha^2 \sum_{j=1}^{h} \lambda^j - \sum_{j=1}^{h-1} \lambda^j t_{i-h+j}}{\lambda^h}, \frac{T_\alpha^2}{2}\right\} \qquad (11.1.3)$$

式中，T_{ada}^2 表示 T^2 统计量的自适应阈值，取两个计算公式中的最大值。在基于 KPLS 的质量监测中，如果 T^2 统计量指标超出上述自适应阈值，即 $t_i > T_{\text{ada}}^2[i]$，则报警提示有质量相关的故障发生。

同理，可以将上述推导方法应用于 SPE 统计量，序列新样本数据的 SPE 统计量值为 $\text{SPE} = [q_1, q_2, \cdots, q_i]^T$，可以得到任意时刻的 SPE 统计量 q_i 的指数加权移动平均值 q_i'：

$$q_i' = \frac{\sum_{j=1}^{h} \lambda^j q_{i-h+j}}{\sum_{j=1}^{h} \lambda^j} = \frac{\lambda q_{i-h+1} + \lambda^2 q_{i-h+2} + \cdots + \lambda^h q_i}{\sum_{j=1}^{h} \lambda^j} \qquad (11.1.4)$$

将式（11.1.4）与基于 KPLS 的故障检测策略相结合，即当 $q_i' > \delta_\alpha^2$ 时，指示故

障发生，式（11.1.4）转换为

$$q_i > \frac{\delta_\alpha^2 \sum_{j=1}^{h} \lambda^j - \sum_{j=1}^{h-1} \lambda^j q_{i-h+j}}{\lambda^h} \quad 或 \quad q_i > \mathrm{SPE}_{\mathrm{ada}}[i] \qquad (11.1.5)$$

赋予式（11.1.5）推导出的自适应阈值一个最低限值，得到最终的 SPE 统计量的自适应阈值表达式：

$$\mathrm{SPE}_{\mathrm{ada}}[i] = \max\left\{ \frac{\delta_\alpha^2 \sum_{j=1}^{h} \lambda^j - \sum_{j=1}^{h-1} \lambda^j q_{i-h+j}}{\lambda^h}, \frac{\delta_\alpha^2}{2} \right\} \qquad (11.1.6)$$

于是，在基于自适应阈值的 KPLS 质量监测中，监测策略为 T^2 和 SPE 统计量与其相应的自适应阈值的比较。如果 T^2 或 SPE 统计量指标超出上述自适应阈值，即 $t_i > T_{\mathrm{ada}}^2[i]$ 或 $q_i > \mathrm{SPE}_{\mathrm{ada}}[i]$，则报警提示有质量相关或质量无关的故障发生。

11.1.2　异常检测策略与算法

将上述自适应阈值技术调整到适用于 KPLS 监测模型中，通过对最近样本的适当平均，起到平滑作用，以消除过程噪声的影响。采用这种方法可以获取监控统计量指标中对检测环节有作用的增加量，或者部分连续增加量。考虑到 EWMA 可以较好地检测出运行过程中数据的微小变化，所以，基于自适应阈值的 KPLS 故障检测方法在一定程度上缓解了自适应技术中可能导致的自适应过程故障。在实际应用中，需要选取适宜的参数来调整自适应阈值，从而实现较好的监测效果。参数的选取与所构建的 KPLS 模型、固定控制限以及置信水平相关联。

权值参数 λ 的选取对基于自适应阈值的 KPLS 监测有很大影响，需要保证指数加权移动平均中最近的统计量值从正常样本中获取。当 λ 取值较小时（λ 接近于 1），则指数加权移动平均表示的是一定窗口长度的样本统计量的数值平均，虽然起到了数据平滑作用，能够对过程噪声有效过滤，达到减少误报现象的要求，但会引入一定的故障检测时延。而当 λ 取值较大时，增加了最新样本的权值，能够及时反映最近时刻的数据信息，实现快速检测的效果，但不能较好地减少误报现象。因此，权值参数 λ 的选取需要综合考虑并平衡"平滑去噪"和"故障检测时延"这两者之间的关系，以达到最好的故障检测效果。窗口长度 h 表示进入统计量的自适应阈值计算的样本数目，h 的大小能够影响自适应阈值的计算速率，由于随时间的推移，越往后的历史数据对当前时刻状态的影响越小，其权值参数也越小，甚至可以忽略不计。因此，h 的值不必太大，h 的选取需要综合考虑噪声敏感性和跟踪过程状态这两者之间的关系，一般在实际工业过程中依靠经验试凑进行选择。

在基于自适应阈值的 KPLS 质量监测中，过程运行正常情况下的样本对应的监控统计量指标值较小，其自适应阈值将会高于固定控制限值，有效减少故障误报情况。其中赋予自适应阈值最低参考值，是由于历史报警样本可能会导致当前时刻的自适应阈值显著降低，当运行过程恢复正常时，其对应的监控统计量指标值较小，可能将恢复正常的样本错误检测为故障情况。考虑到如果将自适应阈值的最低参考值设为固定控制限同样的大小，将导致故障检测率降低，若设为非常小的值，便会增加故障误报情况。因此，综合考虑故障检测率与故障误报率之间的关系，选择将自适应阈值的最低值设为固定控制限的一半。

基于自适应阈值的 KPLS 质量监测包含以下步骤。

步骤 1：获取过程运行正常的历史数据作为训练数据集，数据预处理消除量纲的影响。

步骤 2：建立 KPLS 模型。

步骤 3：选择置信水平 α，计算监测统计量指标的固定控制限，选择权值参数 λ，使训练集的误报率为 0，选择窗口长度 h，使适宜的样本参与指数加权移动平均计算。

步骤 4：在线获取新样本并进行预处理，求取新样本的监控统计量。

步骤 5：根据式（11.1.3）和式（11.1.6）计算样本统计量的自适应阈值，比较新样本的统计量及相应的自适应阈值大小。若任一统计量超出其对应的自适应阈值，表明过程运行波动或故障，根据具体情况给出过程运行故障警告。

11.2　数值仿真

TE 过程是由美国 Eastman 化学公司于 1993 年提出并创立的一个模拟真实化工过程的标准化过程模型，其设计目的是作为仿真验证平台，检验相关领域的过程控制和监测算法的有效性。因此，TE 过程被广泛应用于过程控制、监测和诊断领域等的算法验证研究[12-15]。TE 过程是一个复杂非线性化工生产过程，该生产过程包含 5 个主要的操作单元，即反应器、冷凝器、汽提塔、循环压缩机和气液分离器。参与反应的 4 种气体原料为 A、C、D、E，在气体进料中还包含少量的惰性催化剂 B，生产原料在催化剂作用下发生 4 个主要的反应过程，生成液态目标产品 G 和 H，并伴随着副产品液态 F 的产生。主要的反应方程式如下：

$$A(g)+C(g)+D(g) \rightarrow G(liq) \quad (产品G)$$
$$A(g)+C(g)+E(g) \rightarrow H(liq) \quad (产品H)$$
$$A(g)+E(g) \rightarrow F(liq) \quad (副产品F)$$
$$3D(g) \rightarrow 2F(liq) \quad (副产品F)$$

$$(11.2.1)$$

在主要操作单元中的反应过程如图 11.2.1 所示，气态原料 A、D、E 被吹入反应器，在催化剂 B 的作用下，生成液态产物，反应过程是不可逆的放热反应，放出的热量通过与冷却水热量交换而被带走。反应器中未反应完的反应物和生产的产物以气态的形式进入冷凝器中进行冷却，并进入气液分离器中进行分离，气体部分进入循环压缩机再循环返回反应器中继续参与反应，液体部分进入汽提塔进行分离，汽提塔上部的残留反应物被送回反应器继续进行反应，从汽提塔底部流出的液体混合物即为产品 G 和 H，TE 过程产物将被送到下游工序操作。惰性催化剂 B 和副产品 F 主要在气液分离器中以气态形式被排出。

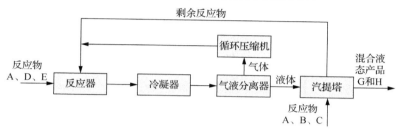

图 11.2.1　TE 反应过程流程图

TE 过程中包含 12 个操作变量以及 41 个测量变量，在测量变量中，又分为 19 个非连续成分含量变量以及 22 个连续测量变量。其中，操作变量与连续测量变量均以 3min 的时间间隔进行采样,而非连续成分含量变量进行采样时,会有 6～15min 的时间延迟。TE 过程的 12 个操作变量如表 11.2.1 所示，41 个测量变量由表 11.2.2 给出。

表 11.2.1　TE 过程操作变量

编号	变量名	基准值	下限值	上限值	单位
1	物料 D 的流量	3664	0	5811	kg/h
2	物料 E 的流量	4509.49	0	8354	kg/h
3	物料 A 的流量	0.2493	0	1.0117	1000m³/h
4	物料 A 和 C 的流量	9.3485	0	15.25	1000m³/h
5	压缩机循环阀	22.210	0	100	%
6	放空阀	40.064	0	100	%
7	分离器液体流量	25.035	0	65.71	m³/h
8	解析塔液体流量	22.848	0	49.10	m³/h
9	汽提器水流阀	47.449	0	100	%
10	反应器冷水流量	94.37	0	227.1	m³/h
11	冷凝器冷水流量	49.37	0	272.6	m³/h
12	搅拌器速度	200	150	250	r/min

表 11.2.2　TE 过程测量变量

编号	变量名	编号	变量名	编号	变量名
1	物料 A 流量	15	汽提器液位	29	物流 9 中 A 的摩尔分数
2	物料 D 流量	16	汽提器压力	30	物流 9 中 B 的摩尔分数
3	物料 E 流量	17	汽提器底部流量	31	物流 9 中 C 的摩尔分数
4	物料 A 和 C 流量	18	汽提器温度	32	物流 9 中 D 的摩尔分数
5	循环流量	19	汽提器流量	33	物流 9 中 E 的摩尔分数
6	反应器进料流量	20	压缩机功率	34	物流 9 中 F 的摩尔分数
7	反应器压力	21	反应器冷却水出口温度	35	物流 9 中 G 的摩尔分数
8	反应器液位	22	分离器冷却水出口温度	36	物流 9 中 H 的摩尔分数
9	反应器温度	23	物流 6 中 A 的摩尔分数	37	物流 11 中 D 的摩尔分数
10	放空速率	24	物流 6 中 B 的摩尔分数	38	物流 11 中 E 的摩尔分数
11	分离器温度	25	物流 6 中 C 的摩尔分数	39	物流 11 中 F 的摩尔分数
12	分离器液位	26	物流 6 中 D 的摩尔分数	40	物流 11 中 G 的摩尔分数
13	分离器压力	27	物流 6 中 E 的摩尔分数	41	物流 11 中 H 的摩尔分数
14	分离器底部流量	28	物流 6 中 F 的摩尔分数		

为模拟可能发生的故障情况，TE 过程的仿真模型事先设置了 21 个过程故障，故障描述如表 11.2.3 所示，包含 16 个已知故障类型的故障和 5 个未知故障。依据故障类型将它们分为 5 种：故障 1～故障 7 为系统运行过程变量的阶跃变化导致的阶跃型故障，如进料成分含量的改变等；故障 8～故障 12 为系统运行过程变量的随机变化造成的故障；故障 13 为动力学相关变量出现缓慢漂移导致的故障；故障 14、故障 15 和故障 21 为阀门控制失效故障；故障 16～故障 20 为未知故障。本章采用 TE 过程的标准正常模式数据集和 21 个不同类型的故障数据集进行仿真实验。KPLS 建模的正常数据集包括 500 个样本，每个故障测试数据集都包含 960 个样本，其中前 160 个样本为正常工况的样本数据，从 161 个样本时刻开始引入如表 11.2.3 所示的故障。

表 11.2.3　TE 过程故障

编号	故障描述	类型
1	A/C 进料比改变，B 组分含量不变（流 4）	阶跃
2	A/C 进料比不变，B 组分含量改变（流 4）	阶跃
3	D 进料温度改变（流 2）	阶跃
4	反应器冷却水温度改变	阶跃
5	冷凝器冷却水温度改变	阶跃
6	A 组分物料损失（流 1）	阶跃
7	C 组分物料压力损失（流 4）	阶跃
8	A/B/C 组分改变（流 4）	随机

编号	故障描述	类型
9	D 组分物料温度改变	随机
10	C 组分物料温度改变	随机
11	反应器冷却水温度改变	随机
12	冷凝器冷却水温度改变	随机
13	动力学相关变量改变	缓慢漂移
14	反应器冷却水阀门失灵	阀门黏住
15	冷凝器冷却水阀门失灵	阀门黏住
16	未知	未知
17	未知	未知
18	未知	未知
19	未知	未知
20	未知	未知
21	进料阀门固定（流 4）	恒定位置

本次仿真研究中，将 1～22 个过程测量变量以及 1～11 个过程操作变量作为 KPLS 模型的输入变量 X ，选择表 11.2.2 中的变量 35 作为输出质量变量 Y[12]，进行自适应阈值的 KPLS 故障检测方法的有效性验证。由交叉验证选择的主元个数为 6，选择置信水平 $\alpha = 99\%$ ，根据 $5m$ 经验法则，高斯核函数宽度为 165。根据 KPLS 模型、置信水平及 T^2 和 SPE 统计量等影响因素选择自适应参数的权值参数 λ 和窗口长度 h ，确定为：$\lambda = 1.1$，$h = 100$。

评价故障检测性能最常用的指标主要包括：故障检测率（fault detection rate, FDR），故障漏报率（missed detection rate, MDR），故障误报率（false alarms rate, FAR）以及故障检测时延。为验证基于自适应阈值的 KPLS 故障检测方案的可靠性，选择 FDR 与 FAR 指标进行分析，可靠的故障检测方案目的是实现较高的 FDR，并降低 FAR，指标计算公式如下：

$$\text{FDR} = (N_{F,F} / N_F) \times 100\% \tag{11.2.2}$$

$$\text{FAR} = (N_{N,F} / N_N) \times 100\% \tag{11.2.3}$$

式中，$N_{F,F}$ 为所有故障样本中被正确检测为故障情况的样本数；N_F 为所有故障样本数；$N_{N,F}$ 为所有正常样本中被错误检测为故障情况的样本数；N_N 为所有正常样本数。

将基于自适应阈值的 KPLS 故障检测方法用于 TE 过程 21 种故障的检测与性能指标计算，得到表 11.2.4 与表 11.2.5，并与传统固定控制限的 KPLS 方法、PLS 方法进行对比分析。对表 11.2.4 和表 11.2.5 进行数据分析可知，在大多数 TE 过程故障情况下，基于自适应阈值的 KPLS 故障检测方法能够有效降低故障误报率，并且实现 0 误报，提高了监测系统故障检测的可靠性。同时，所提方法能够对大多数 TE 过程故障保持较高的故障检测率水平，并且能够提升部分过程故障相对于传统固定控制限 KPLS 的故障检测率。由此，可以看出所提方法能够实现良好的故障检测性能指标情况。

表 11.2.4 　TE 过程的故障误报率（FAR） 　　　　　（单位：%）

故障编号	自适应阈值 KPLS 方法		KPLS 方法		PLS 方法	
	SPE	T^2	SPE	T^2	SPE	T^2
0	**0**	**0**	3.75	0.625	3.75	1.25
1	**0**	**0**	2.5	0.625	1.25	1.25
2	**0**	**0**	1.25	0	1.875	1.25
3	**0**	**0**	1.875	8.125	3.125	3.75
4	**0**	**0**	1.25	3.125	1.875	1.875
5	**0**	**0**	1.25	3.125	1.875	1.875
6	**0**	**0**	1.875	0	1.25	0
7	**0**	**0**	2.5	1.875	2.5	2.5
8	**0**	**0**	1.25	1.875	1.25	1.875
9	**0**	22.5	6.25	21.875	6.25	16.25
10	**0**	**0**	2.5	0.625	5	0.625
11	**0**	**0**	4.375	2.5	3.75	5
12	**0**	6.25	2.5	11.25	3.75	1.875
13	**0**	**0**	1.25	0	0.625	0
14	**0**	**0**	1.25	0.625	3.75	0.625
15	**0**	**0**	1.875	0	5	0
16	**0**	26.875	8.125	30	8.125	13.75
17	**0**	**0**	1.875	1.875	0.625	2.5
18	**0**	**0**	2.5	0	3.75	1.25
19	**0**	**0**	0.625	1.25	1.25	0
20	**0**	**0**	0.625	0	0.625	0
21	**0**	**0**	3.125	6.25	6.25	0

注：加粗内容表示所提方法的统计量在对比方法中最小

表 11.2.5 　TE 过程的故障检测率（FDR） 　　　　　（单位：%）

故障编号	自适应阈值 KPLS 方法		KPLS 方法		PLS 方法	
	SPE	T^2	SPE	T^2	SPE	T^2
0	**0.125**	**4.625**	4.875	7.375	3.75	8.375
1	99.38	98.75	99.75	99.25	99.875	99.375
2	98	97.375	98.625	98.125	98.625	98.25
3	0	4.5	4.875	10.75	6.375	7.25
4	**100**	**86**	97.875	70.75	97.875	28.375
5	27.625	**29.625**	29.125	29.375	28.125	26

续表

故障编号	自适应阈值 KPLS 方法		KPLS 方法		PLS 方法	
	SPE	T^2	SPE	T^2	SPE	T^2
6	99.875	99	100	99.625	100	99.375
7	**100**	**99.875**	100	99	100	97.25
8	97.25	**96**	97.625	94.625	97.625	97.125
9	0	5.375	5	10.5	6.625	4.875
10	**74.125**	**85.25**	69.375	78.875	69.125	80
11	**91.625**	**74.875**	72.75	56.5	69.375	58.625
12	**99.625**	**99.625**	99	97.625	99	98.5
13	94.25	94.375	95.25	94.875	95.125	94.375
14	99.75	**99.625**	100	98.125	100	99.875
15	1	15.25	7.5	16	5.75	17
16	**59.375**	**67.125**	53.625	58.875	53.625	66.125
17	**96.5**	**91.875**	93.75	81.5	94.375	84.625
18	89	87.875	90.25	89	90.625	88.5
19	1.125	0	22.5	7.5	25.375	6.625
20	**79.875**	**49.375**	55.5	39.75	55.5	39.125
21	40	56.375	43.25	57.875	54.625	48.125

注：加粗内容表示所提方法的统计量在对比方法中最大

　　图 11.2.2～图 11.2.6 分别给出了 TE 过程故障中阶跃型故障 1、随机变量型故障 8、缓慢漂移故障 13、阀门黏住故障 14 以及未知故障 17 的基于自适应阈值的 KPLS 故障检测结果，并与传统固定控制限进行了监测效果对比。从图中可以看出，针对 TE 过程不同类型的故障，T^2 和 SPE 统计量的监控图中，应用传统固定控制限的 KPLS 故障检测产生了比较广泛的误报与漏报现象。应用自适应阈值时，在 TE 过程运行正常情况下，自适应阈值能够显著增大，使得故障误报情况减少。在 TE 过程运行故障情况下，自适应阈值又显著减小，使得故障漏报情况减少，

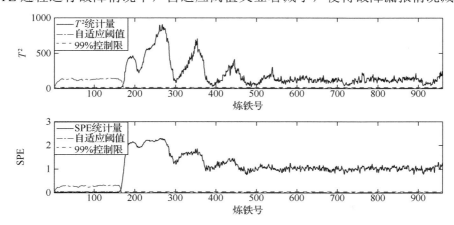

图 11.2.2　故障 1 的自适应阈值 KPLS 故障检测结果

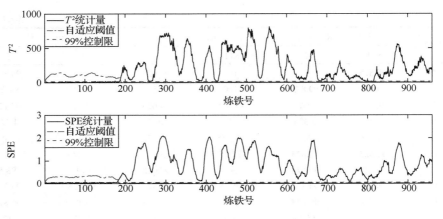

图 11.2.3   故障 8 的自适应阈值 KPLS 故障检测结果

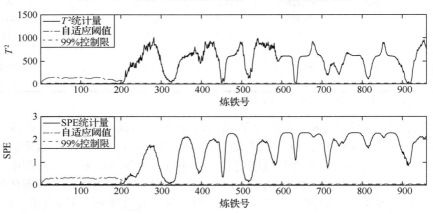

图 11.2.4   故障 13 的自适应阈值 KPLS 故障检测结果

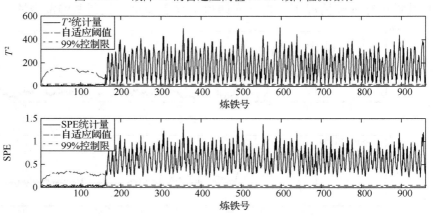

图 11.2.5   故障 14 的自适应阈值 KPLS 故障检测结果

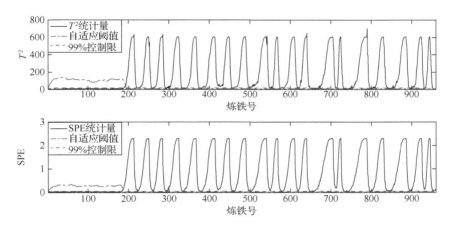

图 11.2.6　故障 17 的自适应阈值 KPLS 故障检测结果

保持了良好的故障检测效果。因此，可以看出所提方法能够在保持良好故障检测效果的同时减少故障误报情况的发生,给出更加直观清晰的可视化监控结果。接下来，将所提基于自适应阈值的 KPLS 故障检测方法对高炉铁水质量进行异常检测。

11.3　工业数据验证

11.3.1　高炉铁水质量异常检测问题描述

本节基于某大型高炉的实际工业数据对所提方法进行数据测试。所使用的实际数据主要包括主参数数据、原料消耗数据、出铁数据、交班记录数据等几部分。高炉是一个高温、高压、高粉尘且密闭环境下的大型化学反应器，为实时监测高炉运行状况，大量温度、压力、流量等的检测设备被布置在高炉现场的各个位置，采集高炉炼铁过程不同运行参数数据并监测高炉运行的各项性能指标。根据已有研究以及高炉冶炼现场的实际工程经验，从各种数据报表中选取了与高炉冶炼状况密切相关的 30 余种重要参数作为特征，如表 11.3.1 所示。选择 2016 年 7 月 26 日到 8 月 24 日的数据进行研究，为更好地了解高炉运行参数，并为后面炉况监控与诊断研究做准备，将高炉炼铁过程变量分为操作变量和状态变量两类。铁水质量指标包括铁水温度 MIT、硅含量（[Si]）、磷含量（[P]）、硫含量（[S]）和锰含量（[Mn]），这些指标可综合性反映高炉炼铁产品生铁的质量状况，并且也是高炉炼铁过程炉况状态的结果显示。

表 11.3.1 高炉铁水质量异常检测涉及的主要参数

状态变量	操作变量	
	上部	下部
送风比、顶压风量比、理论燃烧温度、炉腹煤气量、顶温西北、焦炭负荷、热风压力、透气性、标准风速、炉腹煤气指数、顶温东南、烧结比、炉顶压力、阻力系数、实际风速、顶温东北、软水温差、球团比、压差、富氧率、鼓风动能、顶温西南、北探、块矿比	焦批、块矿、矿批、球团、焦炭、烧结、焦丁	冷风流量、鼓风湿度、热风温度、富氧流量、喷煤量

因此，本章将所提基于自适应阈值的 KPLS 故障检测方法用于解决高炉炼铁过程的质量相关过程监测。将能够实时在线测量与计算的状态变量与操作变量作为高炉炼铁过程的输入过程变量，将铁水质量指标作为输出质量变量，以此构建高炉炼铁的过程变量与质量变量之间的 KPLS 模型，选择权值参数 λ 与窗口长度 h 分别为 $\lambda=1.1$ 与 $h=3$。通过在线监控过程变量的内部关系和轨迹的变化，监控系统运行状态和铁水质量相关的故障信息，进行铁水质量异常检测，进而针对故障或异常波动进行异常变量识别分析，给予高炉操作人员质量监测参考信息，从而指导其操作，以保证产品质量和经济效益。

11.3.2 高炉铁水质量异常检测结果分析

该炼铁厂 2 号高炉现场工况交班记录是在高炉炼铁生产过程中，现场操作人员根据监控室的过程参数与指标数据以及对炉况的直观判断等，记录下来当前班次的生产运行平稳性情况。交班记录的具体内容包括日期、班次、炉况信息、所采取的操作制度调整以及当前班次的遗留问题等，每天有三个班次的操作人员交替工作并记录。

选择 2016 年 7 月 26 日到 8 月 11 日的历史数据当作训练数据集。从表 11.3.2 所示的部分现场工况交班记录可以看出，在这段时间内，2 号高炉炉况相对稳定，各参数均在合理范围内。选择 8 月 11 日到 8 月 24 日的数据当作测试数据集。从表 11.3.3 所示的部分现场工况交班记录可以看出，这段时间范围内，2 号高炉出现过两次炉况异常情况：第一次异常炉况发生在 8 月 12 日夜班，炉温上行，操作员采取了调剂措施使得炉况恢复；第二次异常炉况发生在 8 月 17 日白班，即炉温下行并持续故障，后期采取了休风操作。

表 11.3.2　训练集的部分现场工况交班记录

日期	班次	内容	遗留问题	记录人
2016 年 7 月 26 日	夜班	炉况顺，班中两次扩批重、加负荷优化炉况，调煤稳温，渣铁热量充沛，溜槽在	无	黄**
2016 年 7 月 26 日	白班	炉况顺，班中扩批重，加负荷，调煤稳温，溜槽在	无	汪**
2016 年 7 月 26 日	中班	炉况顺，调煤稳定炉温，调批重，各参数正常，溜槽在	无	郑**

表 11.3.3　测试集的部分现场工况交班记录

日期	班次	内容	遗留问题	记录人
2016 年 8 月 12 日	夜班	接班炉温上行，减煤稳温，下调烧结比，视情加风跑料，溜槽在	无	胡**
2016 年 8 月 12 日	白班	炉况顺，班中调煤稳温，渣铁热量好，溜槽在	无	汪** 邓**
2016 年 8 月 17 日	白班	炉况顺，接班热量偏下限，原料变差，炉温下行，加净焦退负荷稳温，溜槽在	无	黄** 郑** 汪**

图 11.3.1 为所提基于自适应阈值 KPLS 的 T^2 统计量异常检测图，从图中可以看出有两次异常状况被检测到。图 11.3.2 为测试集的高炉铁水质量参数的休哈特

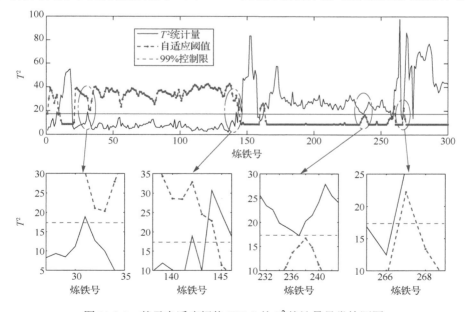

图 11.3.1　基于自适应阈值 KPLS 的 T^2 统计量异常检测图

控制图及残差图，可以发现两次异常炉况确实引起了铁水质量指标的异常，异常检测结果能够对影响铁水质量的潜在因素及时告警提示。对于第一次异常炉况，自适应阈值方法与传统固定控制限方法检测到的故障开始时刻相同，均为第 10 个样本时刻，即 8 月 11 日 23:00，随着操作人员采取减煤稳温等调剂措施后，在第 20 个样本时刻故障消失，即 8 月 12 日 10:00，异常检测结果与交班记录相符。同时交班记录显示，后期炉况恢复稳定，在炉况恢复后的监测图中可以看出，所提自适应阈值相对于固定控制限可以显著增大，降低了误报情况。对于第二次异常炉况，自适应阈值与传统固定控制限均是在第 144 个样本时刻开始检测到异常波动，即 8 月 17 日 14:00，异常检测结果与交班记录相符。同时由交班记录显示，后期炉况持续不稳定，监测图中可以看出，自适应阈值相对于固定控制限可以显著减小，更能够持续告警提示，减少了漏报情况。

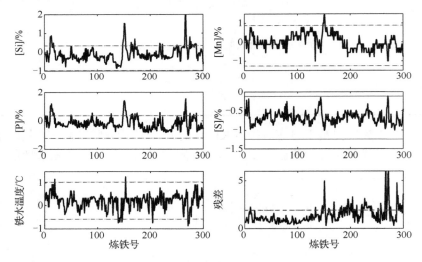

图 11.3.2　高炉铁水质量休哈特控制图及残差图

　　图 11.3.3 为所提基于自适应阈值 KPLS 的 SPE 统计量异常检测图，从图中可以看出有两次炉况异常波动被检测到。对于第一次异常炉况，自适应阈值方法检测到的故障开始时刻为第 9 个样本采样时刻，较固定控制限方法提前了一个采样点时间，从而能够尽早检测到参数异常波动。注意到，此时异常波动并没有上升为影响铁水质量参数波动的潜在因素。对于第二次异常炉况，两者均在第 138 个样本时刻开始检测到异常波动，即 8 月 17 日 8:00，同时表明 SPE 统计量可以较 T^2 统计量更早地提示炉况波动状况，T^2 统计量与影响铁水质量波动的潜在因素相关联。同样，在第一次异常后期炉况恢复后，自适应阈值方法相对于固定控制限方法能够减少误报情况，在第二次异常后期炉况持续不稳定时，自适应阈值方法能够减少漏报情况，显著改善了高炉炼铁过程的监测效果。

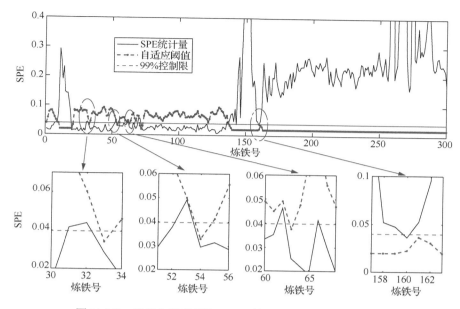

图 11.3.3　基于自适应阈值 KPLS 的 SPE 统计量异常检测图

综上，所提基于自适应阈值 KPLS 的铁水质量异常检测方法将指数加权移动平均方法与基于 KPLS 的异常检测策略相结合，可以更准确地监测影响铁水质量的潜在波动情况，有效减少质量监测的故障误报与漏报现象。尤其是在高炉炼铁过程异常恢复后以及异常持续波动时期，所提方法能够产生更可靠的异常检测结果，有助于操作人员准确分析高炉运行状况，及时发现异常炉况并分析异常原因，从而保证高炉稳定顺行，使高炉炼铁生产朝着高质量方向发展。

参 考 文 献

[1] Russell E L, Chiang L H, Braatz R D. Fault detection in industrial processes using canonical variate analysis and dynamic principal component analysis[J]. Chemometrics and Intelligent Laboratory Systems, 2000, 51(1): 81-93.

[2] Kouadri A, Bensmail A, Kheldoun A, et al. An adaptive threshold estimation scheme for abrupt changes detection algorithm in a cement rotary kiln[J]. Journal of Computational and Applied Mathematics, 2014, 259: 835-842.

[3] Dey S, Biron Z A, Tatipamula S, et al. Model-based real-time thermal fault diagnosis of Lithium-ion batteries[J]. Control Engineering Practice, 2016, 56: 37-48.

[4] Bakdi A, Kouadri A. A new adaptive PCA based thresholding scheme for fault detection in complex systems[J]. Chemometrics and Intelligent Laboratory Systems, 2017, 162: 83-93.

[5] Bakdi A, Kouadri A, Bensmail A. Fault detection and diagnosis in a cement rotary kiln using PCA with EWMA-based adaptive threshold monitoring scheme[J]. Control Engineering Practice, 2017, 66: 64-75.

[6] Liu Q, Qin S J, Chai T Y. Unevenly sampled dynamic data modeling and monitoring with an industrial application[J]. IEEE Transactions on Industrial Informatics, 2017, 13(5): 2203-2213.

[7] Zhao C H, Wang F L, Mao Z Z, et al. Adaptive monitoring based on independent component analysis for multiphase

batch processes with limited modeling data[J]. Industrial and Engineering Chemistry Research, 2008, 47(9): 3104-3113.

[8] Dayal B S, MacGregor J F. Recursive exponentially weighed PLS and its application to adaptive control and prediction[J]. Journal of Process Control, 1997, 7(3): 169-179.

[9] Fan J, Qin S J, Wang Y. Online monitoring of nonlinear multivariate industrial processes using filtering KICA-PCA[J]. Control Engineering Practice, 2014, 22: 205-216.

[10] 葛志强, 杨春节, 宋执环. 基于 MEWMA-PCA 的微小故障检测方法研究及其应用[J]. 信息与控制, 2007, 36(5): 650-656.

[11] Harrou F, Nounou M N, Nounou H N, et al. PLS-based EWMA fault detection strategy for process monitoring[J]. Journal of Loss Prevention in the Process Industries, 2015, 36: 108-119.

[12] Zhou D H, Li G, Qin S J. Total projection to latent structures for process monitoring[J]. AIChE Journal, 2009, 56(1): 168-178.

[13] Downs J J, Vogel E F. A plant-wide industrial process control problem[J]. Computers and Chemical Engineering, 1993, 17(3): 245-255.

[14] Chiang L H, Russell E L, Braatz R D. Fault diagnosis in chemical processes using Fisher discriminant analysis, discriminant partial least squares, and principal component analysis[J]. Chemometrics and Intelligent Laboratory Systems, 2000, 50(2): 243-252.

[15] Lee G, Han C, Yoon E S. Multiple-fault diagnosis of the Tennessee Eastman process based on system decomposition and dynamic PLS[J]. Industrial and Engineering Chemistry Research, 2004, 43(25): 8037-8048.

第12章　基于改进贡献率KPLS的
高炉铁水质量监测与异常识别

前文指出，在众多数据驱动过程监测方法中，多变量统计过程监测应用最为广泛，其中代表性的两种方法就是 PCA 和 PLS，其主要思想就是通过降维策略提取高维数据的主要信息，从而对运行状况进行分析[1-4]。基于 PCA 的过程监测方法针对整个操作过程，它将子空间中的所有变化都当作过程故障。但是在实际应用中，人们更关心质量指标的变化，而这正是 PLS 方法所擅长的。但是传统 PLS 方法的本质是线性回归，在处理非线性较强的系统时常因建模精度不够而难以进行较好地监测。针对该问题，PLS 被推广到非线性领域，主要有两类方式实现 PLS 的非线性：一类是对隐变量空间中的内模型采用非线性关系进行拟合，以神经网络 PLS、样条插值 PLS、多项式 PLS 等为代表[5,6]；另一类是对外模型进行改进，以核 PLS（KPLS）为代表[1,7]。KPLS 方法将核函数引入 PLS 方法中，将输入数据映射到高维特征空间，然后在高维特征空间构造线性 PLS 模型，从而建立输入与输出变量之间的非线性关系。与其他非线性 PLS 相比，KPLS 的优点在于无须非线性优化，只要在高维特征空间进行线性代数运算，因而广泛应用于非线性过程的质量监测[1,7,8]。

从实际工程应用的角度来看，一旦检测到故障发生，需要及时找出导致故障的原因变量。在线性过程监测方法中，贡献图方法为目前普遍采用的故障诊断工具[5]。Qin 等[1,9,10]根据故障的可重构性及可识别条件，给出了无先验知识情况下与已知先验知识或历史故障信息情况下的重构诊断方法。然而，基于核技术的过程监测将原始过程变量非线性映射到特征空间，在这个过程中，原始过程变量之间的相关关系将会发生改变，从特征空间提取的特征向量也不具有实际意义。另外，在很多情况下难以找到特征空间到原始过程变量空间的逆映射函数，这样就使得线性过程监测的故障识别技术难以直接向非线性扩展，增加了故障变量识别的难度。在非线性监测技术研究中，为使 KPCA 方法适于解决非线性过程的故障识别难题，Choi 等[11]基于能量近似概念，提出统一指标用于故障检测，并在此基础上提出基于鲁棒重构误差的故障识别方法，虽然取得一定成效，但存在一些不足：①数据重构计算过程复杂，需要进行两次数据重构运算，大大增加了运算量；

②由于数据重构过程中的近似计算，重构误差不可避免；③对多变量引起的异常识别能力差。根据 Rakotomamonjy 提出的核函数导数思想[12]，Cho 等[13]针对 KPCA 过程监测定义了表示过程变量对监测指标 T^2 和 SPE 统计量贡献的新统计量，进行故障变量识别，但所提方法物理意义模糊，计算复杂且识别效果不够理想。在 Cho 等[13]基础上，Zhang 等[14]考虑了输入与输出变量关系的影响，将核函数导数应用于 KPLS 故障识别中，并进行了简化计算，应用到电熔镁砂熔炼过程的故障识别中，但所提方法的物理意义仍不明确。Peng 等[15]为明确物理意义，采用 Cho 等[13]提出的混合指标，提出一种新的贡献率方法，可以更好地解释故障变量且推导简单易于理解，在连续搅拌釜式反应器的 KPCA 过程监测中得到有效应用。但该方法仅仅考虑了输入变量间的关系，对监测与质量有关的异常达不到理想的监测效果。

针对高炉炼铁过程监测的上述实际挑战，以及非线性强、历史故障信息较少的难题，本章提出一种基于改进贡献率的 KPLS 故障识别方法，并应用于高炉炼铁过程铁水质量检测与异常识别，以保障高炉安全、稳定和优质运行。首先，构建输入输出变量的 KPLS 模型，并采用 T^2 和 SPE 统计量从不同方面监测过程运行状况；其次，为明确 KPLS 的偏导数方法识别故障变量的物理意义，对在线监测指标 T^2 和 SPE 统计量中的新样本引入比例因子变量，构造监测指标函数并进行泰勒展开式近似，采用展开式中一阶偏导数的绝对值度量各变量对监测指标的贡献率；最后，计算各变量的相对贡献率并确定故障识别指标的控制限来提高识别效果。数值仿真及高炉铁水质量监测实例验证了所提方法不仅解决了 KPLS 非线性故障识别的难题，还具有明确的物理意义，提高了异常原因识别速度和识别结果的可靠性。

12.1　铁水质量相关过程监测的问题分析

高炉炼铁生产的最终产品是高温液态生铁，即铁水，而表征铁水性能的质量指标通常有铁水温度（MIT）、硅含量（[Si]）、磷含量（[P]）、硫含量（[S]）和锰含量（[Mn]），各自的物理意义和重要性参见前文 1.1.2 节。这些质量指标不仅反映了高炉炼铁过程的运行状况和能耗，而且决定了整个钢铁制造生产中后续钢材的质量和能耗，因此在实际生产中需要对其严格监测。冶炼机理与生产经验表明：影响铁水质量的异常炉况主要由气流分布混乱和热力系统破坏引起。这两个异常原因是因果关系并且相互影响。气流分布的紊乱主要表现为高炉边缘或中心处的气流过度发展和窜动的异常波动，而热力系统的异常主要表现为炉子过热和过凉。与气流分布紊乱相比，炉膛过热和炉膛过凉对铁水质量的影响更为显著，因而得到生产者的特别重视。表 12.1.1 显示了实际炼铁生产炉子过热和炉子过凉异常炉况的征兆和调整方法。这些征兆和调整方法为后续与质量相关故障检测和识别提供了理论知识支撑。

表 12.1.1　两种质量相关异常炉况的征兆和实际调整方法

异常炉况	征兆	调整方法
炉热	（1）热风压力缓慢上升 （2）冷风流量缓慢下降 （3）炉身、炉顶温度普遍升高 （4）炉料下降缓慢，炉料难行 （5）透气性指数降低	（1）炉温上行初期，减少喷煤量或者停止喷煤，增大鼓风湿度 （2）若高炉顺行受影响，调整装料制度，发展边缘煤气流 （3）若风压升高，逐步减小热风温度，降低热风压力 （4）若炉温上行时间较长，适当增加焦炭负荷 （5）若原燃料成分或数量波动，应适当调整焦炭负荷
炉凉	（1）热风压力缓慢下降 （2）冷风流量相应地自动增加 （3）炉渣颜色变暗，流动性降低 （4）炉料下行通畅 （5）若未及时处理形成大凉，则风量、风压不稳，透气性指数波动大，炉料下降不均匀，炉身、炉顶温度普遍降低	（1）炉温下行初期，增加喷煤量，并且可逐步提高热风温度来处理 （2）若加湿鼓风，可以降低鼓风湿度 （3）若炉温下行严重且持续时间较长，同时对下部调剂减少冷风流量，上部调剂减焦 （4）若是原燃料质量改变，酌情调整焦炭负荷，并作减风操作

由于高炉铁水温度很高（通常高于 1500℃），很难采用常规仪表进行直接在线测量，因此操作员或者相应过程控制系统无法获得铁水质量的实时反馈信息。随着传感技术的发展，高炉炼铁的大多数工艺参数可以在线测量或间接计算。这些丰富的过程数据不仅可以反映过程的操作条件，还包含了许多有关产品质量及其变化的信息。因此，基于表 12.1.1 所示的操作知识，本章充分利用高炉过程数据包含的操作信息，进行与质量相关的故障检测和诊断，为提高铁水质量和运行稳定提供保证。图 12.1.1 是所提高炉炼铁质量相关过程监测的示意图。所提方法基于获得的离线和在线数据，从过程变量和质量指标的历史数据中提取过程操作特征信息，并建立正常工况下的数据模型。当实时数据到达时，计算实时数据特性与建立的正常工况数据模型之间的偏差，从而构造出相应的质量监控检测指标。监控结果通过可视化曲线和界面传输到主控室。基于监测结果，结合先前的炼铁条件和控制措施，高炉炉长、工长或操作员对高炉炼铁过程采取适当的控制/调整措施(包括高炉上部调剂操作和高炉下部调剂操作)，以消除造成异常炉况的因素，确保炼铁生产稳定顺畅并生产出优质铁水。

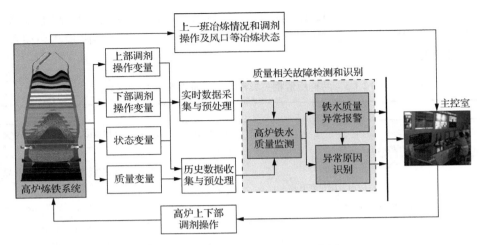

图 12.1.1   高炉铁水质量监测示意图

12.2   高炉炼铁过程质量相关故障识别

12.2.1   所提方法基本思想

为了能够有效对非线性高炉炼铁系统进行故障检测，采用基于 KPLS 的故障检测策略，具体算法见 10.2 节所示。一旦检测到铁水质量发生异常，需要迅速识别出造成铁水质量异常的原因变量，这是工业现场操作人员最为关心的问题。基于 PLS 的质量监测通常采用贡献图的方法对故障变量进行识别，即通过监测所有过程变量对 T^2 统计量或 SPE 统计量的贡献值识别出故障变量，然而此方法并不能直接推广到 KPLS 模型中。因为 KPLS 方法通过非线性映射改变了原始过程变量之间的相关关系。而且，从特征空间提取的特征向量没有实际意义，也难以实现特征空间到原始空间的逆映射。因此，基于 KPLS 的故障诊断成为非线性质量监测的一大难题。

文献[13]~[15]将所有元素均为 1 的虚拟比例因子向量直接引入监测指标的所有输入数据中，采用统计量的偏导数表示变量贡献的故障诊断方法，但是物理意义模糊且计算复杂。考虑到工业过程的复杂特性，为有效分析能够影响铁水质量的故障，本章不仅考虑了输入变量间的关系，而且考虑了输入与输出变量的联系，构建能够反映输入与输出变量关系的 KPLS 模型。更重要的是，不同于 Cho 等[13]和 Zhang 等[14]的在内核矩阵的所有样本中引入了比例因子向量的方法，本章所提方法仅对新样本引入比例因子变量来计算 T^2 和 SPE 统计量，并构造监测指标函数。然后，对监测指标函数进行泰勒展式近似，采用展式中一阶偏导数的绝对值度量各变量对监测指标的贡献率。通过计算各变量的相对贡献率并确定控制限，提高故障诊断效果。

注释 12.2.1：实际上，本章所提出的贡献率反映了在实际物理过程中，各个过程变量对于统计量贡献的斜率随时间的变化。当处于正常工况时，贡献率在一定的阈值范围内波动；而当发生故障或异常工况时，统计量在短时间内变化剧烈，故障变量的贡献率超出阈值，从而识别出故障变量。由此，所定义的 KPLS 故障诊断的改进贡献率指标物理意义明确且推导过程中简化了原有方法的复杂计算，可以提高故障变量识别速度与准确性。

12.2.2 故障识别的贡献推导

在基于 KPLS 的过程监测算法中，为避免非线性函数映射及在特征空间中的点积运算，引入核 Gram 矩阵 $K = \Phi\Phi^T$。通常选用宽度为 c 的高斯核函数，其核矩阵的每个元素可表示为

$$K_{jk} = k(x_j, x_k) = \exp\left(-\|x_j - x_k\|^2 / c\right) \tag{12.2.1}$$

在新样本监测过程中，在线获取的新样本得分向量为

$$t_{\text{new}} = R^T\overline{\phi}(x_{\text{new}}) = \left(U^T\overline{K}T\right)^{-1}U^T\overline{k}_{\text{new}}$$

设 $t_{\text{new}} = Z^T\overline{k}_{\text{new}}$，$Z = U(T^T\overline{K}U)^{-1}$，则 T^2 和 SPE 统计量可转换为如下形式：

$$T^2 = t_{\text{new}}^T\Lambda^{-1}t_{\text{new}} = \left(\overline{k}_{\text{new}}\right)^T Z\Lambda^{-1}Z^T\overline{k}_{\text{new}} = \text{tr}\left(\overline{k}_{\text{new}}\left(\overline{k}_{\text{new}}\right)^T Z\Lambda^{-1}Z^T\right) \tag{12.2.2}$$

$$\begin{aligned} \text{SPE} &= 1 - \frac{2}{n}\sum_{j=1}^n k(x_{\text{new}}, x_j) + \frac{1}{n^2}\sum_{j=1}^n\sum_{j'=1}^n k(x_j, x_{j'}) - 2\left(t_{\text{new}}\right)^T T^T\overline{k}_{\text{new}} + \left(t_{\text{new}}\right)^T T^T\overline{K}Tt_{\text{new}} \\ &= 1 - \frac{2}{n}\sum_{j=1}^n k(x_{\text{new}}, x_j) + \frac{1}{n^2}\sum_{j=1}^n\sum_{j'=1}^n k(x_j, x_{j'}) \\ &\quad - 2\text{tr}\left(\overline{k}_{\text{new}}\left(\overline{k}_{\text{new}}\right)^T ZT^T\right) + \text{tr}\left(\overline{k}_{\text{new}}\left(\overline{k}_{\text{new}}\right)^T ZT^T\overline{K}TZ^T\right) \end{aligned}$$

$$\tag{12.2.3}$$

将在线监测使用的 T^2 和 SPE 统计量统一用 Index 表示，对新样本引入比例因子变量，构造得到监测指标函数，可表示成 $\text{Index}(x) = \text{Index}(v \odot x)$，其中 $v \odot x$ 表示向量 $[v_1x_1, v_2x_2, \cdots, v_mx_m]^T$，而比例因子变量 $v = [v_1, v_2, \cdots, v_m]^T$。于是，根据泰勒展开式定义，将新样本 x_{new} 的监测指标函数在各因子值为 1 的比例因子附近进行一阶泰勒展开近似，可得

$$\text{Index}(v \odot x_{\text{new}}) \approx \text{Index}(x_{\text{new}}) + \sum_{i=1}^m \frac{\partial\text{Index}(v \odot x_{\text{new}})}{\partial v_i}\Big|_{v=1_m}(v_i - 1) \tag{12.2.4}$$

式中，$v = 1_m$ 表示 $v_i = 1$，$i = 1, 2, \cdots, m$。根据上述泰勒展开式中一阶偏导数的绝对

值，获得新的统计量来度量每个过程变量对监测指标的贡献，则贡献指标如下：

$$C_{\text{Index}}(x_{\text{new}},i) = \left| \frac{\partial \text{Index}(v \odot x_{\text{new}})}{\partial v_i} \Big|_{v=1_m} \right| \quad (12.2.5)$$

于是 T^2 和 SPE 统计量的贡献指标可计算如下：

$$C_{T^2}(x_{\text{new}},i) = \left| \frac{\partial T_{\text{new}}^2}{\partial v_i} \right| = \left| \text{tr} \left(\frac{\partial (\bar{k}_{\text{new}}(\bar{k}_{\text{new}})^{\text{T}})}{\partial v_i} \Big|_{v=1_m} Z \Lambda^{-1} Z^{\text{T}} \right) \right| \quad (12.2.6)$$

$$C_{\text{SPE}}(x_{\text{new}},i) = \left| \frac{\partial \text{SPE}_{\text{new}}}{\partial v_i} \right|$$

$$= \left| \frac{2}{n} \sum_{j=1}^{n} \frac{\partial k(x_{\text{new}}, x_j)}{\partial v_i} \Big|_{v=1_m} + 2\text{tr}\left(\frac{\partial (\bar{k}_{\text{new}}(\bar{k}_{\text{new}})^{\text{T}})}{\partial v_i} \Big|_{v=1_m} ZT^{\text{T}} \right) \right.$$

$$\left. - \text{tr}\left(\frac{\partial (\bar{k}_{\text{new}}(\bar{k}_{\text{new}})^{\text{T}})}{\partial v_i} \Big|_{v=1_m} ZT^{\text{T}} \bar{K} TZ^{\text{T}} \right) \right| \quad (12.2.7)$$

由式（12.2.6）和式（12.2.7）可知，需要计算 $\partial\left(\bar{k}_{\text{new}}(\bar{k}_{\text{new}})^{\text{T}}\right)\big/\partial v_i\big|_{v=1_m}$ 矩阵。于是，测试样本核矩阵的每个元素可表示为

$$k(x_{\text{new}}, x_k) = k(v \odot x_{\text{new}}, x_k) = \exp\left(-\|v \odot x_{\text{new}} - x_k\|^2 / c\right), \quad k = 1, 2, \cdots, n \quad (12.2.8)$$

对比例因子 v 中第 i 个变量 v_i 求偏导数可得

$$\frac{\partial k(x_{\text{new}}, x_k)}{\partial v_i} \Big|_{v=1_m} = \frac{\partial k(v \odot x_{\text{new}}, x_k)}{\partial v_i} \Big|_{v=1_m} = -\frac{2}{c} x_{\text{new},i}(x_{\text{new},i} - x_{k,i}) k(x_{\text{new}}, x_k) \quad (12.2.9)$$

式中，$x_{k,i}$ 表示第 k 个训练样本的第 i 个过程变量值；$x_{\text{new},i}$ 表示新样本的第 i 个过程变量值。

这里需要特别指出的是文献[13]、[14]对核矩阵每个元素的所有样本均引入比例因子 v，将核矩阵的每个元素定义成

$$k(x_{\text{new}}, x_k) = k(\langle v, x_{\text{new}} \rangle, \langle v, x_k \rangle) = \exp\left(-\|\langle v, x_{\text{new}} \rangle - \langle v, x_k \rangle\|^2 / c\right), \quad k = 1, 2, \cdots, n$$

$$(12.2.10)$$

式中，$v = [v_1, v_2, \cdots, v_m]^{\text{T}}$，$v_i = 1$，$i = 1, 2, \cdots, m$，$v$ 被视为一个变量向量，而不是一个所有元素为单位值的常量向量。核函数对比例因子 v 中第 i 个变量 v_i 的偏导数可以表示为

$$\frac{\partial K(x_{\text{new}}, x_k)}{\partial v_i} = -\frac{1}{c}\left(x_{\text{new},i} - x_{k,i}\right)^2 K(x_{\text{new}}, x_k)\big|_{v_i=1} \quad (12.2.11)$$

比较式（12.2.8）与式（12.2.10）以及式（12.2.9）与式（12.2.11），可以发现，与 Cho 等[13]和 Zhang 等[14]为内核矩阵的所有样本引入比例因子向量的方法不同，所提方法只需对新样本引入比例因子变量，在明确贡献率故障识别方法物理意义的基础上，使得 KPLS 故障识别的改进贡献率指标的推导过程计算量减少，可以显著提高识别速度。

新样本 x_{new} 的核矩阵 k_{new} 需要进行中心化处理，根据式（10.1.2），中心化后的核矩阵 $\bar{k}_{\text{new}}$ 的第 p 个元素可按下式计算：

$$\bar{k}_{\text{new}}(p) = k_{\text{new}}^{\text{raw}}(p) - \frac{1}{n}\sum_{j=1}^{n}k(x_j, x_p) - \frac{1}{n}\sum_{j=1}^{n}k(x_{\text{new}}, x_j) + \frac{1}{n^2}\sum_{j=1}^{n}\sum_{j'=1}^{n}k(x_j, x_{j'}) \quad (12.2.12)$$

式中，$k_{\text{new}}^{\text{raw}}(p) = k(x_{\text{new}}, x_p)$。等式右侧第 2 项和第 4 项均为常数，于是对式（12.2.12）求偏导数，可得

$$\frac{\partial \bar{k}_{\text{new}}(p)}{\partial v_i}\Big|_{v=1_m} = -\frac{2}{c}\left[x_{\text{new},i}\left(x_{\text{new},i} - x_{p,i}\right)k(x_{\text{new}}, x_p) - \frac{1}{n}\sum_{j=1}^{n}x_{\text{new},i}\left(x_{\text{new},i} - x_{j,i}\right)k(x_{\text{new}}, x_j)\right]$$

$$(12.2.13)$$

根据式（12.2.13）可推导出式（12.2.6）、式（12.2.7）中 $\partial(\bar{k}_{\text{new}}(\bar{k}_{\text{new}})^{\text{T}})/\partial v_i\big|_{v=1_m}$ 矩阵的第 p 行第 q 列元素的值为

$$\begin{aligned}
\frac{\partial(\bar{k}_{\text{new}}(\bar{k}_{\text{new}})^{\text{T}})_{p,q}}{\partial v_i}\Big|_{v=1_m} &= \frac{\partial \bar{k}_{\text{new}}(p)}{\partial v_i}\bar{k}_{\text{new}}(q) + \bar{k}_{\text{new}}(p)\frac{\partial \bar{k}_{\text{new}}(q)}{\partial v_i} \\
&= -\frac{2}{c}\{x_{\text{new},i}\left(x_{\text{new},i} - x_{p,i}\right)k_{\text{new}}^{\text{raw}}(p)\bar{k}_{\text{new}}(q) \\
&\quad + x_{\text{new},i}\left(x_{\text{new},i} - x_{q,i}\right)k_{\text{new}}^{\text{raw}}(q)\bar{k}_{\text{new}}(p)\} \\
&\quad + \frac{2}{nc}\{\bar{k}_{\text{new}}(q) + \bar{k}_{\text{new}}(p)\}x_{\text{new},i}\sum_{j=1}^{n}\left(x_{\text{new},i} - x_{j,i}\right)k_{\text{new}}^{\text{raw}}(j)
\end{aligned}$$

$$(12.2.14)$$

将式（12.2.14）代入式（12.2.6）和式（12.2.7），得到 KPLS 监测过程中测试样本每个过程变量对 T^2 和 SPE 统计量的贡献程度。当检测到 T^2 或 SPE 统计量超出控制限，过程运行故障发生时，根据式（12.2.6）和式（12.2.7）进行故障变量识别，并且认为具有较大贡献值 C_{T^2} 或 C_{SPE} 的变量为故障的原因变量。

12.2.3　相对贡献率及控制限

从上述故障识别贡献率分析可以看出，引入比例因子变量构造在线监测指标函数，并进行泰勒展开式的近似，以展开式中一阶偏导数的绝对值度量变量贡献，使偏导数的故障识别方法物理意义更加明确。只需对新样本 $x_{\text{new}} \odot v$ 进行偏导数运

算，不需对训练样本 $x \odot v$ 求偏导数，使得计算量减少，实现快速质量相关故障识别。

Westerhuis 等[16]为方便在线寻找故障变量，提出为变量贡献计算控制限的方法。Choi 等[11]据此在多块 PLS 模型的故障识别中提供了过程变量贡献的上限控制值，取得良好的识别效果。在本章研究中，使用如下统计量计算各变量改进贡献率指标的控制限：

$$C_{\text{Index}}^{\text{UCL}}(i) = m_{c,i} + 3\sigma_{c,i} \qquad (12.2.15)$$

式中，$m_{c,i}$ 和 $\sigma_{c,i}$ 分别为第 i 个过程变量的训练样本数据改进贡献率指标的均值和标准差。计算各变量的相对贡献率，得到最终 KPLS 故障识别的改进贡献率指标如下：

$$C_{\text{Index}}(x_{\text{new}}, i) = \frac{C_{\text{Index}}^{\text{raw}}(x_{\text{new}}, i)}{C_{\text{Index}}^{\text{UCL}}(i)} \qquad (12.2.16)$$

式中，$C_{\text{Index}}^{\text{raw}}(x_{\text{new}}, i)$ 表示由式（12.2.6）和式（12.2.7）计算出的未经处理的改进贡献率指标。

注释 12.2.2： 如式（12.2.16）所示，通过相对贡献率的计算消除了过程变量不均匀的影响，确保在过程正常运行情况下，所有变量对正常操作下的监测指标贡献大致相同，并将各变量贡献率指标的控制限设置为 1，从而更方便地进行故障变量识别。

注释 12.2.3： 在使用提出的方法进行铁水质量监测时，如果过程运行正常，所有变量的相对贡献率大致相同并且不超过控制限；如果当过程运行异常，由相对贡献率指标可以识别出每个过程变量对监测指标的影响大小，并与控制限进行比较，超出控制限的变量被认为是可能造成故障的原因变量，依照相对贡献率大小评定影响程度。

12.3 数 值 仿 真

在本节中，将通过数值模拟来验证所提出方法的有效性。为了使数值模拟的效果显著，对以下两个故障识别指标的故障识别结果进行比较和分析。

（1）将文献[13]和[14]提出的直接对所有输入样本引入比例因子的贡献推导方法，应用在 KPLS 质量监测的异常识别中，作为故障识别指标 1。

（2）将本章基于改进贡献率的 KPLS 故障识别方法作为故障识别指标 2。

考虑如下包含 12 个输入变量和 2 个输出变量的非线性系统，如式（12.3.1）所示，式中：$x_1, x_2, \cdots, x_{12}$ 为输入变量，y_1, y_2 为输出变量，此外 $[t_1, t_2, \cdots, t_9] \sim U(-1, 1)$，$[e_1, e_2, \cdots, e_{14}] \sim N(0, 0.1)$。可以看出 x_1, x_2, x_5, x_6, x_8 与 y_1 呈非线性关系，x_3, x_7 与 y_1

呈线性关系；$x_1, x_2, x_3, x_5, x_6, x_7$ 与 y_2 呈非线性关系，x_8 与 y_2 呈线性关系。此外，x_4 和 x_9 是独立于输出变量的噪声变量，x_{10} 是与 x_1 呈线性关联的变量，x_{11} 是与 x_3 呈线性关联的变量，x_{12} 是与 x_2 呈非线性关联的变量。

$$\begin{cases} x_1 = t_1^2 - t_1 + 1 + e_1 \\ x_2 = \sin(t_2) + e_2 \\ x_3 = -t_3^3 + e_3 \\ x_4 = t_4 + e_4 \\ x_5 = 2t_5 + e_5 \\ x_6 = t_6^2 + e_6 \\ x_7 = -t_7^2 + e_7 \\ x_8 = 0.5t_8^2 + e_8 \\ x_9 = t_9 + e_9 \\ x_{10} = 2x_1 + e_{10} \\ x_{11} = 5x_3 + e_{11} \\ x_{12} = x_2^2 + e_{12} \\ y_1 = x_1^2 + x_1 x_2 + 3x_3 + x_5 x_6 + 2x_7 + x_8^2 + e_{13} \\ y_2 = x_1 + x_1 x_3 + x_2^3 + x_5^2 + x_6 x_7 + x_8 + e_{14} \end{cases} \tag{12.3.1}$$

在本次数值仿真中，产生 300 组数据作为正常训练样本，400 组数据作为测试样本，在测试样本中前 200 组数据为正常样本，从 201 个样本开始加入如下故障。

（1）故障 1（单变量故障）：对输入变量 1 加入幅值为 –0.03 的渐变漂移故障，也即 $x_{1,i} = x_{1,i}^* - 0.03$，$i = 201, 202, \cdots, 400$，＊表示正常样本值。

（2）故障 2（多变量故障）：对输入变量 3 加入幅值为 0.01 的漂移故障 $x_{3,i} = x_{3,i}^* + 0.01$，以及输入变量 10 加入幅值为 5 的阶跃干扰。

根据 $5m$ 经验法则，高斯核函数宽度为 60，交叉验证选取主元个数，选择置信度 $\alpha = 99\%$。图 12.3.1 和图 12.3.2 分别显示了基于 KPLS 的故障 1 和故障 2 的监测结果。在每个图中，横坐标表示样本数，纵坐标表示统计量。当统计信息超过相应的控制限制时，表明发生了故障。从这些图的监视图中可以看出，所有基于 KPLS 的质量监测方法都可以在发生故障时（无论是单变量故障还是多变量故障）及时发现异常。

图 12.3.3 和图 12.3.4 分别为故障 1 的故障识别指标 1 和故障 1 的故障识别指标 2 的故障识别图。图 12.3.5 和图 12.3.6 为故障 2 两种方法对比的故障识别结果。在每个图中，纵坐标表示对监测指标 T^2 和 SPE 的贡献率。从图 12.3.3 和图 12.3.5

可以看出，在过程正常运行时，不同过程变量的贡献率变化较大，影响了过程异常时对实际故障变量的识别。而从图 12.3.4 和图 12.3.6 也可以看出，采用了本章所提方法的相对贡献率指标在过程正常运行时，所有变量的贡献率几乎相同。但是，当故障发生时，故障变量的贡献率比其他正常变量的贡献率更为突出。显然，这非常利于故障的识别，并可获得更准确、更清晰的识别结果。从这些图中也可以看出不同故障变量的影响程度。例如，图 12.3.3 中采用故障识别指标 1 识别造成故障 1 的异常变量为 x_5、x_1 和 x_{10}，而图 12.3.4 中故障识别指标 2 识别出造成故障 1 的异常变量为 x_1 和 x_{10}（与 x_1 线性相关）。结合实际情况，可以观察到文献[13] 和[14]所提方法的故障识别指标 1 误报了 x_5，而本章方法正确识别了异常变量。根据这些数值模拟可得，不管是面对何种类型以及何种故障方向的故障，本章所提方法都可以对故障进行准确监测，对造成故障的原因变量进行准确识别，并且物理意义明确。

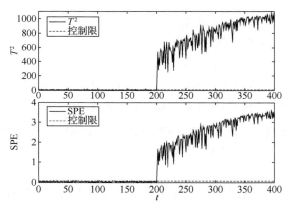

图 12.3.1　故障 1 的 KPLS 监测图

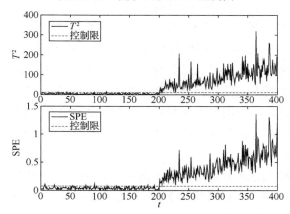

图 12.3.2　故障 2 的 KPLS 监测图

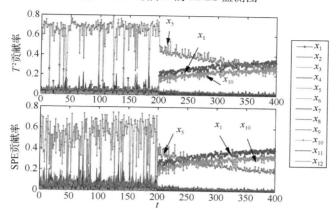

图 12.3.3　故障 1 的统计量故障识别指标 1

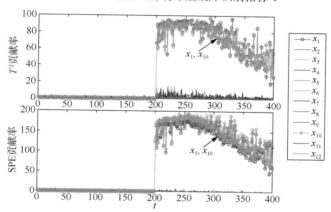

图 12.3.4　故障 1 的统计量故障识别指标 2

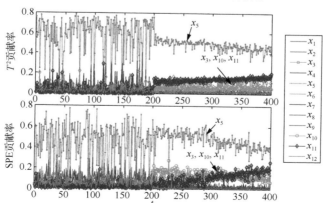

图 12.3.5   故障 2 的统计量故障识别指标 1

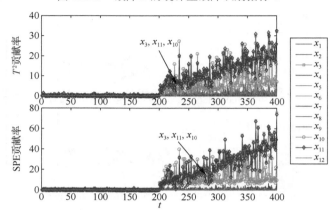

图 12.3.6   故障 2 的统计量故障识别指标 2

12.4   工业数据验证

基于某炼铁厂 2 号高炉实际生产数据进行铁水质量相关的过程监测实验。高炉的平稳运行是炼铁过程中各种矛盾因素的相对和暂时的统一，它的基础是正常而稳定的煤气流分布、充沛而合适的炉缸温度。影响煤气流分布和炉缸温度的因素有原燃料条件、送风制度、装料制度、造渣制度等，它们的任何改变，都会影响高炉内煤气流分布及炉缸温度的变化，从而影响炉况波动和破坏顺行。如不及时纠正，进一步发展就会导致炉况严重失常。炉况发生波动都是有先兆的，并不是立即就有较大波动和异常，而是一个过程。因此，操作者监测高炉生产过程，对炉况进行连续观察分析，对炉况波动做出准确判断，并及时采取措施处理和纠正，对保证高炉安全稳定运行，提高铁水质量尤为重要。

首先进行 KPLS 模型过程变量与质量变量的选择。根据工艺机理，选取 36 个能够反映高炉运行状况的高炉参数作为输入数据矩阵 X 的过程变量，包括北探、焦批、矿批、焦炭负荷、焦炭、焦丁、块矿、球团、烧结、烧结比、球团比、块矿比、冷风流量、送风比、热风压力、炉顶压力、压差、顶压风量比、透气性、阻力系数、热风温度、富氧流量、富氧率、喷煤量、鼓风湿度、理论燃烧温度、标准风速、实际风速、鼓风动能、炉腹煤气量、炉腹煤气指数、顶温东北、顶温西南、顶温西北、顶温东南、软水温差；选取能够反映铁水质量的 5 个指标作为输出质量矩阵 Y 的质量变量，包括铁水温度（MIT）、硅含量（[Si]）、磷含量（[P]）、硫含量（[S]）和锰含量（[Mn]）。建模时，选取正常炉况时的 390 组数据样本作为训练集 $\{X_0 \in \mathbb{R}^{390 \times 36} \to Y_0 \in \mathbb{R}^{390 \times 5}\}$，而将包含两次异常工况的 300 组异常数据作

为测试集 $\{X \in \mathbb{R}^{300 \times 36} \rightarrow Y \in \mathbb{R}^{300 \times 5}\}$。根据实际生产记录,第 1 次异常工况是炉温上行,第 2 次异常工况是炉温下行、风压波动、休风操作。所建立的 KPLS 模型的主成分数确定为 6。

图 12.4.1 为所提方法对两次异常工况的监测结果。可以看出,基于改进贡献率 KPLS 的铁水质量监测实现了良好的监测效果。无论是采用前文提出的自适应阈值控制限还是常规的 99%控制限,所提方法都成功地检测出了图 12.4.1 中的两种异常炉况。图 12.4.2 和图 12.4.3 是采用本章提出的故障识别方法对 0~50 号样本的故障识别指标 2 的识别图。表 12.4.1 为第 1 次异常工况前期,部分过程变量 T^2 识别指标与控制限的差。当差值为正时(表 12.4.1 中加粗数值),表示其对应时刻的过程变量异常。表 12.4.2 为第 1 次异常工况前期部分过程变量 SPE 识别指标与控制限的差。当差值为正时(表 12.4.2 中加粗数值),表示其对应时刻的过程变量异常,且差异越大,超出的控制限制越多。所提方法的识别结果得到了实际交班记录的验证,即上一班装料制度的调剂,加焦补热操作导致了炉温上行异常。从图 12.4.2 和图 12.4.3 中可以看出,所提方法初期识别到了球团比、焦批、焦炭等上部调剂变量,也识别到了顶温、炉顶压力、阻力系数等表征炉热指标的异常。随后操作人员采取调剂措施处理炉热,图中可见识别到了喷煤量、鼓风湿度、热风温度等下部变量的调剂和鼓风动能等变量波动的调剂结果,以及焦炭负荷、焦批、球团比、块矿比等上部变量的调剂。这符合在炉热初期应当减少喷吹量、逐步减风温、加湿鼓风等异常炉况操作原则,以及调剂方法先进行下部调剂,再进行上部调剂的一般原则。需要注意的是,表 12.1.1 列出了上述炉况异常的早期迹象和调整原则。

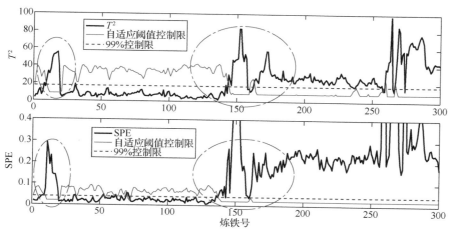

图 12.4.1　基于改进贡献率 KPLS 的高炉炼铁过程质量监测图

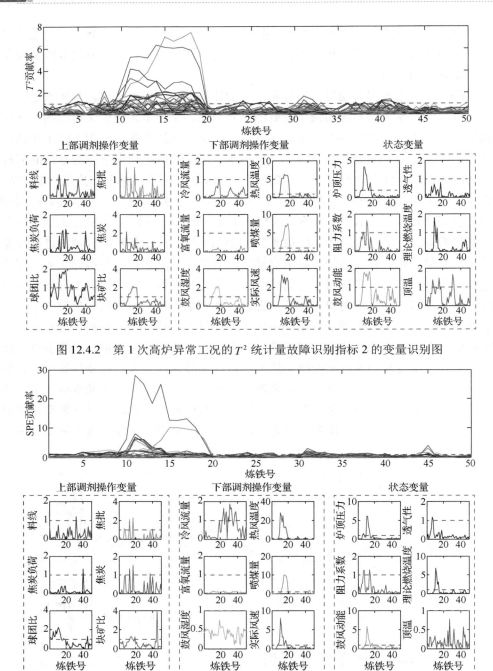

图 12.4.2　第 1 次高炉异常工况的 T^2 统计量故障识别指标 2 的变量识别图

图 12.4.3　第 1 次高炉异常工况的 SPE 统计量故障识别指标 2 的变量识别图

表 12.4.1　第 1 次高炉异常工况前期部分过程变量 T^2 识别指标与控制限的差值

过程变量	时间（1h）										
	T5	T6	T7	T8	T9	T10	T11	T12	T13	T14	T15
焦批	-0.997	-0.903	-0.802	**0.657**	-0.844	-0.998	-0.746	-0.933	**0.078**	-0.728	-0.672
焦炭	-0.804	-0.821	-0.967	**1.162**	-0.774	-0.803	-0.717	-0.910	**0.020**	-0.479	-0.591
球团比	**0.221**	**0.016**	-0.192	-0.566	-0.637	-0.388	**0.736**	**0.534**	**0.506**	**0.780**	**0.840**
块矿比	-0.631	-0.932	-0.890	-0.544	-0.409	**0.214**	**0.348**	**0.383**	**0.624**	**0.923**	**1.139**
顶温	-0.548	-0.964	-0.336	-0.360	**0.388**	**0.0742**	-0.245	-0.378	**0.001**	-0.069	-0.073
炉顶压力	-0.832	-0.862	-0.183	-0.033	-0.071	**0.378**	**3.200**	**3.031**	**2.240**	**2.025**	**0.499**
阻力系数	-0.957	-0.901	-0.655	-0.203	-0.333	**0.042**	-0.117	-0.651	-0.658	**0.646**	**0.366**
鼓风动能	-0.930	-0.995	-0.890	-0.638	-0.189	**0.533**	**0.808**	**0.700**	**0.569**	**0.723**	**0.344**
喷煤量	-0.994	-0.983	-0.924	-0.831	-0.781	**0.379**	**1.819**	**2.137**	**2.900**	**4.412**	**6.086**
鼓风湿度	-0.932	-0.937	-0.970	-0.834	-0.690	-0.168	**0.284**	**0.358**	**0.499**	**0.827**	**1.087**
热风温度	-0.827	-0.978	-0.973	-0.736	-0.363	**1.908**	**4.264**	**4.326**	**4.187**	**5.352**	**5.138**
实际风速	-0.928	-0.987	-0.788	-0.334	**0.0643**	**1.310**	**2.340**	**1.980**	**1.489**	**2.118**	**1.320**

注：加粗的内容表示其对应时刻的过程变量识别指标大于控制限，即对应时刻的过程变量异常

表 12.4.2　第 1 次高炉异常工况前期部分过程变量 SPE 识别指标与控制限的差值

过程变量	时间（1h）										
	T5	T6	T7	T8	T9	T10	T11	T12	T13	T14	T15
焦批	-0.999	-0.977	**0.135**	-0.008	-0.948	-0.999	-0.936	-0.955	**1.114**	-0.954	-0.894
焦炭	-0.985	-0.976	-0.074	-0.016	-0.900	-0.930	-0.907	-0.964	**0.352**	-0.970	-0.850
球团比	**0.819**	**0.339**	**0.270**	**0.919**	**0.568**	**1.025**	**1.238**	**0.970**	**0.646**	**0.160**	-0.070
块矿比	-0.215	-0.855	-0.880	-0.634	-0.702	-0.268	-0.280	-0.226	0.000	**0.281**	**0.289**
顶温	-0.704	-0.944	-0.844	-0.811	-0.761	-0.665	-0.856	-0.985	-0.804	-0.874	-0.856
炉顶压力	-0.933	**0.108**	**0.539**	-0.001	-0.450	-0.268	**5.158**	**5.031**	**2.509**	**1.488**	-0.350
阻力系数	-0.487	-0.424	**0.225**	**0.261**	-0.802	-0.932	-0.654	-0.804	-0.737	**0.282**	-0.007
鼓风动能	-0.931	-0.743	-0.587	-0.343	-0.041	**0.951**	**4.851**	**3.296**	**1.383**	**0.991**	-0.479
喷煤量	-0.973	-0.988	-0.850	-0.847	-0.855	-0.984	-0.164	**0.434**	**2.434**	**4.810**	**9.078**
鼓风湿度	-0.505	-0.502	-0.554	-0.591	-0.753	-0.505	-0.579	-0.664	-0.609	-0.609	-0.644
热风温度	-0.901	-0.901	-0.945	-0.488	**0.428**	**5.207**	**27.099**	**24.077**	**17.336**	**23.915**	**11.610**
实际风速	-0.932	-0.901	-0.286	**0.138**	**0.329**	**1.534**	**6.993**	**4.696**	**2.076**	**2.144**	-0.193

注：加粗的内容表示其对应时刻的过程变量识别指标大于控制限，即对应时刻的过程变量异常

　　图 12.4.4 和图 12.4.5 是对 100～300 个样本采用所提基于改进贡献率 KPLS 故障识别方法的故障识别指标 2 的变量识别曲线。另外，表 12.4.3 和表 12.4.4 列出了第 2 次异常工况前期，部分过程变量的 T^2 和 SPE 识别指标与控制限的差值。所提方法的识别结果得到了实际交班记录的验证，即热量偏下限，原料变差，从而导致炉温下行异常。可以看出，所提方法在异常工况发生的初期就识别到了进料系统的异常，例如焦炭负荷、球团比、块矿比等装料制度的异常，而且识别到了炉顶压力、实际风速、鼓风动能、热风压力等变量的异常。根据高炉冶炼机理以及表 12.1.1 所述的操作知识，风量、风压不稳，阻力系数、透气性指数波动较大，均为炉凉的征兆。操作人员采取调剂措施处理炉凉后，从图 12.4.4 和图 12.4.5 中见所提方法识别到了操作人员针对此次炉凉异常工况的喷煤量、热风温度、鼓风湿度、实际风速等下部变量的调剂操作。显然，这都符合炉凉初期，采用增加喷煤量，逐步提高风温，降低鼓风湿度的异常处理操作原则。后期检测到风压波动大，操作人员采取了调煤稳温并进行短期休风操作。

表 12.4.3　第 2 次高炉异常工况前期部分过程变量 T^2 识别指标与控制限的差值

过程变量	时间（1h）										
	T142	T143	T144	T145	T146	T147	T148	T149	T150	T151	T152
焦炭	-0.612	-0.984	-0.540	-0.822	-0.751	**0.368**	-0.053	-0.779	-0.538	-0.779	-0.727
焦炭负荷	**3.171**	-0.905	**3.239**	-0.801	-0.839	-0.688	-0.874	-0.777	-0.634	**2.198**	-0.404
球团比	**0.208**	-0.283	**0.226**	**0.116**	-0.773	-0.005	-0.162	**0.030**	**0.010**	**0.022**	**0.613**
块矿比	**0.174**	-0.643	**0.280**	-0.173	-0.266	-0.036	-0.259	-0.187	-0.332	-0.380	**0.274**
顶温	-0.861	-0.622	-0.401	-0.594	**1.034**	**1.536**	**1.126**	**0.857**	-0.550	-0.706	-0.441
炉顶压力	**0.844**	-0.932	**1.781**	**0.833**	-0.110	**2.988**	**4.094**	**5.965**	**5.132**	**4.007**	**2.304**
阻力系数	-0.793	-0.924	**1.050**	**0.216**	**0.632**	**2.198**	**1.484**	**1.815**	**0.534**	**1.146**	**1.009**
鼓风动能	-0.776	-0.789	**0.368**	-0.309	-0.490	**0.726**	**0.019**	-0.624	**0.521**	**0.415**	-0.248
喷煤量	-0.457	-0.845	-0.393	-0.294	**1.581**	**2.441**	**1.757**	**2.804**	**1.878**	**1.061**	-0.289
鼓风湿度	-0.004	-0.609	**0.174**	-0.202	-0.352	**0.027**	-0.161	**0.115**	-0.025	-0.009	**0.618**
热风温度	-0.020	-0.719	-0.160	-0.086	-0.399	**2.639**	**1.413**	**1.890**	-0.238	-0.876	**2.811**
热风压力	-0.719	-0.905	-0.773	**0.094**	**0.192**	**1.353**	**0.350**	**0.550**	**0.743**	**0.282**	**0.346**
实际风速	-1.000	-0.986	**1.049**	**0.080**	-0.347	**2.389**	**1.518**	**1.219**	-0.941	-0.942	-0.911

注：加粗的内容表示其对应时刻的过程变量识别指标大于控制限，即对应时刻的过程变量异常

表 12.4.4　第 2 次高炉异常工况前期部分过程变量 SPE 识别指标与控制限的差值

过程变量	时间（1h）										
	T142	T143	T144	T145	T146	T147	T148	T149	T150	T151	T152
焦炭	**1.614**	−0.946	**0.487**	−0.782	−0.970	**0.737**	**1.215**	−0.980	**1.252**	−0.963	−0.835
焦炭负荷	**6.866**	−0.999	**5.793**	−0.972	−0.901	−0.873	−0.936	−0.858	−0.730	**3.405**	−0.645
球团比	−0.929	−0.810	−0.964	−0.744	−0.805	−0.625	−0.650	−0.657	−0.473	−0.554	−0.363
块矿比	−0.648	−0.810	−0.325	−0.737	−0.938	−0.853	−0.813	−0.916	−0.781	−0.888	−0.489
顶温	−0.995	−0.397	−0.089	**1.721**	**0.924**	**6.910**	**9.059**	**8.237**	**12.685**	**14.392**	**9.209**
炉顶压力	**2.530**	**1.908**	**10.191**	**15.715**	−0.468	**4.550**	**7.928**	**12.042**	**10.505**	**7.756**	**2.110**
阻力系数	−0.970	−0.595	**0.829**	−0.047	−0.748	**1.321**	**0.674**	**2.184**	**5.189**	**1.647**	−0.721
鼓风动能	−0.820	−0.439	**3.251**	**3.671**	−0.894	**4.865**	**6.387**	**9.828**	**11.350**	**9.157**	**4.643**
喷煤量	−0.362	−0.771	−0.462	−0.058	**4.891**	**4.570**	**7.578**	**13.014**	**21.565**	**44.546**	**65.888**
鼓风湿度	−0.728	−0.963	−0.862	−0.779	−0.548	−0.550	−0.617	−0.807	−0.843	−0.773	−0.667
热风温度	−0.631	−0.990	−0.662	−0.819	−0.713	**13.424**	**21.892**	**19.909**	**27.403**	**29.208**	**41.943**
热风压力	−0.798	−0.903	−0.911	**0.300**	−0.626	−0.850	−0.443	−0.460	−0.875	−0.490	−0.273
实际风速	−1.000	−0.784	**2.030**	**0.838**	−0.956	**6.650**	**9.018**	**13.550**	**16.991**	**13.732**	**8.858**

注：加粗的内容表示其对应时刻的过程变量识别指标大于控制限，即对应时刻的过程变量异常

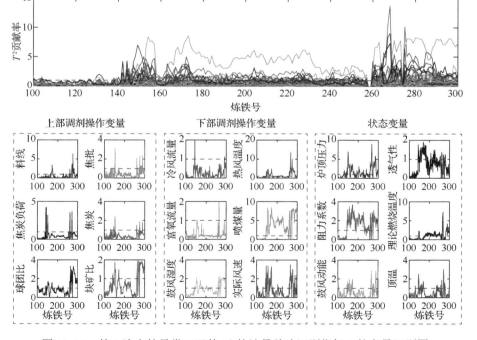

图 12.4.4　第 2 次高炉异常工况的 T^2 统计量故障识别指标 2 的变量识别图

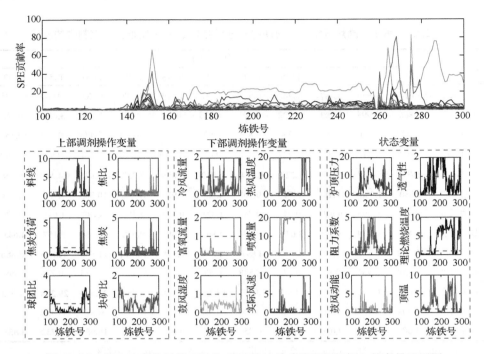

图 12.4.5　第 2 次高炉异常工况的 SPE 统计量故障识别指标 2 的变量识别图

　　从以上两种炉况异常的诊断结果可以看出，实际影响炉况的异常潜在因素的发生与操作人员采取的适当调整措施之间存在明显的时间滞后差，这也例证了采用本章所提方法建立过程变量和质量指标之间的内部关系，然后进行质量相关过程监控的必要性和实用性。所提故障识别方法利用相对贡献率的计算克服了过程变量产生的不均匀影响，可以准确实现质量相关异常炉况的诊断和识别。对于过程变量频繁波动的复杂大型高炉炼铁工业过程的质量相关过程监测来说，所提方法可以有效监测并准确识别故障源，从而可准确、及时地指导操作员进行异常处理操作决策。

参 考 文 献

[1]　Qin S J. Survey on data-driven industrial process monitoring and diagnosis[J]. Annual Reviews in Control, 2012, 36(2): 220-234.

[2]　Ge Z Q, Song Z H, Zhao L P, et al. Two-level PLS model for quality prediction of multiphase batch processes[J]. Chemometrics and Intelligent Laboratory Systems, 2014, 130: 29-36.

[3]　Zhou B, Ye H, Zhang H F, et al. Process monitoring of iron-making process in a blast furnace with PCA-based methods[J]. Control Engineering Practice, 2016, 47: 1-14.

[4]　Zhou P, Zhang R Y, Liang M Y, et al. Fault identification for quality monitoring of molten iron in blast furnace ironmaking based on KPLS with improved contribution rate[J]. Control Engineering Practice, 2020, 97:104354. DOI: 10.1016/j.conengprac.2020.104354.

[5] Andersson G, Kaufmann P, Renberg L. Non-linear modelling with a coupled neural network-PLS regression system[J]. Journal of Chemometrics, 1996, 10(5-6): 605-614.

[6] Baffi G, Martin E B, Morris A J. Non-linear projection to latent structures revisited (the neural network PLS algorithm)[J]. Computers and Chemical Engineering, 1999, 23(9): 1293-1307.

[7] Rosipal R, Trejo L J. Kernel partial least squares regression in reproducing kernel Hibert space[J]. Journal of Machine Learning Research, 2009, 2(2): 97-123.

[8] Zhao C H, Huang B. A full-condition monitoring method for nonstationary dynamic chemical processes with cointegration and slow feature analysis[J]. AIChE Journal, 2018, 64(5): 1662-1681.

[9] Alcala C, Qin S J. Reconstruction-based contribution for process monitoring[J]. Automatica, 2009, 45(7): 1593-1600.

[10] Qin S J. Statistical process monitoring: Basics and beyond[J]. Journal of Chemometrics, 2003, 17(8-9): 480-502.

[11] Choi S W, Lee C, Lee J M, et al. Fault detection and identification of nonlinear processes based on kernel PCA[J]. Chemometrics and Intelligent Laboratory Systems, 2005, 75(1): 55-67.

[12] Rakotomamonjy A. Variable selection using SVM-based criteria[J]. Journal of Machine Learning Research, 2003, 3(7-8): 1357-1370.

[13] Cho J H, Lee J M, Sang W C, et al. Fault identification for process monitoring using kernel principal component analysis[J]. Chemical Engineering Science, 2005, 60(1): 279-288.

[14] Zhang Y W, Zhang L J, Lu R Q. Fault identification of nonlinear processes[J]. Industrial and Engineering Chemistry Research, 2013, 52(34): 12072-12081.

[15] Peng K X, Zhang K, Li G. Online contribution rate based fault diagnosis for nonlinear industrial processes[J]. Acta Automatica Sinica, 2014, 40(3): 423-430.

[16] Westerhuis J, Gurden S, Smilde A. Generalized contribution plots in multivariate statistical process monitoring[J]. Chemometrics and Intelligent Laboratory Systems, 2000, 51(1): 95-114.